中国科学院科学出版基金资助出版

U0228311

国家出版基金项目
NATIONAL PUBLICATION FOUNDATION

纳米科学与技术

纳米材料和纳米结构

张立德　牟季美　著

科 学 出 版 社
北 京

内 容 简 介

本书为《应用物理学丛书》之一. 纳米技术和纳米材料科学是 20 世纪 80年代末发展起来的新兴学科. 由于纳米材料具有许多传统材料无法媲美的奇异特性和非凡的特殊功能，因此在各行各业中将有空前的应用前景，它将成为 21 世纪新技术革命的主导中心. 本书全面系统地介绍纳米材料和纳米结构. 全书共14章，主要论述纳米结构单元、纳米微粒的基本理论、物理特性、化学特性、制备与表面修饰、尺寸评估、纳米固体及其制备、纳米固体材料的微结构、纳米复合材料的结构和性能、纳米粒子和离子团与沸石的组装体系、纳米结构、测量与应用等. 每章末都附有参考文献.

本书可作为大专院校有关纳米专业的高年级学生、研究生的教学用书，也可供有关专业师生、科技人员、技术工人、工程技术人员及企业家参考、阅读.

图书在版编目(CIP)数据

纳米材料和纳米结构/张立德，牟季美著. —北京：科学出版社，2001
(应用物理学丛书/吴自勤，杨国桢主编)
ISBN 978-7-03-008459-0

Ⅰ. 纳…　Ⅱ. ①张…②牟…　Ⅲ. 纳米材料　Ⅳ. TB383

中国版本图书馆 CIP 数据核字 (2000) 第 06571 号

责任编辑：刘凤娟／封面设计：黄　乐
责任印制：吴兆东

科 学 出 版 社 出版
北京东黄城根北街 16 号
邮政编码：100717
http://www.sciencep.com

北京凌奇印刷有限责任公司印刷
科学出版社发行　各地新华书店经销
*

2001 年 2 月第　一　版　　开本：720×1000　1/16
2024 年 4 月第二十一次印刷　印张：25 3/4
字数：441 000

定价：69.00 元
(如有印装质量问题，我社负责调换)

《应用物理学丛书》出版说明

1978 年夏在庐山召开的中国物理学会年会（"十年动乱"结束后的全国物理学界第一次大型学术会议）上，部分与会专家与学者经过充分酝酿和热烈讨论后一致认为，为了迎接科学春天的到来和追赶世界先进科学技术水平，有必要编辑出版一套《实验物理学丛书》，并组成以钱临照院士为主编，王淦昌等 5 位院士为副主编，王之江、王业宁等 26 位院士或专家为编委的《实验物理学丛书》编委会．

20 年来，这套丛书在钱临照院士的主持下，通过编委们的积极工作（有的编委还亲自撰稿），先后出版了《实验的数据处理》，《X 射线衍射貌相学》、《粒子与固体相互作用物理学》、《压电与铁电材料的测量》、《电介质的测量》、《物理技术在考古学中的应用》及《材料科学中的介电谱技术》等 20 部实验物理学著作．这些著作都是实验、科研和教学的系统总结，出版后受到读者的欢迎和好评，有不少被评为国家级、部级和院校级的优秀科技图书，如《实验的数据处理》一书获第一届全国优秀科技图书一等奖．这套丛书的陆续出版，在社会上引起较大影响，在科研、教学、经济建设和国防建设中发挥了积极的作用．

改革开放以来，我国在各个方面发生了翻天覆地的变化，经济体制由计划经济逐步转向社会主义市场经济，科学技术和教育也得到了空前的发展．为了适应社会主义市场经济的需要和满足社会的需求，我们决定对原丛书的出版宗旨、选题方向做相应的调整，重新组建编委会，并将原丛书更名为《应用物理学丛书》，使新丛书能在"科教兴国"和将科学技术转化为生产力的伟大实践中发挥更大的作用．

《应用物理学丛书》的出版宗旨和选题方向如下：

1. 密切联系当前科研、教学和生产的实际需要，介绍应用物理学各领域的基本原理、实验方法、仪器设备及其在相关领域中的应用，并兼顾有关交叉学科．

2. 反映国内外最新的实验研究与技术水平和发展方向，并注重实用性．

3. 以大专院校师生以及科研单位、国防部门、工矿企业的科研人员为对象，理论与实践紧密联系．

这套丛书将按照"精而准，系统化"的原则，力求保持并发展原《实验物理学丛书》已形成的风格和特色，多出书、出好书．

需要强调的是，《应用物理学丛书》将优先出版那些有助于将科学技术转化为生产力以及对社会和国民经济建设有重大作用和应用前景的著作．

我们坚信，在编委们的共同努力下，在广大科研和教学人员的积极参与和大力

支持下,《应用物理学丛书》的出版将对我国科学技术和教育事业的持续发展积极
的作用!

《应用物理学丛书》编委会

序

　　富有挑战性的 21 世纪把人们带进了一个关键的历史时期，一场以节省资源和能源，保护生态环境的新的工业革命正在兴起. 正像 20 世纪 70 年代微米技术一样，纳米技术将成为 21 世纪主导技术. 社会发展、经济振兴和国家安全对高科技的需求越来越迫切，元器件的超微化、高密度集成和高空间分辨要求材料的尺寸越来越小，性能越来越高，纳米材料将充当重要的角色. 纳米材料包含丰富的科学院内涵，也给人们提供了广阔的创新空间. 纳米材料、纳米结构和纳米技术的应用不但节省资源，而且能源的消耗少，同时在治理环境污染方面也将发挥重要的作用，纳米科学技术向各个领域的渗透日益广泛和深入. 当前，人们迫切需要了解和掌握纳米材料和技术的基本知识和发展趋势，为知识创新、技术创新和产品创新奠定基础. 在这种情况下，《纳米材料和纳米结构》这本书的出版非常及时. 这本书内容丰富，总结了近几年来纳米材料研究的最新结果，系统地归纳了纳米材料和纳米结构的基础知识. 全书分为十四章，第一章至第六章介绍团簇和纳米微粒等基本单元的结构、特性、表征及制备科学问题；第七章至第十章主要介绍了纳米薄膜、纳米固体材料和纳米复合材料研究的新进展；第十一章和第十二章是本书比较重要的章节，这两章的内容包括纳米结构基本概念、纳米组装体系的设计和合成，从合成组装方法、结构和物性几个方面全方位地介绍了该领域的最新发展；第十三章和第十四章还重点介绍了纳米材料和纳米结构的测量方法和纳米材料、纳米结构在各个领域的应用.

　　我们相信读者会从本书中得到有益的启示，有利于知识创新和技术创新，对推动纳米科技的发展将会起到积极的作用.

葛庭燧

2000 年 1 月

目　　录

第0章 绪 论

人类对客观世界的认识是不断深入的. 认识从直接用肉眼能看到的事物开始，然后不断深入，逐渐发展为两个层次：一是宏观领域，二是微观领域. 这里的宏观领域是指以人的肉眼可见的物体为最小物体开始为下限，上至无限大的宇宙天体；这里的微观领域是以分子原子为最大起点，下限是无限的领域. 然而，在宏观领域和微观领域之间，存在着一块近年来才引起人们极大兴趣和有待开拓的"处女地". 在这个不同于宏观和微观的所谓介观领域，由于三维尺寸都很细小，出现了许多奇异的崭新的物理性能. 这个领域包括了从微米、亚微米，纳米到团簇尺寸（从几个到几百个原子以上尺寸）的范围. 以相干量子输运现象为主的介观物理应运而生，成为当今凝聚态物理学的热点. 从广义上来说，凡是出现量子相干现象的体系统称为介观体系，包括团簇、纳米体系和亚微米体系. 但是，目前通常把亚微米级（0.1～1μm）体系有关现象的研究，特别是电输运现象的研究称为介观领域. 这样，纳米体系和团簇就从这种"狭义"的介观范围独立出来. 我们就有了纳米体系. 早在1959年，著名的理论物理学家、诺贝尔奖金获得者费曼曾预言："毫无疑问，当我们得以对细微尺度的事物加以操纵的话，将大大扩充我们可能获得物性的范围."在这里，通常界定为1～100nm的范围的纳米体系是细微尺度的事物的主角. IBM公司的首席科学家Armstrong在1991年曾经预言："我相信纳米科技将在信息时代的下一阶段占中心地位，并发挥革命的作用，正如（20世纪）70年代初以来微米科技已经起的作用那样."这些预言十分精辟地指出了纳米体系的地位和作用，有预见性地概括了从现在到下个世纪的材料科技发展的一个新的动向. 这也就是纳米材料体系的吸引人之处，随着对纳米材料体系和各种超结构体系研究的开展和深入，他们的预言正在逐渐成为现实.

0.1 纳米科技的基本概念和内涵

纳米科学技术（Nano-ST）是20世纪80年代末期刚刚诞生并正在崛起的新科技，他的基本涵义是在纳米尺寸（$10^{-9}\sim10^{-7}$m）范围内认识和改造自然，通过直接操作和安排原子、分子创制新的物质.

早在1959年，美国著名的物理学家，诺贝尔奖获得者费曼就设想："如果有朝一日人们能把百科全书存储在一个针尖大小的空间内并能移动原子，那么这将给科学带来什么！"这正是对纳米科技的预言，也就是人们常说的小尺寸大世界.

　　纳米科技是研究由尺寸在 0.1～100nm 之间的物质组成的体系的运动规律和相互作用以及可能的实际应用中的技术问题的科学技术.

　　在纳米体系中,电子波函数的相关长度与体系的特征尺寸相当,这时电子不能被看成处在外场中运动的经典粒子,电子的波动性在输运过程中得到充分的展现;纳米体系在维度上的限制,也使得固体中的电子态、元激发和各种相互作用过程表现出与三维体系十分不同的性质,如量子化效应,非定域量子相干,量子涨落与混沌,多体关联效应和非线性效应等等.对这些新奇的物理特性的研究,使得人们必须重新认识和定义现有的物理理论和规律,这必将导致新概念的引入和新规律的建立,如纳米尺度上的能带、费米能级及逸出功将意味着什么? 另外,在纳米化学中,对表面的化学过程,如原子簇化合物的研究对吸附质/载体系统的电子性质和对基底表面结构的影响;在纳米生物学中,除了对细胞、膜、蛋白质和 DNA 的微观研究外,还要解决人工分子剪裁以及进行分子基因和物种再构;在纳米电子学中,电阻的概念已不是欧姆定律;在纳米力学中,机械性质如弹性模量、弹性系数、摩擦和粗糙概念亦有质的变化.作为纳米科技中的一个重要领域的纳米加工学,也将以崭新的方式进行原子的操纵和纳米尺度的加工以及进行纳米器件的加工和组装,并进一步研究器件的特性及运行机理.

　　纳米科技的前景是诱人的,其发展速度也令人吃惊.有关这方面的论文急剧增长.

　　1990 年 7 月,在美国巴尔的摩召开了国际首届纳米科学技术会议(Nano-ST).在会上,各国科学家们对纳米科技(主要包括:纳米电子学、纳米机械学、纳米生物学和纳米材料学)的前沿领域和发展趋势进行了讨论和展望,并决定出版三种杂志:《纳米结构材料》、《纳米生物学》和《纳米技术》.到目前为止,有关纳米科技的国际会议已开过四次,有关纳米材料的国际学术会议也开了四次.1996 年在中国召开了第四届纳米科技学术会议,有关纳米材料的会议,每两年召开一次,首届纳米材料会议在墨西哥召开,1994 年在德国斯图加特召开了第二届国际纳米材料学术会议,第三届国际会议是在美国夏威夷召开的,1998 年,在瑞典斯德哥尔摩召开了第四届纳米材料会议,2000 年,在日本仙台举行第五届国际纳米材料会议.纳米科技是 21 世纪科技产业革命的重要内容之一,是可以与产业革命相比拟的,它是高度交叉的综合性学科,包括物理、化学、生物学、材料科学和电子学.它不仅包含以观测、分析和研究为主线的基础学科,同时还有以纳米工程与加工学为主线的技术科学,所以纳米科学与技术也是一个融前沿科学和高技术于一体的完整体系.

　　纳米科技主要包括:(1)纳米体系物理学;(2)纳米化学;(3)纳米材料学;(4)纳米生物学;(5)纳米电子学;(6)纳米加工学;(7)纳米力学.这 7 个部分是相对独立的.隧道显微镜在纳米科技中占有重要的地位,它贯穿到 7 个分支领域中,以扫描隧道显微镜为分析和加工手段所做工作占有一半以上.应当指出的是:由于电子学在人类的发展和生活中起了决定性的作用,因此在纳米科技的时代,纳米电子学也将继续对人类社会的发展起更大的作用.因此,在纳米科技的各个分支学科的研究中,应当重视纳米电子学的研究,特别是利用 STM 的相关技术进行超高密度信息存储的研究.

纳米科学所研究的领域是人类过去从未涉及的非宏观、非微观的中间领域,从而开辟人类认识世界的新层次,也使人们改造自然的能力直接延伸到分子、原子水平,这标志着人类的科学技术进入了一个新时代,即纳米科技时代.以纳米新科技为中心的新科技革命必将成为 21 世纪的主导.

纳米新科技诞生才几年,就在几个重要的方面有了如下的重要进展:

(1) 美国商用机器公司(IBM)两名科学家利用扫描隧道电子显微镜(STM)直接操作原子,成功地在 Ni(镍)基板上,按自己的意志安排原子组合成"IBM"字样,日本科学家已成功地将硅原子堆成一个"金字塔",首次实现了原子三维空间立体搬迁.1991 年 IBM 的科学家还制造了超快的氙原子开关.专家们预计,这一突破性的纳米新科技研究工作将可能使美国国会图书馆的全部藏书存储在一个直径仅为 0.3cm 的硅片上.据英国《科学与共同政策》杂志报道,科学家们最近制造出一种尺寸只有 4nm 的复杂分子,具有"开"和"关"的特性,可由激光计算机提供可能的技术保证.

(2) 近年来刚刚发展起来的纳米材料出现许多传统材料不具备的奇异特性,已引起科学家的极大兴趣.德国萨尔大学格莱德和美国阿贡国家实验室席格先后研究成功纳米陶瓷氟化钙和二氧化钛,在室温下显示良好的韧性,在 180℃经受弯曲并不产生裂纹,这一突破性进展,使那些为陶瓷增韧奋斗将近一个世纪的材料科学家们看到希望.英国著名材料科学家卡恩在 *Nature* 杂志上撰文说:"纳米陶瓷是解决陶瓷脆性的战略途径."纳米材料在光吸收、催化、敏感特性和磁性方面都表现出明显不同于同类传统材料的特性,在高技术应用上显示出广阔的应用前景.

(3) 作为纳米科学技术的另一个重要分支,即纳米生物学在 90 年代初露头角,面向 21 世纪,它的发展前途方兴未艾.纳米生物学在纳米尺度上认识生物大分子的精细结构及其与功能的联系,并在此基础上按自己的意愿进行裁剪和嫁接,制造具有特殊功能的生物大分子,这使生命科学的研究上了一个新的台阶,势必在解决人类发展的一系列重大问题上起到十分重要的作用.纳米科技使基因工程变得更加可控,人们可根据自己的需要,制造多种多样的生物"产品",农、林、牧、副、渔业也可能因此发生深刻变革,人类的食品结构也将随之发生变化,用纳米生物工程、化学工程合成的"食品"将极大丰富食品的数量和种类,纳米科技的出现很可能为解决人类由于人口迅速增长所面临刻不容缓的问题提供新途径.

(4) 纳米微机械和机器人是十分引人注目的研究方向,纳米生物机器和纳米生物部件零件的研制,用原子和分子直接组装成纳米机器不但其速度、效率比现有机器大大提高,而且应用范围之广、功能之特殊、污染程度之低是现有机器人无法比拟的.纳米生物"部件"与纳米无机化合物及晶体结构"部件"相组合,用纳米微电子学控制形成纳米机器人,尺寸比人体红血球小,这种纳米机器人的问世将使未来高技术出现新的飞跃,人类的医疗也因之发生深刻的革命,许多疑难病症将得到解决.医生可能应用纳米机器人直接打通脑血栓,清出心脏动脉脂肪沉积物,也可以通过把多种功能纳米微型机器注入血管内,进行人体全身检查和治疗.药物也可以制成纳米尺寸,直接注射到病灶部位,大大提高医疗效果,减少副作用.目前,纳米科学技术正处于重大突破的前期,它取得的成绩已经使人们为之震动,并引起关心未来发展的科学家们的思考.

美国 IBM 公司首席科学家 Armstrong 说:"正像 20 世纪 70 年代微电子技术产生了信息革命一样,纳米科学技术将成为下一世纪信息时代的核心."著名科学家钱学森也预言:"纳米和纳米以下的结构是下一阶段科技发展的一个重点,会是一次技术革命,从而将是 21 世纪又一次产业革命."纳米新科技将成为 21 世纪科学的前沿和主导科学.目前正处于基础研究阶段,是物理、化学、生物、材料、电子等多种学科交叉汇合点.

0.2　纳米材料和技术领域研究的对象和发展的历史

纳米材料和技术是纳米科技领域最富有活力、研究内涵十分丰富的学科分支."纳米"是一个尺度的度量,最早把这个术语用到技术上是日本在 1974 年底,但是以"纳米"来命名的材料是在 20 世纪 80 年代,它作为一种材料的定义把纳米颗粒限制到 $1 \sim 100 \text{nm}$ 范围.实际上,对这一范围的材料的研究还更早一些.在纳米材料发展初期,纳米材料是指纳米颗粒和由它们构成的纳米薄膜和固体.现在,广义地,纳米材料是指在三维空间中至少有一维处于纳米尺度范围或由它们作为基本单元构成的材料.如果按维数,纳米材料的基本单元可以分为三类:(ⅰ)零维,指在空间三维尺度均在纳米尺度,如纳米尺度颗粒、原子团簇等;(ⅱ)一维,指在空间有两维处于纳米尺度,如纳米丝、纳米棒、纳米管等;(ⅲ)二维,指在三维空间中有一维在纳米尺度,如超薄膜,多层膜;超晶格等.因为这些单元往往具有量子性质,所以对零维、一维和二维的基本单元分别又有量子点、量子线和量子阱之称.纳米材料大部分都是用人工制备的,属于人工材料,但是自然界中早就存在纳米微粒和纳米固体.例如天体的陨石碎片,人体和兽类的牙齿都是由纳米微粒构成的.此外,浩瀚的海洋就是一个庞大超微粒的聚集场所.原先认为海洋中非生命的亚微米的粒子($0.4 \sim 1 \mu\text{m}$)具有很丰富的浓度,约为 $106 \sim 107$ 个/ml.最近,威尔斯等人在南太平洋发现小于 120nm 的海洋胶体粒子的浓度至少是亚微米粒子的 3 倍,而且深度分布奇特,通过对这些纳米粒子的研究,可以了解海洋、生命的起源以及获取开发海洋资源的信息.蜜蜂的体内也存在磁性的纳米粒子,这种磁性的纳米粒子具有

"罗盘"的作用,可以为蜜蜂的活动导航. 以前人们认为蜜蜂是利用北极星或通过摇摆舞向同伴传递信息来辨别方向的. 最近,英国科学家发现,蜜蜂的腹部存在磁性纳米粒子,这种磁性颗粒子具有指南针功能,蜜蜂利用这种"罗盘"来确定其周围环境在自己头脑里的图像而判明方向. 当蜜蜂靠近自己的蜂房时,它们就把周围环境的图像储存起来. 当它们外出采蜜归来时,就启动这种记忆,实质上就是把自己储存的图像与所看到的图像进行对比和移动,直到这两个图像完全相一致时,它们就明白自己又回到家了. 研究生物体内的纳米颗粒对于了解生物的进化和运动的行为是很有意义的. 磁性超微粒子的发现对于了解螃蟹的进化历史提供了十分有意义的科学依据. 据生物科学家最近研究指出,人们非常熟悉的螃蟹原先并不像现在这样"横行"运动,而是像其他生物一样前后运动,这是因为亿万年前的螃蟹第一对触角里有几颗用于定向的磁性纳米微粒,就像是几只小指南针. 螃蟹的祖先靠这种"指南针"堂堂正正地前进后退,行走自如. 后来,由于地球的磁场发生了多次剧烈的倒转,使螃蟹体内的小磁粒失去了原来的定向作用,于是使它失去了前后行动的功能,变成了横行. 真正利用磁性纳米微粒导航,进行几万公里长途跋涉的是大海龟. 我们知道海龟是世界上稀有珍贵的动物,美国科学家一直对东海岸佛罗里达的海龟进行了长期研究,发现了一个十分有趣的现象:这就是海龟通常在佛罗里达的海边上产卵,幼小的海龟为了寻找食物通常要到大西洋的另一侧靠近英国的小岛附近的海域生活,从佛罗里达到这个岛屿的海面再回到佛罗里达来回的路线不一样,相当于绕大西洋一圈,需要 5~6 年的时间,这样准确无误地航行靠什么导航(为什么海龟迁移的路线总是顺时针的)? 最近美国科学家发现海龟的头部有磁性的纳米微粒,它们就是凭借这种纳米微粒准确无误地完成几万里的迁移. 这些生动的事例告诉人们,研究纳米微粒对研究自然界的生物也是十分重要的,同时还可以根据生物体内的纳米微粒为我们设计纳米尺度的新型导航器提供有益的依据,这也是纳米科学研究的重要内容.

人工制备纳米材料的历史至少可以追溯到 1000 多年前. 中国古代利用燃烧蜡烛来收集的碳黑作为墨的原料以及用于着色的染料,这就是最早的纳米材料;中国古代铜镜表面的防锈层经检验,证实为纳米氧化锡颗粒构成的一层薄膜. 但当时人们并不知道这是由人的肉眼根本看不到的纳米尺度小颗粒构成. 约 1861 年,随着胶体化学(colloid chemistry)的建立,科学家们就开始了对于直径为 1~100nm 的粒子系统即所谓胶体(colloid)的研究,但是当时的化学家们并没有意识到在这样一个尺寸范围是人们认识世界的一个新的层次,而只是从化学的角度作为宏观体系的中间环节进行研究.

1962 年,久保(Kubo)及其合作者针对金属超微粒子的研究,提出了著名的久保理论,也就是超微颗粒的量子限制理论或量子限域理论,从而推动了实验物理学家向纳米尺度的微粒进行探索.

1963 年 Uyeda 及其合作者用气体冷凝法,通过在高纯的惰性气体中的蒸发和冷凝过程获得清洁表面的超微颗粒,并对单个的金属超微颗粒的形貌和晶体结构进行了透射电子显微镜研究.

1970 年,江崎与朱兆祥考虑到量子相干区域的尺度,首先提出了半导体超晶格的概念.这是按照一定的规则将一定厚度的纳米薄层人工堆积起来的结构.随后利用分子束外延技术,张立纲和江崎等制备了能隙大小不同的半导体多层膜,在实验中实现了量子阱和超晶格,观察到了极其丰富的物理效应,量子阱和超晶格的研究成为半导体物理学最热门的领域.

20 世纪 70 年代末到 20 世纪 80 年代初,对一些纳米颗粒的结构、形态和特性进行了比较系统的研究.描述金属颗粒费米面附近电子能级状态的久保理论日臻完善,在用量子尺寸效应解释超微颗粒的某些特性时获得成功.

1984 年,德国萨尔大学的 Gleiter 教授等人首次采用惰性气体凝聚法制备了具有清洁表面的纳米粒子,然后在真空室中原位加压成纳米固体,并提出了纳米材料界面结构模型.随后发现 CaF_2 纳米离子晶体和 TiO_2 纳米陶瓷在室温下出现良好韧性.使人们看到了陶瓷增韧的新的战略途径.

1985 年,Kroto 等采用激光加热石墨蒸发并在甲苯中形成碳的团簇.质谱分析发现 C_{60} 和 C_{70} 的新的谱线,而 C_{60} 具有高稳定性的新奇结构,即由 60 个碳原子组成封闭的足球型,它是由 32 面体构成,其中有 20 个六边形和 12 个五边形所构成.这种结构与常规的碳的同素异构体金刚石结构和石墨层状结构完全不同,而且物理性质也很奇特.纯 C_{60} 固体是绝缘体,用碱金属掺杂之后就成为具有金属性的导体,适当的掺杂成分可以使 C_{60} 固体成为超导体.Hebard 等首先发现了 K_3C_{60} 为 $T_c =$ 18K 的超导体;随后改变掺杂元素,获得了 T_c 更高的超导体:Cs_2RbC_{60} 为 33K;$Rb_{2.7}Tl_{2.2}C_{60}$ 为 45K.这些结果表明,掺杂 C_{60} 的 T_c 之高仅次于铜氧化物超导体的 T_c.同时,C_{60} 固体还在低温下呈现铁磁性.C_{60} 研究的热潮立即应运而来.

1990 年 7 月在美国巴尔的摩召开了国际第一届纳米科学技术学术会议,正式把纳米材料科学作为材料科学的一个新的分支公布于世.这标志着纳米材料学作为一个相对比较独立学科的诞生.从此以后,纳米材料引起了世界各国材料界和物理界的极大兴趣和广泛重视,很快形成了世界性的"纳米热".

同年,发现纳米颗粒硅和多孔硅在室温下的光致可见光发光现象.

1994 年在美国波士顿召开的 MRS 秋季会议上正式提出纳米材料工程.它是纳米材料研究的新领域,是在纳米材料研究的基础上通过纳米合成、纳米添加发展新型的纳米材料,并通过纳米添加对传统材料进行改性,扩大纳米材料的应用范围,开始形成了基础研究和应用研究并行发展的新局面.随后,纳米材料的研究内涵不断扩大,这方面的理论和实验研究都十分活跃.现在,人们关注纳米尺度颗粒、原子团簇,纳米丝、纳米棒、纳米管、纳米电缆和纳米组装体系.纳米组装体系是以纳米颗粒或纳米丝、纳米管为基本单元在一维、二维和三维空间组装排列成具有纳米结构的体系,如人造超原子体系、介孔组装体系、有序阵列等. 对于纳米组装体系,不仅包含了纳米单元的实体组元,而且还包括支撑它们的具有纳米尺度的空间的基体. 纳米材料包括零维、二维和三维材料. 在这个时期,国际上还把 0.1nm 至 100nm 的技术加工的公差作为纳米技术的标准. 1990 年在美国巴尔的摩召开了第一届纳米科技会议,统一了概念,正式提出纳米材料学、纳米生物学、纳米电子学和纳米机械学的概念,并决定出版《纳米结构材料》、《纳米生物学》和《纳米技术》的正式学术刊物. 从此以后,这些术语就广泛应用在国际学术会议、研讨会和协议书中.

纵观纳米材料发展的历史,大致可以划分为 3 个阶段,第一阶段(1990 年以前)主要是在实验室探索用各种手段制备各种材料的纳米颗粒粉体,合成块体(包括薄膜),研究评估表征的方法,探索纳米材料不同于常规材料的特殊性能. 对纳米颗粒和纳米块体材料结构的研究在 20 世纪 80 年代末期一度形成热潮. 研究的对象一般局限在单一材料和单相材料,国际上通常把这类纳米材料称纳米晶或纳米相(nanocrystalline or nanophase)材料. 第二阶段(1994 年前)人们关注的热点是如何利用纳米材料已挖掘出来的奇特物理、化学和力学性能,设计纳米复合材料,通常采用纳米微粒与纳米微粒复合(0-0 复合),纳米微粒与常规块体复合(0-3 复合)及发展复合纳米薄膜(0-2 复合),国际上通常把这类材料称为纳米复合材料. 这一阶段纳米复合材料的合成及物性的探索一度成为纳米材料研究的主导方向. 第三阶段(从 1994 年到现在)纳米组装体系(nanostructured assembling system)、人工组装合成的纳米结构的材料体系越来越受到人们的关注或者称为纳米尺度的图案材料(patterning materials on the nanometre scale). 它的基本内涵是以纳米颗粒以及纳米丝、管为基本单元在一维、二维和三维空间组装排列成具有纳米结构的体系,其中包括纳米阵列体系、介孔组装体系、薄膜嵌镶体系. 纳米颗粒、丝、管可以是有序地排列. 如果说第一阶段和第二阶段的研究在某种程度上带有一定的随机性,那么这一阶段研究的特点要强调按人们的意愿设计、组装、创造新的体系,更有目的地使该体系具有人们所希望的特性. 费曼曾预言"如果有一天人们能按照自己的意愿排列原子和分子……,那将创造什么样的奇迹。"就像目前用 STM 操纵原子一样,人工地把纳米微粒整齐排列就是实现费曼预言,创造新奇迹的起点. 美国加利福尼亚大学洛伦兹伯克力国家实验室的科学家在 Nature 上发表论文,指出纳米尺度的图案材料是现代材料化学和物理学的重要前沿课题. 可见,纳米结构的组装体系很可能成为纳米材料研究的前沿主导方向.

纳米材料研究的内涵不断扩大,第一阶段主要集中在纳米颗粒(纳米晶、纳米相、纳米非晶等)以及由它们组成的薄膜与块体,到第三阶段纳米材料研究对象又涉及到纳米丝、纳米管、微孔和介孔材料(包括凝胶和气凝胶),例如气凝胶孔隙率高于 90%,孔径大小为纳米级,这就导致孔隙间的材料实际上是纳米尺度的微粒或丝,这种纳米结构为嵌镶、组装纳米微粒提供一个三维空间.纳米管的出现,丰富了纳米材料研究的内涵,为合成组装纳米材料提供了新的机遇.

从几何角度来分析,纳米材料科学的研究对象还包括以下几个方面:横向结构尺寸小于100nm的物体;粗糙度小于100nm的表面;纳米微粒与多孔介质的组装体系;纳米微粒与常规材料的复合.

重点发展超高精度纳米结构材料的制备技术有如下几个方面:球磨和机械合金化工艺和技术;化学合成工艺和技术;等离子电弧合成技术;电火花制备技术;激光合成技术;生物学制备技术;磁控溅射技术;燃烧合成技术;喷雾合成技术.纳米材料的评价与测量技术,纳米微区的分析技术也应重点发展.

0.3　纳米材料与其他学科的交叉、渗透

纳米材料科学是原子物理、凝聚态物理、胶体化学、固体化学、配位化学、化学反应动力学和表面、界面科学等多种学科交叉汇合而出现的新学科生长点.纳米材料中涉及的许多未知过程和新奇现象,很难用传统物理、化学理论进行解释.从某种意义上来说,纳米材料研究的进展势必把物理、化学领域的许多学科推向一个新层次,也会给21世纪物理、化学研究带来新的机遇.

纳米材料为凝聚态物理提出许多新的课题,由于纳米材料尺寸小,可与电子的德布罗意波长、超导相干波长及激子玻尔半径相比拟,电子被局限在一个体积十分微小的纳米空间,电子运输受到限制,电子平均自由程很短,电子的局域性和相干性增强.尺度下降使纳米体系包含的原子数大大降低,宏观固定的准连续能带消失了,而表现为分立的能级,量子尺寸效应十分显著,这使得纳米体系的光、热、电、磁等物理性质与常规材料不同,出现许多新奇特性.如:金属纳米材料的电阻随尺寸下降而增大,电阻温度系数的下降甚至变成负值;相反,原是绝缘体的氧化物当达到纳米级,电阻反而下降;10～25nm的铁磁金属微粒矫顽力比相同的宏观材料大1000倍,而当颗粒尺寸小于10nm矫顽力变为零,表现为超顺磁性;纳米氧化物和氮化物在低频下,介电常数增大几倍,甚至增大一个数量级,表现为极大的增强效应;纳米材料(氧化物)对红外、微波有良好的吸收特性.作为微电子学的明星材料,半导体的硅表现出半导体特性,在动量空间,由于导带底和价带顶的垂直跃迁是禁阻的,通常没有发光现象,但当硅的尺寸达到纳米级(6nm)时,在靠近可见光范围内,就有较强的光致发光现象.多孔硅的发光现象也与纳米尺度有关.在纳米氧化铝、氧化钛、氧化硅、氧化锆中,也观察到常规材料根本看不到的发光现象.上述现象充分证明,纳米体系大大丰富了21世纪凝聚态物理学的研究范围.

纳米材料另一个重要特点是表面效应.随着粒径减小,比表面大大增加;粒径为5nm时,表面将占50%;粒径为2nm时,表面的体积百分数到80%.庞大的比

表面,键态严重失配,出现许多活性中心,表面台阶和粗糙度增加,表面出现非化学平衡、非整数配位的化学价,这就是导致纳米体系的化学性质与化学平衡体系出现很大差别的原因.

纳米材料在催化反应中具有重要作用. 通常的金属催化剂铁、钴、镍、钯、铂制成纳米微粒可大大改善催化效果. 粒径为 30nm 的镍可把有机化学加氢和脱氢反应速度提高 15 倍. 在环二烯的加氢反应中,纳米微粒做催化剂比一般催化剂的反应速度提高 10~15 倍. 在甲醛的氢化反应生成甲醇的反应中,以氧化钛、氧化硅、氧化镍加上纳米微粒镍、铷,反应速度大大提高,如果氧化硅等粒径达到纳米级,其选择性可提高 5 倍. 通过光催化从水、二氧化碳和氮气中提取有用物质. 例如,液体燃料一直是人们研究的重要课题,最近日本利用纳米铂作为催化剂放在氧化钛的载体上,在加入甲醇的水溶液中通过光照射成功地制取了氢,产出率比原来提高几十倍. 纳米微粒对提高催化反应效率、优化反应路径、提高反应速度和定向方面的研究是未来催化科学的重要研究课题,很可能给催化在工业的应用带来革命性的变革.

纳米合成为发展新型材料提供新的途径和新的思路. 非平衡动态的材料工艺学在 21 世纪将会有新的突破. 目前,在世界上的材料有近百万种,而自然的材料仅占 1/20,这就说明人工材料在材料科学发展中占有重要地位. 纳米尺度的合成为人们设计新型材料,特别是为人类按照自己的意愿设计和探索所需要的新型材料打开了新的大门. 例如,在传统相图中根本不共溶的两种元素或化合物,在纳米态下可以形成固溶体,制造出新型的材料. 铁铝合金、银铁和铜铁合金等纳米材料已在实验室获得成功. 利用纳米微粒的特性,人们可以合成原子排列状态完全不同的两种或多种物质的复合材料. 人们还可以把过去难以实现的有序相和无序相、晶态相和金属玻璃、铁磁相和反铁磁相、铁电相和顺电相复合在一起,制备出有特殊性能的新材料.

纳米材料的诞生也为常规的复合材料的研究增添了新的内容. 把金属的纳米颗粒放入常规陶瓷中可大大改善材料的力学性质,如纳米氧化铝粒子放入橡胶中可提高橡胶的介电性和耐磨性,放入金属或合金中可以使晶粒细化,大大改善力学性质;纳米氧化铝弥散到透明的玻璃中既不影响透明度又提高了高温冲击韧性;半导体纳米微粒(砷化镓、锗、硅)放入玻璃中或有机高聚物中,提高了三阶非线性系数;极性的钛酸铅粒子放在环氧树脂中出现了双折射效应;纳米磁性氧化物粒子与高聚物或其他材料复合具有良好的微波吸收特性;纳米氧化铝微粒放入有机玻璃(PMMA)中表现出良好的宽频带红外吸收性能. 最近,美国成功地把纳米粒子用于磁致冷上,8nm 钇铝铁石榴石或钆镓铁石榴石新型致冷材料,使致冷温度达到 20K. 纳米粒子与纳米粒子复合,受到世界各国极大的重视. 英国制定了一个很大的纳米材料发展计划,重点制备纳米氧化铝＋纳米氧化锆,纳米氧化铝＋纳米氧化硅,纳米氧化铝＋纳米氮化硅或碳化硅等新型纳米复合陶瓷.

纳米材料与医学药物领域的交叉是必然的发展趋势.美国 MIT 已成功研究了以纳米磁性材料为药物载体的靶向药物,称为"生物导弹",即在磁性三氧化二铁纳米微粒包敷蛋白质表面携带药物,注射进人体血管,通过磁场导航输运到病变部位释放药物,可减少肝、脾、肾等由于药物产生的副作用.纳米微粒在医疗临床诊断及放射性治疗等方面的应用,如在人体器官成像研究中,纳米微粒可以做为增强显示材料进入核磁共振生物成像领域.

0.4　纳米结构研究的进展和趋势

著名的诺贝尔奖金获得者费曼早就提出一个令人深思的问题:"如何将信息储存到一个微小的尺度？令人惊讶的是自然界早就解决了这个问题,在基因的某一点上,仅 30 个原子就隐藏了不可思议的遗传信息……,如果有一天人们能按照自己的意愿排列原子和分子,那将创造什么样的奇迹."今天,纳米结构的问世以及它所具有的奇特的物性正在对人们生活和社会的发展产生重要的影响,费曼的预言已成为世纪之交科学家最感兴趣的研究热点.

纳米结构体系是当前纳米材料领域派生出来的含有丰富的科学内涵的一个重要的分支学科,由于该体系的奇特物理现象及与下一代量子结构器件的联系,因而成为人们十分感兴趣的研究热点.20 世纪 90 年代中期,有关这方面的研究取得重要的进展,研究的势头将延续到 21 世纪的初期.

所谓纳米结构是以纳米尺度的物质单元为基础.按一定规律构筑或营造一种新的体系,它包括一维的、二维的、三维的体系.这些物质单元包括纳米微粒、稳定的团簇或人造超原子(artificial superatoms)、纳米管、纳米棒、纳米丝以及纳米尺寸的孔洞.我们知道,以原子为单元有序排列可以形成为有自身特点的,相对独立的一个新的分支学科.

关于纳米结构组装体系的划分至今并没有一个成熟的看法,根据纳米结构体系构筑过程中的驱动力是靠外因,还是靠内因来划分,大致可分为两类:一是人工纳米结构组装体系,二是纳米结构自组装体系.

所谓人工纳米结构组装体系,按人类的意志,利用物理和化学的方法人工地将纳米尺度的物质单元组装、排列构成一维、二维和三维的纳米结构体系,包括纳米有序阵列体系和介孔复合体系等.这里,人的设计和参与制造起到决定性的作用,就好像人们用自己制造的部件装配成非生命的实体(例如机器、飞机、汽车、人造卫星等)一样,人们同样可以形成具有各种对称性的和周期性的固体,人们也可以利用物理和化学的办法生长各种各样的超晶格和量子线.以纳米尺度的物质单元作为一个基元、按一定的规律排列起来、形成一维、二维、三维的阵列称之为纳米结构体系.

　　所谓纳米结构的自组装体系是指通过弱的和较小方向性的非共价键,如氢键、范德瓦耳斯键和弱的离子键协同作用把原子、离子或分子连接在一起构筑成一个纳米结构或纳米结构的花样.

　　纳米结构由于它具有纳米微粒的特性,如量子尺寸效应、小尺寸效应、表面效应等特点,又存在由纳米结构组合引起的新的效应,如量子耦合效应和协同效应等.其次,这种纳米结构体系很容易通过外场(电、磁、光)实现对其性能的控制,这就是纳米超微型器件的设计基础,从这个意义上来说,纳米结构体系是一个科学内涵与纳米材料尚存在既有联系,又有一定差异的一个新范畴,目前的文献上已出现把纳米结构体系与纳米材料并列起来的提法,也有人从广义上把纳米结构体系也归结为纳米材料的一个特殊分支.

　　近年来,纳米结构体系与新的量子效应器件的研究取得本世纪末引人注目的新进展,与纳米结构组装体系相关的单电子晶体管原型器件在美国研制成功,这是加利福尼亚大学洛杉矶分校(Universitv of California, Los Angeles)和 IBM 公司的华森研究中心(T. J. Watson Research(Center)共同合作研究的成果,他们出色的工作把 Nature 杂志副主编预计的单电子晶体管诞生的时间提前了 10 年.这种纳米结构的超小型器件功耗低,适合于高度集成,是 21 世纪新一代微型器件的基础;把两个人造超原子组合到一起,利用耦合双量子点的可调隧穿的库仑堵塞效应研制成超微型的开关;美国 IBM 公司的华森研究中心和加利福尼亚大学共同合作研制成功的室温下超小型激光器,主要设计原理是利用三维人造超原子组成纳米结构的阵列体系,通过控制量子点的尺寸及三维阵列的间距达到对发光波长的控制,从而使该体系的发光性质具有可调制性;美国贝尔实验室利用纳米硒化镉构成阵列体系,显示出波长随量子点尺寸可调制的红、绿、蓝光,实现了可调谐发光二极管的研制;半导体内嵌入磁性的人造超原子体系,如锰离子被注入到砷化镓中,经退火后生成了具有纳米结构的铁磁量子点阵列.每个量子点都是一个磁开关.上述工作都是近几年来纳米结构体系与微型器件相联系的具体例子,虽然仅是实验室的成果,但它却代表了纳米材料发展的一个重要的趋势,从这个意义上来说,纳米结构和量子效应原理性器件是目前纳米材料研究的前沿,并逐渐用自己制造的纳米微粒、纳米管、纳米棒组装起来营造自然界尚不存在的新的物质体系,从而创造新的奇迹.

　　从基础研究来说,纳米结构的出现,把人们对纳米材料出现的基本物理效应的认识不断引向深入.无序堆积而成的纳米块体材料,由于颗粒之间的界面结构的复杂性,很难把量子尺寸效应和表面效应对奇特理化效应的机理搞清楚.纳米结构可以把纳米材料的基本单元(纳米微粒、纳米丝、纳米棒等)分离开来,这就使研究单个纳米结构单元的行为、特性成为可能.更重要的是人们可以通过各种手段对纳米材料基本单元的表面进行控制,这就使我们有可能从实验上进一步调制纳米结构中纳米基本单元之间的间距,进一步认识他们之间的耦合效应. 因此,纳米结构出现的新现象、新规律有利于人们进一步建立新原理,这为构筑纳米材料体系的理论框架奠定基础.

0.5　纳米家族中的重要成员——纳米半导体

(1) 光学特性

半导体纳米粒子(1~100nm)由于存在着显著的量子尺寸效应,因此它们的光物理性质和化学性质迅速成为目前最活跃的研究领域之一,其中纳米半导体粒子所具有的超快速的光学非线性响应及(室温)光致发光等特性倍受世人瞩目. 通常当半导体粒子尺寸与其激子玻尔半径相近时,随着粒子尺寸的减小,半导体粒子的有效带隙增加,其相应的吸收光谱和荧光光谱发生蓝移,从而在能带中形成一系列分立的能级. 一些纳米半导体粒子,如 CdS,$CdSe$,ZnO 及 Cd_3As_2 所呈现的量子尺寸效应可用下列公式来描述:

$$E(r) = E_g(r = \infty) + \frac{h^2\pi^2}{2\mu r^2} - \frac{1.786e^2}{\varepsilon r} - 0.248E_{Ry}^* ,$$

式中 $E(r)$ 为纳米半导体粒子的吸收带隙,r 为粒子半径,$\mu = \left[\frac{1}{m_{e^-}} + \frac{1}{m_{h^+}} \right]^{-1}$ 为粒子的折合质量,其中 m_{e^-} 和 m_{h^+} 分别为电子和空穴的有效质量,第二项为量子限域能(蓝移),第三项为电子-空穴对的库仑作用能(红移),$E_{Ry}^* = \frac{\mu e^4}{2\pi^2h^2}$ 为有效的里德伯量. 由上式可以看出:随着粒子半径的减少,其吸收光谱发生蓝移. 近期研究表明:纳米半导体粒子表面经化学修饰后,粒子周围的介质可以强烈的影响其光学性质,表现为吸收光谱和荧光光谱发生红移,初步认为是由于偶极效应和介电限域效应造成的. 此外,对经十二烷基苯磺酸纳(DBC)修饰的 TiO_2 纳米粒子的荧光光谱和激发光谱研究表明:室温下,样品在可见区存在很强的光致发光,峰值位于560nm,而 TiO_2 体相材料在相同温度下却观察不到任何发光,这是由于体相半导体激子束缚能很小造成的. 对于经表面化学修饰的纳米半导体粒子,其屏蔽效应减弱,电子一空穴库仑作用增强,从面使激子结合能和振子强度增大,而介电效应的增加会导致纳米半导体粒子表面结构发生变化,使原来的禁戒跃迁变成允许,因此在室温下就可观察到较强的光致发光现象. 值得一提的是. 由 Ⅱ-Ⅳ 或 Ⅲ-Ⅴ 族元素组成的纳米半导体粒子的光致发光对于电子变体 NV^{2+} 是相当敏感的. 激光光解实验表明,NV^{2+} 捕获导带电子的时间小于 1ns,从而淬灭发光.

（2）光电转换特性

近年来，由纳米半导体粒子构成的多孔大比表面 PEC 电池具有优异的光电转换特性而备受瞩目. Gratzel 等人于 1991 年报道了经三双吡啶钌敏化的纳米 TiO_2 PEC 电池的卓越性能，在模拟太阳光源照射下，其光电转换效率可达 12%. 光电流密度大于 $12mA \cdot cm^{-2}$，这是由于纳米 TiO_2 多孔电极表面吸附的染料分子数比普通电极表面所能吸附的染料分子数多达 50 倍以上，而且几乎每个染料分子都与 TiO_2 分子直接接触，光生载流子的界面电子转移很快，因而具有优异的光吸收及光电转换特性. 继该工作之后，众多科学家对纳米晶体光伏电池进行了大量研究，发现 ZnO，CdSe，CdS，WO_3，Fe_2O_3，SnO_2，Nb_2O_5 等纳米晶光伏电池均具有优异的光电转换性能. 尽管如此，昂贵的染料敏化仍然是必须的，除此之外，由染料敏化的纳米晶光伏电池的光谱响应、光稳定性等仍有待进一步研究.

（3）电学特性

介电和压电特性是材料的基本特性之一. 纳米半导体的介电行为（介电常数、介电损耗）及压电特性同常规的半导体材料有很大不同，概括起来主要有以下几点：

（ⅰ）纳米半导体材料的介电常数随测量频率的减小呈明显上升趋势，而相应的常规半导体材料的介电常数较低，在低频范围内上升趋势远远低于纳米半导体材料.

（ⅱ）在低频范围内，纳米半导体材料的介电常数呈现尺寸效应，即粒径很小时，其介电常数较低，随粒径增大，介电常数先增加然后下降，在某一临界尺寸呈极大值.

（ⅲ）介电常数温度谱及介电常数损耗谱特征：纳米 TiO_2 半导体的介电常数温度谱上存在一个峰，而在其相应的介电常数损耗谱上呈现一损耗峰. 一般认为前者是由于离子转向极化造成的，而后者是由于离子弛豫极化造成的.

（ⅳ）压电特性：对某些纳米半导体而言，其界面存在大量的悬键，导致其界面电荷分布发生变化，形成局域电偶极矩. 若受外加压力使偶极矩取向分布等发生变化，在宏观上产生电荷积累，从而产生强的压电效应，而相应的粗晶半导体材料粒径可达微米数量级，因此其界面急剧减小（小于 0.01%），从而导致压电效应消失.

0.6　纳米材料在高科技中的地位

高技术是在前沿科学基础上发展起来的先进技术，它往往是工业革命的先导，也是技术竞争的"制高点"，在高技术基础上发展起来的高科技产业是衡量一个国家科学技术和经济实力的标志之一. 世纪之交的高技术主要体现在信息科学领域技术中,下一代的微电子学和光电子学朝什么样的方向发展,计算机的发展趋势是什么,光子计算机和生物计算机对新的材料和器件有什么样的要求,适应高技术发展的新的加工方式、新的制造技术、新的集成技术将发生什么样的变化,这是世界各国关注的重点,21 世纪的高技术会在这些重要的领域孕育而生. 当代的科学基础已为 21 世纪高技术的诞生奠定了理论基础. 纳米电子学、量子电子学和分子电子学现在还处于初级研究阶段,随着纳米科技的发展,高度集成化的要求,元件和材料的微小化,在集成过程中出现了许多传统理论无法解释的科学问题,传统的集成技术由于不能适应新的需求而逐渐被淘汰,在这种情况下以纳米电子学为指导的新的器件相继问世,速度之快出乎人们的预料. 1993 年,*Nature* 杂志副主编在该杂志上发表评论性的论文指出,以单电子隧道效应为基础的单电于晶体管很可能在 2000 年以后问世. 他的论文发表两年以后. 日本科学家率先在实验室里研制成功单电子晶体管,其使用的硅和二氧化钛的纳米尺寸达到了几个纳米. 近一两年来,美国普度大学也制造出在室温下就具有单电子隧道效应的单电子晶体管. 有人预计,单电子晶体管和超导相干器件以及微小磁场探测器很可能成为纳米电子技术的核心. 20 世纪 80 年代以来,电路元件微型化的速度是很快的,未来的 20 年电路元件尺寸将达到亚微米和纳米的水平,量子效应的原理性器件、分子电子器件和纳米器件成为电子工业的核心. 德国已开始对分子电子学进行研究,目的是为高速数据处理提供分子电子器件及阵列;日本已开始用分子电子器件、量子效应器件开发生物计算机. 在这些高技术集成的关键领域设计、材料和加工技术都需要创新,比如芯片中的各个元件之间的联系是靠耦合效应,而不是通过导线连接,纳米级的涂层材料及技术也将起关键的作用,纳米材料无疑将唱主角. 纳米尺寸的开关材料、敏感材料、纳米级半导体/铁电体、纳米级半导体/铁磁体、纳米金属/纳米半导体集成的超结构材料、单电子晶体管材料、用于存储的巨磁阻材料、超小型电子干涉仪所需材料、电子过滤器材料、智能材料、新型光电子材料等都是世纪之交,乃至 21 世纪电子工业的关键材料,这些材料都具有纳米结构.

　　高科技及其相应的产业在世界各国国民经济中都占有重要地位,日本半导体工业的崛起使它在世界上从 20 世纪 70 年代末到 80 年代成了家电及其他高科技产品的霸主. 20 世纪 70 年代末,美国芯片及计算机企业的崛起一直保持世界计算机霸主的地位,领导世界计算机潮流. 20 世纪 80 年代以来,美国电子工业的产品由于日本的崛起使它的市场每年递减 3%~5%,但从计算机等高科技产品上得到了补偿. 韩国在 20 世纪 80 年代末期在电子工业的高科技产品中抓住了机遇,一跃成为世界上电子产品的重要出口国家,并向日本提出了挑战. 我国台湾兴竹的高科技开发区的电子产品在 20 世纪 90 年代初期也得到了较快的发展,他们在厚膜电路、电子封装材料和陶瓷基板材料以及各种浆料的生产名列当今世界前茅. 我国现有 52 个高新技术开发区,高科技产品占国民经济总产值 2%~3%,目前还缺乏有显示度的在市场上有较强竞争力的高科技产品,如何改变这种局面,抓住机遇,参与国际竞争,纳米材料的应用为振兴我国高技术产业提供了机会. 在纳米器件和分子电子器件方面应布署力量选择条件好,实力强的科学院单位和高校的重点实验室进行目标明确的基础和应用研究,同时,用开发出来的纳米材料通过纳米复合对传统产业进行改造,提高高科技含量. 纳米材料在高科技领域的应用应注意以下几个方面:

（ⅰ）能源新型光电转换、热电转换材料及应用;高效太阳能转换材料及二次电池材料;纳米材料在海水提氢中的应用.

（ⅱ）环境:光催化有机物降解材料、保洁抗菌涂层材料、生态建材、处理有害气体减少环境污染的材料.

（ⅲ）功能涂层材料(具有阻燃、防静电、高介电、吸收散射紫外线和不同频段的红外吸收和反射及隐身涂层).

（ⅳ）电子和电力工业材料、新一代电子封装材料、厚膜电路用基板材料、各种浆料、用于电力工业的压敏电阻、线性电阻、非线性电阻和避雷器阀门;新一代的高性能 PTC,NTC 和负电阻温度系数的纳米金属材料.

（ⅴ）新型用于大屏幕平板显示的发光材料,包括纳米稀土材料.

（ⅵ）超高磁能第四代稀土永磁材料.

21 世纪特别引人注目的将是纳米半导体展现出广阔的应用前景.

虽然由于成本太高,目前已经商业化的光伏电池难以大规模推广应用. 但是自从 Gratzel 首次报道经染料敏化的纳米晶光伏电池优异的光电转换特性以来,各国科学家都被此所吸引,围绕纳米晶光伏电池的研究越来越热. 这是由于纳米晶光伏电池的制备较为简单,且具有较高的界面电荷转移效率. 利用太阳作为辐照光源即可获得较高的光电转换效率. 研究表明,除了纳米晶 TiO_2 光伏电池外,其他如 ZnO,Fe_2O_3,WO_3,SnO_2 等单一氧化物和 CdS 等单一硒化物纳米晶光伏电池亦显示出较好的光电转换特性.

纳米半导体粒子的高比表面、高活性、特殊的特性等使之成为应用于传感器方面最有前途的材料. 它对温度、光、湿气等环境因素是相当敏感的. 外界环境的改变会迅速引起表面或界面离子价态电子输运的变化,利用其电阻的显著变化可做成传感器,其特点是响应速度快、灵敏度高、选择性优良.

纳米半导体微粒是在纳米尺度原子和分子的集合体,这个过去从来没有被人们注意的非宏观、非微观的中间层次出现许多新问题,例如电子的平均自由程比传统固体的短,周期性被破坏,过去建立在平移周期上对电子的布洛赫波已不适用,建立在亚微米范围内的半导体 pn 结理论对于小于 10nm 的微粒已经失效. 对纳米尺度上电子行为的描述必须引入新的理论,这也将促进介观物理和混沌物理的发展.

目前,该领域的研究现况是:(ⅰ)在纳米半导体制备方面,追求获得量大、尺寸可控、表面清洁,制备方法趋于多样化,种类和品种繁多;(ⅱ)在性质和微结构研究上着重探索普适规律;(ⅲ)研究纳米尺寸复合,发展新型纳米半导体复合材料是该领域的热点;(ⅳ)纳米半导体材料的光催化及光电转换研究表现出诱人的前景.尽管纳米半导体研究刚刚起步,但它的一系列新奇特性能使它成为纳米材料科学的一个前沿领域,相信一定会有更新的突破.

第 1 章　纳米结构单元

构成纳米结构块体、薄膜、多层膜以及纳米结构的基本单元有下述几种.

1.1　团　　簇[1]

原子团簇是一类新发现的化学物种,是在 20 世纪 80 年代才出现的,原子团簇是指几个至几百个原子的聚集体(粒径小于或等于 1nm),如 Fe_n,Cu_nS_m,C_nH_m(n 和 m 都是整数)和碳簇(C_{60},C_{70} 和富勒烯等)等.

原子团簇研究是多学科的交叉,是跨合成化学、化学动力学、晶体化学、结构化学、原子簇化学等化学分支,又是跨原子、分子物理、表面物理、晶体生长、非晶态等物理学分支,也和星际分子、矿岩成因、燃烧烟粒、大气微晶等交叉.

原子团簇不同于具有特定大小和形状的分子、分子间以弱的结合力结合的松散分子团簇和周期性很强的晶体,原子团簇的形状可以是多种多样的,它们尚未形成规整的晶体,除了惰性气体外,它们都是以化学键紧密结合的聚集体.

原子团簇可分为一元原子团簇、二元原子团簇、多元原子团簇和原子簇化合物.一元原子团簇包括金属团簇(如 Na_n,Ni_n 等)和非金属团簇.非金属团簇可分为碳簇(如 C_{60},C_{70} 和富勒烯等.)和非碳簇(如 B,P,S,Si 簇等.).二元原子团簇包括 In_nP_m,Ag_nS_m 等.多元原子团簇有 $V_n(C_6H_6)_m$ 等.原子簇化合物是原子团簇与其他分子以配位化学键结合形成的化合物.

绝大多数原子团簇的结构不清楚,但已知有线状、层状、管状、洋葱状、骨架状、球状等等.

原子团簇有许多奇异的特性,如极大的比表面使它具有异常高的化学活性和催化活性、光的量子尺寸效应和非线性效应、电导的几何尺寸效应、C_{60} 掺杂及掺包原子的导电性和超导性、碳管、碳葱的导电性等等.

当前能大量制备并分离的团簇是 C_{60} 及富勒烯.20 世纪 80 年代,美国 Smalley 用激光烧蚀法获得了金属原子团簇.1985 年 Smalley 与英国的 Kroto 等人在瑞斯(Rice)大学的实验室采用激光轰击石墨靶,并用苯来收集碳团簇,用质谱仪分析发现了由 60 个碳原子构成的碳团簇丰度最高,通称为 C_{60},同时还发现 C_{70} 等团簇.众所周知,碳有两种同素异构体:一种是金刚石;一种是石墨.C_{60} 的发现大大丰富了人们对碳的认识,由 C_{60} 紧密堆垛组成了第三代碳晶体.20 世纪 80 年代末期,由 60 个碳原子组成的像足球的结构引起了人们极大的兴趣,掀起了探索 C_{60} 特殊的物理性质和微结构的热潮. 研究结果发现, C_{60} 是由 60 个碳原子排列于一个截角 20 面体的顶点上构成足球式的中空球形分子. 换句话说, 它是由 32 面体构成, 其中 20 个六边形, 12 个五边形, C_{60} 的直径为 0.7nm. 制备 C_{60} 常用的方法是采用两个石墨碳棒在惰性气体 (He, Ar) 中进行直流电弧放电, 并用围于碳棒周围的冷凝板收集挥发物. 这种挥发物中除了由 60 个碳原子构成的 C_{60} 外, 还含有 C_{70}, C_{20} 等其他碳团簇. 进一步研究表明, 构成碳团簇的原子数 (称为幻数) 为 20, 24, 28, 32, 36, 50, 60 和 70 的具有高稳定性, 其中又以 C_{60} 最稳定, 因此, 可以用酸溶去其他的碳团簇, 从而获得较纯的 C_{60}, 但往往在 C_{60} 中还混有 C_{70}.

1.2 纳 米 微 粒

纳米微粒是指颗粒尺寸为纳米量级的超细微粒, 它的尺度大于原子簇 (cluster), 小于通常的微粉. 通常, 把仅包含几个到数百个原子或尺度小于 1nm 的粒子称为 "簇", 它是介于单个原子与固态之间的原子集合体. 其研究从 20 世纪 70 年代中期开始[2]. 纳米微粒一般在 1~100nm 之间, 有人称它为超微粒子 (ultrafine particle), 也有人把超微粒范围划为 1~1000nm. 纳米微粒是肉眼和一般显微镜看不见的微小粒子. 大家知道, 血液中的红血球的大小为 200~300nm, 一般细菌 (例如, 大肠杆菌) 长度为 200~600nm, 引起人体发病的病毒尺寸一般为几十纳米, 因此, 纳米微粒的尺寸为红血球和细菌的几分之一, 与病毒大小相当或略小些, 这样小的物体只能用高倍的电子显微镜进行观察. 日本名古屋大学上田良二给纳米微粒下了一个定义: 用电子显微镜 (TEM) 能看到的微粒称为纳米微粒[3].

当小粒子尺寸进入纳米量级 (1~100nm) 时, 其本身具有量子尺寸效应, 小尺寸效应, 表面效应和宏观量子隧道效应, 因而展现出许多特有的性质, 在催化、滤光、光吸收、医药、磁介质及新材料等方面有广阔的应用前景, 同时也将推动基础研究的发展. 如 20 世纪 60 年代, 久保 (Kubo) 等人指出, 金属超微粒子中电子数较少, 因而不再遵守费米统计. 小于 10nm 的纳米微粒强烈地趋向于电中性[4]. 这就是久保效应 (详见 2.1.1 节), 它对微粒的比热, 磁化强度, 超导电性, 光和红外吸收等均有影响. 正因为如此, 有人试图把纳米微粒与基本粒子, 原子核、原子、分子、大块物质、行星、恒星和星系相提并论, 认为原子簇和纳米微粒是由微观世界向宏观世界的过渡区域, 许多生物活性由此产生和发展.

早在大约 1861 年, 随胶体化学 (colloid chemistry) 的建立, 科学家们就开始了对纳米微粒系统 (胶体) 的研究, 但真正有效地对分立的纳米微粒进行研究则始于 20 世纪 60 年代. 在过去近 30 年的时间内, 对各种纳米微粒的制备, 性质和应用研究做了大量工作. 近几年来对纳米微粒制备, 性质及其应用研究更加盛行, 获得了一系列的有意义的结果, 特别是对由纳米微粒构成的准一维、准二维和三维纳米结构材料的研究取得了从未有过的进展.

1.3　人 造 原 子

人造原子(artificial atoms)有时称为量子点,是 20 世纪 90 年代提出来的一个新概念. 所谓人造原子是由一定数量的实际原子组成的聚集体,它们的尺寸小于 100nm. 1996 年美国麻省理工学院的 Ashoori 写了一篇综述的文章[5],正式提出了人造原子的概念. 实际上,从 20 世纪 80 年代中期以后的文献中也出现过人造原子的概念. 人们曾把半导体的量子点称为人造原子. 1997 年美国加利福尼亚大学物理系的 McEuen 在 *Science* 上发表评论性的文章[6],系统地总结了近 10 年来关于人造原子的理论和实验工作,特别指出了研究人造原子的重要意义. 他把人造原子的内涵进一步扩大,从维数来看,包括准零维的量子点、准一维的量子棒和准二维的量子圆盘,甚至把 100nm 左右的量子器件也看成人造原子. 研究人造原子的意义在于当体系的尺度与物理的特征量相比拟时,量子效应十分显著,当大规模集成线路微细化到 100nm 左右,以传统观念、原理为基础的大规模集成线路的工作原理受到了严峻的挑战,量子力学原理将起重要的作用,电子在这样一个细微体系,即人造原子中运动的规律将出现经典物理难以解释的新现象,荷兰德尔夫特(Delft)大学和英国的剑桥大学卡文迪什实验室在 GaAs/GaAlAs 人造原子中观察到电子输运的量子化台阶现象. 在人造原子中电子波函数的相干长度与人造原子的尺度相当时,电子不再可能被看成是在外场中运动的经典粒子,电子的波动性在输运中得到充分的发挥,这将导致普适电导涨落,非局域电导等,因此,研究人造原子中电子的输运特性,特别是该系统表现出的独有的量子效应将为设计和制造量子效应原理性器件和纳米结构器件奠定理论基础.

人造原子和真正原子有许多相似之处. 首先,人造原子有离散的能级,电荷也是不连续的,电子在人造原子中也是以轨道的方式运动,这与真正原子极为相似. 我们知道,量子力学在处理氢原子的电子能级上是很成功的,通过薛定锷方程计算表明,电子能级是量子化的. 其次,电子填充的规律也与真正原子相似,服从洪德定则. 第一激发态存在三重态. 最近,荷德尔夫特大学将含有少量电子的圆环形的人造原子在磁场下进行光谱测量揭示了第一激发态的三重结构,从而提出了人造原子中的电子缺少自旋简并. 人造原子与真正原子的差别主要在于:一是人造原子含有一定数量的真正原子;二是人造原子的形状和对称性是多种多样,真正的原子可以用简单的球形和立方形来描述,而人造原子不局限于这些简单的形状,除了高对称性的量子点外,尺寸小于 100nm 的低对称性复杂形状的微小体系都可以称为人造原子;三是人造原子电子间强交互作用比实际原子复杂得多,随着人造原子中原子数目的增加,电子轨道间距减小,强的库仑排斥和系统的限域效应和泡利不相容原理使电子自旋朝同样方向进行有序排列. 因此,人造原子是研究多电子系统的最好对象;四是实际原子中电子受原子核吸引作轧道运动,而人造原子中电子是处于抛物线形的势阱中,具有向势阱底部下落的趋势,由于库仑排斥作用,部分电子处于势阱上部,弱的束缚使它们具有自由电子的特征. 人造原子还有一个重要特点是放入一个电子或拿出一个电子很容易引起电荷涨落,放人一个电子相当于对人造原子充电,这些现象是设计单电子晶体管的物理基础.

1.4　纳米管、纳米棒、纳米丝和同轴纳米电缆

随着科学技术的迅猛发展,人们需要对一些介观尺度的物理现象,如纳米尺度的结构、光吸收、发光以及与低维相关的量子尺寸效应等进行深入的研究. 另外,器件微小化对新型功能材料提出了更高的要求. 因此,20 世纪 80 年代以来,零维的材料取得了很大的进展[7],但准一维纳米材料的制备与研究仍面临着巨大的挑战. 自从 1991 年日本 NEC 公司饭岛(Iijima)等发现纳米碳管以来[8],立刻引起了许多科技领域的科学家们极大关注. 因为准一维纳米材料在介观领域和纳米器件研制方面有着重要的应用前景,它可用作扫描隧道显微镜(STM)的针尖、纳米器件和超大集成电路(ULSIC)中的连线、光导纤维、微电子学方面的微型钻头以及复合材料的增强剂等. 因此,目前关于一维纳米材料(纳米管、纳米丝、纳米棒和同轴纳米电缆)的制备研究已有大量报道,下面主要介绍碳纳米管、纳米棒、纳米丝和同轴纳米电缆.

1.4.1　碳纳米管[9~17]

早在 1970 年法国的奥林大学(UniverSity of Orleans)的 Endo 首次用气相生长技术制成了直径为 7nm 的碳纤维,遗憾的是,他没有对这些碳纤维的结构进行细致地评估和表征,因而并未引起人们的注意. 在对 C_{60},C_{70} 研究基础上,人们认识到有无限种近石墨结构可能形成. 直到 1991 年,美国海军实验室一个研究组提交一篇理论性文章,预计了一种碳纳米管的电子结构,但当时认为近期内不可能合成碳纳米管,因此,文章未能发表. 同年 1 月,日本筑波的 NEC 实验室的饭岛首次用高分辨电镜观察到了碳纳米管,这些碳纳米管是多层同轴管,也叫巴基管(Bucky tube). 几乎与此同时,莫斯科化学物理研究所的研究人员独立地发现了碳纳米管和纳米管束,但是这些碳纳米管的纵横比很小. 单壁碳纳米管是由美国加利福尼亚的 IBM Almaden 公司实验室 Bethune 等人首次发现的. 1996 年,美国著名的诺贝尔奖金获得者斯莫利(Smalley)等合成了成行排列的单壁碳纳米管束,每一束中含有许多碳纳米管,这些碳纳米管的直径分布很窄. 我国中国科学院物理研究所解思

深等人[10]实现了碳纳米管的定向生长,并成功合成了超长(毫米级)纳米碳管.下面分别对碳纳米管的结构、合成、性能及应用进行介绍.

(1) 结构

采用高分辨电镜技术对碳纳米管的结构研究证明,多层纳米碳管一般由几个到几十个单壁碳纳米管同轴构成,管间距为 0.34nm 左右,这相当于石墨的{0002}面间距.碳纳米管的直径为零点几纳米至几十纳米,每个单壁管侧面由碳原子六边形组成,长度一般为几十纳米至微米级,两端由碳原子的五边形封顶.单壁碳纳米管可能存在三种类型的结构,分别称为单臂纳米管、锯齿形纳米管和手性形纳米管,如图 1.1 所示.这些类型的碳纳米管的形成取决于碳原子的六角点阵二维石墨片是如何"卷起来"形成圆筒形的.

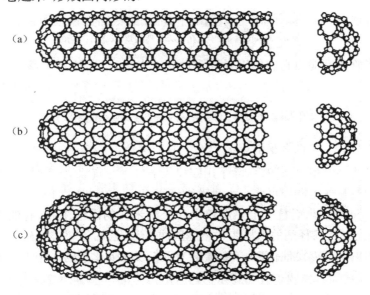

图 1.1　三种类型的碳纳米管
(a)单臂纳米管;(b)锯齿形纳米管;(c)手性纳米管

不同类型可依据一个碳纳米管的单胞来进行解释.图 1.2 中示出的 $OAB'B$ 方框为碳纳米管的一单胞,手性矢量 $C_h = na_1 + ma_2$,a_1 和 a_2 为单位矢量,n 向 m 为整数,手性角 θ 为手性矢量与 a_1 之前的夹角.在此图中 $n=4$,$m=2[(n,m)=(4,2)]$.为了形成纳米管,可以想象,这个单胞 $OAB'B$ 被卷起来,使 O 与 A,B 与 B' 相重合,端部用二分之一富勒烯封顶,从而形成碳纳米管,不同类型的碳纳米管具有不同的 m,n 值.

当石黑片卷起来形成纳米管的圆筒部分,手性矢量的端部彼比相重,手性矢量形成了纳米管圆形横截图的圆周,不同的 m 和 n 值导致不同纳米管结构.当 $n=m$,

$\theta=30°$时,形成单臂纳米管.当 n 或者 m 为 0,$\theta=0°$,则形成锯齿形纳米管.θ 处于 0°和 30°之间,形成手性纳米管.

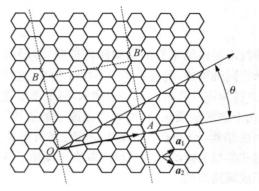

图 1.2 (n,m)=(4,2)时,二维石墨片上形成碳纳米管的单胞 $OAB'B$ 示意图
a_1 和 a_2 为单位矢量;手性角 θ 为手性矢量 C_h 与 a_1 夹角

碳纳米管的性能由它们的直径和手性角 θ 来确定,而这两个参数又取决于 n 和 m 值.直径 $d_t=(\sqrt{3}/\pi)a_{c-c}(m^2+mn+n^2)^{\frac{1}{2}}$,$a_{c-c}$ 为石墨片上近邻碳原子的间距,$\theta=\tan^{-1}[\sqrt{3}\,n/(2m+n)]$.

(2) 碳纳米管的合成

碳纳米管的制备方法很多.除了用碳棒作电极进行直流电弧放电法外[11,12],碳氢化合物的热解法也同样可获得大量碳纳米管[13,14].比利时的 Ivanov 等人通过乙炔在 Co 或 Fe 等催化剂粒子上热解长出几十纳米长的碳纳米管,有的为线圈形. Howard 在充氧及稀释剂的低压腔中燃烧乙炔、苯或乙烯等获得了碳纳米管.多壁碳纳米管的生长不需要催化剂,单壁碳纳米管仅仅在催化剂的作用下才能生长,但有催化剂的情况下也可能生长多壁碳纳米管[10].有人在电弧放电阳极碳棒尖端置入 Fe 或 Co 催化剂,获得了单壁碳纳米管.实验证明,碳纳米管直径分布的宽度和峰值取决于催化剂成分,生长温度及其他条件.

为了对碳纳米管进行定量的实验,1996 年,瑞斯大学 Tans 和 Smalley 等人[16]通过在一个 1200℃的炉中用激光蒸发碳靶,采用 Co-Ni 作催化剂获得了有序单壁碳纳米管束,由流动的 Ar 气将这些单壁碳纳米管束载入水冷的 Cu 收集器.在此之后,法国蒙彼利埃大学(University of Montpellier)的 Journet 等从采用碳弧法制备了类似的单壁碳纳米管的阵列,在此情况下,这些产物是由离子化的碳等离子体和等离子体的焦耳热产生的.现在其他一些小组在此两种方法基础上,稍加改变后合成了单壁纳米碳管束[9].

（3）特性和应用

碳纳米管具有独特的电学性质，这是由于电子的量子限域所致，电子只能在单层石墨片中沿纳米管的轴向运动，径向运动受限制，因此，它们的波矢是沿轴向的. 日本 NEC 公司的 Hamada 等计算了小直径碳纳米管的电子能量与波矢的关系（见图 1.3）. 图中的费米能级 $E_F=0$ 时，较低的能态为全占据态，较高能态为全空态. 可以看出，对于一个单臂（5,5）纳米管（a）和一个锯齿形（9,0）纳米管（b），只需要无

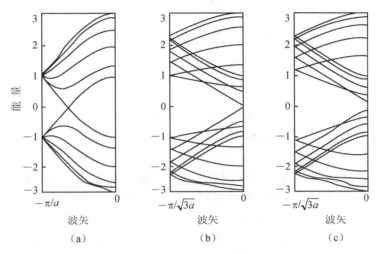

图 1.3　三种类型碳纳米管中电子能量随波矢的变化

每条曲线相当于一个单量子亚带，费米能 $E_F=0$，(a,b,c) 分别对应一个单壁(5,5)
纳米管，一个锯齿(9,0)纳米管和一个锯齿(10,0)纳米管

限小的能量就能将一个电子激发到一个空的激发态，这些纳米管具有金属性. 对于一个锯齿（10,0）纳米管（c），占据态和空态之间有一个有限的带隙，因此，这个纳米管是一个半导体. 计算结果表明，有三分之一的小直径碳纳米管是金属的，而其余为半导体，这种性质取决于它们的直径和手性角. 一般，当 $|n-m|=3q$（q 为整数）时，这种 (n,m) 碳纳米管为金属性的. 所有的单臂碳纳米管是金属性的，手性和锯齿纳米管中部分为金属，部分为半导体性的. 随着半导体纳米管直径的增加带隙变小，在大直径情况下，带隙为零. Smalley 等人[16]用扫描隧道显微镜（STM）测量出单个纳米管的手性角，区分出各个管子所属的类型，并通过测量电流-电压曲线，由此测量出隙值 E_g，并与理论计算 E_g 进行比较，结果发现部分纳米管的 E_g 为 0.5～0.6eV，其他为约 1.7～2.0eV，后者与预计的金属纳米碳管的 E_g（=1.6～1.9eV）一致，前者与预计的半导体能隙（约 0.5eV）一致. Tans 和 Smalley 等[16]测量单根碳纳米管的电流-电压曲线，结果表明，电流随电压呈阶梯形上升（见图1.4）. 此外，碳纳米管的电导高于 Cu，在低温（4.2K）下电导随外加磁场的变化涨落现象，这种涨

落是叠加在弱局域态和朗道电导上.

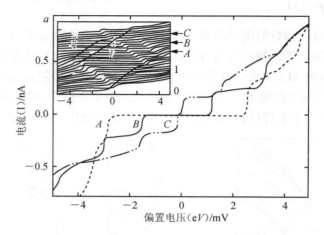

图 1.4　碳纳米管的电流(I)-偏置电压(V)曲线

A:门电压为 88.2mV;B:104.1mV;C:120mV,插图为门电压由

下部的 50mV 增加至上部曲线的 136mV 时的电流-电压曲线

　　计算结果表明,共轴的金属-半导体和半导体-金属纳米管对是稳定的. 因此,纳米尺度元件可在两个共轴纳米管或纳米管之间的结的基础上设计. 可以想象纳米尺度电子元件可完全由碳来做成,这种元件同时具有金属和半导体性质.

　　碳纳米管拉曼散射谱的结果表明,主要由(9,9)和(10,10)单臂的碳纳米管构成的束具有许多种拉曼活性模,其中频率在 $1580cm^{-1}$ 附近的大量振动模与碳纳米管的直径无关,而频率在 $168cm^{-1}$ 左右的强振动模与直径密切相关,在拉曼谱上表现为随测量时激光频率的改变,前者的拉曼峰强无明显变化,后者明显改变,这是由于不同光频率下,不同直径碳纳米管处于共振状态所致[9].

　　碳纳米管具有与金刚石相同的热导和独特的力学性质. 理论计算表明,碳纳米管的抗张强度比钢的高 100 倍;由碳纳米管悬臂梁振动测量结果可以估计出它们的杨氏模量高达 1TPa 左右;延伸率达百分之几,并具有好的可弯曲性;单壁纳米碳管可承受扭转形变并可弯成小圆环,应力卸除后可完全恢复到原来状态;压力不会导致碳纳米管的断裂. 这些十分优良的力学性能使它们有潜在的应用前景. 例如,它们可用作复合材料的增强剂.

　　碳纳米管可用于场发射、微电极和 SPM 探针显微镜的针尖等. 碳纳米管与其他材料形成的复合材料电导大大增强,因此,用在低粘滞性的复合材料中喷在表面上可作导电漆或涂层. 由于碳纳米管很小,因此,与高分子的复合材料可形成各种特殊的形状. 碳纳米管与金属形成隧道结可用作隧道二极管. 碳纳米管可用作模板,合成纳米尺度的复合物,例如低表面张力的液态 S,Cs,Rb,V_2O_5,Se,PbO,Bi_2O_3 可进入碳纳米管的孔内形成复合纤维;通过金属熔体的压入孔中或金属硝酸盐进入孔后经还原处理可得到碳纳米管与金属丝复合丝;高温下碳纳米管与氧化物或碘化物一起焙烧可获得纳米尺度的碳化物丝,例如碳化钛、碳化铁、碳化铌等纳米丝. 碳纳米管也是很好的贮氢材料. 碳纳米管形成的有序纳米孔洞厚膜有可能用于锂离子电池,在此厚膜孔内填充电催化的金属或合金后可用来电催化 O_2 分解和甲醇的氧化[17].

应当指出,除了碳纳米管外,人们已合成了其他材料的纳米管,如 WS_2[18], MoS_2[19],BN[20,21],$B_xC_yN_z$[22~24],类酯体[25],MCM-41 管中管[26,27],肽[28],水铝英石[29],β(或 γ)环糊精纳米管聚集体[30],$NiCl_2$ 纳米管[31]以及定向排列的氮化碳纳米管[32]等.

1.4.2　纳米棒、纳米丝和纳米线

准一维实心的纳米材料是指在两维方向上为纳米尺度,长度比上述两维方向上的尺度大得多,甚至为宏观量的新型纳米材料. 纵横比(长度与直径的比率)小的称为纳米棒,纵横比大的称作纳米丝. 至今,关于纳米棒与纳米丝之间并没有一个统一的标准,在本书中把长度小于 $1\mu m$ 的纳米丝称为纳米棒,长度大于 $1\mu m$ 的称为纳米丝或线. 半导体和金属纳米线通常称为量子线. 下面介绍纳米丝和纳米棒的合成方法.

(1) 纳米碳管模板法

近年来,经许多科学家的不断探索,已经成功地采用纳米碳管为模板合成了多种碳化物和氮化物的纳米丝和纳米棒.

1994 年 2 月,美国亚利桑那大学材料科学与工程系 Zhou 等[33]首次用碳纳米管作为先驱体,在流动氩(Ar)气保护下让其与 SiO 气体于 1700℃反应,合成了长度和直径均比碳纳米管相应尺度大一个数量级的实心、"针状"碳化硅(SiC)晶须. 该过程中的总反应式为

$$2C(S)+SiO(V)\longrightarrow SiC(S)+CO(V), \qquad (1.1)$$

式中 S 为固态,V 为蒸气. 分析指出,在没有金催化剂条件下,用碳纳米管先驱体之所以能合成出实心的 SiC 晶须,是因为碳纳米管自身高的活性和它的几何构型对晶须的形成和生长起了决定性的作用.

时隔一年之后(1995 年 3 月),美国哈佛大学化学系戴宏杰(H. J. Dai)[34]将碳纳米管与具有较高蒸气压的氧化物或卤化物反应,成功地合成了直径为 $2\sim30nm$、长度达 $20\mu m$ 的碳化物(TiC,SiC,NbC,Fe_3C 和 BC_x)实心纳米丝,并给出了如图 1.5 所示的普适反应模式.

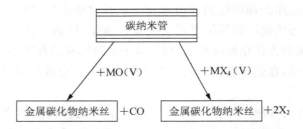

图 1.5　用碳纳米管模板法合成碳化物纳米丝的反应机理示意图

MO 表示易挥发的金属或非金属氧化物；

MX_4 表示易挥发的金属或非金属卤化物

1997 年，我国清华大学物理系韩伟强（W. Q. Han）等[35~37]在用碳纳米管与 Si-SiO_2 的混合物反应制备 SiC 纳米丝时发现，反应物碳纳米管的直径为 13~16nm、管壁厚度为 4~6nm，合成的 SiC 纳米丝的直径却为 3~40nm，这远远偏离了先驱体碳纳米管的起始直径. 他们对此现象作了深入的理论分析和计算，指出在反应过程中，首先是固态 Si 和 SiO_2 反应生成 SiO 气体

$$Si(S) + SiO_2(S) \longrightarrow 2SiO(V). \tag{1.2}$$

然后，生成的 SiO 气体与碳纳米管反应，生成 SiC 纳米丝

$$SiO(V) + 2C(纳米管) \longrightarrow SiC(纳米丝) + CO(V). \tag{1.3}$$

但是，固态的碳纳米管不能直接提供生长 SiC 纳米丝所需的全部碳源，即在反应过程中，SiC 中的碳除了来源于碳纳米管之外，另一部分碳来源于反应式（1.3）右边的生成物 CO 气体，即在上述反应进行的同时，伴随着反应（1.4）

$$SiO(V) + CO(V) \longrightarrow SiC(S) + CO_2(V) \tag{1.4}$$

的进行. 同时，这些新生成的 SiC 沉积在反应（1.3）生成的 SiC 丝上，这就导致这些 SiC 丝变粗. 若反应（1.4）生成的 $CO_2(V)$ 扩散到未反应的碳纳米管表面上，则又发生下面的反应：

$$C(纳米管) + CO_2(V) \longrightarrow 2CO(V), \tag{1.5}$$

这就导致尚未反应的碳纳米管的直径小于起始直径. 再由这些小直径的碳纳米管反应生成的 SiC 纳米丝的直径必然要小一些. 这是为什么生成物 SiC 丝的直径远远偏离先驱体碳纳米管的起始直径的原因.

这一发现意味着气相活性基团有可能在碳纳米管内独立地进行反应生长，从而有可能合成非碳化物的一维纳米线. 基于上述分析，他们成功地合成了一维氮化物纳米丝. 具体过程如下：首先将 Si-SiO_2 混合粉末放入位于石英管中部的坩埚底部，坩埚中放一多孔隔板将混合粉末与其上面的碳纳米管隔开，然后在石英管中通入 N_2 气，加热炉将坩埚区加热到 1673K. 在碳纳米管层的内部，由下而上的 SiO 气体（由坩埚底部的 Si 和 SiO_2 反应得到）与由上而下的 N_2 气在碳纳米管层中反应，在碳纳米管的空间限制作用下，合成了直径为 4~40nm、长度达几个微米的

β-Si$_3$N$_4$, a-Si$_3$N$_4$ 和 Si$_2$N$_2$O 纳米丝的混合物[38]，其反应式为

$$3SiO(V)+3C(纳米管)+2N_2(V)\longrightarrow Si_3N_4(纳米丝)+3CO(V), \quad (1.6)$$

$$2SiO(V)+C(纳米管)+N_2(V)\longrightarrow Si_2N_2O(纳米丝)+CO(V). \quad (1.7)$$

在合成氮化硅纳米丝的基础上，他们采用图 1.6 的装置，将 Ga-Ga$_2$O$_3$ 的混合粉末置于刚玉坩埚的底部，碳纳米管仍放在多孔氧化铝隔板的上面，通入 NH$_3$ 气，加热到 1173K. 在碳纳米管层内部，由下而上的 Ga$_2$O 气体与由上而下的 NH$_3$ 气及碳纳米管自身反应，在碳纳米管的空间限制作用下，成功地合成了直径为 4～50nm、长度达 25μm 的 GaN 纳米丝[39]，其具体的化学反应式为

$$4Ga+Ga_2O_3\longrightarrow 3Ga_2O(V) \quad (1.8)$$

$$2Ga2O(V)+C(碳纳米管)+4NH_3(V)\longrightarrow$$

$$4GaN(纳米丝)+H_2O(V)+CO(V)+5H_2(V), \quad (1.9)$$

这种方法最可能的生长机理是，先驱体碳纳米管的纳米空间为上述气相化学反应提供了特殊的环境，为气相的成核以及核的长大提供了优越的条件. 碳纳米管的作用就像一个特殊的"试管"，一方面它在反应过程中提供所需的碳源，消耗自身，另一方面，提供了形核场所，同时，又限制了生成物的生长方向. 可以断言，在相同的反应条件下，碳纳米管内的合成反应与管外的反应是不同的. 纳米尺寸的限制将会使一些常态下难以进行的反应在纳米空间内可以进行. 这为成功地制备一维实心纳米线提供了一条新途径，可望用此法制备多种材料的一维纳米线.

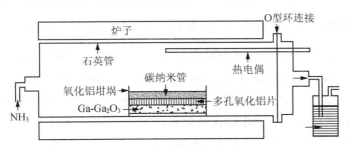

图 1.6　用碳纳米管模板法合成 CaN 纳米丝的装置示意图[40]

（2）晶体的气-固（vapor-solid，VS）生长法

1997 年美国哈佛大学 Yang 等[40～42]用改进的晶体气-固生长法制备了定向排列的 MgO 纳米丝. 方法如下：用 1：3 重量比混合的 MgO 粉（200 目）与碳粉（300目）作为原材料，放入管式炉中部的石墨舟内，在高纯流动 Ar 气保护下将混合粉末加热到约 1200℃，则生成的 Mg 蒸气被流动 Ar 气传输到远离混合粉末的纳米丝"生长区". 在生长区放置了提供纳米丝生长的 MgO(001)衬底材料，该 MgO(001)衬底材料预先经过用 0.5mol/L 的 NiCl$_2$ 溶液 1～30min 处理，在其表面上形成了许多纳米尺度的凹坑或蚀丘. Mg 蒸气被输运到这里后，首先在纳米级凹坑或蚀丘

上形核,再按晶体的气-固生长机制在衬底上垂直于表面生长,形成了直径为 $7\sim$ 40nm、高度达 $1\sim3\mu m$ 的 MgO 纳米丝"微型森林". 这里需要指出的是,凹坑或蚀丘为纳米丝提供了形核位置,并且它的尺寸限定了 MgO 纳米丝的临界形核直径,从而使 MgO 生长成直径为纳米级的丝.

(3) 选择电沉积法制备磁性金属纳米线

1997 年 Fasol 等[43,44]用选择电沉积法制备了磁性坡莫合金纳米线. 基本过程如下:首先用分子束外延法在未掺杂的 InP 衬底上生长一系列的 InGaAs 和 InAlAs薄层. 这种调制掺杂结构中特殊的导带和价带调节作用使电子从重掺杂的 13nm 厚 InAlAs 层流入 4nm 厚的 InAs 层成为"导电层". 用这个多层膜结构的垂直剖面作为电镀时的阴极,用柠檬酸镍和柠檬酸铁的混合水溶液作为电解液,镍丝作为阳极. 电解液中金属铁、镍离子的沉积需要金属离子与电子的中和,由于阴极多层膜结构中仅 4nm 厚的 InAs 层能提供电子,所以只在此处发生"选择"电沉积. 选择. InAs 材料的原因是 InAs 的费米能级被钉扎在导带中,因此,可以避免 GaAs 和其他Ⅲ-Ⅴ族材料中通常存在的表面耗尽层,电子可以自由地从 InAs 层流向电解液. 这样就仅在 4nm 厚的 InAs 层上沉积出铁镍合金纳米线. 可以预言,如果能把 InAs 层制作成具有一定形状与功能的电路,则可用这种技术制备具有特定功能的纳米电路.

(4) 激光烧蚀与晶体的气-液-固生长法相结合,生长Ⅳ族半导体纳米线

1998 年 1 月,美国哈佛大学 Morales 和 Lieber 报道了用激光烧蚀法与晶体生长的气-液-固(VLS)法相结合,生长 Si 和 Ge 纳米线的技术[45]. 在该法中,激光烧蚀的作用在于克服平衡态下团簇尺寸的限制,可形成比平衡状态下团簇最小尺寸还要小的直径为纳米级的液相催化剂团簇,而该液相催化剂团簇的尺寸大小限定了后续按 VLS 机理生长的线状产物的直径. 他们分别以 $Si_{0.9}Fe_{0.1}$,$Si_{0.9}Ni_{0.1}$ 和 $Si_{0.999}Au_{0.01}$ 作为靶材,用该法制备了直径为 $6\sim20nm$、长度为 $1\sim30\mu m$ 的单晶硅纳米线. 同时,也以 $Ge_{0.9}Fe_{0.1}$ 为靶材,用该法合成了直径 $3\sim9nm$、长度 $1\sim30\mu m$ 的单晶 Ge 纳米线. 这种制备技术具有一定的普适性,只要欲制备的材料能与其他组分形成共晶合金,则可根据相图配制作为靶材的合金,然后按相图中的共晶温度调整激光蒸发和凝聚条件,就可获得欲制备材料的纳米线. 他们预言,还可用该法制备 SiC,GaAs,Bi_2Te_3 及 BN 纳米线,甚至有可能制备金刚石的纳米线.

(5) 金属有机化合物气相外延与晶体的气-液-固生长法相结合,生长Ⅲ-Ⅴ族化合物半导体纳米线

日本日立公司报道了用金属有机化合物气相外延法(MOVPE)与晶体的气-

液-固(VLS)生长法相结合,生长 GaAs[46,47] 和 InAs[47~50] 纳米线. 其中 GaAs 纳米线生长工艺中的实质部分可简要地用图 1.7 表示. 首先,用真空蒸镀法将 Au 沉积在 GaAs 衬底的表面[图 1.7(a)],Au 沉积层的平均厚度不超过 0.1nm. 然后,以 TMG(三甲基镓)和 AsH₃ 为原料,将表面沉积有 Au 层的 GaAs 衬底置于金属有机化合物气相外延装置中,在合适的条件下就可在 GaAs 衬底上生长 GaAs 的纳米线. 用这种方法获得的 GaAs 纳米线长 1~5μm、直径 10~200nm.

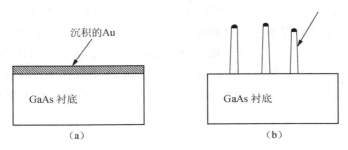

图 1.7 GaAs 纳米线生长工艺示意图
(a)沉积 Au 层;(b)用 MOVPE 法生长 GaAs 纳米线

　　InAs 纳米线的生长过程与 GaAs 纳米线的生长过程类似,其主要区别是,(ⅰ)衬底既可用 GaAs,也可用 InAs;(ⅱ)原材料中用 TMI(三甲基铟)代替 TMG. 这种方法获得的 InAs 纳米线最细可达 20nm. 分析表明,这种方法之所以能生长出纳米线,是因为沉积在表面的 Au 对纳米线的形成具有催化作用. 以在 InAs 衬底上生长 InAs 纳米线为例,图 1.8 示出了沉积在表面的 Au 原子可作为液相形成

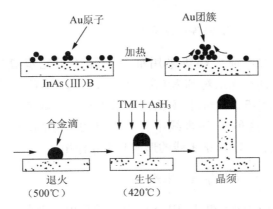

图 1.8 在 Au 催化作用下 InAs 纳米线按 VLS 机理生长示意图

剂,它在 InAs 纳米线的生长过程中具有催化作用,并使 InAs 纳米线按 VLS 机制生长. 其详细过程可表述为,当单层 Au 原子沉积在 InAs 衬底表面以后,Au 原子就在 InAs(111)的表面形成团簇,在 AsH₃ 气氛中于 500℃退火时,Au 与 InAs 衬

底中的 In 形成 Au/In 合金(其共晶温度为 450℃)液滴. 当在具有 TMI 和 AsH_3 气氛的 MOPVE 系统中加热到 420℃时,Au/In 合金液滴吸收周围气氛中的 In 和 As,沉积出的 InAs 继续生长,则形成细而长的 InAs 纳米线.

(6) 溶液-液相-固相生长法制备Ⅲ-Ⅴ族半导体纳米线

美国华盛顿大学 Buhro 等采用溶液-液相-固相(SIS)法,在低温下(165~203℃)合成了Ⅲ-Ⅴ族化合物半导体(InP,InAs,GaP,GaAs)纳米线[51,52]. 这种方法生长的纳米线为多晶或近单晶结构,纳米线的尺寸分布范围较宽,其直径为 20~200nm、长度为约 $10\mu m$. 分析表明,这种低温 SLS 生长方法的机理类似于上述的 VLS 机理,生长过程如图 1.9 所示. 与 VLS 机制的区别仅在于,按 VLS 机制生长过程中,所需的原材料由气相提供,而按 SLS 机制生长过程中所需的原材料是从溶液中提供的.

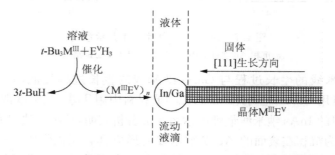

图 1.9　用 SLS 法生长Ⅲ-Ⅴ族化合物半导体纳米线示意图

(7) 用高温激光蒸发法制备硅纳米线

1998 年,北京大学俞大鹏等采用准分子脉冲激光蒸镀的方法,使用波长 248nm 的准分子脉冲激光束对 Si 粉(含有杂质 Fe)与 Ni,Co 粉的混合粉末靶进行轰击,获得了直径为 15±3nm、长度从几十微米到上百微米的 Si 纳米线[53~57]. 高分辨电镜分析表明,这种 Si 纳米线中含有大量的微孪晶、堆垛层错以及小角晶界[57],这些缺陷的存在对 Si 纳米线的形成起重要作用.

(8) 简单物理蒸发法制备硅纳米线

1998 年,北京大学俞大鹏(D. PJ. Yu)等采用简单物理蒸发法成功地制备了硅纳米线[58,59]. 其具体方法是,将经过 8 小时热压的靶(95%Si,5%Fe)置于石英管内,石英管的一端通入 Ar 气作为载气,另一端以恒定速率抽气,整个系统在 1200℃保温 20h 后,在收集头附近管壁上可收集到直径为 15±3nm、长度从几十微米到上百微米的 Si 纳米线[58]. 进一步研究表明[58],(ⅰ)石英管内气压对纳米线的直径有很大影响,随着气压升高,纳米线的直径有明显的增大;(ⅱ)催化剂是 Si 纳米线生长必不可少的条件,在有催化剂的条件下,Si 纳米线的生长分为两个阶段,即低共熔液滴的形成和基于气-液-固(VLS)机制的 Si 纳米线生长.

(9) 高温气相反应合成 GaN 纳米单晶丝[60]

纳米 GaN 丝合成装置如图 1.10 所示. 在管式炉中部放置一刚玉坩埚,其中放置摩尔比为 4∶1 的金属 Ga 细块与 Ga_2O_3 粉末,在其上平放一个多孔 Mo 网,在 Mo 网上放置通孔的 Al_2O_3 阵列模板. 经机械泵抽真空后通入 NH_3 气体,经多次抽排后,使炉内只存纯净的 NH_3 气,然后加热使炉温保持在 900℃,NH_3 气流量稳定在 300ml/min,这时炉内发生如下反应:

$$Ga_2O_3(S) + 4Ga(L) \longrightarrow 3Ga_2O(V) \tag{1.10}$$

$$Ga_2O(G) + 2NH_3(G) \longrightarrow 2GaN(S) + H_2O(G) + 2H_2(G), \tag{1.11}$$

式中 S,L,V 和 G 分别表示固态,液态,蒸气态和气态. 经 2h 反应后,停止加热,待温度降至室温,从氧化铝模板表面收集到丝状的单晶纳米 GaN 丝(见图 1.11).

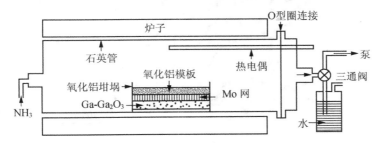

图 1.10　高温气相反应合成 GaN 纳米丝装置示意图

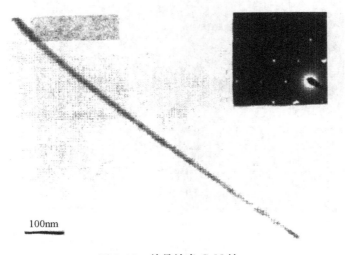

图 1.11　单晶纳米 GaN 丝

（10）纳米尺度液滴外延法合成碳化硅纳米线

　　中国科学院固体物理研究所孟国文等用该法制备碳化硅纳米线的具体过程如下：将含有 $Fe(NO_3)_3$ 的柱状活性碳置于炉内，抽真空后通入 0.1MPa 的高纯 Ar 气. 然后经 4 小时加热到 1200℃. 接着，以 H_2 气为载气将四氯化硅载人炉内，经 1200℃保温 1.5h，整个过程中一直通入 Ar 气（1500ml/min），以保证管道气路畅通无阻. 在 1200℃下，$SiCl_4$ 与 H_2 反应生成 Si，由于活性碳中的 Fe 的催化作用，Si 与 C 反应生成了单晶纳米碳化硅线，直径为 10nm 左右，长度为几微米至十几微米（见图 1.12）.

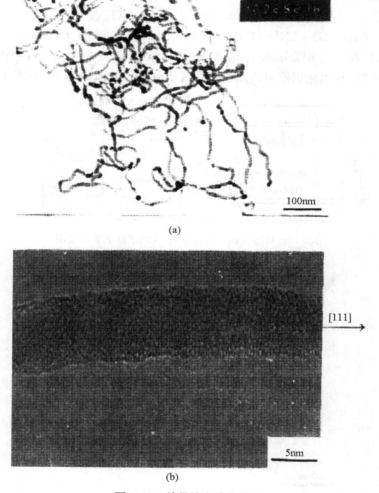

（a）

100nm

[111]

5nm

（b）

图 1.12　单晶纳米碳化硅丝

（a）合成产物的透射电镜形貌像；（b）单根 β-SiC 纳米线的高分辨电镜晶格条纹像

（11）溶胶-凝胶与碳热还原法合成碳化硅和氮化硅纳米线

　　孟国文等以纯试剂正硅酸乙酯（TEOS）、无水乙醇（EtOH）、蔗糖（$C_{12}H_{22}O_{11}$）和蒸馏水为原料，用硝酸为催化剂，采用溶胶-凝胶工艺制备含有蔗糖的二氧化硅溶胶，其中 TEOS：EtOH：H_2O 的摩尔比为 1：4：12.5，蔗糖的加入量使最终凝胶中碳与二氧化硅中硅的摩尔比为 4.1：1. 上述试剂均匀混合后经 90℃烘干，再经 700℃在 N_2 气中加热 2h 获得含碳的 SiO_2 干凝胶. 将含碳 SiO_2 干凝胶块体放入炉内的高纯石墨坩埚中，在流动 Ar 气保护下（1500ml/min），以 14℃/min 的升温速率加热至 1650℃，保温 2.5h，然后炉冷到室温. 结果获得了碳化硅纳米丝，直径为 15～50nm，长度 20～50μm，晶型为 β-SiC.

　　这种方法同样可以用来制备氮化硅纳米线，所不同的是（ⅰ）碳热还原是在 N_2 气氛下进行，而不是 Ar 气；（ⅱ）反应温度是 1430℃. 用这种方法成功地合成了直径为 20～50nm，长度为 20～50μm，晶型为 α 相（见图 1.13）.

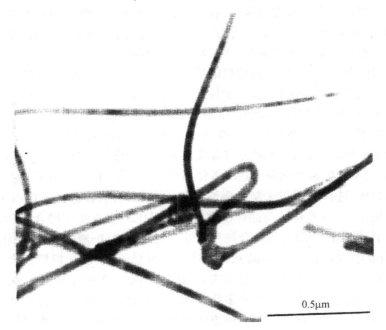

0.5μm

图 1.13　氮化硅纳米丝

1.4.3　同轴纳米电缆

　　同轴纳米电缆是指芯部为半导体或导体的纳米丝，外包敷异质纳米壳体（导体或非导体），外部的壳体和芯部丝是共轴的. 由于这类材料所具有的独特的性能、丰富的科学内涵、广泛的应用前景以及在未来纳米结构器件中占有的战略地位,因此,近年来引起了人们极大的兴趣. 1997 年,法国科学家 Colliex 等[61]在分析电弧放电获得的产物中,发现了三明治几何结构的 C-BN-C 管,由于它的几何结构类似于同轴电缆,直径又为纳米级,所以称其为同轴纳米电缆(coaxial nanocable). 他们的制备方法是用石墨阴极与 HfB_2 阳极在 N_2 气氛中产生电弧放电. 阳极提供 B,阴极提供 C,N_2 气氛提供 N,Hf 作为催化剂. 在获得的产物中,部分产物为同轴纳米电缆,外径为 4~12nm,主要有两种结构:一种是中心为 BN 纳米丝,外包石墨,另一种是芯部为纳米碳丝,外包 BN,最外层的壳体为碳的纳米层,形成了 C-BN-C 三明治结构. 1998 年 8 月,日本 NEC 公司张跃刚(Y. G. Zhang)等[62]用激光烧蚀法合成了直径为几十纳米,长度达 $50\mu m$ 的同轴纳米电缆. 他们的实验表明,如果原材料仅使用 BN,C,SiO_2 的混合粉末,则形成内部为 β-SiC 芯线,外层为非晶 SiO_2 的单芯线纳米电缆;如果在原材料中再加入 Li_3N,则形成另外一种结构的同轴纳米电缆,即芯部为 β-SiC,中间层为非晶 SiO_2,最外层为石墨型结构的 BNC.

同轴纳米电缆主要研究内容包括新合成方法的探索,微结构的表征和物性的探测. 如何制备出纯度高、产量大的、直径分布窄的纳米电缆,如何探测单个纳米电缆的物性一直是人们关注的焦点. 总的发展趋势是继续探索新的合成技术,发展同轴纳米电缆的制备科学,获得高质量的同轴纳米电缆;发展微小试样的探测技术,实现对同轴纳米电缆力学性质、光学性质、热学性质和电学性质的测量,为建立准一维纳米材料理论框架和开发纳米电缆的应用奠定基础.

纳米电缆的合成是在其他准一维纳米材料制备方法的基础上发展起来的,在过去的十多年里,人们利用各种方法合成了多种准一维纳米材料,归纳起来有如下合成法:碳纳米管模板合成碳化物和氮化物纳米丝、晶体的气-固(VS)生长法合成氧化物纳米棒、选择电沉积法制备磁性金属纳米线、脱氧核糖核酸(DNA)模板法合成金属纳米线、激光烧蚀与晶体的气-液-固(VLS)生长法相结合,生长 II-IV 族半导体纳米量子线、金属有机化合物气相外延与晶体的气-液-固生长法相结合,生长 III-V 族半导体量子线、高温激光蒸发法制备硅量子线、氧化铝模板合成法制备纳米线阵列等. 其中有些方法稍加改进,可以用来制备同轴纳米电缆. 例如其中激光烧蚀法、气-液-固共晶外延法和多孔氧化铝模板法都可以用来合成纳米同轴电缆,法国和日本等国科学家采用上述方法成功制备了同轴纳米电缆. 最近,根据溶胶-凝胶与碳热还原法合成 β-SiC 纳米线技术,结合 SiO_2 具有蒸发、凝聚的特性,发展了一种新的同轴纳米电缆制备方法——溶胶-凝胶与碳热还原及蒸发-凝聚法[63]. 首先用溶胶-凝胶法制备含有碳纳米粒子的 SiO_2 干凝胶(详见制备纳米丝的第 11 种方法),不过这里使用的正硅酸乙酯的量多一些,以便使碳热还原反应后有剩余的 SiO_2. 随后的碳热还原基本与制备 SiC 纳米时(第 11 种方法)相同,但有两个差别:(i)碳热还原在 1650℃下进行 1.5h;(ii)随后快速将炉子温度升高到

1800℃,保温 30min,结果形成了以纳米 β-SiC 为芯,外包非晶 SiO₂ 的同轴纳米电缆,芯部直径为 10~30nm,SiO₂ 绝缘层外径为 20~70nm(见图 1.14).

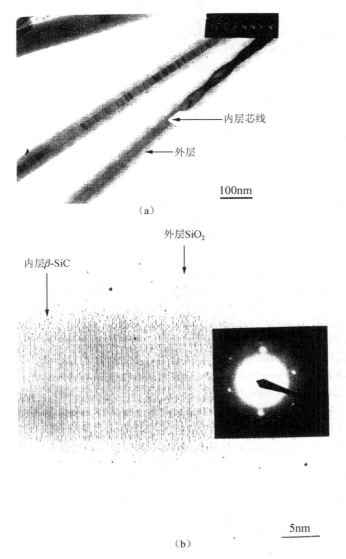

图 1.14　以 β-SiC 纳米丝为芯,外包非晶 SiO₂ 的同轴纳米电缆

(a)合成产物在透射电镜下的高倍形貌像;(b)单根纳米电缆的高分辨晶格条纹像,
插图为芯部晶相对应的选区电子衍射花样

　　1998 年,在上述工作基础上,发展了一种新的同轴纳米电缆制备方法,即碳热还原与蒸发-凝聚或碳的石墨化法. 用此法制备了以纳米 TaC 丝为芯,外包非晶 SiO₂ 或碳纳米管的同轴纳米电缆,长度为几十微米至几百微米,芯部 TaC 超导体

的直径为 4～12nm,电缆外径为 20～65nm.

参 考 文 献

[1] de Heer W A,*Rev. of Modern Phys.*,65(3),611(1993).

[2] Sattler K,Muhlbaeh J,RecknagelE.*Phys. Rev. Lett.*,45,82(1980).

[3] 上田良二,固体物理,1,1(1984).

[4] KuboR,*J. Phys. Soc. JPn.*,21,1765(1966).

[5] Ashoori R C.,*Nature*,379,413(1996).

[6] McEuen PL,*Science*,278,1729(1997).

[7] 张立德,牟季美.纳米材料学,辽宁科技出版社(1994).

[8] Iijima S,*Nature*,354,56(1991).

[9] Dresselhaus M,Dresselhaus G,Eklund P,et al.,*Physics World*,33(1998).

[10] Li W Z,Xie S S,Qian L x,et al.,*Science*,274,1701(1996).

[11] EbbesenTV,AjayanPM,*Nature*,358,220(1992). ColbertDT,*Science*,266,1218(1994).

[12] Bethune D S,Kiang C H,de Vries M S,et al.,*Nature*,363,605(1993).

[13] Endo M,*J. Phys. Chem. Solids*,54,841(1993).

[14] IvanovV,*Chem. Phys. lett.*,223,329(1994).

[15] Wildtier J W G,Venoma LC,RinzlerAG,et al.,*Nature*,391,59(1998).

[16] Tans S J,Devoret M H,Dai H,et al.,*Nature*,386,474(1997).

[17] Cbe G,Lakshrni B B,Fisher E R,et al.,*Nature*,393,346(1998).

[18] Tenne R,Margulis,Genut M,et al.,*Nature*,360,444(1992).

[19] FeldmanY,Wasserman E,Srolovitz D J,et al.,*Science*,267,222(1995).

[20] Chopra N G,LuykenR J,CherreyK,et al.,*Sdence*,269,966(1995).

[21] Golberg D,Bando Y,Eremets M,et al.,Chem.*Phys. Lett.*,279,191(1997).

[22] Weng-Sieh Z,Cherrey K,Chopra N G,et al.,*Phys. Rev. B*,51,11229(1995).

[23] ZettlA,*Adv. Mater.*,8(5),443(1996).

[24] Zhang Y,Gu H,Iijima S,et al.,*Chem. Phys Lett.*,279,264(1997).

[25] Archibald D D,Mann S,*Nature*,364,430(1993).

[26] Lin H P,Mou C Y,*Science*,273,765(1996).

[27] Zhang Y,Phillipp F,Meng G W,et al.,*J. Appl. Phys.*,28(3),372(2000).

[28] Ghadari M R,Granja J R,Buehler L K,*Nature*,369,301(1994).

[29] Farmer V C,Adams M J,Frawer A R,et al.,*Clay Minerals*,18,459(1983).

[30] Li G,McGown L B,*Science*,264,249(1994).

[31] Hacohen Y R,Grunbaum E,Tenne R,et al.,*Nature*,395,336(1998).

[32] Sung S L,Tsai S H,Tseng C H,et al.,*Appl. Phys. Lett.*,74(2),197(1999).

[33] ZhouD,SeraphinS,*Chem. Phys. Lett.*,222,223(1994).

[34] Dai H J,wong E W,Lieber C M,et al.,*Nature*,375,769(1995).

[35] Han W Q,Fan s s,Li Q Q,et al.,*Chem. Phys. Lett.*,265,374(1997).

[36] 韩伟强、范守善、李群庆等,材料研究学报,12(3),335(1998).

[37] 杨国伟,物理,27(11),641(1998).

[38] Han W Q,Fan S S,Li Q Q,et al.,*Appl. Phys. Lett.*,71(16),2271(1997).

［39］ Han W Q,SSFan,Li Q Q,et al.,*Science*,277,1287(1997).

［40］ Yang P D,Lieber C M,*Science*,273,1836(1996).

［41］ Yang P D,Lieber C M,*Appl. Phys. Lett.*,70(23),3158(1997).

［42］ Yang P D,Lieber C M,*J. Mater. Res.*,12(11),2981(1997).

［43］ FasolG,RungeK,*Appl. Phys,Lett.*,70(18),2467(1997).

［44］ Fasol G,*SciPrice*,280,545(1998).

［45］ Morales A M,Lieber C M,*Science*,279,208(1998).

［46］ Hiruma K,KatsuyarnaT,OgawaK,et al.,*Appl. Phys. Lett.*,59,431(1991).

［47］ Hiruma K,Yazawa M,Katsuyarna T,et al.,*J. Appl. Phys.*,77,447(1995).

［48］ Yazawa M,Koguchi M,Hiruma K,*Appl. Phys. Lett.*,58,1080(1991).

［49］ Yazawa M,Koguchi M,Muto A,et al.,*Appl. Phys. Lett.*,61,205(1992).

［50］ Yazawa M,Koguchi M,Muto A,et al.,*Adv. Mater.*,5,577(1993).

［51］ Trentler T J,Hickman K M,Buhro W E,et al.,*Science*,270,1791(1995)

［52］ BuhroWE,Hickman K M,Trentler T J,*Adv. Mater.*,8,685(1996).

［53］ Yu D P,Lee C s,Bello I,et al.,*Sol Stat. Commun.*,105(6),403(1998).

［54］ wang N,Tang Y H,Yu D P,et al.,*Chem. Phys. Lett.*,283,368(1998).

［55］ 俞大鹏,物理,27(4),193(1998).

［56］ Yu D P,Hang Q L,Dng Y,et al.,*Appl. Phys. Lett.*,73,3076(1998).

［57］ zhou G W,Zhang Z,Yu D P,et al.,*Appl. Phys. Lett.*,73,677(1998).

［58］ zhang H Z,Yu D P,Ding Y,et al.,*Appl. Phys. Lett.*,73,3396(1998).

［59］ Yu D P,Bai Z G,Ding Y,et al.,*Appl. Phys. Lett.*,72,3458(1998).

［60］ Cheng G S,Zhang L D,Zhu Y,et al.,*Appl. Phys. Lett.*,75,2455(1999).

［61］ Suenaga K,Colliex C,Demoncy N,et al.,*Science*,278,654(1997).

［62］ Zhallg Y G,Suenaga K,Colliex C,et al.,*Science*,281,973(1998).

［63］ Meng G W,Zhang L D,Mo C M,et al,*Sol. Stat. Commun.*,106(4),215(1998).

第 2 章　纳米微粒的基本理论

纳米微粒从广义来说是属于准零维纳米材料范畴,尺寸的范围一般在 $1\sim$ 100nm. 材料的种类不同,出现纳米基本物理效应的尺度范围也不一样,金属纳米粒子一般尺度比较小. 本章将要介绍的纳米微粒的基本物理效应都是在金属纳米微粒基础上建立和发展起来的. 实际上,这些基本物理效应和相应的理论,除了适合纳米微粒外,同时也适合团簇和亚微米超微粒子[1~4].

2.1　电子能级的不连续性

2.1.1　久保理论

久保(Kubo)理论是关于金属粒子电子性质的理论. 它是由久保及其合作者[3,4]提出的,以后久保和其他研究者进一步发展了这个理论[5~10]. 1986 年 Halperin对这一理论进行了较全面归纳,并用这一理论对金属超微粒子的量子尺寸效应进行了深入的分析[11].

久保理论是针对金属超微颗粒费米面附近电子能级状态分布而提出来的,它与通常处理大块材料费米面附近电子态能级分布的传统理论不同,有新的特点,这是因为当颗粒尺寸进入到纳米级时由于量子尺寸效应原大块金属的准连续能级产生离散现象. 开始,人们把低温下单个小粒子的费米面附近电子能级看成等间隔的能级. 按这一模型计算单个超微粒子的比热可表示成

$$C(T) = k_B \exp(-\delta/k_B T), \tag{2.1}$$

式中 δ 为能级间隔,k_B 为玻尔兹曼常量,T 为绝对温度. 在高温下,$k_B T \gg \delta$,温度与比热呈线性关系,这与大块金属的比热关系基本一致,然而在低温下($T \rightarrow 0$),$k_B T \ll \delta$,则与大块金属完全不同,它们之间为指数关系. 尽管用等能级近似模型推导出低温下单个超微粒子的比热公式,但实际上无法用实验证明,这是因为我们只能对超微颗粒的集合体进行实验. 如何从一个超微颗粒的新理论解决理论和实验相脱离的困难,这方面久保做出了杰出的贡献.

久保对小颗粒的大集合体的电子能态做了两点主要假设:(i)简并费米液体假设:久保把超微粒子靠近费米面附近的电子状态看作是受尺寸限制的简并电子气,并进一步假设它们的能级为准粒子态的不连续能级,而准粒子之间交互作用可

忽略不计,当 $k_B T \ll \delta$(相邻二能级间平均能级间隔)时,这种体系靠近费米面的电子能级分布服从泊松(Poisson)分布

$$P_n(\Delta) = \frac{1}{n!\delta}(\Delta/\delta)^n \exp(-\Delta/\delta), \tag{2.2}$$

其中 Δ 为二能态之间间隔,$P_n(\Delta)$ 为对应 Δ 的概率密度,n 为这二能态间的能级数. 如果 Δ 为相邻能级间隔,则 $n=0$. 久保等人指出,找到间隔为 Δ 的二能态的概率 $P_n(\Delta)$ 与哈密顿量的变换性质有关. 例如,在自旋与轨道交互作用弱和外加磁场小的情况下,电子哈密顿量具有时空反演的不变性,并且在 Δ 比较小的情况下,$P_n(\Delta)$ 随 Δ 减小而减小. 久保的模型优越于等能级间隔模型. 比较好地解释了低温下超微粒子的物理性能,这点将在下一节中(2.1.2 节)叙述. (ii)超微粒子电中性假设:久保认为对于一个超微粒子取走或放入一个电子都是十分困难的. 他提出了如下一个著名公式:

$$k_B T \ll W \approx e^2/d = 1.5 \times 10^5 k_B/dK(\text{Å}), \tag{2.3}$$

这里,W 为从一个超微粒子取出或放入一个电子克服库仑力所做的功,d 为超微粒直径,e 为电子电荷. 由此式表明,随 d 值下降,W 增加,所以低温下热涨落很难改变超微粒子电中性. 有人估计,在足够低的温度下,当颗粒尺寸为 1nm 时,W 比 δ 小两个数量级,根据式(2.3)可知,$k_B T \ll \delta$,可见 1nm 的小颗粒在低温下量子尺寸效应很明显.

　　针对低温下电子能级是离散的,且这种离散对材料热力学性质起很大作用,例如,超微粒的比热、磁化率明显区别于大块材料,久保及其合作者提出相邻电子能级间距和颗粒直径的关系如图 2.1 所示,并提出著名的公式

$$\delta = \frac{4}{3}\frac{E_F}{N} \propto V^{-1} \tag{2.4}$$

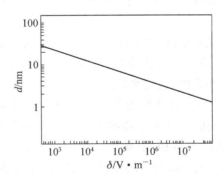

图 2.1　粒径与能级间隔的关系

式中 N 为一个超微粒的总导电电子数,V 为超微粒体积,E_F 为费米能级,它可以用下式表示:

$$E_F = \frac{\hbar^2}{2m}(3\pi^2 n_1)^{2/3},\qquad\qquad (2.5)$$

这里 n_1 为电子密度,m 为电子质量.由式(2.4)看出,当粒子为球形时,$\delta \propto \dfrac{1}{d^3}$,即随粒径的减小,能级间隔增大.

久保理论提出后,长达约 20 年之久一直存在争论,原因在于理论与某些研究者的实验结果存在不一致之处.例如,1984 年 Cavicchi 等[11]发现,从一个超微金属粒子取走或放入一个电子克服库仑力做功(W)的绝对值从 0 到 e^2/d 有一个均匀的分布,而不是久保理论指出的为一常数(e^2/d).1986 年,Halperin[12]经过深入的研究指出,W 的变化是由于在实验过程中电子由金属粒子向氧化物或其他支撑试样的基体传输量的变化所引起的,因此,他认为实验结果与久保理论的不一致性不能归结为久保理论的不正确性,而在于实验本身.

20 世纪的 70 至 80 年代,超微粒子制备的发展和实验技术不断完善,在超微粒物性的研究上取得了一些突破性的进展.例如,用电子自旋共振,磁化率,磁共振和磁弛豫及比热等测量结果都证实了超微粒子存在量子尺寸效应,这就进一步支持和发展了久保理论.当然,久保理论本身存在许多不足之处,因此,久保理论提出后一些科学工作者对它进行了修正.下节将介绍 Halperin 和 Denton 等人对久保理论的修正.

2.1.2　电子能级的统计学和热力学[8~10,12]

试样进行热力学实验时,总是处于一定的外界条件下.例如,外界磁场的强弱程度、自旋与轨道交互作用〈H_{so}〉的强弱程度都会对电子能级分布有影响,使电子能级分布服从不同的规律.

实际上由小粒子构成的试样中粒子的尺寸有一个分布,因此它们的平均能级间隔 δ 也有一个分布.在处理热力学问题时,首先考虑粒子具有一个 δ 的情况,然后在 δ 分布范围(粒径分布范围)进行平均.设所有小粒子的平均能级间隔处于 $\delta \sim \delta + \mathrm{d}\delta$ 范围内,这种小粒子的集合体称为子系综(subensemble),这个子系综的电子能级分布依赖于粒子的表面势和电子哈密顿量的基本对称性.在这个子系综里所有粒子为近球形,只是表面有些粗糙(原子尺度的),这就导致粒子的表面势不同.球形粒子本来具有高的对称性,产生简并态,但粒子表面势的不同使得简并态消失.在这种情况下,电子能级服从什么规律(概率密度)取决于哈密顿量的变换性质.哈密顿量的变换性质主要取决于电子自旋-轨道相互作用〈H_{so}〉、外场 $\mu_B H$ 与 δ 相比较的强弱程度.根据〈H_{so}〉和 $\mu_B H$ 强弱程度不同,电子能级分布存在四种情况,即概率密度 $P^a_{N_1}$ 可能具有四种分布.这里 N_1 表示电子能级数,$a = 0, 1, 2, 4$,它代表不同的分布,即泊松分布、正交分布、幺正分布和耦对分布(见表 2.1).设电子的整个能谱用能态间隔表示为$\cdots,-\Delta'_2,-\Delta'_1,-\Delta_0,\Delta_1,\Delta_2,\cdots$.

外场 $H=0$ 时,找到 N_1 个电子能级的概率可写成

$$P_{N_1}^a(\cdots,-\Delta'_2,-\Delta'_1,\Delta_0,\Delta_1,\Delta_2,\cdots). \tag{2.6}$$

实际上,影响材料热力学性能的只有接近费米面的几个能级($N_1\leqslant3$),因此在考虑电子能级的各种分布时不需考虑整个能谱,一般只需考虑费米面附近的两、3 个能级就足够了. 为了解决低温($k_BT\ll\delta$)下的问题,Denton 等人[8]在 1973 年对 $N_1=2$ 和 $N_1=3$ 情况给出了费米面附近电子能级概率密度 $P_2^a(\Delta)$ 和 $P_3^a(\Delta,\Delta')$ 的表示式

表 2.1　不同外场条件下电子能级分布函数($P_{N_1}^a$)的类型

a	分布	磁能 $\mu_B H$ *	自旋-轨道交互作用能
0	泊松分布	大	小
1	正交分布	小	小 大(偶数电子的粒子)
2	幺正分布	大	大
4	耦对分布	小	大(奇数电子的粒子)

* μ_B(玻尔磁子)$=\dfrac{e\hbar}{2mc}=3.708\times10^{-24}$J·m/A.

$$P_2^a(\Delta)=\Omega_2^a\delta^{-1}(\Delta/\delta)^a\exp[-B^a(\Delta/\delta)^2], \tag{2.7}$$
$$P_3^a(\Delta,\Delta')=\Omega_3^a\delta^{-(3a+2)}[\Delta\Delta'(\Delta+\Delta')]^a$$
$$\cdot\exp[-a(\Delta^2+\Delta\Delta'+\Delta'^2)/3\delta]^2, \tag{2.8}$$

Δ 和 Δ' 为能级间隔,在 $N_1=2$ 时只有一个能级间隔 Δ;$N_1=3$ 时,有两个能级间隔 Δ,Δ'. $a=1,2,4$.

式(2.7)和(2.8)中的参数 $B^a,\Omega_2^a,\Omega_3^a$,如表 2.2 所列.

表 2.2　两个和 3 个能级的近似分布函数(P_2^a 和 P_3^a)的参数
(Denton 等人采用的参数)

a	分布	Ω_2^a	Ω_3^a	B^a
1	正交	$\pi/2$	$(3\pi)^{-1/2}$	$\pi/4$
2	幺正	$32/\pi^2$	0.7017	$4/\pi$
4	耦对	$(64/9\pi)^3$	2.190	$64/9\pi$

电子哈密顿量的性质与概率密度类型之间的关系可归纳如下:

(i) 如果哈密顿量具有时间的反演不变性,空间的反演不变性,或总角动量为 $\hbar$ 的整数倍时,则适用正交分布($a=1$),也就是适用于自旋-轨道耦合$\langle H_\infty\rangle$和外场作用能与 δ 相比很小的情况,$\langle H_\infty\rangle$很小的元素有 Li,Na,K,Mg,Al 等轻元素.

(ii) 如果哈密顿量只具有时间反演不变性,而且总角动量是 $\hbar$ 的半整数倍时,

则适用耦对分布($a=4$),也就是适用于$\langle H_\infty \rangle$很强,但外场很弱,并且每个粒子的电子数为奇数的情况;如果哈密顿量只具有时间反演不变性,总角动量为$\hbar$ 整数倍时,则适用正交分布,也就是$\langle H_\infty \rangle$很强,外场作用能很低,每个粒子含有电子数为偶数的情况适用此分布.

(ⅲ) 当$\langle H_\infty \rangle$和外场都很强时,哈密顿量的时间反演不变性被强外场破坏了,则适用么正分布($a=2$).

(ⅳ) 当外场很强,而$\langle H_\infty \rangle$很弱,不同自旋态不再耦合,适用泊松分布.

Denton 等人[8]利用式(2.7)和式(2.8)计算了低温下实际试样,即粒径有一个分布(δ有一个分布)情况下的比热 C 和磁化率. Greenwood 等人指出,每个小金属粒子含有的电子数的奇偶性会使得试样的比热和磁化率有很大的差别. 对于每个原子只含有一个导电电子的金属元素,一半金属粒子含有偶数电子,另一半粒子含有奇数个电子. 含有偶数导电电子的金属元素,如 Mg,Sn,Zn CA,Hg 或 Pb,粒子含有偶数电子. 这种情况只有在金属粒子与支撑材料之间没有电子传递的条件下成立. 由于粒子含有的电子数奇偶性不同,粒子的配分函数 Z 的表达式也会不同. 这是因为电子数的奇偶性会影响电子的组态. 图 2.2 示出了粒子中含偶数或奇数电子时电子组态. 粒子的配分函数 Z、比热 C 和磁化率 χ 可表示如下:

$$Z = 1 + \sum_{j \neq 0} \mathrm{e}^{-\beta E_j}, \tag{2.9}$$

$$C = k_B \beta^2 \frac{\partial^2}{\partial \beta^2} \ln Z, \tag{2.10}$$

$$\chi = \beta^{-1} \frac{\partial^2}{\partial H^2} \ln Z, \tag{2.11}$$

其中,$\beta = (k_B T)^{-1}$,E_j 为允许出现的电子组态下的能谱. Denton 等人求实际试样的 C 和 χ 的过程是:首先计算一个子系综(所有粒子的粒径,δ 值十分接近,即平均能级间隔分布在$\delta \sim (\delta+d\delta)$范围)的 χ 和 C,然后计算在粒径尺寸分布范围内各个子系综的 χ 和 C 的平均值. 下面就是他们计算低温下 χ 和 C 的具体过程:在低温下仅仅邻近基态的电子状态对 χ 和 C 起重要作用,因此考虑费米面附近 3 个能级(两个能级间隔 Δ 和 Δ')就足够了. 在这种情况下,电子组态如图 2.2 所示. 图中从左至右电子由基态逐渐进入激发态. 根据此图分别求出各种组态下的 E_j,代入式(2.9)可以得到

$$Z_偶 = 1 + 2(1 + \cosh 2\beta\mu_B H)(\mathrm{e}^{-\beta\Delta} + \mathrm{e}^{-\beta(\Delta+\Delta')}$$
$$+ \mathrm{e}^{-\beta(2\Delta+\Delta')}) + \mathrm{e}^{-2\beta\Delta} + \mathrm{e}^{-2\beta(\Delta+\Delta')}, \tag{2.12}$$

$$Z_奇 = 2(\cosh \beta\mu_B H)(1 + \mathrm{e}^{-\beta\Delta} + \mathrm{e}^{-\beta\Delta'} + 3\mathrm{e}^{-\beta(\Delta+\Delta')})$$
$$+ \mathrm{e}^{-\beta(2\Delta+\Delta')} + \mathrm{e}^{-\beta(\Delta+2\Delta')} + \mathrm{e}^{-2\beta(\Delta+\Delta')}$$
$$+ 2(\cosh 3\beta\mu_B H)\mathrm{e}^{-\beta(\Delta+\Delta')}. \tag{2.13}$$

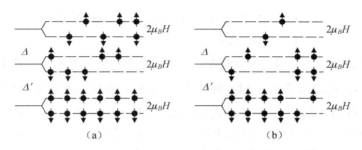

图 2.2　粒子含有偶数电子(a)和奇数电子(b)时电子能级图.
在两种情况下,图中从左至右电子由基态逐渐进入较高的激发态

在低温下只需考虑上述两式中的第一级行为,对 $Z_{偶}$ 的情况,只有两个能级(单间隔 Δ)是重要的,对 $Z_{奇}$ 的情况,三能级(两个能级间隔 Δ,Δ')均重要.根据这些原则将上述两式化简成

$$Z_{偶} \approx 1 + 2(1 + \cosh 2\beta\mu_B H)(\mathrm{e}^{-\beta\Delta}) + \mathrm{e}^{-2\beta\Delta}, \tag{2.14}$$

$$Z_{奇} \approx 2(\cosh\beta\mu_B H)(1 + \mathrm{e}^{-\beta\Delta} + \mathrm{e}^{-\beta\Delta'}). \tag{2.15}$$

按式(2.10)和式(2.11)分别求出一个子系综的 C 和 χ,并对所有的子系综的 C 和 χ 求平均得出 $H=0$ 时的实际试样的比热和磁化率表达式

$$C_{偶}^a / k_B = \int P^a(\Delta) 4\beta^2\Delta^2 \frac{\mathrm{e}^{-\beta\Delta} + \mathrm{e}^{-2\beta\Delta} + \mathrm{e}^{-3\beta\Delta}}{(1 + 4\mathrm{e}^{-\beta\Delta} + \mathrm{e}^{-2\beta\Delta})^2} \mathrm{d}\Delta, \tag{2.16}$$

$$C_{奇}^a / k_B = \int P^a(\Delta,\Delta')\beta^2$$
$$\cdot \frac{[\Delta^2 \mathrm{e}^{-\beta\Delta} + \Delta'^2 \mathrm{e}^{-\beta\Delta'} + (\Delta-\Delta')^2 \mathrm{e}^{-\beta(\Delta+\Delta')}]}{(1 + \mathrm{e}^{-\beta\Delta} + \mathrm{e}^{-\beta\Delta'})^2} \mathrm{d}\Delta\mathrm{d}\Delta', \tag{2.17}$$

$$\chi_{偶}^a = 8\mu_B^2\beta \int P^a(\Delta)(\mathrm{e}^{-\beta\Delta})(1 + 4\mathrm{e}^{-\beta\Delta} + \mathrm{e}^{-2\beta\Delta})\mathrm{d}\Delta', \tag{2.18}$$

$$\chi_{奇}^a = \beta\mu_B^2, \text{与 } a \text{ 无关.}$$

将式(2.7)和式(2.8)代入上式,进行积分,取 $a=0,1,4$ 得到下面结果:

$$\left.\begin{array}{l} C_{偶}^0 / k_B = 5.02(k_B T/\delta), \\ C_{奇}^0 / k_B = 3.29(k_B T/\delta), \end{array}\right\} \text{泊松分布}$$

$$\left.\begin{array}{l} C_{偶}^1 / k_B = 30.2(k_B T/\delta)^2, \\ C_{奇}^1 / k_B = 17.8(k_B T/\delta)^2, \end{array}\right\} \text{正交分布} \tag{2.19}$$

$$\left.\begin{array}{l} C_{偶}^4 / k_B = 3.18 \times 10^4 (k_B T/\delta)^5, \\ C_{奇}^4 / k_B = 1.64 \times 10^4 (k_B T/\delta)^5, \end{array}\right\} \text{耦对分布}$$

$$\chi_{偶}^0 = 3.04\mu_B^2/\delta, \text{泊松分布}$$

$$\chi_{偶}^1 = 7.63\mu_B^2 k_B T/\delta^2, \text{正交分布}$$

$$\chi_{偶}^4 = 2.02 \times 10^3 \mu_B \delta^{-1} (k_B T/\delta)^4 \text{，耦对分布} \qquad (2.20)$$

$$\chi_{奇} = \mu_B^2/k_B T \text{，所有分布.}$$

上述 C 和 χ 的表达式是对 $H \approx 0$ 情况，对于外场强的情况下才有可能采用的么正分布($a=2$)，因此没有给出 C 和 χ 的计算值. 泊松分布也是对应强外场的情况，因此与泊松分布相关的 C 和 χ 表示式也不恰当. Halperin 等人认为对轻金属元素($\langle H_\omega \rangle$ 小)可用正交分布($a=1$)表达式，对重金属元素($\langle H_\omega \rangle$ 很强)，当金属粒含有奇数电子时可用耦对分布表达式. 总之，对 $\langle H_\omega \rangle$ 很大的情况可用耦对或正交分布. 这样就会发现 Denton 等人计算的结果并不是很理想的，例如在低温下，$\chi_{偶} \longrightarrow 0$，这个结果是不正确的，事实上由理论估计随 $\langle H_\omega \rangle$ 增加，在 $T \approx 0$K 时，磁化率趋近泡利顺磁值.

尽管如此，Denton 等人计算出的结果表明，粒子所包含的电子数的奇偶性不同，低温下的比热、磁化率有极大区别. 大块材料的比热和磁化率(泡利磁化率)与电子奇偶性无关，如下式所示：

$$C/k_B = \frac{2\pi^2}{3}(k_B T/\delta)^{-\frac{1}{2}}, \qquad (2.21)$$

$$\chi = 2\mu_B^2/\delta. \qquad (2.22)$$

因此可以看出，小微粒的 C 和 χ 与大块试样有很大区别. 纳米微粒的顺磁磁化率与电子奇偶性有关的事实也表明 DenlDn 等人计算的结果在定性上是成立的. 由于他们是根据费米面附近金属小粒子的电子能级为分裂的原则计算出 χ 和 C 的，因此，纳米微粒的 χ 与粒子所含电子的奇偶数有关就表明其费米面附近电子能级是不连续的，纳米微粒的比热 $C_p \propto T^{n+1}$，而块材的比热 $C_p \propto T$，两者有很大的差别也证实了纳米粒子费米面附近的能级是分裂的.

2.2　量子尺寸效应

当粒子尺寸下降到某一值时，金属费米能级附近的电子能级由准连续变为离散能级的现象和纳米半导体微粒存在不连续的最高被占据分子轨道和最低未被占据的分子轨道能级，能隙变宽现象均称为量子尺寸效应. 能带理论表明，金属费米能级附近电子能级一般是连续的，这一点只有在高温或宏观尺寸情况下才成立. 对于只有有限个导电电子的超微粒子来说，低温下能级是离散的，对于宏观物体包含无限个原子(即导电电子数 $N \to \infty$)，由式(2.4)可得能级间距 $\delta \to 0$，即对大粒子或宏观物体能级间距几乎为零；而对纳米微粒，所包含原子数有限，N 值很小，这就导致 δ 有一定的值，即能级间距发生分裂. 当能级间距大于热能、磁能、静磁能、静电能、光子能量或超导态的凝聚能时,这时必须要考虑量子尺寸效应,这会导致纳米微粒磁、光、声、热、电以及超导电性与宏观特性有着显著的不同. 例如上节中提到的纳米微粒的比热、磁化率与所含的电子奇偶性有关,光谱线的频移,催化性质与粒子所含电子数的奇偶有关,导体变绝缘体等. 有人利用久保关于能级间距的公式估计了 Ag 微粒在 1K 时出现量子尺寸效应(由导体——绝缘体)的临界粒径 d_0, Ag 的电子数密度 $n_1 = 6 \times 10^{22}$ cm^{-3},由公式

$$E_F = \frac{\hbar^2}{2m}(3\pi^2 n_1)^{2/3} \text{ 和 } \delta = \frac{4}{3}\frac{E_F}{N}$$

得到

$$\frac{\delta}{k_B} = (2.74 \times 10^{-18})/d^3 \quad (\text{K} \cdot \text{cm}^3). \tag{2.23}$$

当 $T = 1$K 时,能级量小间距 $\frac{\delta}{k_B} = 1$,代入上式,求得 $d = 14$nm.

根据久保理论,只有 $\delta > k_B T$ 时才会产生能级分裂,从而出现量子尺寸效应,即

$$\frac{\delta}{k_B} = (2.74 \times 10^{-18})/d^3 > 1. \tag{2.24}$$

由此得出,当粒径 $d_0 < 14$nm,Ag 纳米微粒变为非金属绝缘体,如果温度高于 1K,则要求 $d_0 \ll 14$nm 才有可能变为绝缘体. 这里应当指出,实际情况下金属变为绝缘体除了满足 $\delta > k_B T$ 外,还需满足电子寿命 $\tau > \hbar/\delta$ 的条件. 实验表明,纳米 Ag 的确具有很高的电阻,类似于绝缘体,这就是说,纳米 Ag 满足上述两个条件.

2.3 小尺寸效应[12]

当超细微粒的尺寸与光波波长、德布罗意波长以及超导态的相干长度或透射深度等物理特征尺寸相当或更小时,晶体周期性的边界条件将被破坏;非晶态纳米微粒的颗粒表面层附近原子密度减小,导致声、光、电、磁、热、力学等特性呈现新的小尺寸效应. 例如,光吸收显著增加,并产生吸收峰的等离子共振频移;磁有序态向磁无序态、超导相向正常相的转变;声子谱发生改变. 人们曾用高倍率电子显微镜对超细金颗粒(2nm)的结构非稳定性进行观察,实时地记录颗粒形态在观察中的变化,发现颗粒形态可以在单晶与多晶、孪晶之间进行连续地转变,这与通常的熔化相变不同,并提出了准熔化相的概念. 纳米粒子的这些小尺寸效应为实用技术开拓了新领域. 例如,纳米尺度的强磁性颗粒(Fe-Co 合金,氧化铁等),当颗粒尺寸为单磁畴临界尺寸时,具有甚高的矫顽力,可制成磁性信用卡、磁性钥匙、磁性车票等,还可以制成磁性液体,广泛地用于电声器件、阻尼器件、旋转密封、润滑、选矿等领域. 纳米微粒的熔点可远低于块状金属. 例如 2nm 的金颗粒熔点为 600K,随粒

径增加,熔点迅速上升,块状金为 1337K;纳米银粉熔点可降低到 373K,此特性为粉末冶金工业提供了新工艺.利用等离子共振频率随颗粒尺寸变化的性质,可以改变颗粒尺寸,控制吸收边的位移,制造具有一定频宽的微波吸收纳米材料,可用于电磁波屏蔽、隐形飞机等.

2.4　表 面 效 应[12~15]

　　纳米微粒尺寸小,表面能高,位于表面的原子占相当大的比例.表 2.3 列出纳米微粒尺寸与表面原子数的关系.

表 2.3　纳米微粒尺寸与表面原子数的关系

纳米微粒尺寸 d(nm)	包含总原子数	表面原子所占比例(%)
10	3×10^4	20
4	4×10^3	40
2	2.5×10^2	80
1	30	99

　　表面原子数占全部原子数的比例和粒径之间关系见图 2.3.

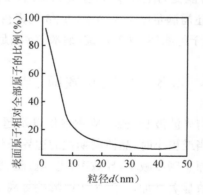

图 2.3　表面原子数占全部原子数的比例和粒径之间的关系

　　由表 2.3 和图 2.3 可看出,随着粒径减小,表面原子数迅速增加.这是由于粒径小,表面积急剧变大所致.例如,粒径为 10nm 时,比表面积为 90m²/g,粒径为 5nm 时,比表面积为 180m²/g,粒径下降到 2nm,比表面积猛增到 450m²/g.这样高的比表面,使处于表面的原子数越来越多,同时,表面能迅速增加,如表 2.4 所示.由表看出,Cu 的纳米微粒粒径从 100nm→10nm→1nm,Cu 微粒的比表面积和表面能增加了 2 个数量级.

表 2.4　纳米 Cu 微粒的粒径与比表面积,表面原子数比例,
表面能和一个粒子中的原子数的关系

粒径 d(nm)	Cu 的比表面积 /m² · g⁻¹	表面原子 / 全部原子	一个粒子中的 原子数	比表面能 /J · mol⁻¹
100	6.6		8.46×10^7	5.9×10^2
20		10		
10	66	20	8.46×10^4	5.9×10^3
5		40	1.06×10^4	
2		80		
1	660	99		5.9×10^4

　　由于表面原子数增多,原子配位不足及高的表面能,使这些表面原子具有高的活性,极不稳定,很容易与其他原子结合.例如金属的纳米粒子在空气中会燃烧,无机的纳米粒子暴露在空气中会吸附气体,并与气体进行反应.下面举例说明纳米粒子表面活性高的原因.图 2.4 所示的是单一立方结构的晶粒的二维平面图,假定颗粒为圆形,实心圆代表位于表面的原子,空心圆代表内部原子,颗粒尺寸为 3nm,原子间距为约 0.3nm,很明显,实心圆的原子近邻配位不完全,存在缺少一个近邻的"E"原子,缺少两个近邻的"D"原子和缺少 3 个近邻配位的"A"原子,像"A"这样的表面原子极不稳定,很快跑到"B"位置上,这些表面原子一遇见其他原子.很快结合,使其稳定化,这就是活性的原因,这种表面原子的活性不但引起纳米粒子表面原子输运和构型的变化,同时也引起表面电子自旋构像和电子能谱的变化.

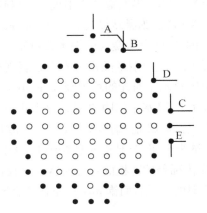

图 2.4　将采取单一立方晶格结构的原子尽可能以接近圆
(或球)形进行配置的超微粒模式图

2.5 宏观量子隧道效应[16]

微观粒子具有贯穿势垒的能力称为隧道效应. 近年来,人们发现一些宏观量,例如微颗粒的磁化强度,量子相干器件中的磁通量等亦具有隧道效应,称为宏观的量子隧道效应. 早期曾用来解释超细镍微粒在低温继续保持超顺磁性. 近年来人们发现 Fe-Ni 薄膜中畴壁运动速度在低于某一临界温度时基本上与温度无关. 于是,有人提出量子力学的零点振动可以在低温起着类似热起伏的效应,从而使零温度附近微颗粒磁化矢量的重取向,保持有限的弛豫时间,即在绝对零度仍然存在非零的磁化反转率. 相似的观点解释高磁晶各向异性单晶体在低温产生阶梯式的反转磁化模式,以及量子干涉器件中一些效应.

宏观量子隧道效应的研究对基础研究及实用都有着重要意义. 它限定了磁带,磁盘进行信息贮存的时间极限. 量子尺寸效应,隧道效应将会是未来微电子器件的基础,或者它确立了现存微电子器件进一步微型化的极限. 当微电子器件进一步细微化时,必须要考虑上述的量子效应.

上述的小尺寸效应、表面界面效应、量子尺寸效应及量子隧道效应都是纳米微粒与纳米固体的基本特性. 它使纳米微粒和纳米固体呈现许多奇异的物理、化学性质,出现一些"反常现象". 例如金属为导体,但纳米金属微粒在低温时由于量子尺寸效应会呈现电绝缘性;一般 $PbTiO_3$,$BaTiO_3$ 和 $SrTiO_3$ 等是典型铁电体,但当其尺寸进入纳米数量级就会变成顺电体;铁磁性的物质进入纳米级(~5nm),由于由多畴变成单畴,于是显示极强顺磁效应;当粒径为十几纳米的氮化硅微粒组成了纳米陶瓷时,已不具有典型共价键特征,界面键结构出现部分极性,在交流电下电阻很小;化学惰性的金属铂制成纳米微粒(铂黑)后却成为活性极好的催化剂. 众所周知,金属由于光反射显现各种美丽的特征颜色,金属的纳米微粒光反射能力显著下降,通常可低于1%,由于小尺寸和表面效应使纳米微粒对光吸收表现极强能力;由纳米微粒组成的纳米固体在较宽谱范围显示出对光的均匀吸收性,纳米复合多层膜在 7~17GHz 频率的吸收峰高达 14dB,在 10dB 水平的吸收频宽为 2GHz;颗粒为 6nm 的纳米 Fe 晶体的断裂强度较之多晶 Fe 提高 12 倍;纳米 Cu 晶体自扩散是传统晶体的 10^{16} 至 10^{19} 倍,是晶界扩散的 10^3 倍;纳米金属 Cu 比热是传统纯 Cu 的两倍;纳米固体 Pd 热膨胀提高一倍;纳米 Ag 晶体做为稀释致冷机的热交换器效率较传统材料高 30%;纳米磁性金属的磁化率是普通金属的 20 倍,而饱和磁矩是普通金属的1/2.

2.6 库仑堵塞与量子隧穿[17~18]

库仑堵塞效应是 20 世纪 80 年代介观领域所发现的极其重要的物理现象之

一. 当体系的尺度进入到纳米级(一般金属粒子为几个纳米,半导体粒子为几十纳米),体系是电荷"量子化"的,即充电和放电过程是不连续的,充人一个电子所需的能量 Ec 为 $e^2/2C$, e 为一个电子的电荷,C 为小体系的电容,体系越小,C 越小,能量 Ec 越大. 我们把这个能量称为库仑堵塞能. 换句话说,库仑堵塞能是前一个电子对后一个电子的库仑排斥能,这就导致了对一个小体系的充放电过程,电子不能集体传输,而是一个一个单电子的传输. 通常把小体系这种单电子输运行为称库仑堵塞效应. 如果两个量子点通过一个"结"连接起来,一个量子点上的单个电子穿过能垒到另一个量子点上的行为称作量子隧穿. 为了使单电子从一个量子点隧穿到另一个量子点,在一个量子点上所加的电压($V/2$)必须克服 Ec,即 $V>e/C$. 通常,库仑堵塞和量子隧穿都是在极低温情况下观察到的,观察到的条件是$(e^2/2C)>k_BT$. 有人已作了估计,如果量子点的尺寸为 1nm 左右,我们可以在室温下观察到上述效应. 当量子点尺寸在十几纳米范围,观察上述效应必须在液氮温度下. 原因很容易理解,体系的尺寸越小,电容 C 越小,$e^2/2C$ 越大,这就允许我们在较高温度下进行观察. 利用库仑堵塞和量子隧穿效应可以设计下一代的纳米结构器件,如单电子晶体管和量子开关等.

　　由于库仑堵塞效应的存在,电流随电压的上升不再是直线上升,而是在 I-V 曲线上呈现锯齿形状的台阶.

2.7　介电限域效应

　　介电限域是纳米微粒分散在异质介质中由于界面引起的体系介电增强的现象,这种介电增强通常称为介电限局,主要来源于微粒表面和内部局域强的增强. 当介质的折射率与微粒的折射率相差很大时,产生了折射率边界,这就导致微粒表面和内部的场强比入射场强明显增加,这种局域场的增强称为介电限域. 一般来说,过渡族金属氧化物和半导体微粒都可能产生介电限域效应. 纳米微粒的介电限域对光吸收、光化学、光学非线性等会有重要的影响. 因此,我们在分析这一材料光学现象的时候,既要考虑量子尺寸效应,又要考虑介电限域效应. 下面从布拉斯(Brus)公式分析介电限域对光吸收带边移动(蓝移、红移)的影响.

$$E(r) = E_g(r=\infty) + h^2\pi^2/2\mu r^2 - 1.786e^2/\varepsilon r - 0.248E_{Ry}, \qquad (2.25)$$

式中 $E(r)$ 为纳米微粒的吸收带隙,$E_g(r=\infty)$ 为体相的带隙,r 为粒子半径,$\mu = \left[\dfrac{1}{m_{e^{-1}}} + \dfrac{1}{m_{h^+}}\right]^{-1}$ 为粒子的折合质量,其中 $m_{e^{-1}}$ 和 m_{h^+} 分别为电子和空穴的有效质量. 第二项为量子限域能(蓝移),第三项表明,介电限域效应导致介电常数 ε 增加,同样引起蓝移. 第四项为有效里德伯能.

　　过渡族金属氧化物,如 Fe_2O_3,CO_2O_3,Cr_2O_3 和 Mn_2O_3 等纳米粒子分散在十

二烷基苯磺酸钠(DBS)中出现了光学三阶非线性增强效应. Fe_2O_3 纳米粒子测量结果表明,三阶非线性系数 $\chi^{(3)}$ 达到 $90m_2/V^2$. 比在水中高两个数量级. 这种三阶非线性增强现象归结于介电限域效应.

参 考 文 献

[1] Sattler K,Mühlbach J,Recknagel E,*Phys. Rev. Lett.*,45,82(1980).

[2] 上田良二,固体物理,1,1(1984).

[3] Kubo R,*J. Phys. Soc. Jpn.*,17,975(1962).

[4] Kawabata A,Kubo R,*J. Phys. Soc. Jpn.*,21,1765(1966).

[5] Kawabata A,*J. Phys. (paris)Colloq.*,38,2~83(1977).

[6] Kubo R,Kawabata A,Kobayashi S,*Annu. Rev Mater. Sci.*,14,49(1984).

[7] Gor'kovLP,EliashbergGM,*Zh. Eksp. Teor.*,48,1407(1965).(Soy. Phys.,*JETP*,21,940(1965).

[8] Denton R,Mühlschlegel B,ScalapinoD J,*Phys. Rev. B*,7,3589(1973).

[9] Buttet J,Car R,MylesCW,*Phys. Rev. B*,26,2414(1982).

[10] Denton R,Mühlschlegel B,Scalapino D J,*Phys. Rev. Lett.*,26,707(1971).

[11] Cavicchi R E,Silsbee R H,*Phys. Rev. Lett.*,52,1453(1984).

[12] Halperin W P,*Rev. of Modern Phys.*,58,532(1986).

[13] 张立德,科学,45,13(1993).

[14] Ball P,Garwin L,*Nature*,355.761(1992).

[15] 苏品书,超微粒子材料技术,复汉出版社(1989).

[16] 张立德、牟季美,物理,21(3),167(1992).

[17] Lu J,Tinkhan M,物理,27(3),137(1998).

[18] Feldhein D L,Keating C D,*Chem. Soc. Rev.*,27,1(1998).

第 3 章　纳米微粒的结构与物理特性

3.1　纳米微粒的结构与形貌

纳米微粒一般为球形或类球形(如图 3.1 所示). 图中(a,b,c)分别为纳米 γ-Al_2O_3,TiO_2 和 Ni 的形貌像,可以看出,这几种纳米微粒均呈类球形.

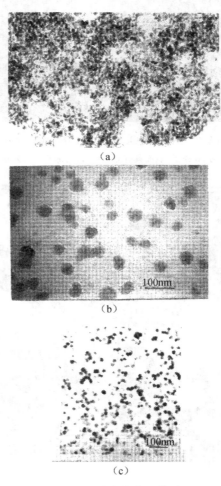

(a)

(b)

(c)

图 3.1　纳米微粒电镜照
(a)γ-Al_2O_3;(b)TiO_2;(c)Ni

　　最近,有人用高倍超高真空的电子显微镜观察纳米球形粒子,结果在粒子的表面上观察到原子台阶,微粒内部的原子排列比较整齐,见图 3.2[1].除了球形外,纳米微粒还具有各种其他形状,这些形状的出现与制备方法密切相关.例如,由气相蒸发法合成的铬微粒,当铬粒子尺寸小于 20nm 时,为球形[见图 3.3(a)]并形成链条状连结在一起.对于尺寸较大的粒子,a-Cr 粒子的二维形态为正方形或矩形[见图 3.3(b,c)],实际粒子的形态是由 6 个{100}晶面围成的立方体或正方体,有时它们的边棱会受到不同程度的平截.由同样方法制取的 δ-Cr 粒子的晶体习态多数为 24 面体,它是由 24 个{211}晶面围成的,当入射电子束平行于⟨111⟩方向时,粒子的截面投影为六边形[见图 3.3(d)].

图 3.2　纳米 Al_2O_3 微粒的高分辨电镜照片

黑点为 Al 原子,表面具有原子台阶,内部原子排列整齐

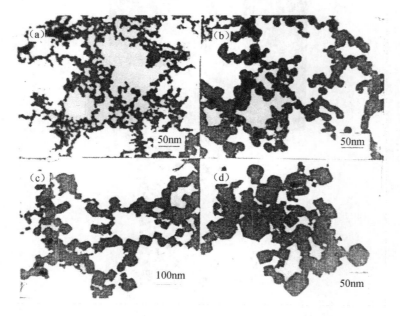

图 3.3　纳米铬粒子的电镜照片

(a)尺寸小于 20nm 的 a-Cr;(b),(c),尺寸大于 20nm 的 a-Cr;(d)δ-Cr

镁的纳米微粒呈六角条状或六角等轴形.

Kimoto 和 Nishida[2] 观察到银的纳米微粒具有五边形 10 面体形状(见图 3.4).

(a)　　　　　　　　　　　　　　50nm

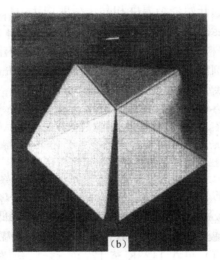

(b)

图 3.4　纳米银的形貌
(a)电镜像;(b)形状说明

　　纳米微粒的结构一般与大颗粒的相同,但有时会出现很大的差别,例如用气相蒸发法制备 Cr 的纳米微粒时,占主要部分的 a-Cr 微粒与普通 bcc 结构的铬是一致的,晶格参数 $a_0 = 0.288$nm. 但同时还存在 δ-Cr,它的结构是一种完全不同于 a-Cr 的新结构,晶体结构为 A-15 型,空间群 $Pm3n$[2,3]. 即使纳米微粒的结构与大颗粒相同,但还可能存在某种差别. 由于粒子的表面能和表面张力随粒径的减小而增加[1]，纳米微粒的比表面积大以及由于表面原子的最近邻数低于体内而导致非键电子对的排斥力降低等，这必然引起颗粒内部，特别是表面层晶格的畸变. 有人[8] EXAFS 技术研究 Cu,Ni 原子团发现，随粒径减小，原子间距减小. Staduik 等人[9]用 X 射线衍射分析表明，5nm 的 Ni 微粒点阵收缩约为 2.4%. 关于纳米粒子内原子间距增大的报道也很多.

3.2　纳米微粒的物理特性

纳米微粒具有大的比表面积，表面原子数、表面能和表面张力随粒径的下降急剧增加，小尺寸效应，表面效应、量子尺寸效应及宏观量子隧道效应等导致纳米微粒的热、磁、光、敏感特性和表面稳定性等不同于常规粒子，这就使得它具有广阔应用前景.

3.2.1　热学性能

纳米微粒的熔点、开始烧结温度和晶化温度均比常规粉体的低得多. 由于颗粒小，纳米微粒的表面能高、比表面原子数多，这些表面原子近邻配位不全，活性大以及体积远小于大块材料的纳米粒子熔化时所需增加的内能小得多，这就使得纳米微粒熔点急剧下降. 例如，大块 Pb 的熔点为 600K，而 20nm 球形 Pb 微粒熔点降低 288K[1]；纳米 Ag 微粒在低于 373K 开始熔化，常规 Ag 的熔点为 1173K 左右. Wronski 计算出 Au 微粒的粒径与熔点的关系，结果如图 3.5 所示. 由图中可看出，当粒径小于 10nm 时，熔点急剧下降.

所谓烧结温度是指把粉末先用高压压制成形，然后在低于熔点的温度下使这些粉末互相结合成块，密度接近常规材料的最低加热温度. 纳米微粒尺寸小，表面能高，压制成块材后的界面具有高能量，在烧结中高的界面能成为原子运动的驱动力，有利于界面中的孔洞收缩，空位团的湮没，因此，在较低的温度下烧结就能达到致密化的目的，即烧结温度降低. 例如，常规 Al_2O_3 烧结温度在 2073~2173K，在一定条件下，纳米的 Al_2O_3 可在 1423K 至 1773K 烧结，致密度可达 99.7%[4]. 常规 Si_3N_4 烧结温度高于 2273K[5]，纳米氮化硅烧结温度降低 673K 至 773K[6]. 纳米 TiO_2 在 773K 加热呈现出明显的致密化，而晶粒仅有微小的增加，致使纳米微粒 TiO_2 在比大晶粒样品低 873K 的温度下烧结就能达到类似的硬度（见图 3.6）[7].

非晶纳米微粒的晶化温度低于常规粉体. 传统非晶氮化硅在 1793K 晶化成 a 相，纳米非晶氮化硅微粒在 1673K 加热 4h 全部转变成 a 相. 纳米微粒开始长大温度随粒径的减小而降低. 图 3.7 表明 8nm,15nm 和 35nm 粒径的 Al_2O_3 粒子快速长大的开始温度分别为 ~1073K，~1273K 和 1423K.

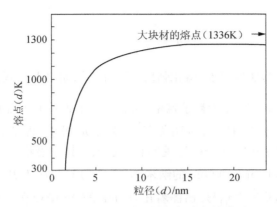

图 3.5　金纳米微粒的粒径与熔点的关系

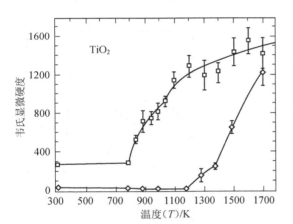

图 3.6　TiO₂ 的韦氏硬度随烧结温度的变化

□ 代表初始平均晶粒尺寸为 12nm 的纳米微粒；
◇ 代表初始平均晶粒尺寸为 1.3μm 的大晶粒

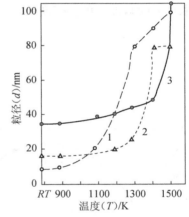

图 3.7　不同原始粒径 (d_0) 的纳米
Al₂O₃ 微粒的粒径随退火温度的变化

图中，○: d_0＝8nm；△: d_0＝15nm；⊙: d_0＝35m

3.2.2　磁学性能

纳米微粒的小尺寸效应、量子尺寸效应，表面效应等使得它具有常规粗晶粒材料所不具备的磁特性. 纳米微粒的主要磁特性可以归纳如下：

（1）超顺磁性

纳米微粒尺寸小到一定临界值时进入超顺磁状态，例如 a-Fe，Fe₃O₄ 和 a-Fe₂O₃ 粒径分别为 5nm，16nm 和 20nm 时变成顺磁体. 这时磁化率 χ 不再服从居里-外斯

定律

$$\chi = \frac{C}{T - T_c}, \tag{3.1}$$

式中 C 为常数, T_c 为居里温度. 磁化强度 M_P 可以用朗之万公式来描述. 对于 $\frac{\mu H}{k_B T}$ $\ll 1$ 时, $M_P \approx \mu^2 H / 3 k_B T$, μ 为粒子磁矩, 在居里点附近没有明显的 χ 值突变, 例如粒径为 85nm 的纳米 Ni 微粒, 矫顽力很高, χ 服从居里-外斯定律, 而粒径小于 15nm 的 Ni 微粒, 矫顽力 $H_c \to 0$, 这说明它们进入了超顺磁状态 (见图 3.8). 图 3.9 示出粒径为 85nm, 13 nm 和 9nm 的纳米 Ni 微粒的 $V(\chi)$– T 升温曲线. $V(\chi)$ 是与交流磁化率有关的检测电信号. 由图看出, 85nm 的 Ni 微粒在居里点附近 $V(\chi)$ 发生突变, 这意味着 χ 的突变, 而 9nm 和 13nm 粒径的情况, $V(\chi)$ 随温度呈缓慢的变化, 未见 $V(\chi)$, 即 χ 的突变现象.

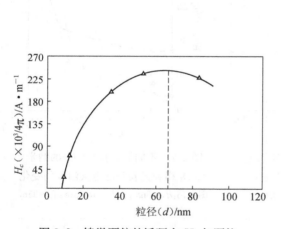

图 3.8　镍微颗粒的矫顽力 H_c 与颗粒
直径 d 的关系曲线

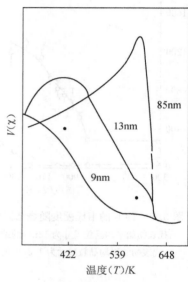

图 3.9　纳米 Ni 微粒升温过程
$V(\chi)$ 随温度变化曲线

　　超顺磁状态的起源可归为以下原因: 在小尺寸下, 当各向异性能减小到与热运动能可相比拟时, 磁化方向就不再固定在一个易磁化方向, 易磁化方向作无规律的变化, 结果导致超顺磁性的出现. 不同种类的纳米磁性微粒显现超顺磁的临界尺寸是不相同的.

　　(2) 矫顽力

　　纳米微粒尺寸高于超顺磁临界尺寸时通常呈现高的矫顽力 H_c. 例如, 用惰性气体蒸发冷凝的方法制备的纳米 Fe 微粒,随着颗粒变小饱和磁化强度 M_s 有所下降,但矫顽力却显著地增加(见图 3.10). 由图可看出,粒径为 16nm 的 Fe 微粒,矫顽力在 5.5K 时达 1.27×10^5 A/m. 室温下,Fe 的矫顽力仍保持 7.96×10^4 A/m[16],而常规的 Fe 块体矫顽力通常低于 79.62A/m. 纳米 Fe-Co 合金的矫顽力高达 1.64×10^3 A/m. 对于纳米微粒高矫顽力的起源有两种解释:一致转动模式和球链反转磁化模式. 一致转动磁化模式基本内容是:当粒子尺寸小到某一尺寸时,每个粒子就是一个单磁畴,例如对于 Fe 和 Fe_3O_4 单磁畴的临界尺寸分别为 12nm 和 40nm. 每个单磁畴的纳米微粒实际上成为一个永久磁铁,要使这个磁铁去掉磁性,必须使每个粒子整体的磁矩反转,这需要很大的反向磁场,即具有较高的矫顽力. 许多实验表明,纳米微粒的 H_c 测量值与一致转动的理论值不相符合. 例如,粒径为 65nm 的 Ni 微粒具有大于其他粒径微粒的矫顽力 $H_{cmax} \approx 1.99 \times 10^4$ (A/m). 这远低于一致转动的理论值,$H_c = 4K_1/3M_s \approx 1.27 \times 10^5$ (A/m)[17]. 都有为等人认为,纳米微粒 Fe,Fe_3O_4 和 Ni 等的高矫顽力的来源应当用球链模型来解释[17,18]. 他们采用球链反转磁化模式来计算了纳米 Ni 微粒的矫顽力.

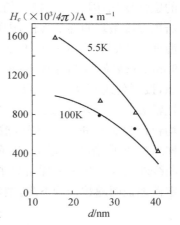

图 3.10　铁纳米微粒矫顽力与颗粒粒径和温度的关系

由于静磁作用球形纳米 Ni 微粒形成链状,对于由球形粒子构成的链的情况,矫顽力

$$H_{cn} = \mu(6K_n - 4L_n)/d^3, \qquad (3.2)$$

其中

$$K_n = \sum_{j=1}^{n} (n-j)/nj^3, \qquad (3.3)$$

$$L_n = \sum_{j=1}^{\frac{1}{2}(n-1)<j\leqslant\frac{1}{2}(n+1)} [n-(2j-1)]/[n(2j-1)^3], \qquad (3.4)$$

n 为球链中的颗粒数,μ 为颗粒磁矩,d 为颗粒间距. 设 $n=5$,则 $H_{cn} \approx 4.38 \times 10^4$ (A/m),大于实验值. Ohstliner[19]引入缺陷对球链模型进行修正后,矫顽力比上述理论计算结果低. 他认为颗粒表面氧化层可能起着类似缺陷的作用. 从而定性地解释了上述实验事实.

(3) 居里温度[17]

居里温度 T_c 为物质磁性的重要参数,通常与交换积分 J_e 成正比,并与原子构型和间距有关. 对于薄膜,理论与实验研究表明,随着铁磁薄膜厚度的减小,居里温度下降. 对于纳米微粒, 由于小尺寸效应和表面效应而导致纳米粒子的本征和内禀的磁性变化, 因此具有较低的居里温度. 例如 85nm 粒径的 Ni 微粒, 由于磁化率在居里温度呈现明显的峰值, 因此通过测量低磁场下磁化率与温度关系可得到居里温度约 623K(见图 3.9), 略低于常规块体 Ni 的居里温度(631K). 具有超顺磁性的 9nm Ni 微粒, 在高磁场下(9.5×10^5 A/m)使部分超顺磁性颗粒脱离超顺磁性状态, 按照公式 $V(K_1 + M_s H) = 25 k_B T$[其中 V 为粒子体积, K_1 为室温有效磁各向异性常数($\simeq 5.8 \times 10^5$ erg/(c. c)]估算, 超顺磁性临界尺寸下降为 6.7nm, 因此对平均粒径为 9nm 的样品, 仍可根据 σ_s-T 曲线确定居里温度, 但如图 3.11 所示, 9nm 样品在 260℃ 温度附近 σ_s-T 存在一突变, 这是由于晶粒长大所致. 根据突变前 σ_s-T 曲线外插可求得 9nm 样品的 T_c 值近似为 300℃, 低于 85nm 的 T_c(350℃), 因此可以定性地证明随粒径的下降, 纳米 Ni 微粒的居里温度有所下降.

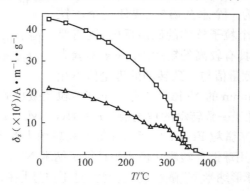

图 3.11　高磁场 9.5×10^5 A/m 下的比例和磁化强度 σ_s 与温度 T 的关系
□ 为 85nm; △ 为 9nm

　　许多实验证明, 纳米微粒内原子间距随粒径下降而减小. Apai 等人[20]用 EXAFS 方法直接证明了 Ni, Cu 的原子间距随着颗粒尺寸减小而减小. Standuik 等人[9]用 X 射线衍射法表明 5nm 的 Ni 微粒点阵参数比常规块材收缩 2.4%. 根据铁磁性理论, 对于 Ni, 原子间距小将会导致 J_e 的减小从 T_c 随粒径减小而下降[17].

　　(4) 磁化率

　　纳米微粒的磁性与它所含的总电子数的奇偶性密切相关. 每个微粒的电子可以看成一个体系, 电子数的宇称可为奇或偶. 一价金属的微粉, 一半粒子的宇称为奇, 另一半为偶, 两价金属的粒子的宇称为偶, 电子数为奇或偶数的粒子磁性有不同温度特点. 电子数为奇数的粒子集合体的磁化率服从居里-外斯定律, $\chi = \dfrac{C}{T - T_c}$, 量子尺寸效应使磁化率遵从 d^{-3} 规律. 电子数为偶数的系统, $\chi \propto k_B T$, 并遵从 d^2 规律. 它们在高场下为包利顺磁性. 纳米磁性金属的 χ 值是常规金属的 20 倍.

此外,纳米磁性微粒还具备许多其他的磁特性.纳米金属 Fe(8nm)饱和磁化强度比常规 a-Fe 低 40%,纳米 Fe 的比饱和磁化强度随粒径的减小而下降(见图 3.12);纳米 FeF_2(10nm)在 78~88K 由顺磁转变为反铁磁,即有一个宽达 12K 温度范围,而单晶 FeF_2 由顺磁转变为反铁磁的奈耳温度范围很窄,只有 2K;纳米 Cr_2O_3 的奈耳温度随颗粒度的增大而降低,例如粒径分别为 17,25,60 和大于 100nm 时,温度分别为 355K,345K,325K 和 308K;1988 年日本发现,纳米合金 Fe-Si-Bi-Cu(20~50nm)具有好的软磁性能.可用作高频转换器,其芯耗低至 $200mW/cm^3$,有效磁导率高于 10^8.当晶粒度大于 100nm 时,软磁性消失;金属 Sb 通常为抗磁性的,其 $\chi<0$,但纳米微晶 Sb 的 $\chi>0$,表现出顺磁性[21].

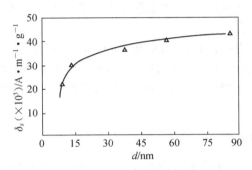

图 3.12 室温比饱和磁化强度 σ_s 与平均颗粒直径 d 的关系曲线

孙继荣等[22]从自旋波理论出发,通过直接求解 Heisenberg 模型预计,纳米微粒,尤其是约 1nm 粒径的微粒体系的低温自发磁化强度 $M(T)$ 的变化不遵循 Bloch 规律($T^{3/2}$ 规律),在一定温度区间内,有

$$\frac{M(0)-M(T)}{M(0)} = a + \beta(T/J_e) + \gamma(T/J_e)^{\frac{3}{2}}, \tag{3.5}$$

其中 J_e 为自旋交换积分,γ 比大粒子体系的大.

3.2.3 光学性能

纳米粒子的一个最重要的标志是尺寸与物理的特征量相差不多,例如,当纳米粒子的粒径与超导相干波长、玻尔半径以及电子的德布罗意波长相当时,小颗粒的量子尺寸效应十分显著.与此同时,大的比表面使处于表面态的原子,电子与处于小颗粒内部的原子、电子的行为有很大的差别,这种表面效应和量子尺寸效应对纳米微粒的光学特性有很大的影响.甚至使纳米微粒具有同样材质的宏观大块物体不具备的新的光学特性.主要表现为如下几方面:

(1) 宽频带强吸收

大块金属具有不同颜色的光泽,这表明它们对可见光范围各种颜色(波长)的反射和吸收能力不同. 而当尺寸减小到纳米级时各种金属纳米微粒几乎都呈黑色. 它们对可见光的反射率极低,例如铂金纳米粒子的反射率为 1%,金纳米粒子的反射率小于 10%. 这种对可见光低反射率,强吸收率导致粒子变黑.

纳米氮化硅、SiC 及 Al_2O_3 粉对红外有一个宽频带强吸收谱[10]. 这是由纳米粒子大的比表面导致了平均配位数下降,不饱和键和悬键增多,与常规大块材料不同,没有一个单一的,择优的键振动模,而存在一个较宽的键振动模的分布,在红外光场作用下它们对红外吸收的频率也就存在一个较宽的分布,这就导致了纳米粒子红外吸收带的宽化.

许多纳米微粒,例如,ZnO,Fe_2O_3 和 TiO_2 等,对紫外光有强吸收作用,而亚微米级的 TiO_2 对紫外光几乎不吸收. 这些纳米氧化物对紫外光的吸收主要来源于它们的半导体性质,即在紫外光照射下,电子被激发由价带向导带跃迁引起的紫外光吸收.

(2) 蓝移和红移现象

与大块材料相比,纳米微粒的吸收带普遍存在"蓝移"现象,即吸收带移向短波长方向. 例如,纳米 SiC 颗粒和大块 SiC 固体的峰值红外吸收频率分别是 $814cm^{-1}$ 和 $794cm^{-1}$. 纳米 SiC 颗粒的红外吸收频率较大块固体蓝移了 $20cm^{-1}$. 纳米氮化硅颗粒和大块 Si_3N_4 固体的峰值红外吸收频率分别是 $949cm^{-1}$ 和 $935cm^{-1}$,纳米氮化硅颗粒的红外吸收频率比大块固体蓝移了 $14cm^{-1}$. 由不同粒径的 CdS 纳米微粒的吸收光谱看出,随着微粒尺寸的变小而有明显的蓝移,见图 3.13. 体相 PbS 的禁带宽度较窄,吸收带在近红外. 但是 PbS 体相中的激子玻尔半径较大(大于 10nm)

$$\left[\text{激子玻尔半径 } a_B = \frac{h^2\varepsilon}{e^2}\left(\frac{1}{m_{e^-}}+\frac{1}{m_{h^+}}\right), m_{e^-} \text{ 和 } m_{h^+} \text{ 分别为电子和空穴有效质量,} \right.$$

ε 为介电常数$\Big]$,更容易达到量子限域. 当其尺寸小于 3nm 时,吸收光谱已移至可见光区. 对纳米微粒吸收带"蓝移"的解释有几种说法,归纳起来有两个方面:一是量子尺寸效应,由于颗粒尺寸下降能隙变宽,这就导致光吸收带移向短波方向. Ball 等[11]对这种蓝移现象给出了普适性的解释:已被电子占据分子轨道能级与未被占据分子轨道能级之间的宽度(能隙)随颗粒直径减小而增大,这是产生蓝移的根本原因. 这种解释对半导体和绝缘体都适用. 另一种是表面效应. 由于纳米微粒颗粒小,大的表面张力使晶格畸变,晶格常数变小,对纳米氧化物和氮化物小粒子研究表明[12],第一近邻和第二近邻的距离变短. 键长的缩短导致纳米微粒的键本征振动频率增大,结果使红外光吸收带移向了高波数.

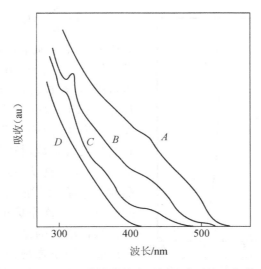

图 3.13　CdS 溶胶微粒在不同尺寸下的吸收谱

A：6nm；B：4nm；C：2.5nm；D：1nm

在一些情况下,粒径减小至纳米级时,可以观察到光吸收带相对粗晶材料呈现"红移"现象. 即吸收带移向长波长. 例如,在 200~1400nm 波长范围,单晶 NiO 呈现八个光吸收带,它们的峰位分别为 3.52,3.25,2.95,2.75,2.15,1.95 和 1.13eV,纳米 NiO(粒径在 54~84nm 范围)不呈现 3.52eV 的吸收带,其他 7 个带的峰位分别为 3.30,2.93,2.78,2.25,1.92,1.72 和 1.07eV,很明显,前 4 个光吸收带相对单晶的吸收带发生蓝移,后 3 个光吸收带发生红移. 这是因为光吸收带的位置是由影响峰位的蓝移因素和红移因素共同作用的结果,如果前者的影响大于后者,吸收带蓝移,反之,红移. 随着粒径的减小,量子尺寸效应会导致吸收带的蓝移,但是粒径减小的同时,颗粒内部的内应力(内应力 $p=2\gamma/r$,r 为粒子半径,γ 为表面张力)会增加,这种压应力的增加会导致能带结构的变化,电子波函数重叠加大,结果带隙、能级间距变窄,这就导致电子由低能级向高能级及半导体电子由价带到导带跃迁引起的光吸收带和吸收边发生红移. 纳米 NiO 中出现的光吸收带的红移是由于粒径减小时红移因素大于蓝移因素所致.

(3) 量子限域效应

半导体纳米微粒的粒径 $r<a_B$(a_B 为激子玻尔半径)时,电子的平均自由程受小粒径的限制,局限在很小的范围,空穴很容易与它形成激子,引起电子和空穴波函数的重叠,这就很容易产生激子吸收带. 随着粒径的减小,重叠因子(在某处同时发现电子和空穴的概率($|U(0)|^2$)增加. 对半径为 r 的球形微晶,忽略表面效应,则激子的振子强度

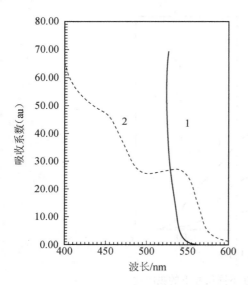

图 3.14　Cd Se$_x$ S$_{1-x}$玻璃的吸收光谱

曲线 1 所代表的粒径大于 10nm；

曲线 2 所代表的粒径为 5nm

$$f=\frac{2m}{h^2}\Delta E|\mu|^2|U(0)|^2，\quad(3.6)$$

式中 m 为电子质量，ΔE 为跃迁能量，μ 为跃迁偶极矩. 当 r<a_B 时，电子和空穴波函数的重叠 $|U(0)|^2$ 将随粒径减小而增加，近似于$(a_B/r)^3$. 因为单位体积微晶的振子强度 $f_{微晶}/V$(V 为微晶体积)决定了材料的吸收系数，粒径越小，$|U(0)|^2$ 越大，$f_{微晶}/V$ 也越大，则激子带的吸收系数随粒径下降而增加，即出现激子增强吸收并蓝移，这就称作量子限域效应. 纳米半导体微粒增强的量子限域效应使它的光学性能不同于常规半导体. 图 3.14 所示的曲线 1 和 2 分别为掺了粒径大于 10nm 和 5nm 的 Cd Se$_x$S$_{1-x}$ 的玻璃的光吸收谱. 由图可以看出，当微粒尺寸变小后出现明显的激子峰.

（4）纳米微粒的发光

当纳米微粒的尺寸小到一定值时可在一定波长的光激发下发光. 1990 年，日本佳能研究中心的 Tabagi[13] 发现，粒径小于 6nm 的硅在室温下可以发射可见光. 图 3.15 所示的为室温下，紫外光激发引起的纳米硅的发光谱. 可以看出，随粒径减小，发射带强度增强并移向短波方向. 当粒径大于 6nm 时，这种光发射现象消失. Tabagi 认为，硅纳米微粒的发光是载流子的量子限域效应引起的. Brus[14] 认为，大块硅不发光是它的结构存在平移对称性，由平移对称性产生的选择定则使得大尺寸硅不可能发光，当硅粒径小到某一程度时（6nm），平移对称性消失，因此出现发光现象.

掺 Cd Se$_x$ S$_{1-x}$ 纳米微粒的玻璃在 530nm 波长光的激发下会发射荧光（见图 3.16），这是因为半导体具有窄的直接跃迁的带隙，因此在光激发下电子容易跃迁引起发光. 当颗粒尺寸较小时（5nm）出现了激子发射峰（见曲线 2）.
常规块体 TiO$_2$ 是一种直接跃迁禁阻的过渡金属氧化物；带隙宽度为 3.0eV，为间接允许跃迁带隙，在低温下可由杂质或束缚态发光. 但是用硬脂酸包敷 TiO$_2$ 超微粒可均匀分散到甲苯相中，而且直到 2400nm 仍有很强的光吸收，其吸收谱满足直接跃迁半导体小粒子的 Urbach 关系

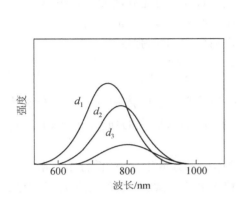

图 3.15　不同颗粒度纳米 Si 在室温下
的发光（粒径 $d_1 < d_2 < d_3$）

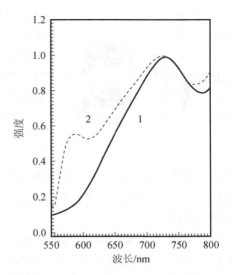

图 3.16　Cd Se$_x$S$_{1-x}$ 玻璃的荧光光谱.
激发波长 530nm，曲线 1 对应微粒尺寸
大于 10nm，曲线 2 对应的微粒尺寸为 5nm

$$(\alpha h\gamma)^2 = B(h\upsilon - E_g), \tag{3.7}$$

式中 $h\upsilon$ 为光子能量，α 为吸收系数，E_g 为表观光学带隙，B 为材料特征常数. 根据吸收光谱（α 为波长曲线）由上式可求出，$E_g = 2.25\text{eV}$，大大小于块体 TiO$_2$ 的（$E_g = 3.0\text{eV}$）. 而且，与块体 TiO$_2$ 不同的是，TiO$_2$ 微粒在室温下，由 $380 \sim 510\text{nm}$ 波长的光激发下可产生 540nm 附近的宽带发射峰.

初步的研究表明，随粒子尺寸减小而出现吸收的红移. 室温可见荧光和吸收红移现象可能由下面两个原因引起：

（ⅰ）包敷硬脂酸在粒子表面形成一偶极层，偶极层的库仑作用引起的红移可以大于粒子尺寸的量子限域效应引起的蓝移，结果吸收谱呈现红移.

（ⅱ）表面形成束缚激子导致发光.

（5）纳米微粒分散物系的光学性质

纳米微粒分散于分散介质中形成分散物系（溶胶），纳米微粒在这里又称作胶体粒子或分散相. 由于在溶胶中胶体的高分散性和不均匀性使得分散物系具有特殊的光学特征. 例如，如果让一束聚集的光线通过这种分散物系，在入射光的垂直方向可看到一个发光的圆锥体，如图 3.17 所示. 这种现象是在 1869 年由英国物理学家丁达尔（Tyndal）所发现，故称丁达尔效应. 这个圆锥为丁达尔圆锥. 丁达尔效应与分散粒子的大小及投射光线波长有关. 当分散粒子的直径大于投射光波波长

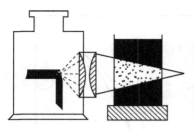

图 3.17 丁达尔效应

时,光投射到粒子上就被反射.如果粒子直径小于入射光波的波长,光波可以绕过粒子而向各方向传播,发生散射,散射出来的光,即所谓乳光.由于纳米微粒直径比可见光的波长要小得多,所以纳米微粒分散系应以散射的作用为主.

根据雷利公式,散射强度为

$$I = \frac{24\pi^3 NV^2}{\lambda^4}\left(\frac{n_1{}^2 - n_2{}^2}{n_1{}^2 + n_2{}^2}\right)I_0, \qquad (3.8)$$

式中,λ 是波长;N 为单位体积中的粒子数;V 为单个粒子的体积;n_1 和 n_2 分别为分散相(这里为纳米粒子)和分散介质的折射率;I_0 为入射光的强度.由式(3.8)可作如下的讨论:

(ⅰ)散射光强度(即乳光强度)与粒子的体积平方成正比.对低分子真溶液分子体积很小,虽有乳光,但很微弱.悬浮体的粒子大于可见光.故没有乳光,只有反射光,只有纳米胶体粒子形成的溶胶才能产生丁达尔效应.

(ⅱ)乳光强度与入射光的波长的四次方成反比,故入射光的波长愈短,散射愈强.例如照射在溶胶上的是白光,则其中蓝光与紫光的散射较强.故白光照射溶胶时,侧面的散射光呈现淡黄色,而透射光呈现橙红色.

(ⅲ)分散相与分散介质的折射率相差愈大,粒子的散射光愈强.所以对分散相和介质间没有亲和力或只有很弱亲和力的溶胶(憎液溶胶),由于分散相与分散介质间有明显界限,两者折射率相差很大,乳光很强,丁达尔效应很明显.

(ⅳ)乳光强度与单位体积内胶体粒子数 N 成正比.

3.2.4 纳米微粒悬浮液和动力学性质

(1)布朗运动

1882 年布朗在显微镜下观察到悬浮在水中的花粉颗粒作永不停息的无规则运动.其他的微粒在水中也有同样现象,这种现象称为布朗运动.

布朗运动是由于介质分子热运动造成的.胶体粒子(纳米粒子)形成溶胶时会产生无规则的布朗运动.在 1905 年和 1906 年,爱因斯坦和斯莫鲁霍夫分别创立布朗运动理论,假定胶体粒子运动与分子运动相类似,并将粒子的平均位移表示成

$$\overline{X} = \sqrt{\frac{RT}{N_0}\cdot\frac{Z}{3\pi r\eta}}, \qquad (3.9)$$

式中,$\overline{X}$ 为粒子的平均位移;Z 为观察的时间间隔;η 是介质的黏度;r 为粒子半径;N_0 为阿伏伽德罗常数.

　　布朗运动是胶体粒子的分散物系(溶胶)动力稳定性的一个原因. 由于布朗运动存在,胶粒不会稳定地停留在某一固定位置上,这样胶粒不会因重力而发生沉积,但另一方面,可能使胶粒因相互碰撞而团聚,颗粒由小变大而沉淀.

　　(2) 扩散

　　扩散现象是在有浓度差时,由于微粒热运动(布朗运动)而引起的物质迁移现象. 微粒愈大,热运动速度愈小. 一般以扩散系数来量度扩散速度,扩散系数(D)是表示物质扩散能力的物理量. 表 3.1 表示不同半径金纳米微粒形成的溶胶的扩散系数. 由表可见,粒径愈大,扩散系数愈小.

表 3.1　291K 时金溶胶的扩教系数

粒径(nm)	扩散系数(D)($10^9/m^2 \cdot s^{-1}$)
1	0.213
10	0.0213
100	0.00213

　　按照爱因斯坦关系式,胶体物系中扩散系数 D 可表示成

$$D = \frac{RT}{N_0} \cdot \frac{1}{6\pi \eta r}, \tag{3.10}$$

式中 η 是分散介质的黏度;r 为粒子半径;其他是常用符号.

　　由式(3.9)和式(3.10)可得

$$D = \frac{\overline{X^2}}{2Z}. \tag{3.11}$$

利用这个公式,在给定时间间隔 Z 内,用电镜测出平均位移的 $\overline{X}$ 大小. 可得出 D.

　　(3) 沉降和沉降平衡

　　对于质量较大的胶粒来说,重力作用是不可忽视的. 如果粒子比重大于液体,因重力作用悬浮在液体中的微粒下降. 但对于分散度高的物系,因布朗运动引起扩散作用与沉降方向相反,故扩散成为阻碍沉降的因素. 粒子愈小,这种作用愈显著,当沉降速度与扩散速度相等时,物系达到平衡状态,即沉降平衡.

　　Perrin 以沉降平衡为基础,导出胶体粒子的高斯分布定律的公式

$$n_2 = n_1 e^{-\frac{N_0}{RT} \frac{4}{3} r^3 (\rho_p - \rho_0)(x_2 - x_1) g}, \tag{3.12}$$

式中,n_1 为 x_1 高度截面处的粒子浓度. n_2 为 x_2 高度截面处的粒子浓度;ρ_p 表示胶粒的密度;ρ_0 表示分散介质的密度;r 表示粒子半径;g 表示重力加速度.

　　由公式(3.12)和图 3.18 可见,粒子的质量愈大,其浓度随高度而引起的变化亦愈大.

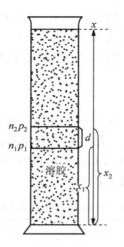

图 3.18　胶粒高度分布示意图

　　一般来说,溶胶中含有各种大小不同的粒子时,当这类物系达到平衡时,溶胶上部的平均粒子大小要比底部所有的小.

3.2.5　表面活性及敏感特性[15]

　　随纳米微粒粒径减小,比表面积增大,表面原子数增多及表面原子配位不饱和性导致大量的悬键和不饱和键等,这就使得纳米微粒具有高的表面活性.用金属纳米微粒作催化剂时要求它们具有高的表面活性,同时还要求提高反应的选择性.金属纳米微粒粒径小于 5nm 时,使催化性和反应的选择性呈特异行为.例如,用硅作载体的镍纳米微粒作催化剂时,当粒径小于 5nm 时,不仅表面活性好,使催化效应明显,而且对丙醛的氢化反应中反应选择性急剧上升,即使丙醛到正丙醇氢化反应优先进行,而使脱羰引起的副反应受到抑制.

　　由于纳米微粒具有大的比表面积,高的表面活性,及表面活性能与气氛性气体相互作用强等原因,纳米微粒对周围环境十分敏感,如光、温、气氛、湿度等,因此可用作各种传感器,如温度、气体、光、湿度等传感器.

3.2.6　光催化性能[23~40]

　　光催化是纳米半导体独特性能之一.这种纳米材料在光的照射下,通过把光能转变成化学能,促进有机物的合成或使有机物降解的过程称作为光催化[23~25].近年来,人们在实验室里利用纳米半导体微粒的光催化性能进行海水分解提 H_2,对 TiO_2 纳米粒子表面进行 N_2 和 CO_2 的固化都获得成功[26],人们把上述化学反应过程也归结为光催化过程. 光催化的基本原理是: 当半导体氧化物(如 TiO_2)纳米粒子受到大于禁带宽度能量的光子照射后, 电子从价带跃迁到导带, 产生了电子-空穴对, 电子具有还原性, 空穴具有氧化性, 空穴与氧化物半导体纳米粒子表面的 OH^- 反应生成氧化性很高的 OH 自由基, 活泼的 OH 自由基可以把许多难降解的有机物氧化为 CO_2 和水等无机物, 例如可以将酯类氧化变成醇, 醇再氧化变成醛, 醛再氧化变成酸, 酸进一步氧化变成 CO_2 和水. 半导体的光催化活性主要取决导带与价带的氧化-还原电位, 价带的氧化-还原电位越正, 导带的氧化-还原电位越负, 则光生电子和空穴的氧化及还原能力就越强, 从而使光催化降解有机物的效率大大提高.

目前广泛研究的半导体光催化剂大都属于宽禁带的 n 型半导体氧化物, 已研究的光催化剂有 TiO_2, ZnO, CdS, WO_3, Fe_2O_3, PbS, SnO_2, In_2O_3, ZnS, $SrTiO_3$ 和 SiO_2 等十几种, 这些半导体氧化物都有一定的光催化降解有机物的活性, 但因其中大多数易发生化学或光化学腐蚀, 不适合作为净水用的光催化剂, 而 TiO_2 纳米粒子不仅具有很高的光催化活性, 而且具有耐酸碱和光化学腐蚀、成本低、无毒, 这就使它成为当前最有应用潜力的一种光催化剂.

减小半导体催化剂的颗粒尺寸, 可以显著提高其光催化效率. 近年来, 通过对 TiO_2, ZnO, CdS, PbS 等半导体纳米粒子的光催化性质的研究表明, 纳米粒子的光催化活性均优于相应的体相材料[27]. 半导体纳米粒子所具有的优异的光催化活性一般认为有以下几方面的原因: (ⅰ)当半导体粒子的粒径小于某一临界值(一般约为 10nm)时, 量子尺寸效应变得显著, 电荷载体就会显示出量子行为, 主要表现在导带和价带变成分立能级, 能隙变宽, 价带电位变得更正, 导带电位变得更负, 这实际上增加了光生电子和空穴的氧化-还原能力, 提高了半导体光催化氧化有机物的活性. (ⅱ)对于半导体纳米粒子而言, 其粒径通常小于空间电荷层的厚度, 在离开粒子中心的 L 距离处的势垒高度可表示为[28]

$$\Delta V = \frac{1}{6}(L/L_D)^2, \tag{3.13}$$

这里 L_D 是半导体的德拜长度, 在此情况下, 空间电荷层的任何影响都可以忽略, 光生载流子可通过简单的扩散从粒子的内部迁移到粒子的表面而与电子给体或受体发生氧化或还原反应. 由扩散方程 $\tau = r/\pi^2 D$(τ 为扩散平均时间, r 为粒子半径, D 为载流子扩散系数.)计算表明, 在粒径为 $1\mu m$ 的 TiO_2 粒子中, 电子从内部扩散到表面的时间约为 100ns, 而在粒径为 10nm 的微粒中只有 10ps, 由此可见, 纳米半导体粒子的光致电荷分离的效率是很高的. Gratzel 等人的研究显示[29], 电子和空穴的俘获过程是很快的, 如在二氧化钛胶体粒子中, 电子的俘获在 30ns 内完成, 而空穴相对较慢, 约在 250ps 内完成. 这意味着对纳米半导体粒子而言, 半径越小, 光生载流子从体内扩散到表面所需的时间越短, 光生电荷分离效果就超高, 电子和空穴的复合概率就越小,从而导致光催化活性的提高. (ⅲ)纳米半导体粒子的尺寸很小,处于表面的原子很多,比表面积很大,这大大增强了半导体光催化吸附有机污染的能力,从而提高了光催化降解有机污染物的能力. 研究表明[30],在光催化体系中,反应物吸附在催化剂的表面是光催化反应的一个前置步骤,纳米半导体粒子强的吸附效应甚至允许光生载流子优先与吸附的物质反应,而不管溶液中其他物质的氧化还原电位的顺序.

如何提高光催化剂的光谱响应、光催化量子效率及光催化反应速度是半导体光催化技术研究的中心问题,研究表明,通过对纳米半导体材料进行敏化、掺杂、表面修饰以及在表面沉积金属或金属氧化物等方法可以显著改善其光吸收及光催化效能.

TiO_2 是一种宽带隙半导体材料,它只能吸收紫外光,太阳能利用率很低,利用纳米粒子对染料的强吸附作用,通过添加适当的有机染料敏化剂,可以扩展其波长响应范围,使之可利用可见光来降解有机物[31]. 但敏化剂与污染物之间往往存在吸附竞争,敏化剂自身也可能发生光降解,这样随着敏化剂的不断被降解,必然要添加更多的敏化剂. 采用能隙较窄的硫化物、硒化物等半导体来修饰 TiO_2,也可提高其光吸收效果,但在光照条件下,硫化物、硒化物不稳定,易发生腐蚀.

一些过渡族金属掺杂也可提高半导体氧化物的光催化效率. Bahneman 等[32]研究了掺杂 Fe 的 TiO_2 纳米颗粒对光降解二氯乙酸(DCA)的活性. 结果表明,Fe 的掺杂量达 2.5% 时,光催化活性较用纯 TiO_2 时提高 4 倍. Choi 等人[33]也发现,在纳米 TiO_2 颗粒中掺杂 0.5% 的 Fe(Ⅲ),Mo(Ⅴ),V(Ⅳ)等可使其催化分解 CCl_4 和 $CHCl_3$ 的效率大大提高. 掺杂过渡金属可以提高 TiO_2 的光催化效率的机制众说纷纭,一般认为有以下几方面的原因:(ⅰ)掺杂可以形成捕获中心. 价态高于 Ti^{4+} 的金属离子捕获电子,低于 Ti^{4+} 的金属离子捕获空穴,抑制 e^-/h^+ 复合. (ⅱ)掺杂可以形成掺杂能级,使能量较小的光子能激发掺杂能级上捕获的电子和空穴,提高光子的利用率. (ⅲ)掺杂可以导致载流子的扩散长度增大,从而延长了电子和空穴的寿命,抑制了复合. (ⅳ)掺杂可以造成晶格缺陷,有利于形成更多的 Ti^{3+} 氧化中心[34]. 尽管应用掺杂的方法可以改善半导体氧化物对某些有机污染物的光降解活性,但在大多数情况下,这种改善光催化活性的方法并不成功.

半导体光催化剂的表面上用贵金属或贵金属氧化物修饰也可以改善其光催化活性. 有人报道[35],采用溶胶-凝胶法制备的 TiO_2/Pt/玻璃薄膜,其降解可溶性染料的活性明显高于 TiO_2/玻璃. Sukharer 等人[36]也报道 Pd/TiO_2 薄膜降解水杨酸比纯 TiO_2 更有效. KraentIer 和 Bard[37,38]等人提出了 Pd/TiO_2 颗粒微电池模型. 他们认为,由于 Pt 的费米能级低于 TiO_2 的费米能级,当它们接触后,电子就从 TiO_2 粒子表面向 Pt 扩散,使 Pt 带负电,而 TiO_2 带正电,结果 Pt 成为负极,TiO_2 为正极,从而构成了一个短路的光化学电池,使 TiO_2 的光催化氧化反应顺利进行.

Cui 等人[39]也发现,在 TiO$_2$ 表面沉积 1.5～3mol％Nb$_2$O$_5$,可以使其光催化分解 1,4→二氯苯的活性提高近一倍,究其原因,可能是由于 Nb$_2$O$_5$ 的引入增加了 TiO$_2$ 光催化剂的表面酸度,产生了新的活性位置,从而提高了 TiO$_2$ 的光催化活性.同样,WO$_3$/TiO2 和 MoO$_3$/TiO$_2$ 的光催化活性高于纯的 TiO$_2$ 也源于此理[40].

在光催化反应中,反应体系除来自大气中的氧外,不再添加其他氧化剂,氧对半导体光催化降解有机物的反应至关重要,在没有氧存在时,半导体的光催化活性则完全被抑制.通常,氧气起着光生电子的清除剂或引入剂的作用,即 $O_2 + e^- \longrightarrow O_2^-$.一些报道认为[41,42],过氧化物、高碘酸盐、苯醌和甲基苯醌也可以替代氧气作为光催化降解反应的清除剂.Gerischer 等人[43]指出,光催化氧化有机物的反应速率受电子传递给溶液中溶解氧的反应速率的限制,TiO$_2$ 的光降解速率较慢的原因主要是因为电子传递给溶解氧的速率较慢.电子传递给溶解氧的速度较慢有两方面的原因:一方面,氧的 $p\pi$ 轨道与过渡金属的 $3d$ 轨道的相互作用较弱,因此,电子转移到溶解氧的过程被抑制;另一方面,电子从半导体的内部或捕获的表面上向分子氧的转移速率较慢.Bard 等人[38]研究发现,在 TiO$_2$ 粒子的表面上沉积适量的贵金属(如 Pt,Ag,Au,Pd 等)有利于溶液中溶解氧的还原速率,其作用原理是沉积的金属可以作为电子陷阱,俘获光生电子用于溶解氧的还原.虽然在 TiO$_2$ 表面沉积金属能明显提高一些有机物的降解速率,但有时沉积同样金属的光催化剂却对另外一些有机物的降解有抑制作用[44],如 TiO$_2$ 表面上沉积 0.5％Au＋0.5％Pt(wt),可以明显提高 TiO$_2$ 降解水杨酸的速率,但在同样的条件下,Au-Pt/TiO$_2$ 降解乙二醇的速率却明显低于 TiO$_2$.

金属在 TiO$_2$ 表面的沉积量必须控制在合适的范围内,沉积量过大有可能使金属成为电子和空穴快速复合的中心,从而不利于光催化降解反应[45].

一些阴离子对半导体光催化降解有机物的速率也有影响.Abdullah 等人[46]在研究纳米 TiO$_2$ 光催化降解水杨酸、苯胺、4-氯苯酚和乙醇等有机物时发现,当 SO_4^{2-},Cl^-,CO_3^{2-},PO_4^{3-} 的浓度大于 10^{-3} mol·l^{-1} 时,会使光降解速率减小 20％～70％,而 ClO^- 和 NO_3^- 则对降解速率几乎无影响.这说明一些无机离子会同有机物争夺表面活性位,或在颗粒表面上产生一种强极性的环境,使有机物向活性位的迁移被阻断.

半导体光催化技术应用中一个更为实际的问题是催化剂的固定问题,这也是开发高效光催化反应器首先需要迫切解决的问题.在污水处理体系中,实验中一般使用混合均匀的多相间隙式反应器[47],在这种光催化反应器中,光降解速率通常随着 TiO$_2$ 的含量的增加而增加,当含量达到约为 0.5mg/ml 时,接近极限值.然而由于催化剂颗粒被分散在本体溶液中,催化剂的回收处理比较复杂,运行成本也相应提高.因此在实际的工业中主要应用流化床[48]和固定床反应器.在两种反应器中,半导体光催化剂一般采用浸渍、干燥、浸渍烧结、溶胶-凝胶、物理与化学气相沉积等方法固定在各种载体上或使用半导体膜的形式,用于连续处理污染物.用于固定催化剂的载体主要有反应器内壁、玻璃或金属网、硅胶、砂粒、玻璃珠、醋酸纤维膜、尼龙薄膜和二氧化硅等.利用 TiO_2 易粘附于玻璃上的特性,因而设计玻璃流动反应器相对简单易行.半导体光催化剂对一些气相化学污染物的光降解活性一般比在水溶液中要高得多,且催化剂的回收处理也较容易.由于在气相中分子的扩散及传递的速率较高且链状反应较易进行,一些气相光催化反应的表观光效率会接近甚至超过 1. Anderson 等[49]曾报道,使用多孔的 TiO_2 丸装填的床反应器光催化降解气相三氯化烯(TCE)时,TCE 降解的表观量子效率高达 0. 9.

半导体光催化技术在环境治理领域有着巨大的经济、环境和社会效益,预计它可在以下几个领域得到广泛的应用:(i)污水处理　可用于工业废水、农业废水和生活废水中的有机物及部分无机物的脱毒降解;(ii)空气净化　可用于油烟气、工业废气、汽车尾气、氟里昂及氟里昂替代物的光催化降解;(iii)保洁除菌　如含有 TiO_2 膜层的自净化玻璃用于分解空气中的污染物;含有半导体光催化剂的墙壁和地板砖可用于医院等公共场所的自动灭菌.

虽然光催化技术的研究已有 20 余年的历史,并在这几年得到了较快的发展,但从总体上看仍处于实验室和理论探索阶段,尚未达到产业化规模,其主要原因是现有的光催化体系的太阳能利用率较低,总反应速度较慢,催化剂易中毒,同时太阳能系统受天气的影响较大,因此研制具有高量子产率、能被太阳光谱中的可见光甚至红外光激发的高效半导体光催化剂是当前光催化技术研究的重点和热点.

参 考 文 献

[1] 苏品书,超微粒子材料技术,复汉出版社(1989).

[2] Kimoto K,Nishida I,*J. Phys. Soc. Japn.*,22,940(1967).

[3] Nishida I,Kimoto K,*Thin Solid Films*,23,1979(1974).

[4] Yeh T S,Sacks MD,*J. Am. Ceram. Soc.*,71(10),841(1988).

[5] Birringer R,Gleiter H,Klein H P,et al.,*Phys. Lett.*,102,365(1984).

[6] Zhang L D,Mo C M,Wang T,et al.,*Phys. Stat. Sol.*,(a),136,291(1993).

[7] Hahn H,Logas J,Averback RS,*J. Mater. Res.*,5(3),609(1990).

[8] AllanGAT,*Phys. Rev. B*,1,352(1970).

[9] Staduik Z M,Griesbaoh P,Debe G,et al.,*Phys. Rev. B*,35,6588(1987).

[10] Mo C M,YuanZ,Zhang L D,et al.,*Nanostructured Mater.*,2,113(1993).

[11] Ball P,Garwin L,*Nature*,355,761(1992).

[12] 蔡树芝、牟季美、张立德等,物理学报,41(10),1620(1992).

[13] Tabagi H,Ogawa H,*Appl. Phys. Lett.*,56(24),2379(1990).

[14] Brus L,*Nature*,351,301(1991).

[15] 日本的科学与技术编辑部编,日本的科学与技术,长春日报社第二印刷厂(1985).

[16] Du Y W,J.*Appl. Phys.*,63,4100(1988).

[17] 都有为、徐明祥、吴坚等,物理学报,41(1),149(1992).

[18] Jawb I S,Bean C P,*Phys. Rev.*,100,1060(1955).

[19] Ohshiner K Z,*IEEE Trans.*,**MAG-23**,2826(1987).

[20] Apai G,Hamilton J F,Stohr J,et al.,*Phys. Rev. Lett.*,43,165(1979).

[21] 张立德、牟季美,纳米材料学,辽宁科技出版社(1994).

[22] 孙继荣、沈中毅、刘勇等,物理学报,42(1),134(1993).

[23] Wu W,Herrman J M,*Pichat P*,*Catal.*,3,73(1989).

[24] Frank S N,Bard A J.,*J. Phys. Chem.*,81,1484(1977).

[25] Leland J K,Bard A J,*J. Phys. Chem.*,91,5076(1987).

[26] Li Q S,Chem,*Lett.*,135,321(1983).

[27] Yoneyama H,*Cryt*,*Rev. SOlid State Mater. Sci.*,18,69(1993).

[28] Albery W J,Bartlett P N,*J. Electrochem. Soc.*,131,315(1984).

[29] Rothenberger G,Moser J,Gratzel M,*J. Am. Chem,Soc.*,107,8054(1985).

[30] Fox M A,*Nouv. J. Chem.*,11,129(1987).

[31] Ross H,Bending J,Hecht S,*Solar Energy Mater. Solar Cells*,33,475(1994).

[32] Behneman D W,*J. Phys. Chem.*,98,1025(1994).

[33] Choi W Y,*Angew. Chem.*,33,1091(1994).

[34] 胡春、王怡中、汤鸿霄,环境科学进展,3(1),55(1995).

[35] 符小荣、张枝刚、宋世庚等,应用化学,4(14),77(1997).

[36] Sukharev V,wold A,Cao Y M,et al.,*J. Solid State Chem.*,119,339(1995).

[37] Kraeutler K B,BardA J,*J. Am. Chem. Soc.*,100,5985(1978).

[38] Bard A J,*J. Electrochem. Soc*,10,59(1979).

[39] Cui H,Dwight K,Soled S,et al.,*J. Solid State Chem.*,115,187(1995).

[40] Papp J,Soled S,Dwight M,et al.,*Chem. Matter.*,6,496(1994).

[41] Fox M A,Dulay M T,*Chem. Rev.*,93,341(1993).

[42] Richard C,Boule P,*Solar Mater. Solar Cells*,38,431(1995).

[43] Gerischer H,Heller A,*J. Phys. Chem.*,95,5261(1991).

[44] Muradov N Z,Muzzey M Z,*Solar Energy*,56,445(1996).

[45] Renault N J,*J. Phys. Chem.*,90,2732(1986).

[46] Abdullah M,*J. Phys. Chem.*,94,6820(1990).

[47] Mills A,*J. Photochem. Photobiot. A:Chem.*,70,183(1993).

[48] Braun A M,*Adv. Photochem.*,18,235(1993).

[49] Anderson J,*Trace Met. Environ.*,3,733(1993).

第 4 章　纳米微粒的化学特性[1~5]

4.1　吸　　附

吸附是相接触的不同相之间产生的结合现象. 吸附可分成两类,一是物理吸附,吸附剂与吸附相之间是以范德瓦耳斯力之类较弱的物理力结合;二是化学吸附,吸附剂与吸附相之间是以化学键强结合. 纳米微粒由于有大的比表面和表面原子配位不足. 与相同材质的大块材料相比较,有较强的吸附性. 纳米粒子的吸附性与被吸附物质的性质、溶剂的性质以及溶液的性质有关. 电解质和非电解质溶液以及溶液的 pH 值等都对纳米微粒的吸附产生强烈的影响. 不同种类的纳米微粒吸附性质也有很大差别. 下面仅以纳米陶瓷颗粒吸附性为例,比较详细地阐述一下纳米微粒的吸附特性.

4.1.1　非电解质的吸附

非电解质是指电中性的分子,它们可通过氢键、范德瓦耳斯力、偶极子的弱静电引力吸附在粒子表面. 其中主要是以氢键形成而吸附在其他相上. 例如,氧化硅粒子对醇、酰胺、醚的吸附过程中氧化硅微粒与有机试剂中间的接触为硅烷醇层,硅烷醇在吸附中起着重要作用. 上述有机试剂中的 O 或 N 与硅烷醇的羟基(OH 基)中的 H 形成 O—H 或 N—H 氢键,从而完成 SiO_2 微粒对有机试剂的吸附,如图 4.1 所示. 对于一个醇分子与氧化硅表面的硅烷醇羟基之间只能形成一个氢键,所以结合力很弱,属于物理吸附. 对于高分子氧化物,例如聚乙烯氧化物在氧化硅粒子上的吸附也同样通过氢键来实现,由于大量的 O—H 氢键的形成,使得吸附力变得很强,这种吸附为化学吸附. 弱物理吸附容易脱附,强化学吸附脱附困难.

吸附不仅受粒子表面性质的影响,也受吸附相的性质影响,即使吸附相是相同的,但由于溶剂种类不同吸附量也不一样. 例如,以直链脂肪酸为吸附相,以苯及正己烷溶液为溶剂,结果以正己烷为溶剂时直链脂肪酸在氧化硅微粒表面上的吸附量比以苯为溶剂时多,这是因为在苯的情况下形成的氢键很少. 从水溶液中吸附非电解质时,pH 值影响很大,pH 值高时,氧化硅表面带负电,水的存在使得氢键难以形成,吸附能力下降.

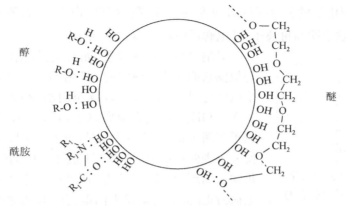

图 4.1　在低 pH 下吸附于氧化硅表面的醇、酰胺、醚分子

4.1.2　电解质吸附

电解质在溶液中以离子形式存在,其吸附能力大小由库仑力来决定.

纳米微粒在电解质溶液中的吸附现象大多数属于物理吸附. 由于纳米粒子的大的比表面常常产生键的不饱和性,致使纳米粒子表面失去电中性而带电(例如纳米氧化物,氮化物粒子),而电解质溶液中往往把带有相反电荷的离子吸引到表面上以平衡其表面上的电荷,这种吸附主要是通过库仑交互作用而实现的. 例如,纳米尺寸的黏土小颗粒在碱或碱土类金属的电解液中,带负电的黏土超微粒子很容易把带正电的 Ca^{2+} 离子吸附到表面,这里 Ca^{2+} 离子称为异电离子,这是一种物理吸附过程,它是有层次的,吸附层的电学性质也有很大的差别. 一般来说,靠近纳米微粒表面的一层属于强物理吸附,称为紧密层,它的作用是平衡了超微粒子表面的电性;离超微粒子稍远的 Ca^{2+} 离子形成较弱的吸附层,称为分散层. 由于强吸附层内电位急骤下降,在弱吸附层中缓慢减小,结果在整个吸附层中产生电位下降梯度. 上述两层构成双电层. 双电层中电位分布可用一表示式来表明,例如把 Cu 离子-黏土粒子之间吸附当作强电解质吸附来计算,以粒子表面为原点,在溶液中任意距离 x 的电位 Ψ 可用下式表示:

$$\Psi = \Psi_0 \exp(-kx), \tag{4.1}$$

其中

$$k = \left(\frac{2e^2 n_0 Z^2}{\varepsilon k_B T}\right)^{\frac{1}{2}} = \left(\frac{2e^2 N_A C Z^2}{\varepsilon k_B T}\right)^{\frac{1}{2}}. \tag{4.2}$$

$x \rightarrow \infty$ 时,$\Psi = 0$,Ψ_0 为粒子表面电位,即吸附溶液与未吸附溶液之间界面的电位,又称 zeta 势. ε 为介电常数,e 为电子电荷,n_0 为溶液的离子浓度,Z 为原子价,N_A 为阿伏伽德罗常数,C 为强电解质的摩尔浓度(mol/cm³),T 为绝对温度.

k 表示双电层的扩展程度. $1/k$ 称为双电层的厚度. 由式(4.2)看出, $1/k$ 反比于 Z 和 $\sqrt{C}$, 这表明高价离子、高电解质浓度下, 双电层很薄.

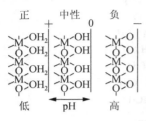

图 4.2　pH 值对氧化物表面带电状况的影响

对纳米氧化物的粒子, 如石英、氧化铝和二氧化钛等根据它们在水溶液中的 pH 值不同可带正电、负电或呈电中性. 如图 4.2 所示, 当 pH 比较小时, 粒子表面形成 M—OH₂(M 代表金属离子, 如 Si, Al, Ti 等), 导致粒子表面带正电. 当 pH 高时, 粒子表面形成 M—O 键, 使粒子表面带负电. 如果 pH 值处于中间值, 则纳米氧化物表面形成 M—OH 键, 这时粒子呈电中性. 在表面电荷为正时, 平衡微粒表面电荷的有效对离子为 Cl^-, NO_3^- 等阴离子. 若表面电荷为负电时, Na^+, NH_4^+ 离子是很有效的平衡微粒表面电荷的对离子.

4.2　纳米微粒的分散与团聚

4.2.1　分散

在纳米微粒制备过程中, 如何收集是一个关键问题, 纳米微粒表面的活性使它们很容易团聚在一起从而形成带有若干弱连接界面的尺寸较大的团聚体. 这给纳米微粒的收集带来很大的困难. 为了解决这一问题, 无论是用物理方法还是用化学方法制备纳米粒子经常采用分散在溶液中进行收集. 尺寸较大的粒子容易沉淀下来. 当粒径达纳米级(1~100nm), 由于布朗运动等因素阻止它们沉淀而形成一种悬浮液(水溶胶或有机溶胶). 这种分散物系又称作胶体物系, 纳米微粒称为胶体. 即使在这种情况下, 由于小微粒之间库仑力或范德瓦耳斯力团聚现象仍可能发生. 如果团聚一旦发生, 通常用超声波将分散剂(水或有机试剂)中的团聚体打碎. 其原理是由于超声频振荡破坏了团聚体中小微粒之间的库仑力或范德瓦耳斯力, 从而使小颗粒分散于分散剂中. 为了防止小颗粒的团聚可采用下面几种措施:

（1）加入反絮凝剂形成双电层

反絮凝剂的选择可依纳米微粒的性质、带电类型等来定, 即: 选择适当的电解质作分散剂, 使纳米粒子表面吸引异电离子形成双电层, 通过双电层之间库仑排斥作用使粒子之间发生团聚的引力大大降低, 实现纳米微粒分散的目的. 例如, 纳米氧化物 SiO_2, Al_2O_3 和 TiO_2 等在水中的 pH 高低不同(带正电或负电), 因此可选 Na^+, NH_4^+ 或 Cl^-, NO_3^- 异电离子作反絮凝剂, 使微粒表面形成双电层, 从而达到分散的目的.

（2）加表（界）面活性剂包裹微粒

为了防止分散的纳米粒子团聚也可加入表面活性剂,使其吸附在粒子表面.形成微胞状态,由于活性剂的存在而产生了粒子间的排斥力,使得粒子间不能接触,从而防止团聚体的产生.这种方法对于磁性纳米颗粒的分散制成磁性液体是十分重要的.磁性纳米微粒很容易团聚,这是通过颗粒之间磁吸引力实现的,因此,为了防止磁性纳米微粒的团聚,加入界面活性剂,例如油酸,使其包裹在磁性粒子表面,造成粒子之间的排斥作用,这就避免了团聚体的生成. Papell 在制备 Fe_3O_4 的磁性液体时就采用油酸防止团聚,达到分散的目的.具体的办法是将 $\sim 30\mu m$ 的 Fe_3O_4 粒子放入油酸和 n 庚烷中进行长时间的球磨,得到约 10nm 的 Fe_3O_4 微粒稳定地分散在 n 庚烷中的磁流体,每个 Fe_3O_4 微粒均包裹了一层油酸. Rosensweig 从理论上计算了磁性粒子外包裹的油酸层所引起的排斥能,假设油酸吸附的强磁性微粒之间的关系如图 4.3 所示,那么排斥能量 V 可表示成

$$V = 2\pi r^2 N k_B T \left\{ 2 - \frac{(h+2)}{\delta/r} \ln\left(\frac{1+\delta/r}{1+h/2}\right) - \frac{h}{\delta/r} \right\}, \tag{4.3}$$

其中 N 为单位体积的吸附分子数,δ 为吸附层的厚度,h 为粒间距函数$(=\frac{R}{r}-2)$,当粒子接触时,$h=0$,随粒子分离距离加大,h 增大. 对 $\delta=10\text{Å}$,吸附分子数为 3.3×10^{14},磁性粒子直径为 $100\text{A}(r=50\text{Å})$,电位与 h 的关系示于图 4.4. 图中同时给出了范德瓦耳斯力 V_A、磁引力 V_N、油酸层的立体障碍效应产生的排斥力 V_R 与 h 的关系曲线. 由图看出,粒子之间存在位垒,粒子间若要发生团聚,必须有足够大的引力

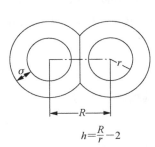

$$h = \frac{R}{r} - 2$$

图 4.3　磁性液体中吸附厚度
为 δ 的油酸的强磁性微粒
的示意图(r 为粒子半径)

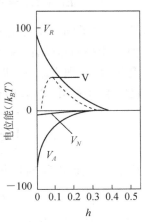

图 4.4　粒径 10nm 的磁性粒子的电位图
V_R 为立体障碍所致的排斥电位;V_A 为
范德瓦耳斯力所致的引力;V_N 为磁引力

才可能使粒子越过势垒,由于磁引力和范德瓦耳斯引力很难使粒子越过势垒,因此磁性粒子不会团聚.

4.2.2　微粒的团聚

　　悬浮在溶液中的微粒普遍受到范德瓦耳斯力作用很容易发生团聚,而由于吸附在小颗粒表面形成的具有一定电位梯度的双电层又有克服范德瓦耳斯力阻止颗粒团聚的作用.因此,悬浮液中微粒是否团聚主要由这两个因素来决定.当范德瓦耳斯力的吸引作用大于双电层之间的排斥作用时粒子就发生团聚.在讨论团聚时必须考虑悬浮液中电介质的浓度和溶液中离子的化学价.下面具体分析悬浮液中微粒团聚的条件.

　　半径为 r 的两个微粒间的范德瓦耳斯力引起的相互作用势能 E_V 可表示如下:

$$E_V = -\frac{A}{12} \cdot \frac{r}{l} \tag{4.4}$$

式中,l 为微粒间距离,r 为微粒半径,A 为常数.

　　电二重层间相互作用势能 E_0 近似地表示如下:

$$E_0 \sim \frac{\varepsilon r \Psi_0^2}{2} \exp(-kl), \tag{4.5}$$

式中,ε 为溶液的介电常数,Ψ_0 为粒子的表面电位,k 表示为式(4.2)(见 4.1.2 节).

　　两微粒间总的相互作用能 E 为

$$E = E_V + E_0 = \frac{\varepsilon r \Psi_0^2}{2} \exp(-kl) - \frac{A}{12} \cdot \frac{r}{l}, \tag{4.6}$$

式中,E, E_V, E_0 与粒子间距 l 之间关系示于图 4.5. k 较小时,E 有最大值[见图 4.5(b)],由于能垒的障碍,团聚速度很慢. k 较大时,E 没有最大值,团聚易发生且速度高.因此,我们把 $E_{max}=0$ 时微粒的浓度称为临界团聚浓度.当浓度大于临界浓度时,就发生团聚.由式(4.6)得 $E_{max}=0$ 和 $(\mathrm{d}E/\mathrm{d}l)_E = E_{max}=0$,由此求出临界团聚浓度

$$C_r = \frac{16\varepsilon^3 k_B T}{N_A e^4 A^2} \cdot \frac{\Psi_0^4}{Z^2} \propto \frac{1}{Z^2}, \tag{4.7}$$

式中,Z 为原子价,此关系式称 Schulze-Hardy 定律,其精确表示为

$$C_r \propto \frac{1}{Z^6}. \tag{4.8}$$

式(4.7)与式(4.8)之间的差别是由于 E_0 的表示式(4.5)是一个近似表示式,从而导致两式不同.由上述结果表明,引起微粒团聚的最小电介质浓度反比于溶液中离子的化学价的六次方,与离子的种类无关.

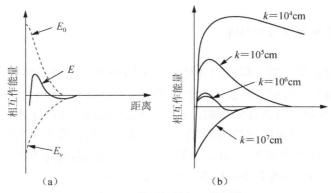

图 4.5 粒子间的相互作用能

(a)定性曲线;(b)k 所致曲线的变化

4.3 流 变 学

当流体的剪切应力 τ 正比于剪切速度 $\dot{\gamma}$ 时,即 $\tau = \eta\dot{\gamma}$,黏度 η 为常数,这种流体称牛顿流体,但某些流体不遵循上述关系,其黏度 η 随 τ 和 $\dot{\gamma}$ 而改变. 图 4.6 所示的为各种流体的 τ 与 $\dot{\gamma}$ 的关系曲线,服从曲线 a 的流体为牛顿流体,服从 b 和 c 曲线的流体称非牛顿流体.

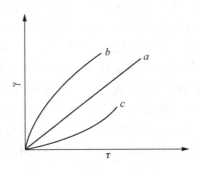

图 4.6 流体的行为

a:牛顿流体;b,c:非牛顿流体

当微粒分散在分散剂(牛顿流体)中形成溶胶时,溶胶为非牛顿流体.

溶液和溶剂的黏度分别用 η 和 η_0 来表示时,相对黏度 $\eta_{rel} = \dfrac{\eta}{\eta_0}$. 溶液黏度相对溶剂黏度的增加率 η_{sp} 称为比黏度,$\eta_{sp} = (\eta - \eta_0)/\eta_0 = \eta_{rel} - 1$. 而固体粒子分散于液体中形成的球形粒子分散系统的比黏度服从爱因斯坦黏度表示式 $\eta_{sp} = 2.5\phi$,ϕ 为粒子的体积分数,此黏度式适用于 Au 胶体,胶乳等粒子分散系,但浓度高时实验值偏离此式. 单位浓度下黏度的增加率 $\eta_{recl} = \eta_{sp}/C$,$C$ 为溶质浓度,η_{recl} 称约化黏度.

4.3.1　典型胶体悬浮液的黏性

通常,人们把乳化聚合制成的各种合成树脂胶乳的球形分散粒子($0.1\mu m$)看成典型的胶体粒子,并对这种胶体粒子分散系统进行研究. saunders 研究了单分散聚苯乙烯胶乳的浓度对黏度的影响,结果发现胶乳浓度(体积分数)低于 0.25 时,胶乳分散系统为牛顿流体,胶乳浓度高于 0.25 时,胶乳分散系统为非牛顿流体. 当胶乳浓度增加时,约化黏度 η_{recl} 增大,即使胶乳浓度相同,随胶乳粒径减小黏度增大. 胶乳浓度与相对黏度关系可用 Mooney 式来表示,即

$$\eta_{rel} = \exp\frac{(\alpha_0\phi)}{(1 - K\phi)}, \tag{4.9}$$

ϕ 为胶乳浓度(体积分数),α_0 为粒子的形状因子,等于 2.5,K 为静电引力常数($\approx$ 1.35). 随胶乳粒径减小黏度的增加是由于粒径愈小,胶乳比表面增大,胶乳间静电引力增大,Mooney 式中的 K 变大所致.

4.3.2　纳米 Al_2O_3 悬浮液的黏度

图 4.7 所示的为不同粒径下,不同浓度 Al_2O_3 微粒水悬浮液的黏度随剪切速率($\dot{\gamma}$)变化曲线. 可以看出,该种悬浮液呈现出黏度随剪切速度增加而减小的剪切减薄行为. 过去通常认为剪切减薄行为是由粒子的凝聚作用所致,但电动力学实验结果表明,悬浮液中的粒子是非常分散的,因此,Yeh 和 Sacks 等人指出,剪切减薄行为不能归结为粒子的凝聚作用,而是由布朗运动和电黏滞效应引起的. Krieger 等人曾对单分散胶乳粒子的"中性稳定"悬浮液的布郎运动对黏度的影响进行调查,观察到剪切减薄行为及高剪切极限黏度和低剪切极限黏度. 对于浓度为 50vol%[①],粒子直径为 150nm 的悬浮液高剪切极限黏度是低剪切极限滞度的两倍. 随着浓度减小和粒子直径的增加,两个极限值的差快速减小. 而图 4.7 表明,浓度为 38vol%,粒径为～100nm 的 Al_2O_3 悬浮液的高剪切黏度是低剪切黏度的三倍. 这与 Krieger 的结果有矛盾. 由于 Krieger 调查的悬浮液是电中性的,而 Al_2O_3 悬浮液则不是电中性,因此 Yeh 和 Sacks 认为,Al_2O_3 悬浮液行为与 Krieger 调查的悬浮液行为的差别是由于在 Al_2O_3 悬浮液中电黏滞效应引起. 特别是粒子表面电荷密度和 Zeta 势增大和离子强度及粒径减小时,电黏滞效应对黏度的影响变得很重要,它的影响比布朗运动大得多,从而可能导致在高低剪切速度下黏度变化几个数量级.

---

① 　vol% 为非法定计量单位.

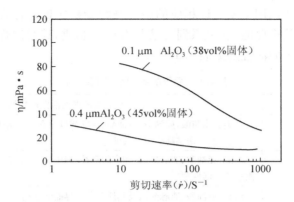

图 4.7 不同浓度 Al_2O_3 微粒的悬浮液的黏度与剪切速度的关系

4.3.3 磁性液体的黏度

（1）磁液的基本知识

在前面各节所述的磁性材料中,不论它是单晶的还是多晶的,金属的还是氧化物的,晶态的还是非晶态的,块状的还是薄膜状的都属固体状态,而本节所论述的却是液态磁性材料. 以下简称为磁液.

到目前为止,由于还未发现居里温度高过熔点的材料,因此真正的液态强磁性材料尚在探索之中,本节所论述的磁液是由磁性微粒通过界面活性剂高度分散于载液中而构成的稳定胶体体系,它既具有强磁性,又具有流动性,在重力,电磁力作用下能长期稳定地存在,不产生沉淀与分层.

磁液是由磁性微粒、界面活性剂和载液三者组成,三者关系如图 4.8 所示.

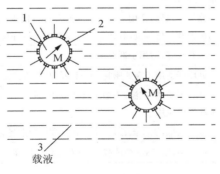

图 4.8 磁液组成

1. 磁性微粒;2. 界面活性剂;3. 载液

界面活性剂的选用主要是让相应的磁性微粒能稳定地悬浮在载液中,这对制备磁液来说是至关重要的,它关系到磁液是否可以制成,其稳定性是否合要求等.一般可供应用的界面活性剂见表 4.1.

表 4.1 适用的界面活性剂举例

载液名称	适合于该载液的界面活性剂举例
水	不饱和脂肪酸,如油酸、亚油酸、亚麻酸以及它们的衍生物.盐类及皂类、十二烷酸、二辛基磺化丁二酸钠等
酯及二酯	油酸、亚油酸、亚麻醉、或相应的酯酸.如磷酸二(2-乙基己基)酯及其他非离子界面活性剂
碳氢基	油酸、亚油酸、亚麻酸以及其他非离子界面活性剂
氟碳基	氟醚酸、氟醚磺酸、以及它们相应的衍生物,全氟聚异丙醚等
硅油基	硅烷偶联剂,羟基聚二甲基硅氧烷,羟基聚二甲基硅氧烷,巯基聚二甲基硅氧烷,氨基聚二甲基硅氧烷,羧基聚苯甲基硅氧烷,氨基聚二甲基硅氧烷,羧基聚苯基甲基硅氧烷,羟基聚苯基甲基硅氧烷,巯基聚苯基甲基硅氧烷,氨基聚苯基甲基硅氧烷
聚苯基醚	苯氧基十一烷酸,邻苯氧基甲酸

磁性微粒可以是:Fe_3O_4,γ-Fe_2O_3、单一或复合铁氧体、纯铁粉、纯钴粉、铁-钴合金粉、稀土永磁粉等,目前常用 Fe_3O_4 粉.

载液选用需视所制磁液特点及用途,一般来说,在选用磁液时,应首先考虑载液的种类,其次才是磁液的其他指标,对使用者来说,在具体选用磁液时,可参考表 4.2.

表 4.2 不同载液磁液的特点和用途

载液种类	所制磁液的特点及用途
水	pH 值可在较宽范围内改变、价格低廉,适用于医疗、磁性分离,显示及磁带,磁泡检验
酯及二酯	蒸气压较低,适用于真空及高速密封.润滑性好的磁液.特别适用于摩擦低的装置及阻尼装置,其他如用于扬声器及步进马达等
硅酸盐酯类	耐寒性好,适用于低温场合
碳氢化合物	黏度低适用于高速密封,不同碳氢基载液的磁液可相互混合
氟碳化合物	具有不易燃、宽温,不溶于其他液体,适合于在活泼环境,如含有臭氧、氯气等环境中应用
聚苯基醚	蒸气压低,黏度低、适用于高真空和强辐射场合
水银	可作钴,铁-钴微粒的载液,饱和磁化强度高,导热性好

一般来说,磁液主要性能指标是:高场($H_0 \geqslant 650A/m$)下的磁化强度 M_s(A/m),黏度 η(Pa·s),使用温度范围,有时还要考虑蒸气压及其他理化参数,如流动点(K),沸点(K),闪点(K),密度(kg/m³)等.

（2）磁液的黏度

磁性液体的黏度是衡量磁液的一个重要参数.纳米微粒在磁液中流动性好,磁液黏度低,反之,磁液黏度大.影响磁液黏度的因素很多.最重要的是磁液中微粒的体积百分数、载液的黏度、界面活性剂的性质.

当磁液中含磁性微粒较多时,其黏度与浓度关系可用下式表示:

$$\frac{\eta_s - \eta_0}{\eta_s} = 2.5\phi - \frac{2.5\phi_c - 1}{\phi_c^2}\phi^2 , \tag{4.10}$$

式中,η_s 为磁液的黏度;η_0 为载液的黏度;ϕ 为微粒体积百分数(包括表面吸附层的厚度);ϕ_c 为液体失去黏性时的临界浓度.

外加磁场对磁液的黏度有明显的影响.当外加磁场平行于磁液的流变方向时,磁液黏度迅速加大.而外加磁场垂直于磁液流变方向,磁液的黏度也有提高,但不如前者明显,如图 4.9 所示.图 4.10 示出了在磁场作用下,相对黏度(磁液黏度 η_H 与无磁场时黏度 η_s 之比)与 $\dot{\gamma}\eta_0/MH$ 的关系.$\dot{\gamma}$ 是切变率,$\dot{\gamma}\eta_0$ 为流体动力学应力,MH 为磁应力.不难看出,曲线可分为 3 个区域,区域 1:$\dfrac{\dot{\gamma}\eta_0}{MH}$ 从 0 至 10^{-6},相对黏度从 $4.0\sim2.75$;区域 2:相对黏度由约 2.75 下降到约 1.1;区域 3:相对黏度逐渐衰减到未加磁场时的原始黏度.仔细分析,随流体动力学应力的增加或磁应力的减小,相对黏度下降.因此在某种意义上来说磁液的流动性和外加磁场对磁液的相对黏度的变化起着重要的作用,一般来说,区域 1 为高黏度区,区域 2 为相对黏度迅速衰减区,区域 3 为低黏度区.

磁性微粒的粒径及其表面吸附界面活性剂的层厚对磁液的流动性影响很大的,例如,在区域 2 中包含有界面活性剂的粒子的粒径($d+2\delta$),δ 为吸附层厚度,d 为无吸附层粒子直径)与磁性粒子直径之比 $\dfrac{d+2\delta}{d} = 2.86$ 时,相对黏度 η_H/η_s 在 $10^{-6}\sim10^{-4}$;$\dfrac{d+2\delta}{d} = 2.22$ 时,在 $10^{-6}\sim10^{-8}$.

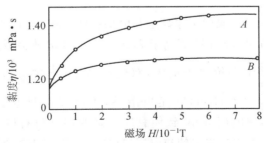

图 4.9　磁液的黏度随磁场的变化

A 为磁场平行于磁液流变方向;B 为磁场垂直于磁液流变方向

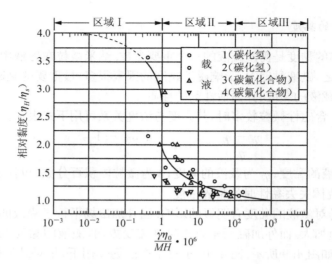

图 4.10　磁场强度对磁液黏度的影响

4.3.4　双电层对黏性的影响

固体浓度约 60%（体积浓度约 36%）的 Ca -黏土泥浆流动性很差,若在此泥浆中加 NaOH,可以大大改善流动性,即降低黏度.若添加 Na_2SiO_3,黏度下降更明显.下面为加入 NaOH 和 Na_2SiO_3 时 Ca -黏土的双电层及黏度变化的例子.当加入 NaOH 或 Na_2SiO_3 时会发生如下反应:

$$\text{Ca -黏土} + 2NaOH \longrightarrow \text{黏土} \Big\langle \begin{array}{l} Na^+ \\ Na^+ \end{array} + Ca(OH)_2 \text{ 可溶性,}$$

(4.11)

$$\text{Ca -黏土} + Na_2SiO_3 \longrightarrow \text{黏土} \Big\langle \begin{array}{l} Na^+ \\ Na^+ \end{array} + CaSiO_3 \text{ 难溶性,}$$

这表示加入 Na^+ 离子后,取代了原黏土双电层中的 Ca^{2+} 离子.当 Ca^{2+} 离子形成了难溶的盐,如 $CaSiO_3$ 时,若 pH 值高于7,黏土粒子外部就会吸附大量 OH^- 离子,使粒子带电,双电层中多价离子消失,双电层增厚($\frac{1}{k} \propto \frac{1}{Z}$),使黏度下降.当加 NaOH 时,由于生成物 $Ca(OH)_2$ 是可溶性,不能保证双电层中没有高价离子 Ca^{2+},高价离子会使双电层减小,致使黏度下降的强度没有像加 Na_2SiO_3 那样明显. Ca^{2+},Mg^{2+},H^+ 之类阳离子使双电层厚度减小,Na^+,K^+,NH_4^+ 之类阳离子会扩展双电层,使黏度降低,因此,用沉淀法除去黏土中的多价阳离子才能形成低黏度泥浆.这里应当注意,Zeta 势高,氧化物泥浆粒度低.

参 考 文 献

［1］苏品书,超微粒子材料技术,复汉出版社(1989).

［2］Sacks M D, *Science of Ceramical Processing*, New York, 522(1989).

［3］Woods M E, Krieger I M, *I. Aqueous Dispersions. J. Colloid Interface Sci.*, (1), 91(1970).

［4］Pair Y S, Krieger I M, *Nonaqueous Media. J. Colloid Interface Sci.*, 34(1), 126(1970).

［5］Krieger I M, *Adv. Colloid Interface Sci.*, 3, 111(1972).

第5章　纳米微粒的制备与表面修饰

过去一般把超微粒子(包括 1～100nm 的纳米微粒)制备方法分为两大类:物理方法和化学方法.液相法和气相法被归为化学方法,机械粉碎法被划为物理方法.但是,有些气相法制备超微粒的过程中并没有化学反应,因此笼统划为化学法是不合适的.相反,机械粉碎法中的机械合金化法是把不同种类微米、亚微米粒子的混合粉体经高能球磨粉碎形成合金超微粒粉末,在一定情况下可形成金属间化合物.这里涉及到存在化学反应,因此把粉碎法全归为物理方法也不合适.我们认为制备纳米微粒的方法应按气相法、液相法和高能球磨法来分类.在本章中只介绍气相法和液相法.高能球磨法将在纳米结构材料制备中(第七章)进行介绍.

5.1　气相法制备纳米微粒

5.1.1　低压气体中蒸发法(气体冷凝法)[1,2]

此种制备方法是在低压的氩、氮等惰性气体中加热金属,使其蒸发后形成超微粒(1～1000nm)或纳米微粒.加热源有以下几种:(ⅰ)电阻加热法;(ⅱ)等离子喷射法;(ⅲ)高频感应法;(ⅳ)电子束法;(ⅴ)激光法.这些不同的加热方法使得制备出的超微粒的量、品种、粒径大小及分布等存在一些差别.本节主要介绍一种制备纳米微粒的典型方法,即气体冷凝法.此方法早在 1963 年由 Ryozi Uyeda 及其合作者研制出,即通过在纯净的惰性气体中的蒸发和冷凝过程获得较干净的纳米微粒.20 世纪 80 年代初,Gleiter 等人[1]首先提出,将气体冷凝法制得具有清洁表面的纳米微粒,在超高真空条件下紧压致密得到多晶体(纳米微晶)气体冷凝法的原理,见图 5.1.整个过程是在超高真空室内进行.通过分子涡轮泵使其达到 0.1Pa 以上的真空度,然后充人低压(约 2kPa)的纯净惰性气体(He 或 Ar,纯度为～99.9996%).欲蒸的物质(例如,金属,CaF_2,NaCl,FeF 等离子化合物、过渡族金属氮化物及易升华的氧化物等.)置于坩埚内,通过钨电阻加热器或石墨加热器等加热装置逐渐加热蒸发,产生原物质烟雾,由于惰性气体的对流,烟雾向上移动,并接近充液氮的冷却棒(冷阱,77K).在蒸发过程中,由原物质发出的原子由于与惰性气体原子碰撞而迅速损失能量而冷却,这种有效的冷却过程在原物质蒸气中造成很高的局域过饱和,这将导致均匀的成核过程.因此,在接近冷却棒的过程中,原物质蒸气首先形成原子簇,然后形成单个纳米微粒. 在接近冷却棒表面的区域内,由于单个纳米微粒的聚合而长大,最后在冷却棒表面上积聚起来. 用聚四氟乙烯刮刀刮下并收集起来获得纳米粉.

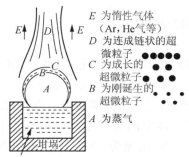

E 为惰性气体（Ar, He气等）

D 为连成链状的超微粒子

C 为成长的超微粒子

B 为刚诞生的超微粒子

A 为蒸气

熔化的金属、合金或离子化合物、氧化物

图 5.1　气体冷凝法制备纳米微粒的原理图

用气体冷凝法可通过调节惰性气体压力,蒸发物质的分压即蒸发温度或速率,或惰性气体的温度,来控制纳米微粒粒径的大小. 实验表明,随蒸发速率的增加(等效于蒸发源温度的升高)粒子变大,或随着原物质蒸气压力的增加,粒子变大. 在一级近似下,粒子大小正比于 $\ln P_v$(P_v 为金属蒸气的压力). 由图 5.2 可见,随惰性气体压力的增大,粒子近似地成比例增大,同时也表明,大原子质量的惰性气体将导致大粒子. 透射电镜的暗场象给出纳米微粒的大小分布近似满足对数分布函数(LNDF)

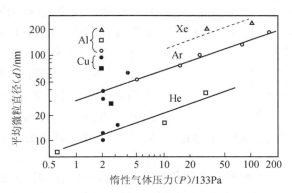

图 5.2　Al,Cu 的超微粒半均直径与 He,Ar,Xe 惰性气体压力的关系

$$f_{LN}(x) = \frac{1}{(2\pi)^{1/2}\ln\sigma}\exp\left(-\frac{(\ln x - \ln\overline{x})^2}{2\ln^2\sigma}\right), \tag{5.1}$$

其中

$$\ln\overline{x} = \sum_i n_i \ln x_i \left(\sum_i n_i\right)^{-1},$$

$$\ln\sigma = \Big[\sum_i (\ln x_i - \ln\bar{x})^2 (\sum_i n_i)^{-1}\Big]^{1/2}.$$

$f_{LN}(x)$ 为归一化对数分布函数,x 为粒子直径,n_i 为对应于某一 x 的相对粒子数.

5.1.2　活性氢-熔融金属反应法[3]

含有氢气的等离子体与金属间产生电弧,使金属熔融,电离的 N_2,Ar 等气体和 H_2 溶入熔融金属,然后释放出来,在气体中形成了金属的超微粒子,用离心收集器、过滤式收集器使微粒与气体分离而获得纳米微粒.此种制备方法的优点是超微粒的生成量随等离子气体中的氢气浓度增加而上升.例如,Ar 气中的 H_2 占 50%时,电弧电压为 30~40V,电流为 150~170A 的情况下每秒钟可获得 20mg 的 Fe 超微粒子.

为了制取陶瓷超微粒子,如 TiN 及 AlN,则掺有氢的惰性气体采用 N_2 气.被加热蒸发的金属为 Ti,Al 等.

5.1.3　溅射法[3]

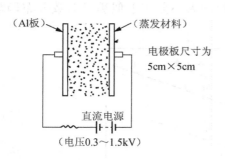

图 5.3　溅射法制备超微粒子的原理

此方法的原理如图 5.3 所示,用两块金属板分别作为阳极和阴极,阴极为蒸发用的材料,在两电极间充入 Ar 气(40~250Pa),两电极间施加的电压范围为 0.3~1.5kV.由于两电极间的辉光放电使 Ar 离子形成,在电场的作用下 Ar 离子冲击阴极靶材表面,使靶材原子从其表面蒸发出来形成超微粒子,并在附着面上沉积下来.粒子的大小及尺寸分布主要取决于两电极间的电压、电流和气体压力.靶材的表面积愈大,原子的蒸发速度愈高,超微粒的获得量愈多.

有人用高压气体中溅射法来制备超微粒子,靶材达高温,表面发生熔化(热阴极),在两极间施加直流电压,使高压气体,例如 13kPa 的 15%H_2+85%He 的混合气体,发生放电,电离的离子冲击阴极靶面,使原子从熔化的蒸发靶材上蒸发出来,形成超微粒子,并在附着面上沉积下来,用刀刮下来收集超微粒子.

用溅射法制备纳米微粒有以下优点:(ⅰ)可制备多种纳米金属,包括高熔点和低熔点金属.常规的热蒸发法只能适用于低熔点金属;(ⅱ)能制备多组元的化合物纳米微粒,如 $Al_{52}Ti_{48}$,$Cu_{91}Mn_9$ 及 ZrO_2 等;(ⅲ)通过加大被溅射的阴极表面可提高纳米微粒的获得量.

5.1.4　流动液面上真空蒸度法[3]

该制备法的基本原理是在高真空中蒸发的金属原子在流动的油面内形成极超微粒子.产品为含有大量超微粒的糊状油.图 5.4 为制备装置的剖面图.

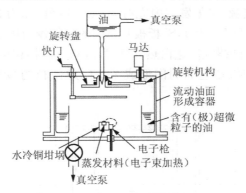

图 5.4　流动油面上真空蒸度法(VEROS)制备极超微粒的装置图

高真空中的蒸发是采用电子束加热,当水冷铜坩埚中的蒸发原料被加热蒸发时,打开快门,使蒸发物质在旋转的圆盘下表面上,从圆盘中心流出的油通过圆盘旋转时的离心力在下表面上形成流动的油膜,蒸发的原子在油膜中形成了超微粒子.含有超微粒子的油被甩进了真空室沿壁的容器中,然后将这种超微粒含量很低的油在真空下进行蒸馏,使它成为浓缩的含有超微粒子的糊状物.

此方法的优点有以下几点:(ⅰ)可制备 Ag,Au,Pd,Cu,Fe,Ni,Co,Al,In 等超微粒,平均粒径约 3nm,而用隋性气体蒸发法是难获得这样小的微粒;(ⅱ)粒径均匀,分布窄(如图 5.5);(ⅲ)超微粒分散地分布在油中;(ⅳ)粒径的尺寸可控,即通过改变蒸发条件来控制粒径的大小,例如蒸发速度,油的黏度,圆盘转速等.圆盘转

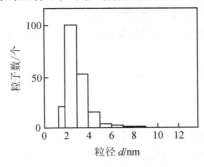

图 5.5　VEROS 法制备的 Ag 纳米微粒粒径分布

速高,蒸发速度快,油的黏度高均使粒子的粒径增大,最大可达 8nm.

5.1.5　通电加热蒸发法[3]

此法是通过碳棒与金属相接触,通电加热使金属熔化,金属与高温碳素反应并蒸发形成碳化物超微粒子. 图 5.6 所示的为制备 SiC 超微粒的装置图,棒状碳棒与Si 板(蒸发材料)相接触,在蒸发室内充有 Ar 或 He 气,压力为 1~10kPa,在碳棒与 Si 板间通交流电(几百安培),Si 板被其下面的加热器加热,随 Si 板温度上升,电阻下降,电路接通. 当碳棒温度达白热程度时,Si 板与碳棒相接触的部位熔化. 当碳棒温度高于 2473K 时,在它的周围形成了 SiC 超微粒的"烟",然后将它们收集起来.

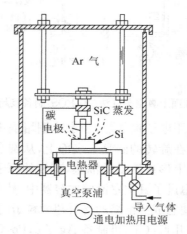

Ar 气

SiC 蒸发

碳电极　　　Si

电热器

真空泵浦

导入气体

通电加热用电源

图 5.6　通电加热蒸发法制备 SiC 超微粒装置

SiC 超微粒的获得量随电流的增大而增多. 例如在 400Pa 的 Ar 气中,当电流为 400A,SiC 超微粒的收得率为约 0.5g/min. 惰性气体种类不同超微粒的大小也不同,He 气中形成的 SiC 为小球形,Ar 气中为大颗粒.

用此种方法还可以制备 Cr,Ti,V,Zr,Hf,Mo,Nb,Ta 和 W 等碳化物超微粒子.

5.1.6　混合等离子法[3,4]

此制备方法是采用 RF 等离子与 DC 等离子组合的混合方式来获得超微粒子. 图 5.7 示出的是混合等离子法制备超微粒子的装置. 由图中石英管外的感应线圈产生高频磁场(几兆赫)将气体电离产生 RF 等离子体,由载气携带的原料经等离子体加热、反应生成超微粒子并附着在冷却壁上. 由于气体或原料进入 RF 等离子体的空间会使 RF 等离子弧焰被搅乱,导致超微粒的生成困难. 为了解决这个问题,采用沿等离室轴向同时喷出 DC(直流)等离子电弧束来防止 RF 等离子弧焰受干扰,因此称为"混合等离子"法.

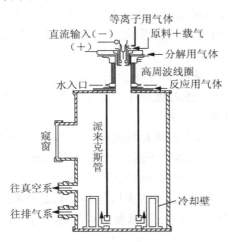

图 5.7　混合等离子法制备超微粒子的装置

该制备方法有以下几个特点:(ⅰ)产生 RF 等离子体时没有采用电极,不会有电极物质(熔化或蒸发)混入等离子体而导致等离子体中含有杂质,因此超微粒的纯度较高;(ⅱ)等离子体所处的空间大,气体流速比 DC 等离子体慢,致使反应物质在等离子空间停留时间长,物质可以充分加热和反应;(ⅲ)可使用非惰性的气体(反应性气体). 因此,可制备化合物超微粒子,即混合等离子法不仅能制备金属超微粒,也可制备化合物超微粒,产品多样化.

混合等离子法制取超微粒子有下述三种方法:

(1) 等离子蒸发法

使大颗粒金属和气体流入等离子室生成金属超微粒子.

(2) 反应性等离子蒸发法

使大颗粒金属和气体流入等离子室,同时通入反应性气体,生成化合物超微粒子.

(3) 等离子 CVD 法

使化合物随载气流入等离子室,同时通入反应性气体,生成化合物超微粒子. 例如,为了制备 Si_3N_4 超微粒子,原料采用 Si_3N_4,以 4g/min 的速度流入等离子室,

并通人 H_2 气进行热分解,再通入反应性气体 NH_3,经反应生成 Si_3N_4 超微粒子.

5.1.7　激光诱导化学气相沉积(LICVD)[12,15]

　　LICVD 法制备超细微粉是近几年兴起的.LICVD 法具有清洁表面、粒子大小可精确控制、无粘结,粒度分布均匀等优点,并容易制备出几纳米至几十纳米的非晶态或晶态纳米微粒.

　　目前,LICVD 法已制备出多种单质、无机化合物和复合材料超细微粉末.LICVD 法制备超细微粉已进人规模生产阶段,美国的 MIT(麻省理工学院)于1986 年已建成年产几十吨的装置.

　　激光制备超细微粒的基本原理是利用反应气体分子(或光敏剂分子)对特定波长激光束的吸收,引起反应气体分子激光光解(紫外光解或红外多光子光解)、激光热解、激光光敏化和激光诱导化学合成反应,在一定工艺条件下(激光功率密度、反应池压力、反应气体配比和流速、反应温度等),获得超细粒子空间成核和生长.例如用连续输出的 CO_2 激光$(10.6\mu m)$辐照硅烷气体分子(SiH_4)时,硅烷分子很容易热解

$$SiH_4 \xrightarrow{hv(10.6\mu m)} Si(g) + 2H. \tag{5.2}$$

　　热解生成的气相硅 $Si(g)$ 在一定温度和压力条件下开始成核和生长.粒子成核后的典型生长过程包括如下 5 个过程:

　　(i) 反应体向粒子表面的输运过程;

　　(ii) 在粒子表面的沉积过程;

　　(iii) 化学反应(或凝聚)形成固体过程;

　　(iv) 其它气相反应产物的沉积过程;

　　(v) 气相反应产物通过粒子表面输运过程.粒子生长速率可用下式表示.

$$\frac{dV}{dt} = (V_{Si}K_R\beta_{SiH_4}[SiH_4])/(1 + \beta_{SiH_4}[SiH_4]), \tag{5.3}$$

这里$[SiH_4]$是指 SiH_4 分子浓度,K_R 为反应速率常数;β_{SiH_4} 为 Langmuir 沉积系数,V_{Si} 为分子体积.当反应体 100% 转换时,最终粒子直径为

$$d = \left(\frac{6}{\pi}\frac{C_0M}{N\rho}\right)^{1/3}, \tag{5.4}$$

这里 C_0 为硅烷初始浓度;N 为单位体积成核数,M 为硅分子量,ρ 为生成物密度.在反应过程中,Si 的成核速率大于 $10^{14}/cm^3$,粒子直径可控制小于 10nm.通过工艺参数调整,粒子大小可控制在几纳米至 100nm,且粉的纯度高.

　　用 SiH_4 除了能合成纳米 Si 微粒外,还能合成 SiC 和 Si_3N_4 纳米微粒,粒径可控范围为几纳米至 70mn,粒度分布可控制在±几纳米以内.合成反应如下:

$$3SiH_4(G)+4NH_3(G)\longrightarrow Si_3N_4(S)+12H_2(G),\qquad(5.5)$$

$$SiH_4(G)+CH_4(G)\longrightarrow SiC(S)+4H_2(G),\qquad(5.6)$$

$$2SiH_4(G)+C_2H_4(G)\longrightarrow 2SiC(S)+6H_2(G),\qquad(5.7)$$

式中：G 为气态；S 为固态.

　　激光制备纳米粒子装置一般有两种类型：正交装置和平行装置.其中正交装置使用方便，易于控制，工程实用价值大（图 5.8）.激光束与反应气体的流向正交.用波长为 10.6μm 的二氧化碳激光，最大功率为 150W，激光束的强度在散焦状态为 270～1020W/cm^2，聚焦状态为 105W/cm^2，反应室气压为 8.11～101.33Pa.激光束照在反应气体上形成了反应焰.经反应在火焰中形成了微粒，由氩气携带进入上方微粒捕集装置.由于纳米微粒比表面大，表面活性高，表面吸附强，在大气环境中，上述微粒对氧有严重的吸附（约 1%～3%），粉体的收集和取拿要在隋性气体环境中进行.对吸附的氧可在高温下（＞1273K）通过 HF 或 H$_2$ 处理.

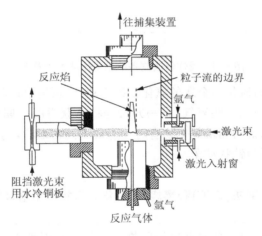

图 5.8　LICVD 法合成纳米粉装置

5.1.8　爆炸丝法[5]

　　这种方法适用于工业上连续生产纳米金属、合金和金属氧化物纳米粉体.基本原理是先将金属丝固定在一个充满惰性气体（5×10^{6}MPa）的反应室中（见图 5.9），丝两端的卡头为两个电极，它们与一个大电容相连接形成回路，加 15kV 的高压，金属丝在 500～800kA 电流下进行加热，融断后在电流中断的瞬间，卡头上的高压在融断处放电，使熔融的金属在放电过程中进一步加热变成蒸气，在惰性气体碰撞下形成纳米金属或合金粒子沉降在容器的底都，金属丝可以通过一个供丝系统自动进入两卡头之间,从而使上述过程重复进行.

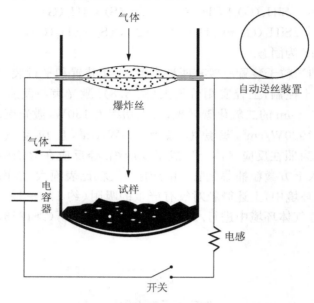

图 5.9　爆炸丝法制备纳米粉体装置示意图

为了制备某些易氧化的金属的氧化物纳米粉体,可通过两种方法来实现:一是事先在惰性气体中充入一些氧气,另一方法是将已获得的金属纳米粉进行水热氧化.用这两种方法制备的纳米氧化物有时会呈现不同的形状,例如由前者制备的氧化铝为球形,后者则为针状粒子.

5.1.9　化学气相凝聚法(CVC)和燃烧火焰-化学气相凝聚法(CFCVC)[6]

这些方法主要是通过金属有机先驱物分子热解获得纳米陶瓷粉体.化学气相凝聚法的基本原理是利用高纯惰性气体作为载气,携带金属有机前驱物,例如六甲基二硅烷等,进入钼丝炉(见图 5.10),炉温为 1100~1400℃,气氛的压力保持在 100~1000Pa 的低压状态,在此环境下,原料热解形成团簇,进而凝聚成纳米粒子.最后附着在内部充满液氮的转动衬底上,经刮刀刮下进入纳米粉收集器.

燃烧火焰-化学气相凝聚法采用的装置基本上与 CVC 法相似,不同处是将钼丝炉改换成平面火焰燃烧器(见图 5.11),燃烧器的前面由一系列喷嘴组成.当含有金属有机前驱物蒸气的载气(例如氢气)与可燃性气体的混合气体均匀地流过喷气嘴时,产生均匀的平面燃烧火焰,火焰由 C_2H_2,CH_4 或 H_2 在 O_2 中燃烧所致.反应室的压力保持 100~500Pa 的低压.金属有机前驱物经火焰加热在燃烧器的外面热解形成纳米粒子,附着在转动的冷阱上,经刮刀刮下收集.此法比 CVC 法的生产效率高得多. 这是因为热解发生在燃烧器的外面,而不是在炉管内,因此反应充分并且不会出现粒子沉积在炉管内的现象. 此外,由于火焰的高度均匀,保证了形成每个粒子的原料都经历了相同的时间和温度的作用,结果粒径分布窄.

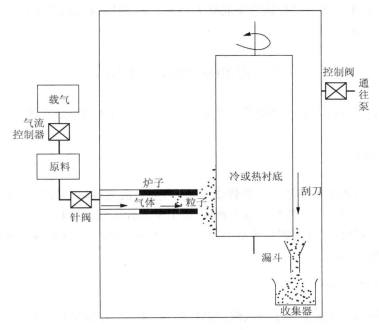

图 5.10 化学蒸发凝聚(CVC)装置示意图(工作室压力为 100～1000Pa)

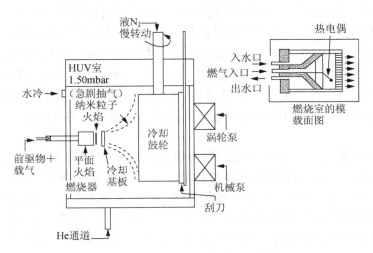

图 5.11 燃烧火焰-化学气相凝聚装置

近年来,由于纳米材料规模化生产以及防止纳米粉体团聚的要求越来越迫切,相继出现了一些新的制备技术. 例如, 气相燃烧合成技术就是其中的一种, 其基本原理是将金属氯化物盐溶液喷入 Na 蒸气室燃烧, 在火焰中生成 NaCl 包敷的纳米金属粒子, 由于 NaCl 的包敷, 金属粒子不团聚. 另外一种技术是超声等离子体粒子沉积法, 其基本原理是将气体反应剂喷入高温等离子体, 该等离子体通过喷嘴后膨胀, 生成了纳米粒子.

5.2　液相法制备纳米微粒

纳米微粒制备方法中伴随着化学反应. 主要的制备法有下述几种.

5.2.1　沉淀法

包含一种或多种离子的可溶性盐溶液, 当加入沉淀剂(如 OH^-, $C_2O_4^{2-}$, CO_3^{2-}等)后, 或于一定温度下使溶液发生水解, 形成不溶性的氢氧化物、水合氧化物或盐类从溶液中析出, 并将溶剂和溶液中原有的阴离子洗去, 经热分解或脱水即得到所需的氧化物粉料.

(1) 共沉淀法

含多种阳离子的溶液中加入沉淀剂后, 所有离子完全沉淀的方法称共沉淀法. 它又可分成单相共沉淀和混合物的共沉淀.

（ⅰ）单相共沉淀: 沉淀物为单一化合物或单相固溶体时, 称为单相共沉淀. 例如, 在 Ba, Ti 的硝酸盐溶液中加入草酸沉淀剂后, 形成了单相化合物 $BaTiO(C_2H_4)_2 \cdot 4H_2O$ 沉淀[11]; 在 $BaCl_2$ 和 $TiCl_4$ 的混合水溶液中加入草酸后也可得到单一化合物 $BaTiO(C_2O_4)_2 \cdot 4H_2O$ 沉淀[7]. 经高温(450～750℃)加热分解, 经过一系列反应可制得 $BaTiO_3$ 粉料; $BaSn(C_2O_4)_2 \cdot 0.5H_2O$ 用单相共沉淀方法也可制得. 这种方法的缺点是适用范围很窄, 仅对有限的草酸盐沉淀适用, 如二价金属的草酸盐间产生固溶体沉淀.

（ⅱ）混合物共沉淀. 如果沉淀产物为混合物时, 称为混合物共沉淀. 四方氧化锆或全稳定立方氧化锆的共沉淀制备就是一个很普通的例子[8]. 用 $ZrOCl_2 \cdot 8H_2O$ 和 Y_2O_3(化学纯)为原料来制备 ZrO_2-Y_2O_3 的纳米粒子的过程如下: Y_2O_3 用盐酸溶解得到 YCl_3, 然后将 $ZrOCl_2 \cdot 8H_2O$ 和 YCl_3 配制成一定浓度的混合溶液. 在其中加 NH_4OH 后便有 $Zr(OH)_4$ 和 $Y(OH)_3$ 的沉淀粒子缓慢形成. 反应式如下:

$$ZrOCl_2 + 2NH_4OH + H_2O \Longrightarrow Zr(OH)_4 \downarrow + 2NH_4Cl, \qquad (5.8)$$
$$YCl_3 + 3NH_4OH \Longrightarrow Y(OH)_3 \downarrow + 3NH_4Cl \qquad (5.9)$$

得到的氢氧化物共沉淀物经洗涤、脱水、煅烧可得到具有很好的烧结活性的 ZrO_2 (Y_2O_3)微粒. 混合物共沉淀过程是非常复杂的. 溶液中不同种类的阳离子不能同时沉淀. 各种离子沉淀的先后与溶液的 pH 值密切相关. 例如,Zr,Y,Mg,Ca 的氯化物溶入水形成溶液,随 pH 值的逐渐增大,各种金属离子发生沉淀的 pH 值范围不同,如图 5.12 所示. 上述各种离子分别进行沉淀,形成了水、氢氧化锆和其它氢氧化物微粒的混合沉淀物. 为了获得沉淀的均匀性,通常是将含多种阳离子的盐溶液慢慢加到过量的沉淀剂中并进行搅拌,使所有沉淀离子的浓度大大超过沉淀的平衡浓度,尽量使各组份按比例同时沉淀出来,从而得到较均匀的沉淀物,但由于组份之间的沉淀产生的浓度及沉淀速度存在差异,故溶液的原始原子水平的均匀性可能部分地失去,沉淀通常是氢氧化物或水合氧化物,但也可以是草酸盐、碳酸盐等.

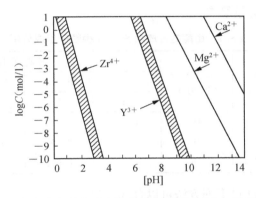

图 5.12　水溶液中锆离子和稳定剂离子的浓度与 pH 值的关系

（2）均相沉淀法

一般的沉淀过程是不平衡的,但如果控制溶液中的沉淀剂浓度,使之缓慢地增加,则使溶液中的沉淀处于平衡状态,且沉淀能在整个溶液中均匀地出现,这种方法称为均相沉淀. 通常是通过溶液中的化学反应使沉淀剂慢慢地生成,从而克服了由外部向溶液中加沉淀剂而造成沉淀剂的局部不均匀性,结果沉淀不能在整个溶液中均匀出现的缺点. 例如,随尿素水溶液的温度逐渐升高至 70℃ 附近,尿素会发生分解,即

$$(NH_2)_2CO + 3H_2O \longrightarrow 2NH_4OH + CO_2 \uparrow. \tag{5.10}$$

由此生成的沉淀剂 NH_4OH 在金属盐的溶液中分布均匀,浓度低,使得沉淀物均匀地生成. 由于尿素的分解速度受加热温度和尿素浓度的控制,因此可以使尿素分解速度降得很低. 有人采用低的尿素分解速度来制得单晶微粒[12],用此种方法可制备多种盐的均匀沉淀,如锆盐颗粒以及球形 $Al(OH)_3$ 粒子[13~15].

(3) 金属醇盐水解法[9~10]

这种方法是利用一些金属有机醇盐能溶于有机溶剂并可能发生水解,生成氢氧化物或氧化物沉淀的特性,制备细粉料的一种方法.此种制备方法有以下特点.

（ⅰ）采用有机试剂作金属醇盐的溶剂,由于有机试剂纯度高,因此氧化物粉体纯度高[16].

（ⅱ）可制备化学计量的复合金属氧化物粉末.

复合金属氧化物粉末最重要的指标之一是氧化物粉末颗粒之间组成的均一性.用醇盐水解法就能获得具有同一组成的微粒.例如,由金属醇盐合成的 $SrTiO_3$ 通过 50 个粒子进行组分分析结果见表 5.1. 由表可知,不同浓度醇盐合成的 $SrTiO_3$ 粒子的 Sr/Ti 之比都非常接近 1,这表明合成的粒子,以粒子为单位都具有优良的组成均一性,符合化学计量组成.

表 5.1　由醇盐合成的 SrTiO₃ 微粒子组成分析

醇盐浓度 (C/mol·L⁻¹)	加水量 (对理论量)	水解后 回流时间	阳离子比			
			平 均 值		标 准 偏 差	
			Sr	Ti	Sr	Ti
0.117	20 倍	4h	1.005	0.998	0.0302	0.0151
0.616	20 倍	2h	1.009	0.996	0.0458	0.0228
3.61	6.8 倍	2h	1.018	0.991	0.0629	0.0314

金属醇盐很多,通过下列方法可以合成:[9~10]

（ⅰ）金属与醇反应.碱金属、碱土金属、镧系等元素可以与醇直接反应生成金属醇盐和氢.

$$M + nROH \longrightarrow M(OR)_n + n/2H_2, \tag{5.11}$$

其中 R 为有机基因,如烷基—C_3H_7,—C_4H_9 等,M 为金属.Li,Na,K,Ca,Sr,Ba 等强正电性元素在隋性气氛下直接溶于醇而制得醇化物.但是 Be,Mg,Al,Tl,Sc,Y,Yb 等弱正电性元素必须在催化剂(I_2,$HgCl_2$,HgI_2)存在下进行反应.

（ⅱ）金属卤化物与醇反应.金属不能与醇直接反应可以用卤化物代替金属.

（a）直接反应(B,Si,P)

$$MCl_3 + 3C_2H_5OH \longrightarrow M(OC_2H_5)_3 + 3HCl, \tag{5.12}$$

氯离子与烃氧基(RO)完全置换生成醇化物.

（b）碱性基加入法.多数金属氯化物与醇的反应,仅部分 Cl^- 离子与(RO)基发生置换.则必须加入 NH_3、吡啶、三烷基胺、醇钠等碱性基(B),使反应进行到底

$$B + ROH \rightleftharpoons (BH)^+ + (OR)^-,$$

$$(OR)^- + MCl \longrightarrow MOR + Cl^-,$$

$$(BH)^+ + Cl^- \longrightarrow (BH)^+ Cl^-.$$

例如，

$$TiCl_4 + 3C_2H_5OH \longrightarrow TiCl_2(OC_2H_5)_2 + 2HCl, \tag{5.13}$$

加入 NH3 后的反应

$$TiCl_4 + 4C_2H_5OH + 4NH_3 \longrightarrow Ti(OC_2H_5)_4 + 4NH_4Cl, \tag{5.14}$$

这类的元素氨法有 Si,Ge,Ti,Zr,Hf,Nb,Ta,Fe,Sb,V,Ce,U,Th,Pu;醇钠法有 Ga,In,Si,Ge,Sn,Fe,As,Sb,Bi,Ti,Th,U,Se,Te,W,La,Pr,Nd,Sm,Y,Yb,Er,Gd,Ni,Cr 等.

（ⅲ）金属氢氧化物、氧化物、二烷基酰胺盐与醇反应,醇交换等从略.

下面介绍超细粉末的制备.金属醇盐与水反应生成氧化物、氢氧化物、水合氧化物的沉淀.除硅和磷的醇盐外,几乎所有的金属醇盐与水反应都很快,产物中的氢氧化物、水合物灼烧后变为氧化物.迄今为止,已制备了 100 多种金属氧化物或复合金属氧化物粉末.

（ⅰ）一种金属醇盐水解产物.表 5.2 列出了各种金属醇盐的水解产物.由于水解条件不同,沉淀的类型亦不同,例如铅的醇化物,室温下水解生成 $PbO \cdot 1/3H_2O$,而回流下水解则生成 PbO 沉淀.

表 5.2　水解金属醇化物生成沉淀的分类

元　　素	沉　　淀	元　　素	沉　　淀
Li	LiOH(s)	Cd	Cd(OH)$_2$(c)
Na	NaOH(s)	Al	AlOOH(c)
K	KOH(s)		Al(OH)$_3$(c)
Be	Be(OH)$_2$(c)	Ca	GaOOH(c)
Mg	Mg(OH)$_2$(c)		Ga(OH)$_3$(a)
Ca	Ca(OH)$_2$(c)	In	In(OH)$_3$(c)
Sr	Sr(OH)$_2$(a)	Si	Si(OH)$_4$(a)
Ba	Ba(OH)$_2$(a)	Ge	GeO$_2$(c)
Ti	TiO$_2$(a)	Sn	Sn(OH)$_4$(a)
Zr	ZrO$_2$(a)	Pb	PbO $\cdot$ 1/3H$_2$O(c)
Nb	Nb(OH)$_5$(a)		PbO(c)
Ta	Ta(OH)$_5$(a)	As	As$_2$O$_3$(c)
Mn	MnOOH(c)	Sb	Sb$_2$O$_5$(c)
	Mn(OH)$_2$(a)	Bi	Bi$_2$O$_3$(a)
	Mn$_3$O$_4$(c)	Te	TeO$_2$(c)
Fe	FeOOH(a)	Y	YOOH(a)

元　　　素	沉　　　淀	元　　　素	沉　　　淀
	$Fe(OH)_2(c)$		$Y(OH)_3(a)$
	$Fe(OH)_3(a)$	La	$La(OH)_3(c)$
	$Fe_3O_4(c)$	Nd	$Nd(OH)_3(c)$
Co	$Co(OH)_2(a)$	Sm	$Sm(OH)_3(c)$
Cu	$CuO(c)$	Eu	$Eu(OH)_3(c)$
Zn	$ZnO(c)$	Gd	$Gd(OH)_3(c)$

(a)无定形；(c)结晶形；(s)水溶解.

(ⅱ) 复合金属氧化物粉末. 金属醇盐法制备各种复合金属氧化物粉末是本法的优越性之所在. 表 5.3 列出了根据氧化物粉末的沉淀状态分类的复合氧化物.

两种以上金属醇盐制备复合金属氧化物超细粉末的途径如下：

表 5.3　复合氧化物粉末状态分类

■结晶性粉末

$BaTiO_3$, $SrTiO_3$, B_2ZrO_3, $Ba(Ti_{1-x}Zr_x)O_3$, $Sr(Ti_{1-x}Zr_x)O_3$, $(Ba_{1-x}Sr_x)TiO_3$, $MnFe_2O_4$, $CoFe_2O_4$, $NiFe_2O_4$, $ZnFe_2O_4$, $(Mn_{1-x}Zn_x)Fe_2O_4$, Zn_2GeO_4, $PbWO_4$, $SrAs_2O_4$

■结晶性氧化物粉末

$BaSnO_3$, $SrSnO_3$, $PbSnO_3$, $CaSnO_3$, $MgSnO_3$, $SrGeO_3$, $PbGeO_3$, $SrTeO_3$

■无定形粉末

$Pb(Ti_{1-x}Zr_x)O_3$, $Pb_{1-x}La_x(Zr_yTi_{1-y})_{1-x/4}O_2$, $Sr(Zn_{1/2}Nb_{2/3})O_3$, $Ba(Zn_{1/2}Nb_{2/3})O_3$, $Sr(Zn_{1/3}Ta_{2/3})O_2$, $Ba(zn_{1/2}Ta_{2/3})O_2$, $Sr(Fe_{1/2}Sb_{1/2})O_2$, $Ba(Fe_{1/2}Sb_{1/2})O_3$, $Sr(Co_{1/3}Sb_{2/3})O_3$, $Ba(Co_{1/3}Sb_{2/3})O_3$, $Sr(Ni_{1/3}Sb_{2/3})O_3$, $NiFe_2O_4$, $CuFe_2O_4$, $MgFe_2O_4$ $(Ni_{1-x}Zn_x)Fe_2O_4$, $(Co_{1-x}Zn_x)Fe_2O_4$, $BaFe_{12}O_{19}$, $SrFe_{12}O_{19}$, $PbFe_{12}O_{19}$, $R_3Fe_3O_{12}(R=Sm, Gd, Y, Eu, Tb)$, $Tb_3Al_3O_{12}$, $R_3C+d_3O_{12}(R=Sm, Gd, Y, Er)$, $RFeO_3(R=Sm, Y, La, Nd, Gd, Tb)$, $LaAlO_3$, $NdAlO_3$, $R_4Al_2O_9(R=Sm, Eu, Gd, Tb)$, $Co_3As_2O_8$, $(Ba_xSr_{1-x})Nb_2O_6$

(a) 复合醇盐法. 金属醇化物具有 M—O—C 键,由于氧原子电负性强 M—O 键表现出强的极性 $M^{\partial+}$—$O^{\partial-}$,正电性强的元素,其醇化物表现为离子性,电负性强的元素醇化物表现为共价性. 金属醇化物 $M(OR)_x$ 与金属氢氧化物相比可知,相当烃基及置换 $M(OH)_x$ 中 H 的衍生物,亦即正电性强的金属醇化物表现出碱性,随元素正电性减弱逐渐表现出酸性醇化物. 这样碱性醇盐和酸性醇盐的中和反应就生成复合醇化物.

$$MOR + M'(OR)_n \longrightarrow M[M'(OR)_{n+1}] \qquad (5.15)$$

由复合醇盐水解产物一般是原子水平混合均一的无定形沉淀. 如 $Ni[Fe(OEt)_4]_2$, $Co[Fe(OEt)_4]_2$, $Zn[Fe(OEt)_4]_2$ 水解产物,灼烧为 $NiFe_2O_4$, $CoFe_2O_4$, $ZnFe_2O_4$.

(b) 金属醇盐混合溶液. 两种以上金属醇盐之间没有化学结合,而只是混合物,它们的水解具有分离倾向,但是大多数金属醇盐水解速度很快,仍然可以保持粒子组成的均一性.

两种以上金属醇盐水解速度差别很大时采用溶胶-凝胶法制备均一性的超微粉.关于溶胶-凝胶法制备纳米粉将在 5.2.5 节中介绍.

下面举例说明用金属醇盐混合溶液水解法制备 $BaTiO_3$ 的如下详细过程:

有人报道利用图 5.13 所示出的工艺流程制得了粒径为 $10\sim15nm$ 的 $BaTiO_3$ 纳米微粒[17].过程如下:由 Ba 与醇直接反应得到 Ba 的醇盐,并放出氢气;醇与加有氨的四氯化钛反应得到 Ti 的醇盐,然后滤掉氯化铵.将上述获得的两种醇盐混合溶入苯中,使 Ba∶Ti 之比为 1∶1,再回流约 2h,然后在此溶液中慢慢加入少量蒸馏水并进行搅拌,由于加水分解结果白色的超微粒子沉淀出来(晶态 $BaTiO_3$).Kiss 等[21]直接将 $Ba(OC_3H_7)_2$ 和 $Ti(OC_5H_{11})_4$ 溶入苯中,加入蒸馏水分解制得了粒径小于 15nm,纯度为 99.98% 以上的 $BaTiO_3$ 纳米粒子.

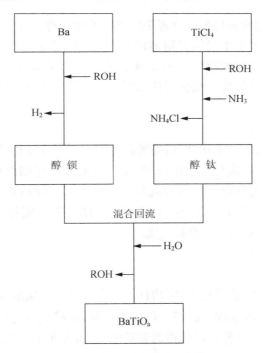

图 5.13　$BaTiO_3$ 粉末制备流程

用金属醇盐法制备 $BaTiO_3$ 纳米微粒过程中,醇盐的种类,例如由甲醇、乙醇、异丙醇、n-丁醇等生成的醇盐对微粒的粒径和形状以及结构没有太明显的影响.醇盐的浓度对最后得到的纳米微粒的粒径的影响也不是十分明显.由图 5.14 看出,浓度从 $0.01\sim1mol/L$,粒径仅由 10nm 增大至 15nm.

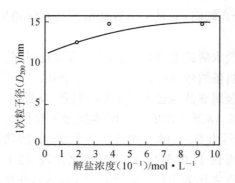

图 5.14　BaTiO$_3$ 微粒的粒径与醇盐浓度的关系

5.2.2　喷雾法[17]

这种方法是将溶液通过各种物理手段进行雾化获得超微粒子的一种化学与物理相结合的方法. 它的基本过程是溶液的制备、喷零、干燥、收集和热处理. 其特点是颗粒分布比较均匀,但颗粒尺寸为亚微米到 $10\mu m$. 具体的尺寸范围取决于制备工艺和喷雾的方法. 喷雾法可根据雾化和凝聚过程分为下述三种方法.

(1) 喷雾干燥法

将金属盐水溶液送入雾化器,由喷嘴高速喷人干燥室获得了金属盐的微粒,收集后进行焙烧成所需要成分的超微粒子. 例如铁氧体的超细微粒可采用此种方法进行制备. 具体程序是将镍、锌、铁的硫酸盐的混合水溶液喷雾,获得了 $10\sim20\mu m$ 混合硫酸盐的球状粒子,经 $1073\sim1273K$ 焙烧,即可获得镍锌铁氧体软磁超微粒子,该粒子是由 200nm 的一次颗粒组成.

(2) 雾化水解法

此法是将一种盐的超微粒子,由惰性气体载人含有金属醇盐的蒸气室,金属醇盐蒸气附着在超微粒的表面,与水蒸气反应分解后形成氢氧化物微粒,经焙烧后获得氧化物的超细微粒. 这种方法获得的微粒纯度高,分布窄,尺寸可控. 具体尺寸大小主要取决于盐的微粒大小. 例如高纯 Al$_2$O$_3$ 微粒可采用此法制备. 具体过程是将载有氯化银超微粒($868\sim923K$)的氩气通过铝丁醇盐的蒸气,氩气流速为 $500\sim2000cm^3/min$,铝丁醇盐蒸气室的温度为 $395\sim428K$,醇盐蒸气压 $\leqslant1133Pa$ 在蒸气室形成以铝丁醇盐、氯化银和氩气组成饱和的混合气体. 经冷凝器冷却后获得了气态溶胶,在水分解器中与水反应分解成勃母石(boeh-mite)或水铝石(diaspore)亚微米级的微粒. 经热处理可获得 Al$_2$O$_3$ 的超细微粒.

（3）雾化焙烧法

此法是将金属盐溶液经压缩空气由窄小的喷嘴喷出而雾化成小液滴，雾化室温度较高，使金属盐小液滴热解生成了超微粒子.例如将硝酸镁和硝酸铝的混合溶液经此法可合成镁、铝尖晶石，溶剂是水与甲醇的混合溶液，粒径大小取决于盐的浓度和溶剂浓度.粒径为亚微米级，它们由几十纳米的一次颗粒构成.

5.2.3　水热法(高温水解法)[17]

水热反应是高温高压下在水(水溶液)或水蒸气等流体中进行有关化学反应的总称.自 1982 年开始用水热反应制备超细微粉的水热法已引起国内外的重视.用水热法制备的超细粉末，最小粒径已经达到数纳米的水平，归纳起来，可分成以下几种类型：

（ⅰ）水热氧化：典型反应可用下式表示：
$$m\mathrm{M} + n\mathrm{H_2O} \longrightarrow \mathrm{M}_m\mathrm{O}_n + \mathrm{H_2}, \tag{5.16}$$
其中 M 可为铬、铁及合金等.

（ⅱ）水热沉淀：比如
$$\mathrm{KF} + \mathrm{MnCl_2} \longrightarrow \mathrm{KMnF_3}. \tag{5.17}$$

（ⅲ）水热合成：比如
$$\mathrm{FeTiO_3} + \mathrm{KOH} \longrightarrow \mathrm{K_2O} \cdot n\mathrm{TiO_2} \tag{5.18}$$

（ⅳ）水热还原：比如
$$\mathrm{Me}_x\mathrm{O}_y + y\mathrm{H_2} \longrightarrow x\mathrm{Me} + y\mathrm{H_2O} \tag{5.19}$$
其中 Me 可为铜、银等.

（ⅴ）水热分解：比如
$$\mathrm{ZrSiO_4} + \mathrm{NaOH} \longrightarrow \mathrm{ZrO_2} + \mathrm{Na_2SiO_3}. \tag{5.20}$$

（ⅵ）水热结晶：比如
$$\mathrm{Al(OH)_3} \longrightarrow \mathrm{Al_2O_3} \cdot \mathrm{H_2O} \tag{5.21}$$

目前用水热法制备纳米微粒的实际例子很多，以下为几个实例.

陶昌源等报道，用碱式碳酸镍及氢氧化镍水热还原工艺可成功地制备出最小粒径为 30nm 的镍粉.

锆粉通过水热氧化可得到粒径约为 25nm 的单斜氧化锆纳米微粒，具体的反应条件是在 100MPa 压力下，温度为 523～973K.

$\mathrm{Zr_5Al_3}$ 合金粉末在 100MPa、773～973K 水热反应生成粒径为 10～35nm 的单斜晶氧化锆、正方氧化锆和 α-$\mathrm{Al_2O_3}$ 的混合粉体.

陈祖妖等用水热合成法制备纳米 $\mathrm{SnO_2}$ 的过程如下：将一定比例的 0.25mol

$SnCl_4$ 溶液和浓硝酸溶液混合,置于衬有聚四氟乙烯的高压容器内,于150℃加热12h,待冷却至室温后取出,得白色超细粉,水洗后置于保干器内抽干而获得5nm的四方 SnO_2 的纳米粉的干粉体.

5.2.4　溶剂挥发分解法[17]

有关这方面的制备方法很多,本节主要介绍一种广泛应用的制备高活性超微粒子的方法,即冻结干燥法.这种方法主要特点是:(ⅰ)生产批量大,适用于大型工厂制造超微粒子;(ⅱ)设备简单、成本低;(ⅲ)粒子成分均匀.

冻结干燥法是将金属盐的溶液雾化成微小液滴、并快速冻结成固体.然后加热使这种冻结的液滴中的水升华气化,从而形成了溶质的无水盐.经焙烧合成了超微粒粉体.冻结干燥法分冻结、干燥、焙烧3个过程:

(ⅰ)液滴的冻结:使金属盐水溶液快速冻结用的冷却剂是不能与溶液混合的液体,例如将干冰与丙酮混合作冷却剂将己烷冷却,然后用惰性气体携带金属盐溶液由喷嘴中喷入己烷,如图5.15所示.结果在己烷中形成粒径为0.1～0.5mm的冰滴.除了用己烷作冷冻剂外,也可用液氮作冷冻剂(77K).但是,用己烷的效果较好,因为用液氮作冷冻剂时,气相氮会环绕在液滴周围,使液滴的热量不易传出来,从而降低了液滴的冷冻速度,使液滴中的组成盐分离,成分变得不均匀.

(ⅱ)冻结液滴的干燥:如图5.16所示,将冻结的液滴(冰滴)加热,使水快速升华,同时采用凝结器捕获升华的水,使装置中的水蒸气降低,达到提高干燥效率的目的.图中采用的凝结器为液氮捕集器.为了提高冻结干燥效率,盐的浓度很重要.因为对冰滴的温度约为263K时,凝结器才能高效率捕获升华的水,由于浓度的增高会导致溶液变成冷滴的凝固点降低,致使干燥效率降低,此外,高浓度溶液会形成过冷却状态,使液滴成玻璃状态,发生盐的分离与粒子的团集,为了避免高浓度溶液出现这些问题常在盐溶液中加氢氧化铵.如果溶液浓度太低,制备出的产品的产量降低.因此,用冻结干燥法制备超微粒子时,应注意选择恰当的盐溶液的浓度.

图5.15　液滴冻结装置

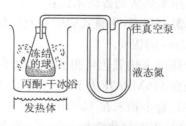

图5.16　冻结液滴的干燥装置

（ⅲ）焙烧:干燥后形成的无水盐粒子经高温焙烧成超微粒子.

下面介绍用冻结干燥法合成氧化铝的过程:将硫酸铝 $Al_2(SO_4)_3 \cdot 16 \sim 18H_2O$ 溶于水,使溶液的浓度为 $0.6mol/L$,将此溶液向冻结剂中喷雾,结果形成了粒径约 1mm 的硫酸铝球,经冻结干燥后形成非晶态的球形硫酸铝粒子,经 573K 加热晶化成无水硫酸铝粒子,经 $1043\sim1133K$ 加热硫酸铝分解成 γ 氧化铝,γ 相经 1473K 加热 10h 形成由几十纳米粒径的 $\alpha\text{-}Al_2O_3$ 构成的链状长粒子,长度达几微米.

5.2.5　溶胶-凝胶法(胶体化学法)

溶胶-凝胶法是 60 年代发展起来的一种制备玻璃、陶瓷等无机材料的新工艺,近年来许多人用此法来制备纳米微粒.其基本原理是:将金属醇盐或无机盐经水解直接形成溶胶或经解凝形成溶胶,然后使溶质聚合凝胶化,再将凝胶干燥、焙烧去除有机成分,最后得到无机材料.溶胶-凝胶法包括以下几个过程:

（1）溶胶的制备

有两种方法制备溶胶,一是先将部分或全部组分用适当沉淀剂先沉淀出来,经解凝,使原来团聚的沉淀颗粒分散成原始颗粒.因这种原始颗粒的大小一般在溶胶体系中胶核的大小范围,因而可制得溶胶.另一种方法是由同样的盐溶液出发,通过对沉淀过程的仔细控制,使首先形成的颗粒不致团聚为大颗粒而沉淀,从而直接得到胶体溶胶.

（2）溶胶-凝胶转化

溶胶中含大量的水,凝胶化过程中,使体系失去流动性,形成一种开放的骨架结构.

实现胶凝作用的途径有两个:一是化学法,通过控制溶胶中的电解质浓度;二是物理法,迫使胶粒间相互靠近,克服斥力,实现胶凝化.

（3）凝胶干燥

一定条件下(如加热)使溶剂蒸发,得到粉料.干燥过程中凝胶结构变化很大.

通常溶胶-凝胶过程根据原料的种类可分为有机途径和无机途径两类.在有机途径中,通常是以金属有机醇盐为原料,通过水解与缩聚反应而制得溶胶,并进一步缩聚而得到凝胶.金属醇盐的水解和缩聚反应可分别表示为

$$\text{水解:} M(OR)_4 + nH_2O \longrightarrow M(OR)_{4-n}(OH)_n + nHOR, \qquad (5.22)$$

$$\text{缩聚:} 2M(OR)_{4-n}(OH)_n \longrightarrow [M(OR)_{4-n}(OH)_{n-1}]_2O + H_2O. \qquad (5.23)$$

总反应式表示为

$$M(OR)_4 + H_2O \longrightarrow MO_2 + 4HOR, \tag{5.24}$$

式中 M 为金属,R 为有机基因,如烷基.

经加热去除有机溶液得到金属氧化物超微粒子.

在无机途径中原料一般为无机盐. 由于原料的不同,制备方法不同,没有统一的工艺. 但这一途径常用无机盐作原料,价格便宜,比有机途径更有前途. 在无机途径中,溶胶可以通过无机盐的水解来制得,即

$$Mn^+ + nH_2O \longrightarrow M(OH)_n + nH^+, \tag{5.25}$$

通过向溶液中加入碱液(如氨水)使得这一水解反应不断地向正方向进行,并逐渐形成 $M(OH)_n$ 沉淀,然后将沉淀物充分水洗、过滤并分散于强酸溶液中便得到稳定的溶胶,经某种方式处理(如加热脱水)溶胶变成凝胶、干燥和焙烧后形成金属氧化物粉体.

用溶胶-凝胶法制备氧化物粉体的工作早在 60 年代中期就开始了. Lackey 等人[18]用该法制备了核燃料,如 UO_2,TnO_2 球形颗粒,此后又被用来制备 Y_2O_3(或 CaO)稳定 ZrO_2[19],CeO_2[19],Al_2O_3 及 Al_2O_3-ZrO_2 陶瓷粉料. 近些年,很多人用此方法来制备纳米微粒及纳米粒子薄膜等. 例如,Chatterjee 等人[20]用 $FeCl_3 \cdot 6H_2O$ 和 $Cu(NO_3)_2 \cdot 3H_2O$ 制备了 Fe,Cu 的纳米粒子膜. 关于用溶胶-凝胶法制备纳米微粒的例子很多,下面仅给出两个典型例子:

(ⅰ)醇盐水解溶胶-凝胶法已成功地制备出 TiO_2 纳米微粒($\leqslant 6nm$),有的粉体平均粒径只有 1.8nm(用透射电镜和小角散射来评估). 该制备方法的工艺过程如下:在室温下(288K)40ml 钛酸丁脂逐滴加到去离子水中,水的加入量为 256ml 和 480ml 两种,边滴加边搅拌并控制滴加和搅拌速度,钛酸丁脂经过水解,缩聚. 形成溶胶. 超声振荡 20min,在红外灯下烘干,得到疏松的氢氧化钛凝胶. 将此凝胶磨细,然后在 673K 和 873K 烧结 1h,得到 TiO_2 超微粉.

(ⅱ)无机盐水解溶胶-凝胶法制 SnO_2 纳米微粒的工艺过程如下[26]:将 20g $SnCl_2$ 溶解在 250ml 的酒精中,搅拌半小时. 经 1h 回流,2h 老化,在室温放置 5d(天),然后在 333K 的水浴锅中干燥两天,再在 100℃烘干得到 SnO_2 纳米微粒.

溶胶-凝胶法的优缺点如下:

(ⅰ)化学均匀性好:由于溶胶-凝胶过程中,溶胶由溶液制得,故胶粒内及胶粒间化学成分完全一致.

(ⅱ)高纯度:粉料(特别是多组份粉料)制备过程中无需机械混合.

(ⅲ)颗粒细:胶粒尺寸小于 $0.1\mu m$.

(ⅳ)该法可容纳不溶性组分或不沉淀组分. 不溶性颗粒均匀地分散在含不产生沉淀的组分的溶液,经胶凝化,不溶性组分可自然地固定在凝胶体系中. 不溶性组分颗粒越细,体系化学均匀性越好.

（ⅴ）烘干后的球形凝胶颗粒自身烧结温度低,但凝胶颗粒之间烧结性差,即体材料烧结性不好.

（ⅵ）干燥时收缩大.

5.2.6　辐射化学合成法[22]

常温下采用 γ 射线辐照金属盐的溶液可以制备出纳米微粒. 用此法曾经获得了 Cu,Ag,Au,Pt,Pd,Co,Ni,Cd,Sn,Pb,Ag-Cu,Au-Cu. Cu_2O 纳米粉体以及纳米 Ag/非晶 SiO_2 复合材料.

制备纯金属纳米粉体时,采用蒸馏水和分析纯试剂配制成相应金属盐的溶液,加入表面活性剂,如十二烷基硫酸钠($C_{12}H_{25}NaSO_4$)作为金属胶体的稳定剂. 加入异丙醇[$(CH_3)_2CHOH$]作 OH 自由基消除剂,必要时,加入适当的金属离子络合剂或其它添加剂,调节溶液 pH 值. 在溶液中通入氮气以消除溶液中溶解的氧. 配制好的溶液在 $2.59\times10^{15}Bq$ 的 ^{60}Co 源场中辐照,分离产物,用氨水和蒸馏水洗涤产物数次,干燥即得金属纳米粉. 表 5.4 为 γ 射线辐照制备纯金属纳米粉的溶液配比、辐照剂量和平均粒径.

表 5.4　用 γ 射线辐照法制备纳米金属微粉的溶液成分、辐照剂量和平均粒径

金属产物	溶　液	辐照剂量 (10^4G_y)	平均粒径 (nm)
Cu	0.01mol/L $CuSO_4$ + 0.1mol/L $C_{12}H_{25}NaSO_4$ + 0.01mol/L EDTA* +3.0mol/L $(CH_3)_2CHOH$	3.6	16
Ni	0.01mol/L $NiSO_4$ + 0.1mol/L NH_3H_2O + 0.01mol/L $C_{12}H_{25}NaSO_4$ +2.0mol/L $(CH_3)_2CHOH$	6.0	8
Pd	0.01mol/L $PdCl_2$ + 0.05mol/L $C_{12}H_{25}NaSO_4$ + 3.0mol/L $(CH_3)_2CHOH$	8.8	10
Cd	0.01mol/L $CdSO_4$+0.01mol/L$(NH_4)_2SO_4$+1mol/L NH_3H_2O+ 0.01mol/L $C_{12}H_{25}NaSO_4$+6.0mol/L $(CH_3)_2CHOH$	1.6	20
Au	0.01mol/L $HAuCl_4$+0.01mol/L $C_{12}H_{25}NaSO_4$	0.075	10
Pt	0.001mol/L H_2RtCl_6 + 0.01mol/L $C_{12}H_{25}NaSO_4$ + 2.0mol/L $(CH_3)_2CHOH$	0.18	4
Sn	0.01mol/L $SnCl_2$+0.5mol/L NaOH+2.0mol/L $(CH_3)_2CHOH$	2.5	20
Pb	0.01mol/L $Pb(CH_3COO)_2$+0.05mol/L $C_{12}H_{25}-NaSO_4$+2.0mol/L $(CH_3)_2CHOH$	1.2	45
Co	0.01mol/L $CoCl_2$ + 0.5mol/L NH_4Cl + 0.1mol/L NH_3H_2O + 2.0mol/L$(CH_3)_2CHOH$	2.56	22

* EDTA:乙二铵四乙酸.

在制备纳米合金、Cu_2O 和 Ag/非晶 SiO_2 复合粉体时,溶液中的 $C_{12}H_{25}NaSO_4$,$(CH_3)_2CHOH$ 的作用与上面相同,后步工序也相同. 纳米合金粉体是采用两种相应金属盐的混合溶液并加入适量的金属离子络合剂,经辐照得到. 例如,纳米 Ag-Cu 合金粉体是用 2.3×10^4 Gy 剂量的 γ 射线辐照 0.01mol/L $AgNO_3$,0.05mol/L $Cu(NO_3)_2$,0.3mol/L $NH_3 H_2O$(络合剂),2.0mol/L $(CH_3)_2CHOH$ 溶液来获得. X 射线光电子能谱(XPS)分析表明,这种合金的成分为 Ag-15.03$_{at}$%Cu.

在制备纳米 Cu_2O 粉体时,采用 CH_3COOH/CH_3COONa 缓冲剂控制 Cu 溶液 pH 值在 4~5 之间. 例如,采用 2.4×10^4 Gy 剂量的 γ 射线辐照 0.01mol/L $CuSO_4$,2.0mol/L $C_{12}H_{25}NaSO_4$,0.02mol/L CH_3COOH,0.3mol/L CH_3COONa,2.0mol/L $(CH_3)_2CHOH$ 溶液可获得 Cu_2O 纳米粉.

制备纳米 Ag/非晶 SiO_2 复合粉体分两步进行,先用 8.1×10^3 Gy 剂量的 γ 射线辐照 0.01mol/L $AgNO_3$,0.01mol/L $C_{12}H_{25}NaSO_4$,2.0mol/L $(CH_3)_2CHOH$ 溶液得到红棕色胶体 Ag 溶液,并与用溶胶-凝胶法制得的 SiO_2 溶胶混合在一起,经凝胶化,干燥得到纳米 Ag 颗粒分布在非晶 SiO_2 中的复合材料.

5.3　纳米微粒表面修饰[23,24]

纳米微粒的表面修饰是纳米材料科学领域十分重要的研究课题. 90 年代中期,国际材料会议提出了纳米微粒的表面工程新概念. 所谓纳米微粒的表面工程就是用物理、化学方法改变纳米微粒表面的结构和状态,实现人们对纳米微粒表面的控制. 近年来,纳米微粒的表面修饰已形成了一个研究领域,它把纳米材料研究推向了一个新的阶段. 在这个领域进行研究的重要意义在于,人们可以有更多的自由度对纳米微粒表面改性,不但对深入认识纳米微粒的基本物理效应,而且也扩大了纳米微粒的应用范围. 通过对纳米微粒表面的修饰,可以达到以下 4 个方面的目的:

（ⅰ）改善或改变纳米粒子的分散性;

（ⅱ）提高微粒表面活性;

（ⅲ）使微粒表面产生新的物理、化学、机械性能及新的功能;

（ⅳ）改善纳米粒子与其它物质之间的相容性.

目前,对纳米微粒表面修饰的方法很多,新的表面修饰技术正在发展之中. 下面介绍几种常用的修饰纳米微粒表面的方法.

5.3.1　纳米微粒表面物理修饰

通过范德瓦耳斯力等将异质材料吸附在纳米微粒的表面,可防止纳米微粒团聚. 一般采用表面活性剂对无机纳米微粒表面的修饰就是属于这一类方法, 表面活性剂分子中含有两类性质截然不同的官能团, 一是极性集团, 具有亲水性, 另一个是非极性官能团, 具有亲油性. 无机纳米粒子在水溶液中分散, 表面活性剂的非极性的亲油基吸附到微粒表面, 而极性的亲水集团与水相容, 这就达到了无机纳米粒子在水中分散性好的目的. 反之, 在非极性的油性溶液中分散纳米粒子, 表面活性剂的极性官能团吸附到纳米微粒表面, 而非极性的官能团与油性介质相溶合. 例如, 以十二烷基苯磺酸钠为表面活性剂修饰纳米 Cr_2O_3, Mn_2O_3, 这些纳米粒子能稳定地分散在乙醇. 我们在 4.3.3 节中提到稳定的磁性液体中很多都是采用表面活性剂实现了对磁性纳米粒子表面的修饰, 使纳米粒子能稳定地分散在载液中.

　　下面介绍另一种纳米微粒表面物理修饰法, 即表面沉积法, 此法是将一种物质沉积到纳米微粒表面, 形成与颗粒表面无化学结合的异质包敷层. 例如, 纳米 TiO_2 粒子表面包敷 Al_2O_3 就属于这一类, 具体过程是: 先将纳米 TiO_2 粒子分散在水中, 加热至 60℃, 用浓硫酸调节 pH 值 (1.5~2.0), 同时, 加入铝酸钠水溶液, 结果在纳米 TiO_2 粒子表面形成了 Al_2O_3 包敷层. 这种方法可以举一反三, 既可包无机 Al_2O_3, 也可包敷金属. 利用溶胶也可以实现对无机纳米粒子的包敷, 例如, 将 $ZnFeO_3$ 纳米粒子放入 TiO_2 溶液中, TiO_2 溶胶沉积到 $ZnFeO_3$ 纳米粒子表面, 这种带有 TiO_2 包敷层的 $ZnFeO_3$ 纳米粒子光催化效率大大提高.

5.3.2　表面化学修饰

　　通过纳米微粒表面与处理剂之间进行化学反应, 改变纳米微粒表面结构和状态, 达到表面改性的目的称为纳米微粒的表面化学修饰. 这种表面修饰方法在纳米微粒表面改性中占有极其重要的地位. 纳米微粒比表面积很大, 表面键态, 电子态不同于颗粒内部, 配位不全导致悬挂键大量存在, 这就为人们用化学反应方法对纳米微粒表面修饰改性提供了有利条件. 表面化学修饰大致可分下述三种.

　　(1) 偶联剂法

　　当无机纳米粒子与有机物进行复合时, 表面修饰变得十分重要. 一般无机纳米粒子, 如氧化物 Al_2O_3, SiO_2 等, 表面能比较高, 与表面能比较低的有机体的亲和性差. 两者在相互混合时不能相容, 导致界面上出现空隙. 如果有机物是高聚物, 空气中的水份进入上述空隙就会引起界面处高聚物的降解、脆化. 解决上述问题可采取偶联技术, 即纳米粒子表面经偶联剂处理后可以与有机物产生很好的相容性. 偶联剂分子必须具备两种基团, 一种与无机物表面能进行化学反应, 另一种 (有机官能团) 与有机物具有反应性或相容性. 在众多偶联剂中硅烷偶联剂最具有代表性, 硅偶联剂可用下面的结构式表示:

$$Y—R—Si≡(OR)_3$$

Y:有机官能团.

SiOR:硅氧烷基,可以与无机物表面进行化学反应.

硅烷偶联剂对于表面具有羟基的无机纳米粒子最有效. 表 5.5 列出了硅偶联剂在各种无机纳米粒子表面化学结合程度的评价. 很清楚硅偶联剂对羟基含量少的碳酸钙、碳黑、石墨和硼化物陶瓷材料不适用. 表 5.6 列出一些有代表性的硅偶联剂及与其相容的聚合物.

表 5.5　硅偶联剂与无机纳米粒子表面化学结合程度的评价

强← 结合强度 →弱			
玻璃、二氧化硅、氧化铝等	滑石、黏土、云母、高岭土、硅灰石(硅酸钙)、氢氧化铝、各种金属等	铁氧体、氧化钛、氢氧化镁等	碳酸钙、碳黑、石墨、氮化硼等

表 5.6　代表性的硅烷偶联剂与其相容的聚合物

硅偶联剂的结构式	适用的聚合物
$CH_2=CHSi(OC_2H_5)_3$	聚烯烃、丙烯酸酯、EPDM 等
$CH_2=CHSi(OCH_3)_2$	同上
$CH_2=CHSi(OC_2H_4OCH_3)_3$	同上
$CH_2=CCOOC_3H_6Si(OCH_3)_3$ 　　　CH_3	不饱和聚酯、聚烯烃、DAP、丙烯酸酯、EPDM 等
O—◇—$C_2H_4Si(OCH_3)_3$	环氧、胺基树脂、聚酯、DAP、聚碳酸酯、PPS、丙烯酸酯、酚醛树脂等
$CH_2CHCH_2O_3H_6Si((OCH_3)_3$ 　O	同上
$HSC_3H_6Si(OCH_3)_3$ $H_2NC_3H_6Si(OC_2H_5)_3$	各种弹性体、聚氨酯、PPS 等聚氨酯、环氧、聚烯烃、聚氯乙烯、胺基树脂、聚酰胺、酚醛树脂等
$H_2NC_2H_4NHC_3H_6Si(OCH_3)_3$	聚氨酯、环氧、聚烯烃、聚氯乙烯、胺基树酯、聚酰胺、酚醛树脂等
$H_2NCONHC_3H_6Si(OC_2H_5)_3$	环氧、酚醛树脂、聚酰胺、聚胺酯、聚碳酸酯、胺基树脂等

(2) 酯化反应法

金属氧化物与醇的反应称为酯化反应. 利用酯化反应对纳米微粒表面修饰改性最重要的是使原来亲水疏油的表面变成亲油疏水的表面,这种表面功能的改性在实际应用中十分重要. 为了得到表面亲油疏水的纳米氧化铁,可用铁黄[α-FeO(OH)]与高沸点的醇进行反应,经 200℃ 左右脱水后得到 α-Fe$_2$O$_3$,在 275℃ 脱水后成为 Fe$_3$O$_4$,这时氧化铁表面产生了亲油疏水性. α-Al(OH)$_3$ 用高沸点醇处理后,同样可以获得表面亲油疏水性的 α-AlO(OH) 及中间氧化铝.

酯化反应采用的醇类最有效的是伯醇,其次是仲醇,叔醇是无效的.

酯化反应表面修饰法对于表面为弱酸性和中性的纳米粒最有效,例如,SiO$_2$,Fe$_2$O$_3$,TiO$_2$,Al$_2$O$_3$,Fe$_3$O$_4$,ZnO 和 Mn$_2$O$_3$ 等. 此外,碳纳米粒子也可以用酯化法进行表面修饰.

下面以 SiO$_2$ 为例,简单说明一下酯化反应的基本过程,表面带有羟基的氧化硅粒子与高沸点的醇反应方程式如下:

$$-\text{Si}-\text{OH} + \text{H}-\text{O}-\text{R} \longrightarrow \text{Si}-\text{O}-\text{R} + \text{H}_2\text{O}. \qquad (5.26)$$

在反应过程中硅氧键开裂,Si 与烃氧基(RO)结合,完成了纳米 SiO$_2$ 表面酯化反应.

(3) 表面接枝改性法

通过化学反应将高分子的链接到无机纳米粒子表面上的方法称为表面接枝法. 这种方法可分为三种类型:

(ⅰ)聚合与表面接枝同步进行法. 这种接枝的条件是无机纳米粒子表面有较强的自由基捕捉能力. 单体在引发剂作用下完成聚合的同时,立即被无机纳米粒子表面强自由基捕获,使高分子的链与无机纳米粒子表面化学连接,实现了颗粒表面的接枝. 这种边聚合边接枝的修饰方法对碳黑等纳米粒子特别有效.

(ⅱ)颗粒表面聚合生长接枝法. 这种方法是单体在引发剂作用下直接从无机粒子表面开始聚合,诱发生长,完成了颗粒表面高分子包敷,这种方法特点是接枝率较高.

(ⅲ)偶连接枝法. 这种方法是通过纳米粒子表面的官能团与高分子的直接反应实现接枝,接枝反应可由下式来描述:

$$\text{颗粒}-\text{OH} + \text{OCN}\sim\text{P} \longrightarrow \text{颗粒}-\text{OCONH}\sim\text{P},$$
$$\text{颗粒}-\text{NCO} + \text{HO}\sim\text{P} \longrightarrow \text{颗粒}-\text{NHCOO}\sim\text{P}. \qquad (5.27)$$

这种方法的优点是接枝的量可以进行控制,效率高.

表面接枝改性方法可以充分发挥无机纳米粒子与高分子各自的优点,实现优化设计,制备出具有新功能纳米微粒. 其次,纳米微粒经表面接枝后,大大地提高了它们在有机溶剂和高分子中的分散性,这就使人们有可能根据需要制备含有量大、分布均匀的纳米添加的高分子复合材料. 例如,经甲基丙烯酸甲酯接枝后的纳米

SiO$_2$ 粒子在四氢呋喃中具有长期稳定的分散性,在甲醇中在短时间内全部沉降.这表明,接枝后并不是在任意溶剂中都有良好的长期分散稳定性,接枝的高分子必须与有机溶剂相溶才能达到稳定分散的目的.铁氧体纳米粒子经聚丙烯酰胺接枝后在水中具有良好的分散性好,而用聚苯乙烯接枝的在苯中才具有好的稳定分散性.

参 考 文 献

[1] Gleiter H, *Progress in Mater. Sci.*, 33, 223(1989).

[2] 王广厚、韩民, 物理学进展, 10(3), 248(1990).

[3] 苏品书, 超微粒子材料技术, 复汉出版社(1989).

[4] Hahn H, Averback R S, *J. Appl. Phys.*, 87(2), 1113(1990).

[5] Vollater D, Aerosol Methods and Advanced Techniques for Nawoparticle Science and Nanopowder Technology. in: Fiβan H, Karow H V, Kauffeldt Th. Proc. of the ESF Exploratory Workshop. Duisburg, Germany, 15(1993).

[6] Kear B H, Chang W, Skandan G S, et al. 同上, 25(1993).

[7] Mazadiyaski K S, Dolloff R T, Smith J S, *J. Am. Ceram. Soc.*, 52, 52(1969).

[8] Haberko K, *Ceramic Intl.*, 5, 148(1979).

[9] Van de Graaf M A C G, Keizer K, Burggraaf A J, *Science of Ceramics*, 10, 83(1980).

[10] Roosen A, Hausner H, Ceramic Powders Amsterdam: Elservier, 773(1983).

[11] Johnson D W, *Am. Ceram. Soc. Bull.*, 60, 221(1981).

[12] 加藤昭夫、森满由紀子, 日化, 23, 800(1984).

[13] Blendell J E, Bowen H K, Coble R L, *Am. Ceram. Soc. Bull.*, 63(6), 797(1984).

[14] Shi J L, Gao J H, Lin Z X, *Solid State Ionics*, 32/33, 537(1989).

[15] 月館隆明, 津久間孝次, 陶瓷(日文), 17, 816(1982).

[16] Mazdiyashi, *Ceramic International*, 8(2), 42(1982).

[17] 苏品书, 超微粒子材料, 复汉出版社(1989).

[18] Lackey W J. Nucl. Tech., 49, 321(1980).

[19] Woodhead J L, *Science of Ceramics*, 4, 105(1968); 12, 179(1983).

[20] Chatterjee A, Chakravorty, D, *J. of Mater. Sci.*, 27, 4115(1992).

[21] Kiss K, Magder J, Vukasovich M S, et al., *J. Am. Ceram soc.*, 49. 291(1966).

[22] 钱逸泰、朱英杰、张曼维等, 微米纳米科学与技术, 1(1), 27(1995).

[23] 张立德、牟季美, 纳米材料学, 辽宁科技出版社, 60(1994).

[24] 张立德主编, 超微粉体材料制备和应用技术, 石油化工出版社, 第5章(2001.3月).

第6章 纳米微粒尺寸的评估

在进行纳米微粒尺寸的评估之前,首先说明如下几个基本概念:

(1) 关于颗粒及颗粒度的概念

(ⅰ) 晶粒:是指单晶颗粒,即颗粒内为单相,无晶界.

(ⅱ) 一次颗粒:是指含有低气孔率的一种独立的粒子,颗粒内部可以有界面,例如相界、晶界等.

(ⅲ) 团聚体:是由一次颗粒通过表面力或固体桥键作用形成的更大的颗粒.团聚体内含有相互连接的气孔网络.团聚体可分为硬团聚体和软团聚体两种.团聚体的形成过程使体系能量下降.

(ⅳ) 二次颗粒:是指人为制造的粉料团聚粒子.例如制备陶瓷的工艺过程中所指的"造粒"就是制造二次颗粒.

纳米粒子一般指一次颗粒.它的结构可以是晶态、非晶态和准晶.可以是单相、多相结构,或多晶结构.只有一次颗粒为单晶时,微粒的粒径才与晶粒尺寸(晶粒度)相同.

(2) 颗粒尺寸的定义

对球形颗粒来说,颗粒尺寸(粒径)即指其直径.对不规则颗粒,尺寸的定义常为等当直径,如体积等当直径,投影面积直径等等.

粒径评估的方法很多,下面介绍几种常用的方法.

6.1 透射电镜观察法

用透射电镜可观察纳米粒子平均直径或粒径的分布.

该方法是一种颗粒度观察测定的绝对方法,因而具有可靠性和直观性.首先将纳米粉制成的悬浮液滴在带有碳膜的电镜用 Cu 网上,待悬浮液中的载液(例如乙醇)挥发后,放入电镜样品台,尽量多拍摄有代表性的电镜像,然后由这些照片来测量粒径.测量方法有以下几种:(ⅰ)交叉法[1]:用尺或金相显微镜中的标尺任意地测量约 600 颗粒的交叉长度,然后将交叉长度的算术平均值乘上一统计因子(1.56)来获得平均粒径;(ⅱ)测量约 100 个颗粒中每个颗粒的最大交叉长度,颗粒粒径为这些交叉长度的算术平均值[2];(ⅲ)求出颗粒的粒径或等当粒径,画出粒径

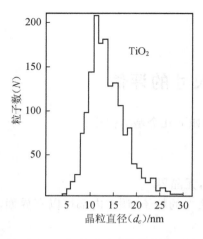

图 6.1　纳米微晶 TiO$_2$ 中的晶粒
尺寸分布(用 TEM 观察得到)

与不同粒径下的微粒数的分布图,如图 6.1 所示,将分布曲线中峰值对应的颗粒尺寸作为平均粒径[3]. 用这种方法往往测得的颗粒粒径是团聚体的粒径. 这是因为在制备超微粒子的电镜观察样品时,首先需用超声波分散法,使超微粉分散在载液中,有时候很难使它们全部分散成一次颗粒,特别是纳米粒子很难分散,结果在样品 Cu 网上往往存在一些团聚体,在观察时容易把团聚体误认为是一次颗粒. 电镜观察法还存在一个缺点就是测量结果缺乏统计性,这是因为电镜观察用的粉体是极少的,这就有可能导致观察到的粉体的粒子分布范围并不代表整体粉体的粒径范围.

6.2　X 射线衍射线线宽法(谢乐公式)

电镜观察法测量得到的是颗粒度而不是晶粒度. X 射线衍射线宽法是测定颗粒晶粒度的最好方法. 当颗粒为单晶时,该法测得的是颗粒度. 颗粒为多晶时,该法测得的是组成单个颗粒的单个晶粒的平均晶粒度. 这种测量方法只适用晶态的纳米粒子晶粒度的评估. 实验表明晶粒度小于等于 50nm 时,测量值与实际值相近,反之,测量值往往小于实际值.

晶粒度很小时,由于晶粒的细小可引起衍射线的宽化,衍射线半高强度处的线宽度 B 与晶粒尺寸 d 的关系为

$$d = 0.89\lambda/B\cos\theta, \tag{6.1}$$

式中 B 表示单纯因晶粒度细化引起的宽化度,单位为弧度. B 为实测宽度 B_M 与仪器宽化 B_S 之差:

$$B = B_M - B_S \text{ 或 } B^2 = B_M{}^2 - B_S{}^2. \tag{6.2}$$

B_S 可通过测量标准物(粒径 $> 10^{-4}$ cm)的半峰值强度处的宽度得到. B_S 的测量峰位与 B_M 的测量峰位尽可能靠近. 最好是选取与被测量纳米粉相同材料的粗晶样品来测得 B_S 值.

在计算晶粒度时还需注意以下问题:(ⅰ)应选取多条低角度 X 射线衍射线($2\theta \leqslant 50°$)进行计算,然后求得平均粒径. 这是因为高角度衍射线的 $K_{\alpha1}$ 与 $K_{\alpha2}$ 双线分裂开,这会影响测量线宽化值;(ⅱ)当粒径很小时,例如 d 为几纳米时,由于表面张力的增大,颗粒内部受到大的压力($p = \dfrac{2\gamma}{r}$,γ 为颗粒表面能,r 为颗粒半径),结果颗粒

内部会产生第二类畸变,这也会导致 X 射线线宽化. 因此,为了精确测定晶粒度时,应当从测量的半高宽度 B_M 中扣除二类畸变引起的宽化. 在大多情况下,很多人用谢乐公式计算晶粒度时未扣除二类畸变引起的宽化.

6.3　比表面积法

通过测定粉体单位重量的比表面积 S_ω,可由下式计算纳米粉中粒子直径(设颗粒呈球形):

$$d = 6/\rho S_\omega, \tag{6.3}$$

式中,ρ 为密度,d 为比表面积直径;S_ω 的一般测量方法为 BET 多层气体吸附法[4]. BET 法是固体比表面测定时常用的方法. BET 方程为

$$\frac{V}{V_m} = \frac{k \cdot p}{(p_0 - p[1 + (k-1)p/p_0]}, \tag{6.4}$$

式中,V 为被吸附气体的体积;V_m 为单分子层吸附气体的体积;p 为气体压力;p_0 为饱和蒸气压;k 为 y/x,对第一吸附层 $y = \frac{a_1}{b_1}p$,a_1 和 b_1 为常数(角标"1"表示第一层吸附层). $x = \frac{a_i}{b_i}p$,a_i 和 b_i 为常数(角标"i"表示第 i 层吸附层). 将上述 BET 方程改写后可写成

$$\frac{p}{V(p_0 - p)} = \frac{1}{V_m k} + \frac{k-1}{V_m k} \frac{p}{p_0}. \tag{6.5}$$

令

$$A = \frac{k-1}{V_m k},$$

$$B = \frac{1}{V_m k}.$$

将上两式相加,取倒数得到 V_m,即

$$V_m = \frac{1}{A + B}. \tag{6.6}$$

将 A,B 代入式(6.5)可得到

$$\frac{p}{V(p_0 - p)} = B + A\frac{p}{p_0}. \tag{6.7}$$

把 V_m 换算成吸附质的分子数($V_m/V_0 \cdot N_A$)乘以一个吸附质分子的截面积 A_m,即可用下式计算出吸附剂的表面积 S:

$$S = \frac{V_m}{V_0} N_A A_m, \tag{6.8}$$

式中,V_0 为气体的摩尔体积;N_A 为阿伏伽德罗常量.

固体比表面积测定时常用的吸附质为 N_2 气. 一个 N_2 分子的截面积一般为 $0.158nm^2$. 为了便于计算,可把以上 3 个常数合并之,令 $Z = N_A A_m / V_0$. 于是表面积计算式便简化为

$$S = ZV_m. \tag{6.9}$$

若采用 N_2 气并换成标准状态下每摩尔体积则 $Z = 4.250$,即

$$S = 4.25V_m. \tag{6.10}$$

因此,只要求得 V_m,代入上式即可求出被测固体的表面积. 一些常用气体分子的截面积及有关数据列于表 6.1.

表 6.1　一些气体分子截面积和有关数据

气体	温度/℃	$A_m/10^{-2}nm^2$	$p_0/10^2 Pa$	Z
N_2	−195	15.8	1013.2	4.25
Ar	−183	14.4	333.3	3.88
Kr	−195	18.5	4.0	4.98
CO	−183	16.8	2533.1	4.52
CO_2	−78	19.5	1466.5	5.25
CH_4	−183	16.0	109.3	4.31
$n\text{-}C_4H_{10}$	0	32.1	1079.9	8.64
NH_3	−36	12.9	879.9	3.48
C_6H_6	25	32.3	126.7	8.70
H_2O	25	10.8	32.0	2.91

例题　273K 时丁烷蒸气在分解甲酸镍镁而制得的催化剂上有如下吸附平衡数据:

$P/10^2 Pa$:75.18,119.28,163.54,208.29,234.48,249.35;V/cm^3:17.09,20.62,23.74,26.09,27.77,28.30.

已知:273K 时丁烷的饱和蒸气压 $p_0 = 103 \cdot 10^3 Pa$、催化剂重量 1.876g,丁烷分子截面积 $A_m = 44.6 \cdot 10^{-2}nm^2$,试用 BET 方程求该催化剂的比表面积.

解:将已知数据作如下处理:

$(p/p_0) \cdot 10^2$:7.283,11.55,16.17,20.00,22.77,24.21;

$[(p/V(p_0-p)] \cdot 10^3$:4.597,6.333,8.128,9.714,10.61,11.29.

以 $P/V(p_0-p)$ 对 p/p_0 作图得一直线,求得斜率 $3.931 \cdot 10^{-2}cm^{-3}$,截距为 $1.65 \cdot 10^{-3}cm^{-3}$.

单层饱和吸附体积为

$$V_m = \frac{1}{(1.65 + 39.31) \cdot 10^{-3}} = 24.42(cm^3).$$

此催化剂的总面积为

$$S = \frac{24.42}{22400} \cdot 6.023 \cdot 10^{23} \cdot 44.6 \cdot 10^{-20} = 293.3(\text{m}^2).$$

该催化剂比表面积为

$$S_\omega = 293.3/1.876 = 156.3(\text{m}^2 \cdot \text{g}^{-1}).$$

BET 法测定比表面积的关键在天确定气体的吸附量 V_m，具体测定方法有以下两种：

（1）容量法

此法是测定已知量的气体在吸附前后的体积差. 进而得到气体的吸附量，实验装置如图 6.2 所示.

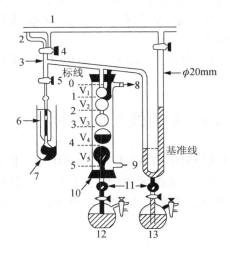

图 6.2　标准的 BET 吸附装置

1. 高真空管线；2. 排气口；3. 内径 Φ2mm 的厚壁管；4,5. 旋塞；6. 冷阱；
7. 试样；8. 出水口；9. 入水口；10. 胶塞；11. 缓冲节；12. 气体量管；13. U 型压差计

测定需先将样品在 473~673K 及在真空度小于 10^{-1}Pa 的条件下进行脱气处理，以清除固体表面上原有的吸附物.

脱气后，将样品管 7 放入冷阱 6（吸附一般在吸附质沸点以下进行. 如用 N_2 气则冷阱温度需保持在 78K，即液氮的沸点），并给定一个 p/p_0 值，达到吸附平衡后便可通过恒温的量气管 12 测出吸附体积 V. 这样通过一系列 p/p_0 及 V 的测定值，根据 BET 公式作图即可求 V_m.

具体操作又分为保持气体体积不变测定吸附前后压力变化的定容法和保持系统压力不变而测定吸附平衡前后气体体积变化的定压法.

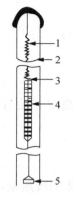

图 6.3　弹簧秤

1. 弹簧；2. 套管；3. 基线；
4. 刻度；5. 样品盘

（2）重量法

该法是直接测定固体吸附前后的重量差,计算吸附气体的量.关键装置是高灵敏度的石英弹簧秤,如图 6.3 所示.通过已知的预先校正过的弹簧伸长与重量的关系,然后实验测定吸附前后重量.此法较容量法准确,且可同时测定几个样品.起初此法多用于大比表面积(大于 $50m^2 \cdot g^{-1}$)的测定.近年来对于小比表面积(小于 $10m^2 \cdot g^{-1}$)也能进行测量.

重量法的操作除了吸附量为测定重量外,其他与容量法相同,两种方法都需要高真空和预先严格脱气处理.用 BET 法来测定比表面积时,控制测定精度的因素主要为颗粒的形状及缺陷,如气孔、裂缝等,这些因素造成测量结果的负偏差.

比表面积的测定范围约为 $0.1 \sim 1000m^2/g$,以 ZrO_2 粉料为例,颗粒尺寸测定范围为 $1nm \sim 10nm$.

6.4　X 射线小角散射法[5,6]

小角散射是指 X 射线衍射中倒易点阵原点(000)结点附近的相干散射现象.散射角大约为 $10^{-2} \sim 10^{-1} rad$ 数量级.衍射光的强度,在入射光方向最大,随衍射角增大而减少,在角度 ε_0 处则变为 0,ε_0 与波长 λ 和粒子的平均直径 d 之间近似满足下列关系式:

$$\varepsilon_0 = \lambda/d. \tag{6.11}$$

在实际测量中,假定粉体粒子为均匀大小的,则散射强度 I 与颗粒的重心转动惯量的回转半径 R 的关系为

$$\ln I = \alpha - \frac{4}{3}\frac{\pi^3}{\lambda^2}R^2\varepsilon^2, \tag{6.12}$$

式中 α 为常数,R 与粒子的质量及它相对于重心的转动惯量 I_0 的关系满足下式:

$$I_0 = MR^2 \tag{6.13}$$

如果得到 $\ln I$-ε^2 直线,由直线斜率 σ 得到 R

$$R = \sqrt{0.75\lambda^2/\pi^2} \cdot \sqrt{-\sigma} = 0.49\sqrt{-\sigma}. \tag{6.14}$$

如果颗粒为球形,则

$$R = \sqrt{3/5}\,r$$
$$= 0.77r, \tag{6.15}$$

式中 γ 为球半径,由式(6.14)和式(6.15)可求得颗粒的半径.

用 $\ln I$-ε^2 直线进行颗粒度测量时,试样的粒子必须相互之间有一定距离,并且粒子必须具有相同的形状、大小. 否则,$\ln I$-ε^2 关系呈一上凹曲线. 根据这一曲线可求出样品中粒度分布和平均尺寸,但计算较为繁复. 这不能依靠分析曲线直接定出粒径分布来. 先假设一种含有任意的参数的分布规律,从理论上算出和它相对应的散射曲线,而后修改那些参数,使它和实验符合得最好. 当然这样的结果会有大的误差.

X 射线波长一般在 0.1mm 左右,而可测量的 ε 在 $10^{-2}\sim 10^{-1}$ rad,所以要获得小角散射,并有适当的测量强度,d 应在几纳米至几十纳米之间,如仪器条件好,上限可提高至 100nm,例如有人用此法测得的 d 值达 150nm.

这种方法用于纳米粉料的颗粒度测定尚不多见.

6.5　拉曼散射法

拉曼(Raman)散射法可测量纳米晶晶粒的平均粒径,粒径由下式计算:

$$d = 2\pi\left(\frac{B}{\Delta\omega}\right)^{1/2}, \tag{6.16}$$

式中 B 为一常数,$\Delta\omega$ 为纳米晶拉曼谱中某一晶峰的峰位相对于同样材料的常规晶粒的对应晶峰峰位的偏移量. 有人曾用此方法来计算 nc-Si:H 膜中纳米晶的粒径[7]. 他们在 nc-Si:H 膜的拉曼散射谱的谱线中选取了一条晶峰,其峰位为 515cm^{-1},在 c-Si 膜(常规材料)的相对应的晶峰峰位为 521.5cm^{-1},取 $B = 2.0$cm^{-1}·nm^2,由上式计算出 nc-Si:H 膜中纳米晶的平均粒径为 3.5nm.

除以上介绍的粒径测量方法外,还有一些测量方法,例如,用穆斯堡尔谱和扫描隧道电子显微镜等均能测得粒径. 目前最广泛采用的粒径测量方法为 6.1 和 6.2 介绍的两种方法.

6.6　光子相关谱法[8]

6.6.1　基本原理

该法是通过测量微粒在液体中的扩散系数来测定颗粒度. 在第三章中曾给出了微粒在溶剂中形成分散系时,由于微粒作布朗运动导致粒子在溶剂中扩散,扩散系数与粒径满足爱因斯坦关系

$$D = \frac{RT}{N_0} \cdot \frac{1}{3\pi\eta d} = \frac{k_B T}{3\pi\eta d}. \tag{6.17}$$

由此方程可知,只要知道溶剂(分散介质)的黏度 η,分散系的温度 T,测出微粒在分散系中的扩散系数 D 就可求出颗粒粒径 d.

为了测定 D,首先介绍光子相关谱. 当激光照射到作布朗运动的粒子上时,用光电倍增管测量它们的散射光,在任何给定的瞬间这些颗粒的散射光会叠加形成干涉图形,光电倍增管探测到的光强度取决于这些干涉图形. 当粒子在溶剂中作混乱运动时,它们的相对位置发生变化,这就引起一个恒定变化的干涉图形和散射强度.

布朗运动引起的这种强度变化出现在微秒至毫秒级的时间间隔中,粒子越大粒子位置变化越慢,强度变化(涨落)也越慢. 光子相关谱的基础就是测量这些散射光涨落,根据在一定时间间隔中这种涨落可以测定粒子尺寸.

为了根据光强度的变化来计算扩散系数从而获得粒径尺寸,这些信号必须转换成数学表达式,这种转换得到的结果称为自相关函数〔the autocorrelation funcfion(ACF)〕,它由光子相关谱仪的相关器自动完成.

通过计算散射光强度的自相关函数可以得到由扩散的布朗粒子散射光强度涨落的时间间隔. 自相关函数可定义为

$$G(\tau) = \langle I(t) \cdot I(t+\tau) \rangle, \tag{6.18}$$

这里 $G(\tau)$ 为自相关函数,$I(t)$ 为在时间为 t 时探测到的散射光强度,$I(t+\tau)$ 为在时间为 $t+\tau$ 时探测到的散射光强度,τ 为延迟时间,$\langle\rangle$ 表示括号内的量对时间平均.

计算自相关函数的一个简单方法是将在一个给定时间 t 的光强度与延迟时间 τ 后的光强度进行比较,如果在延迟 τ 时刻的自相关函数的值是高的,那么在任意时刻的光强度与延迟 τ 时间后的强度之间是有强关联性,这就意味着两次测量的间隔内粒子扩散得不是很远,因此在长的时间间隔 τ 内自相关函数保持高数值就表明探测到的粒子是运动较慢的大粒子. 通过对大范围 τ 内自相关函数的计算,就能建立测定粒子尺寸的快速定量方法.

用来测量粒子尺寸的光子相关谱仪如图 6.4 所示. 该仪器含有专用的数字自动相关器和微机,可同时计算 80 个 τ 值. 在测量时,自动相关函数会实时显示在计算机窗口上. 如果在溶液中的粒子尺寸和形状相同(单粒度),则散射光强度的自动相关函数变成了一个简单的指数衰减函数

$$G(\tau) \propto \exp^{-2\Gamma\tau}, \tag{6.19}$$

Γ 为衰减常数,它与粒径成反比关系. $\Gamma = DK^2$,D 为扩散系数,K 可表示为

$$K = \frac{4\pi n}{\lambda}\sin\left(\frac{\alpha}{2}\right), \tag{6.20}$$

n 为溶剂折射率,λ 为真空中激光波长,α 为测量散射强度的角度.

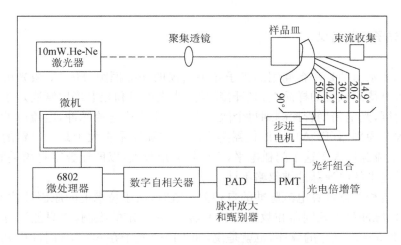

图 6.4　光子相关谱仪各功能部件框图

对于多种粒径的粒子的混合液,自相关函数为对应各个尺寸粒子的自相关函数的和.

图 6.5 所示的是自相关函数 $G(\tau)$ 随 τ 值的变化曲线. 图 6.5(a)中,τ 值被线性分成等间隔. 图 6.5(b)为 τ 值的对数($\log\tau$)取等间隔时测得的 $G(\tau)$.

(a)

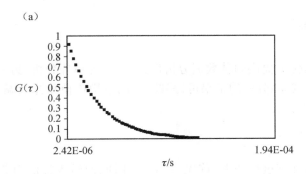

(b)

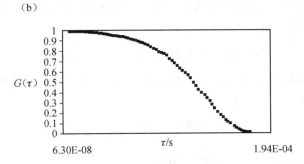

图 6.5　自相关函数

6.6.2　光子相关谱仪

图 6.4 示出的是一台商用的光子相关谱仪的功能框图. He-Ne 激光由聚焦镜聚焦于含有待测颗粒的样品上,光纤接收器、步进电机和光电倍增管决定了散射光探测的角度,光电倍增管探测到每个散射光光子上产生电流脉冲,电流脉冲被送往脉冲放大和甄别器(PDA),由该仪器鉴别送入的脉冲是否大于某一设定的门槛电平,如果电流脉冲大于这个门槛电平,它就被整形放大,以便让数字自相关器探测,小于门槛电平的电流脉冲被忽略不计.

数字自相关器计算电流脉冲的自相关函数时,由于技术上的原因计数电路(光电倍增管、脉冲放大甄别器和数字自相关器)存在一定的限制,它只能计算分辨时间大于 62.5ns 的独立的脉冲,也就是说,如果两个光子在 62.5ns 时间内到达光电倍增管,则第二个脉冲就不被探测.为了避免损失有意义的脉冲数,每秒钟由样品上探测到的平均记数率应小于 1.5×10^6 个/min.

数字自相关器是在 6802 微处理器的控制下工作的,在其只读存贮器中含有控制程序. 6802 微处理器通过软件处理命令,把它们转换成适当的形式去驱动数字自相关器,设定温度,或选择测量角度.

6.6.3　数据分析

光子相关谱仪可提供两种数据分析形式,一种为单峰分析,另一种为尺寸分布处理(SDP)分析. 单峰分析的结果可得到粒子的平均粒径和标准偏差,SDP 分析可得到粒子尺寸的分布.

(1) 单峰分析

单峰分析的详细过程如下:首先,将 80 个时间通道收集的自相关函数的基线分别从各个通道的自相关函数上扣除,然后,将扣除基线后的自相关函数的对数展开为时间 τ 的二次方项

$$\ln[G(\tau_i) - 基线] = a + b\tau_i + \frac{1}{2}\tau_i^2, \tag{6.21}$$

τ_i 值是延迟时间,$i=1,2,3,\cdots,80$,系数 b 和 c 是自相关函数的第一和第二累积项,$b=2\Gamma$,而 $\Gamma=DK^2$,即

$$b = 2DK^2 = 2K^2 \frac{k_B T}{3\pi\eta \cdot d}. \tag{6.22}$$

另外,$\dfrac{1}{b} \approx 常数 \cdot \dfrac{1}{\frac{1}{d}} = 常数 \cdot \langle d \rangle$, $\tag{6.23}$

其中$\langle d \rangle$表示 d 值的平均值.

将式(6.22)代入式(6.23),得到

$$常数 = \frac{1}{2K^2} \cdot \frac{3\pi\eta}{k_B T}. \tag{6.24}$$

由式(6.23)和式(6.24)可得到

$$\langle d \rangle = \frac{1}{常数 \cdot b} = \frac{2K^2}{b} \cdot \frac{K_B T}{3\pi\eta} = \frac{2}{b} \cdot \left(\frac{4\pi n}{\lambda} \sin \frac{a}{2} \right)^2 \cdot \frac{k_B T}{2\pi\eta}, \tag{6.25}$$

式中 $n, \lambda, a, k_B, T, \eta$ 为已知量,求出 $b, \langle d \rangle$ 即可求得.

这种分析方式适合于粒径分布不太宽的情况.

(2) 尺寸分布处理程序分析(SDP)

单峰分析的缺点是对于粒径有复杂分布的情况得出的结果精度低,而 SDP 分析可给出粒子尺寸分布的直方图和相应的数据表,因此,对于具有复杂尺寸分布的样品,用这种分析方法能得到较精确的结果.

对于粒径复合分布系统,粒径为 d_i 的自相关函数可表示为

$$G(\tau) \propto e^{-2\Gamma_i(d_i)\tau}, \tag{6.26}$$

$\Gamma_i(d_i)$ 为粒径为 d_i 的衰减常数.

对于多种尺寸粒子系统,总的自相关函数为各种尺寸粒子的自相关函数之和

$$G(\tau) \propto \sum a_i \exp[-2\Gamma_i(d_i)\tau], \tag{6.27}$$

a_i 为直径等于 d_i 的粒子对总散射光强度的贡献.它是粒子尺寸分布直方图上直径为 d_i 的条幅的幅度.

为了得到 a_i,必须对测得的自相关函数进行曲线拟合或数值分析,即系统地变化 a_i,直到自相关函数与拟合曲线的差值的平方和达到最小值,即

$$最小值 = \sum_j \left[G(\tau_j) - A \sum a_i \exp(-2\Gamma_i(d_i)\tau_j) \right]^2, \tag{6.28}$$

这个过程称之为最小二乘法. 由此获得了 a_i 值,也就得到了粒径分布直方图或分布函数. 上述拟合过程是由计算机依据已成熟的计算程序来完成.

光子相关谱法的优点是可获得精确的粒径分布. 这种方法特别适用在工业化生产产品粒径的检测上. 但必须注意的是,在一般实验室使用此法时,由于粉体的品种经常改变,如果不能将新制备的粉体制成分散度十分好的悬浮液,粒径测量的结果不是单个粒子尺寸的分布图,而是团聚体尺寸的分布图,换句话说,采用该法测量粒径时,前提条件是首先要获得分散度好的悬浮液,否则,给出错误的结果.

参 考 文 献

[1] Mendelson M I, *J. Am. Ceram. Soc.* 52(8), 443(1969).

[2] 牟季美、张立德、赵铁男等, 物理学报, 43(6), 1000(1994).

[3] Allen T, Particle Size Measurement, 3rd Edition. London and New York, Chapman and Hall(1981).

[4] 段世铎、谭逸玲, 界面化学, 高等教育出版社(1990).

[5] 许顺生, 金属 X 射线学, 上海科学技术出版社(1962).

[6] 纪尼叶 A, 施士元译, X 射线晶体学, 科学出版社(1959).

[7] 何宇亮、刘湘娜、王志超, 中国科学 A, 9, 995(1992).

[8] 美国 COULTER 公司, N_4Plus 粒子尺寸分析仪, Miami, FL33198-2600 USA (1995).

第7章 纳米固体及其制备

纳米固体是指由纳米微粒构成的体相材料,包括块体和膜.本章系统地介绍纳米固体的分类和构成、纳米金属、纳米陶瓷、纳米薄膜及颗粒膜的制备方法以及纳米薄膜的特性.

7.1 纳米固体的分类及其基本构成

根据原子排列的对称性和有序程度,可把固态物质分为三类.即长程有序(具有平移周期)的晶态,仅有短程有序的非晶态及只有取向对称性的准晶态.晶态和非晶态是物质最主要的两类结构形式.

纳米结构块体、薄膜材料(nanostructured bulk and film)(又称纳米固体)是由颗粒尺寸为 1～100nm 的粒子为主体形成的块体和薄膜(颗粒膜、膜厚为纳米级的多层膜和纳米晶和纳米非晶薄膜).小颗粒(纳米微粒)的结构同样具有三种形式:晶态、非晶态和准晶态.以纳米颗粒为单元沿着一维方向排列形成纳米丝,在二维空间排列形成纳米薄膜,在三维空间可以堆积成纳米块体,经人工的控制和加工,纳米微粒在一维、二维和三维空间有序排列,可以形成不同维数的阵列体系.按照小颗粒结构状态,纳米固体可分为纳米晶体材料(nanocrystalline, nanometer-sized crystalline)又称纳米微晶材料、纳米非晶材料(nano amorphous materials)和纳米准晶材料.按照小颗粒键的形式又可以把纳米材料划分为纳米金属材料、纳米离子晶体材料(如 CaF_2 等)、纳米半导体材料(nano semiconductors)以及纳米陶瓷材料 nano ceramic materials).纳米材料是由单相微粒构成的固体称为纳米相材料(nanophase materials).每个纳米微粒本身由两相构成(一种相弥散于另一种相中)则相应的纳米材料称为纳米复相材料(nanomultiphase materials).纳米复合材料(nano composite materials)涉及面较宽,包括的范围较广,大致包括三种类型.一种是 0-0 复合,即不同成分,不同相或者不同种类的纳米粒子复合而成的纳米固体,这种复合体的纳米粒子可以是金属与金属,金属与陶瓷,金属与高分子,陶瓷与陶瓷,陶瓷和高分子等构成纳米复合体;第二种是 0-3 复合,即把纳米粒子分散到常规的三维固体中,例如,把金属纳米粒子弥散到另一种金属或合金中,或者放入常规的陶瓷材料或高分子中,纳米陶瓷粒子(氧化物,氮化物)放入常规的金属,高分子及陶瓷中.用这种方法获得的纳米复合材料由于它的优越性能和广泛的应用前景,成为当今纳米材料科学研究的热点之一.第三种是 0-2 复合,即把纳米粒子分散到二维的薄膜材料中,这种 0-2 复合材料又可分为均匀弥散和非均匀弥散两大类.均匀弥散是指纳米粒子在薄膜中均匀分布,人们可根据需要控制纳米粒子的粒径及粒间距.非均匀分布是指纳米粒子随机地混乱地分散在薄膜基体中.在制备 0-2 复合材料中的最重要的几个参数是纳米粒子的粒径大小、掺入的粒子的体积百分数和纳米微粒在基体膜中的分布.

　　纳米固体材料的基本构成是纳米微粒以及它们之间的分界面(界面).由于纳米粒子尺寸小,界面所占的体积百分数几乎可与纳米微粒所占的体积百分数相比拟.例如,界面体积分数由 $3\delta/(d+\delta)$ 来计算,δ 为界面厚度(约 1nm).当粒径 $d=$ 5nm 时,界面体积为 50%,因此纳米材料的界面不能简单地看成是一种缺陷,它已成为纳米结构材料基本构成之一,对其性能的影响起着举足轻重的作用.从这个意义上来说,对纳米结构材料的界面结构和缺陷以及界面性质的研究十分重要.在这方面的研究已取得了一些结果,但看法不一,尚未形成统一的、系统的理论,仅仅停留在唯象的描述上,概括起来有下列几种看法:(ⅰ)类气态模型,即纳米结构材料的界面的原子排列既无长程序,又无短程序,而像气态一样呈无序地分布;(ⅱ)界面原子排列呈短程有序,其性质是局域化的;(ⅲ)界面缺陷态模型.这个模型的中心思想是界面中包含大量缺陷,其中三叉晶界对界面性质的影响起关键性的作用.随着纳米粒子尺寸减小,界面组分增大,界面中的三叉晶界的数量也随之增大,而且三叉晶界体积百分数随粒径减小而增长的速率大大高于界面体积分数的增长;(ⅳ)界面可变结构模型:这种观点主要强调纳米结构材料中的界面结构是多种多样的.由于界面原子排列、缺陷、配位数和原子间距的不同,使其界面在能量上有很大差别,最后导致界面的结构上是有差别的.总的来说,大量的界面结构都处于无序与有序之间的中间过度状态,有些界面处于混乱状态,有些界面呈很差的有序,有些为有序状态.统计平均的结果对某一种纳米结构材料其界面结构在一定条件下呈现某种结构状态,它或者是短程序,或者是差的有序,甚至是接近有序.外部条件对纳米结构材料界面结构影响是显著的,例如,压力、热处理和烧结温度等.外界条件改变后,纳米结构材料的界面结构也会发生很大的变化.关于纳米结构材料的界面结构,我们将在 8.2 中进行详细讨论.

　　人们关于构成纳米结构材料颗粒组元尺寸范围定义的说法不一,有的把纳米微粒的尺寸定为 1~10nm,有的定为 1~50nm,还有人把它定义为 1~100nm.实际上,纳米结构材料颗粒组元平均粒径的范围的划分并不是很严格的,但有两点必须考虑,一是临界尺寸,这就是当颗粒尺寸减小达到纳米级某一尺寸时,材料的性能发生突变,甚至与同样组分构成的常规材料的性能完全不同,这个尺寸定义为临界尺寸.同一种纳米材料不同的性能发生突变的临界尺寸是不同的,同一种性能的不同纳米结构材料其临界尺寸也有很大范围,这就是说,纳米材料的各种性能依纳米颗粒尺寸不同而变化,这种强烈的尺寸效应是常规材料中很少见的,这正是纳米结构材料的特点,因此,纳米结构材料的尺寸范围不能用一固定的尺度来定义,而是较宽的. 二是纳米结构材料是以尺寸定义的材料,它涉及的材料种类很广,常规的各种材料,都有相应的纳米结构材料,由于各种材料的晶胞大小差别很大,例如,铁电体的晶胞尺寸比纯金属的大得多,而各种材料的纳米微粒一般包括 $10^4 \sim 10^5$ 个原子,由于量子尺寸效应,这样的原子集团能级发生分裂引起了很多性质的变化. 对金属来说,含有这么多原子的纳米微粒尺寸可以很小,但是对晶胞很大的物质,包含这样原子数的微粒尺寸可能变得很大. 一般来说,对各种物质其尺寸减小到 $1 \sim 100nm$ 之间都具有与常规材料不同的性质,因此,对纳米结构材料的微粒尺寸划为 $1 \sim 100nm$ 是合适的. 近年来文献上关于纳米材料的报道大多也采用了这个范围.

7.2 纳米固体的制备

纳米固体的制备方法是近几年才逐渐发展起来的,至今已有的一些制备方法并不是十分理想,特别是块体试样的制备工艺还有待进一步改进. 例如,如何获得高致密度的纳米陶瓷工艺仍处于摸索阶段,如何获得高致密度大块金属与合金仍需进行探索,这是当前材料工作者所关心的重要课题的一部分. 关于如何由纳米粉体制备具有极低密度、高强度的催化剂、金属催化剂载体及过滤器等工艺探索工作也刚刚起步. 因此,本章仅就当前采用的几种制备纳米固体的方法进行简单地介绍.

7.2.1 纳米金属与合金材料的制备

(1) 惰性气体蒸发、原位加压制备法

纳米结构材料中的纳米金属与合金材料是一种二次凝聚晶体或非晶体,第一次凝聚是由金属原子形成纳米颗粒,在保持新鲜表面的条件下,将纳米颗粒压在一起形成块状凝聚固体. 从纳米金属材料形成过程,可以总结出用"一步法"制备纳米金属固体的步骤是:(ⅰ)制备纳米颗粒;(ⅱ)颗粒收集;(ⅲ)压制成块体. 为了防止氧化,上述步骤一般都是在真空(小于 $10^{-6}Pa$)中进行,这就给制备纳米金属和合金固体带来很大困难. 从理论上来说,制备纳米金属和合金的方法很多,但真正获得具有清洁界面的金属和合金纳米块体材料的方法并不多,目前比较成功的方法就是惰性气体蒸发、原位加压法. 此法首先由 Gleiter 等人[1]提出. 他们用此法成功地制备了 Fe,Cu,Au,Pd 等纳米晶金属块体和 Si_{25}-Pd_{75},$Pd_{70}Fe_5S_{25}$,$Si_{75}Al_{25}$ 等纳米金属玻璃. 下面简单介绍一下此法的装置和制备过程.

　　图 7.1 示出了用惰性气体蒸发（凝聚）、原位加压法制备纳米金属和合金装置的示意图. 这个装置主要由 3 个部分组成：第一部分为纳米粉体获得；第二部分为纳米粉体的收集；第三部分为粉体的压制成型. 其中第一和第二部分与用惰性气体蒸发法制备纳米金属粒子的方法基本一样，我们已在 5.1 中进行了详细地描述，这里着重介绍一下原位加压制备纳米结构块体的部分. 由惰性气体蒸发制备的纳米金属或合金微粒在真空中由聚四氟乙烯刮刀从冷阱上刮下经漏斗直接落入低压压实装置，粉体在此装置中经轻度压实后由机械手将它们送至高压原位加压装置压制成块状试样，压力为 1～5GPa，温度为 300K 至 800K. 由于惰性气体蒸发冷凝形成的金属和合金纳米微粒几乎无硬团聚体存在，因此，即使在室温下压制也能获得相对密度高于 90％ 的块体，最高密度可达 97％. 因此，此种制备方法的优点是纳米微粒具有清洁的表面，很少团聚成粗团聚体，因此块体纯度高，相对密度也较高.

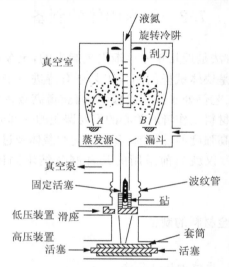

图 7.1　惰性气体凝聚、原位加压装置示意图

（2）高能球磨法

　　1988 年，日本京都大学 Shingu 等人[2]首先报道了高能球磨法制备 Al-Fe 纳米晶材料，为纳米材料的制备找出一条实用化的途径. 近年来高能球磨法已成为制备纳米材料的一种重要方法.

　　高能球磨法是利用球磨机的转动或振动使硬球对原料进行强烈的撞击，研磨和搅拌，把金属或合金粉末粉碎为纳米级微粒的方法. 如果将两种或两种以上金属粉末同时放人球磨机的球磨罐中进行高能球磨，粉末颗粒经压延，压合，又碾碎，再压合的反复过程（冷焊—粉碎—冷焊的反复进行），最后获得组织和成分分布均匀的合金粉末. 由于这种方法是利用机械能达到合金化而不是用热能或电能，所以把高能球磨制备合金粉末的方法称做为机械合金化(mechanical alloying,简写成 MA).

高能球磨制备纳米晶需要控制以下几个参数和条件,即正确选用硬球的材质(不锈钢球、玛瑙球、硬质合金球等),控制球磨温度与时间,原料一般选用微米级的粉体或小尺寸条带碎片.球磨过程中颗粒尺寸、成分和结构变化通过不同时间球磨的粉体的 X 光,衍射,电镜观察等方法来进行监视.

（ⅰ）利用高能球磨法制备纳米结构材料.高能球磨法已成功地制备出以下几类纳米晶材料:纳米晶纯金属,互不相溶体系的固溶体,纳米金属间化合物及纳米金属-陶瓷粉复合材料.

（a）纳米晶纯金属制备:高能球磨过程中纯金属纳米晶的形成是纯机械驱动下的结构演变.实验结果表明,高能球磨可以容易地使具有 bcc 结构(如 Cr,No,W,Fe 等)和 hcp 结构(如 Zr,Hf,Ru)的金属形成纳米晶结构,而对于具有 fcc 结构的金属(如 Cu)则不易形成纳米晶.表 7.1 列出了一些 bcc 和 hcp 结构的金属球磨形成纳米晶的晶粒尺寸、晶界贮能及比热变化.由表中可看出,球磨后所得到的纳米晶粒径小,晶界能高.纯金属粉末在球磨过程中,晶粒的细化是由于粉末的反复形变,局域应变的增加引起了缺陷密度的增加,当局域切变带中缺陷密度达到某临界值时,粗晶内部破碎,这个过程不断重复,在粗晶中形成了纳米颗粒或粗晶破碎形成单个的纳米粒子,其中大部分是以前者状态存在.

表 7.1　几种纯金属元素高能球磨后晶粒尺寸、热焓、热容的变化

元素	结构	平均晶粒(d)/nm	$\Delta H/kJ \cdot mol^{-1}$	$\Delta cp(\%)$
Fe	bcc	8	2.0	5
Nb	bcc	9	2.0	5
W	bcc	9	4.7	6
Hf	hcp	13	2.2	3
Zr	hcp	13	3.5	6
Co	hcp	14	1.0	3
Ru	hcp	13	7.4	15
Cr	bcc	9	4.2	10

（b）不互溶体系纳米结构的形成.用机械合金化方法可将相图上几乎不互溶的几种元素制成固溶体,这是用常规熔炼方法根本无法实现的.从这个意义上来说,机械合金化方法制成的新型纳米合金为发展新材料开辟了新的途径.近 10 年来用此法已成功地制备多种纳米固溶体.例如,Fe-Cu 合金粉是将粒径小于或等于 $100\mu m$ 的 Fe,Cu 粉体放人球磨机中,在氩气保护下,球与粉重量比为 4∶1,经 8h 或更长时间球磨,晶粒度减小至 10 几 nm(见图 7.2)[3,4].二元体系 Ag-Cu,在室温下几乎不互溶,但将 Ag,Cu 混合粉经 25h 的高能球磨,开始出现具有 bcc 结构的

固溶体,球磨400h后,固溶体的晶粒度减小到10nm.对于Al-Fe,Cu-Ta,Cu-W等用高能球磨也能获得具有纳米结构的亚稳相粉末.Cu-w体系几乎在整个成分范围内都能得到平均粒径为20nm的固溶体.Cu-Ta系球磨30h形成粒径为20nm左右的固溶体.

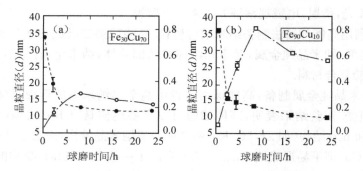

图7.2　平均晶粒粒径和原子尺度应变与球磨时间关系

(a)$Fe_{30}Cu_{70}$;(b)$Fe_{90}Cu_{10}$

●——晶粒尺寸;□——晶粒尺寸;○——应变;□——应变

(c)纳米金属间化合物[4~6].金属间化合物是一类用途广泛的合金材料,纳米金属间化合物,特别是一些高熔点的金属间化合物在制备上比较困难.目前已在Fe-B,Ti-Si,Ti-B,Ti-Al(-B),Ni-Si,V-C,W-C,Si-C,Pd-Si,Ni-Mo,Nb-Al,Ni-Zr等10多个合金系中用高能球磨的方法制备了不同晶粒尺寸的纳米金属间化合物.研究结果表明,在一些合金系中或一些成分范围内,纳米金属间化合物往往作为球磨过程的中间相出现.如在球磨Nb-25%Al时发现,球磨初期首先形成35nm左右的Nb_3Al和少量的Nb_2Al,球磨2.5h后,金属间化合物Nb_3Al和Nb_2Al迅速转变成具有纳米结构(10nm)的bcc固溶体.在Pd-Si系统中,球磨首先形成纳米级金属间化合物Pd_3Si,然后再形成非晶相.对于具有负混合热的二元或二元以上的体系,球磨过程中亚稳相的转变取决于球磨的体系以及合金的成分.如Ti-Si合金系中,在Si含量为25at%～60at%的成分范围内,金属间化合物的自由能大大低于非晶以及bcc和hcp固溶体的自由能.在这个成分范围内球磨容易形成纳米结构的金属间化合物,而在上述成分范围之外,由于非晶的自由能较低,球磨易形成非晶相.

(d)纳米尺度的金属-陶瓷粉复合材料.高能球磨法也是制备纳米复合材料的行之有效的方法.它可以把金属与陶瓷粉(纳米氧化物,碳化物等)复合在一起,获得具有特殊性质的新型纳米复合材料.如日本国防学院最近把几十纳米的Y_2O_3粉体复合到Co-Ni-Zr合金中,Y_2O_3仅占1%～5%,它们在合金中呈弥散分布状态,使得CO-Ni-Zr合金的矫顽力提高约两个数量级.用高能球磨方法得到的Cu-纳米MgO或Cu-纳米CaO复合材料,这些氧化物纳米微粒均匀分散在Cu基体中.这种新型复合材料电导率与Cu基本一样,但强度大大提高.

这里应当指出,除了上述几种纳米粉体能通过高能球磨法制取外,相图上可互溶的几种元素也可以用高能球磨制备纳米晶固溶体. 还应当说明一点的是高能球磨法制成的粉体有两种,一种是由单个纳米粒子组成的粉体,另一种是两种类型粒子的混合体,即一部分是单个纳米粒子,一部分是微米或亚微米级的大颗粒,这些大颗粒是由纳米晶构成. 有时候混合粉中以前一部分粒子为主,有时以后一部分大颗粒为主. 这种粉体经压制(冷压和热压)就可获得块体试样,再经适当热处理来得到所需的性能. 例如 Morris 等[7] 将粗的 Cu-5at%Zn 合金粉体与一定量的添加剂一起进行球磨,由此得到的纳米 Cu 粉中有～10.8vol% 的 Cu 粒子内部弥散分布着纳米氧化锆和碳化锆. 将所有粉体在室温下冷压成条状,然后在 700℃ 或 800℃ 热挤压成棒材. 这时弥散相粒径为 4～7nm,Cu 晶粒为 38～60nm. 经过热处理后获得所需的纳米结构材料,这时弥散相长至 23nm,Cu 晶粒为 135nm. Schulz 等[6] 用机械合金化方法制备出 $Ni_{1-x}Mo_x$ 合金的纳米晶粉体. 球磨时间为 40h 时,粉体中的每个颗粒由粒径 4～5nm 的晶粒构成. 他们将这种粉体冷压制成条状形,它可用作电化学电池的阴极. 还有一种制备块体的方法是将球磨制成的纳米晶粉体放入高聚物中制成优良性能的复合材料. 例如,Eckert 等[4] 将微米级(≤100μm)Fe 和 Cu 粉按一定比例混合后经高能球磨制备纳米晶 Fe_xCu_{100-x} 合金粉体,电镜观察表明,粉体中的颗粒是由极小的纳米晶体构成,晶粒间为高角晶界. 他们将这种粉体与环氧树脂混合制成类金刚石刀片(diamondknife microtomy).

高能球磨制备的纳米粉体的主要缺点是晶粒尺寸不均匀,易引入某些杂质[4,6],但是高能球磨法制备的纳米金属与合金结构材料产量高,工艺简单,并能制备出用常规方法难以获得的高熔点的金属或合金纳米材料. 近年来已越来越受到材料科学工作者的重视.

(ⅱ)高能球磨法制备的纳米结构材料的界面结构特点. 用高能球磨法制备的纳米结构材料与用其他方法(气相沉积和化学等方法)获得的纳米结构材料在界面结构上有什么差别,对于这个问题有如下两种不同的观点:

(a) 高能球磨法与其他方法制备的纳米材料具有相近的界面结构. 许多材料工作者认为高能球磨与气相凝聚及化学等方法制备的纳米结构材料具有相类似的结构. 他们根据以下几方面实验结果来进行分析的.

(Ⅰ)透射电镜的结果. Schultz[8,9] 对高能球磨 40h 的 NiMo 纳米晶进行高分辨电镜的观察,发现尺度为约 10nm 的晶粒间取向夹角为 20°～30°,两晶粒间存在着厚度约为 2nm 的过渡层,层内原子无规排列,呈现出典型的纳米晶结构形态. 另外,根据大量电镜实验结果得到的 NiMo 纳米晶晶粒的频率分布,分布曲线不对称,峰值偏向于小晶粒一侧,表现出对数正态分布特征,与用原子沉积法制备的纳米 Fe,纳米 TiO_2,Pd[10] 等的晶粒分布类似,因此设想由这种纳米晶粉压制成的块体的界面结构与其他方法制备的块体界面结构应相同.

（Ⅱ）穆斯堡尔谱的结果. 通过对纯 Fe 粉球磨 32h(晶粒尺寸为 6nm)前后的穆斯堡尔谱的对比,球磨后样品的谱线宽化并且不对称,谱可分解为两套磁分裂子谱,其中一个子谱可用块体 bcc Fe 的特征六线谱来描述,另一子谱则表现出与块体 bcc Fe 特征六线谱明显不同:谱线变宽,超精细场增强,有较大的同质异能位移,如图 7.3 所示. 这种变化表明第二个子谱所表征的结构具有宽的原子间距和低的电子密度,是球磨后形成的纳米晶材料中界面上 Fe 原子的贡献. 这与 Gleiter 等人[1,10]所提出的纳米材料的结构模型是相符合的.

比热测量. 比较球磨前后纯 Ru 粉末的比热可以看出,测量温度在 140～273K 范围内,球磨 32h 的纳米 Ru(13nm)的比热增加 15％～20％. 当温度不变时,比热随晶粒度的减小上升程度呈线性增加. 这个结果与其他方法制备的纳米粉的结果一致.

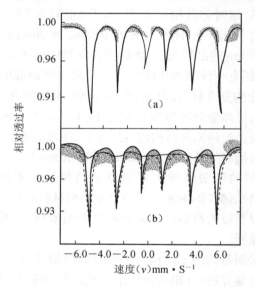

图 7.3　球磨前后 Fe 的穆斯堡尔谱[14]

(a)为原始样品(粗晶 Fe 粉);(b)为球磨 30h 后样品. 虚线为实验曲线,粗实线为
界面上 Fe 原子的谱线,细实线为 bcc 结构晶格上 Fe 原子的谱线

综上实验结果,一些科技工作者认为,高能球磨所获得的纳米粉末以及由它们制成的块体的结构主要指界面结构与通常的原子凝聚沉积技术所得到的纳米材料结构相似.

(b) 高能球磨材料的界面结构随组成粉体的类型而改变. 高能球磨的产物为单个纳米颗粒与微米、亚微米颗粒的混合粉体,后者由纳米级微粒构成. 如果球磨后的粉体主要以单个的纳米颗粒组成,经压制形成的块体中界面结构与用其他方法制备的粉压制成的块体的界面结构基本相同,这是因为在这种情况下高能球磨制备纳米块体的过程与其他方法相同,即将随机取向的单颗粒纳米微粒压制成块体. 但是, 如果高能球磨成的粉体中以上述微米、亚微米多晶颗粒为主时, 这将导致纳米块体界面结构与其他方法制备的块体界面结构的差异. 这是因为高能球磨制备的块体界面主要以大颗粒中的纳米晶粒(或颗粒)界面为主, 这种界面结构与粗晶中晶界相类似[11], 而单个纳米微粒压制成的金属与合金块体的界面结构与这种界面结构有差异. 这可以归纳成下面几个方面: 一是形成机制不同. 当高能球磨获得的纳米块体的界面大部分是由粗晶分裂而成, 而用其他方法制备的纳米块体的界面是纳米级小颗粒聚合而成的; 二是球磨法生成的微米、亚微米中的界面原子密度比其他合成法制备的纳米块体的界面原子密度高一些; 三是球磨法生成的界面原子的配位数较高, 而其他方法制备的纳米块体主要是靠颗粒表面互相作用形成的界面, 原子近邻配位数降低. 除此之外, 从惰性气体凝聚法制备的纳米金属与合金块体的相对密度(相对理论密度)来看, 一般在 90% ~ 95%, 高的达 97%, 这意味着这时块体的界面中原子间距大, 而且有可能存在一些大的空位团, 甚至微孔, 特别是占有大比例体积分数的三叉晶界中更是微孔, 缺陷, 杂质集中的区域, 这些因素都会导致与球磨法制备的纳米材料的界面有差异. 第一种观点中提到的电镜、穆斯堡尔谱、比热等实验结果只能证明高能球磨制备的块体界面中原子间距大, 不同于颗粒内部, 这是与其他方法制备的块体界面结构的相同处, 但并不能说明它们之间不存在差异.

(3) 非晶晶化法

卢柯(Lu K)等人[12]率先采用非晶晶化法成功地制备出纳米晶 Ni - P 合金条带. 具体的方法是用单辊急冷法将 $Ni_{80}P_{20}$(at%)熔体制成非晶态合金条带, 然后在不同温度下进行退火使非晶带晶化成由纳米晶构成的条带, 当退火温度小于 610K 时, 纳米晶 Ni_3P 的粒径为 7.8nm, 随温度的上升, 晶粒开始长大(见图 7.4). 用晶

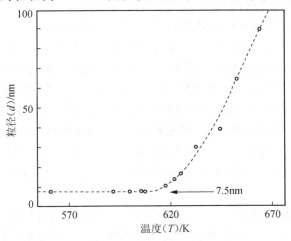

图 7.4　非晶晶化法制备的 Ni - P 纳米晶条带的晶粒尺寸随退火温度的变化

化法制备的纳米结构材料的塑性对晶粒的粒径十分敏感,只有晶粒直径很小时,塑性较好,否则材料变得很脆. 因此,对于某些成核激活能小,晶粒长大激活能大的非晶合金采用非晶晶化法才能获得塑性较好的纳米晶合金.

7.2.2　纳米相陶瓷的制备

由于纳米陶瓷呈现出许多优异的特性,因此引起人们的关注. 目前材料科学工作者正在摸索制备具有高致密度的纳米陶瓷的工艺. 纳米陶瓷的优越特性有以下几个主要方面:

（ⅰ）超塑性:例如纳米晶 TiO_2 金红石在低温下具有超塑性;

（ⅱ）在保持原来常规陶瓷的断裂韧性的同时强度大大提高;

（ⅲ）烧结温度可降低几百度,烧结速度大大提高. 例如,10nm 的陶瓷微粒比 $10\mu m$ 的烧结速度提高 12 个数量级,这是因为纳米陶瓷低温下烧结的过程主要受晶界扩散控制,这就导致烧结速度由晶粒尺寸来决定,即烧结速度正比于 $\frac{1}{d^4}$ [16].

高质量的陶瓷材料最关键的指标是材料是否高度致密,对于纳米陶瓷同样要求具有高的致密度,为了达到这一目的,主要采用下述几种工艺路线.

（1）无压力烧结（静态烧结）

该工艺过程是将无团聚的纳米粉在室温下经模压成块状试样,然后在一定的温度下焙烧使其致密化(烧结). 无压力烧结工艺简单,不需特殊的设备,因此成本低,但烧结过程中易出现晶粒快速的长大及大孔洞的形成,结果试样不能实现致密化,使得纳米陶瓷的优点丧失.

为了防止无压烧结过程中晶粒的长大,在主体粉中掺入一或多种稳定化粉体使得烧结后的试样晶粒无明显长大并能获得高的致密度. Lee 等[13] 在纳米 ZrO_2 粉中掺入 $5vol\%MgO$,通过无压力烧结法成功地制成了高密度的陶瓷,工艺过程如下:将纳米 ZrO_2+MgO 粉放入酒精中经 8~10min 超声波粉碎和混合在低温下干燥,通过 200MPa 等静压将粉末压成块体,然后进行烧结. 1523K 用 1h 烧结的试样相对密度达 95%(纳米试样密度/理论密度,如单晶的密度). 掺 MgO 的纳米 ZrO_2 晶粒长大的速率远低于未掺稳定化剂 MgO 的 ZrO_2 试样（见图 7.5）. 90vol% $Al_2O_3+10vol\% ZrO_2$ 的粉末经室温等静压后,经 1873K 1h 烧结相对密度可达 98%.

曾燮榕等将成分为 $ZrO_2+5mol\% Y_2O_3+4mol\% Yb_2O_3$ 粒径为 6.3nm 的三元系 ZrO_2 纳米粉经 400MPa 单向压力压制成块体,在 1673K 下烧结 1h,相对密度可超过 98%. 粒径仍保持纳米级（~35nm）,而对相同成分的一般粉料需要在

1973K 以上才能烧结成致密的陶瓷.

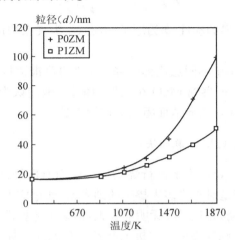

图 7.5　升温过程粒径的长大

+——纯 ZrO₂ 试样（粉体）；□——ZrO₂＋5vol%MgO 试样（粉体）

ZrO₂＋稳定化 Y₂O₃ 的纳米粉经 300MPa 静水压成型,即粉末被装在一个流体不能透过的橡皮模子内,浸入压力容器的水中. 水受压把压力均匀传给模具的所有表面,使粉末被压实成素坯,经 1470～1570K 范围保温 2h 烧结成致密陶瓷. 图 7.6给出了素坯的密度和粒径随烧结温度的变化. 可以看出,1520K 用 2h 烧结后粒径仅为 150nm,相对密度达 99%.

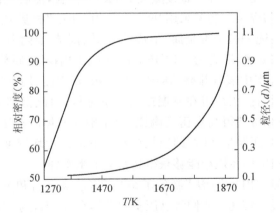

图 7.6　不同烧结温度下素坯相对密度和晶粒尺寸的变化

关于掺加稳定剂（掺杂质）能有效控制晶粒长大的机制至今尚不清楚. 对于这个问题有两种解释：Brook[14] 等人认为,杂质偏聚到晶界上并在晶界建立起空间电荷,从而钉扎了晶界,使晶界动性大大降低,阻止了晶粒的长大. 在这种情况下晶界动性 M_{sol} 可表示为

$$M_{sol} = M \frac{1}{1 + M\alpha C_0 a^2} \tag{7.1}$$

这里 M 为无掺杂时晶界的动性,a 为原子间距,C_0 为夹杂浓度,α 表征含有夹杂的晶界间交互作用.

Bennison 和 Harmer 不同意这种解释[15],他们曾报道掺有 MgO 的 Al_2O_3 中晶粒长大被抑制,但未观察到 MgO 在晶界的偏析. 他们认为由于 MgO 的掺人改变了点缺陷的组成和化学性质从而阻止晶粒的生长.

(2) 应力有助烧结(烧结-锻压法)

无团聚的粉体在一定压力下进行烧结称为应力有助烧结. 该工艺与无压力烧结工艺相比较,其优点是对于许多未掺杂的纳米粉,通过应力有助烧结可制得具有较高致密度的纳米陶瓷,并且晶粒无明显长大,但该工艺要求的设备比无压力烧结复杂,操作也较复杂. 例如,要求压力机上配备一套能同时加热和加压的模具及加热系统,这就使成本提高. 关于应力有助烧结制备纳米陶瓷的例子不多,下面仅举一例来说明应力有助烧结的特点及材料应变行为.

1987 年 Siegel 博士在 Gleiter 等人工作的基础上用同样的设备制备了纳米相陶瓷,即利用惰性气体蒸发、原位加压法制备了 TiO_2 金红石纳米相陶瓷. 目前已制备了多种纳米氧化物(Al_2O_3,Fe_2O_3,NiO,MgO,MnO,ZnO,ZrO_2 和 ErO 等)以及纳米离子化合物(CaF_2,NaCl,FeF_2,Ca_{1-x} La_x F_{2+x} 等). 除了易升华的 MgO,ZnO 和纳米离子化合物可用"一步法"直接蒸发形成纳米微粒,然后原位加压成生坯外,大多数纳米氧化物陶瓷生坯制备采用"两步法"."两步法"的基本过程如下:第一步是在惰性气体中(高纯 He)蒸发金属,形成的金属纳米粒子附着在冷阱上;第二步是引入活性气体,例如氧,压力为 $\sim 10^3$ Pa,使冷阱上的纳米金属粒子急剧氧化形成氧化物,然后将反应室中氧气排除,达到 $\sim 10^{-5}$ Pa 真空度,用刮刀将氧化物刮下,通过漏斗进入压结装置. 压结可在室温或高温下进行,由此得到的生坯,经无压力烧结或应力有助烧结可获得高致密度陶瓷. 由于惰性气体冷凝法制备的纳米相粉料无硬团聚,因此,在压制生坯时,即使是在室温下进行生坯密度也能达到约 75%～85%. 高致密度的生坯经烧结能够获得高密度纳米陶瓷.

Averback 等人[17]用"两步法"制备了纳米 TiO_2 金红石和纳米 ZrO_2 的生坯。为了使生坯的密度达最大值,他们将已压实的粉体在 623K,约 1MPa 下进行氧化,然后在 423K,1.4GPa 压力下使生坯的密度达 0.7%～0.8% 理论密度. 生坯经不同温度烧结 24h 后的相对密度、平均粒径与烧结温度的关系见图 7.7 和图 7.8. 图 7.7 表明,应力有助烧结(△)与无应力烧结(○)试样相比较,前者在较低的烧结温度($\sim$770K)下密度达 95%,粒径只有十几纳米,后者在接近 $\sim$1270K 时才能达到同样的密度,但粒径急剧长大至约 $1\mu m$. 图 7.8 也同样表明,ZrO_2 无压力烧结时,当相对密度大于 90％时,粒径已由原始 10 多纳米增至 100 多纳米. 由此可以说明应力有助烧结法能获得粒径无明显长大的高致密度的无稳定化剂的纳米相陶瓷. 同时还可以看出,纳米粉烧结能力大大增强,致密化的烧结温度比常规材料低几百 K.

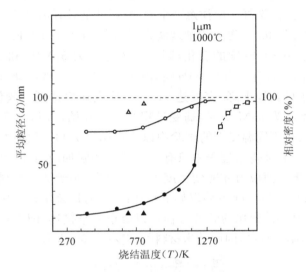

图 7.7　纳米相 TiO₂ 块体的相对密度、粒径与烧结温度的关系

密度:○――n-TiO₂,　　　$p=0$GPa;晶粒度:

　　　△――n-TiO₂,　　　$p=1$GPa;　　　●――n-TiO₂,$p=0$GPa;

　　　□――常规 TiO₂;　　　　　　　　　▲--n-TiO₂,$p=1$GPa

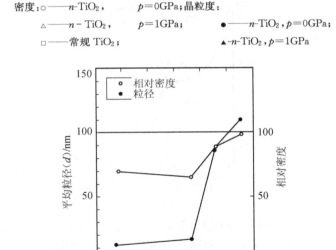

图 7.8　无压力烧结过程中纳米相 ZrO₂ 的密度和粒径与烧结温度的关系

在应力有助烧结过程中导致试样致密化的总烧结力(致密化驱动力)可表示

如下：

$$\sigma_s = 2\gamma/r + \sigma_a \tag{7.2}$$

这里 σ_s 是总烧结应力，γ 为表面能，σ_a 为附加应力，r 为粒子半径. 应力有助烧结时，由于致密化驱动力的增加，从而提高了致密化速率，使最后密度接近理论密度. 应当指出，附加应力的选择中应注意一个问题，那就是只有选择适当的附加应力才能实现高致密化. Höfler[16]等人详细地调查了纳米 TiO_2 在 973K 应力有助烧结过程中试样的应变、粒径、密度的变化，附加应力分别为 57MPa 和 93MPa，结果见图 7.9. 由图中可看出，应力为 57MPa 时，由于试样中产生致密化和某些晶粒的长大，致使应变速率单调地下降. 密度达 91% 时，应变速率达到一阈值，即应变速率为零. 附加应力增加为 93MPa 时，蠕变过程又重新开始，直到密度上升为 97% 为止. 这种阈值行为在不同温度下的试验中以及在纳米 ZrO_2 试样中也被观察到. 这种现象说明在应力有助烧结过程中只有选择适当的附加应力才能实现高致密度，即附加应力应大于阈值应力才能使密度大幅度提高. 对于纳米材料应力有助烧结过程中出现的域值行 Höfler 等给以如下解释：应力有助烧结过程中试样的应变行为可用描述常规材料致密化的蠕变方程加以修正后来描述，即在该方程中引入一个与密度有关的函数 $f(\rho)$，因此纳米材料的蠕变（应变）速率

$$\frac{\partial \varepsilon}{\partial t} = \frac{A\sigma^n}{d^q}\exp\frac{Q}{RT}f(\rho) \tag{7.3}$$

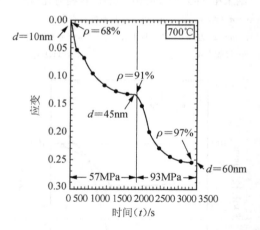

图 7.9　圆柱形纳米 TiO_2 块体在 973K 下应力有助烧结过程中应变
与时间关系. 开始应力为 57MPa，然后为 93MPa

其中 A 和 q 为常数，σ 为附加应力，n 为应力指数，它主要取决于试样的开始密度 ρ_0，ρ_0 越大 n 越大. n 对温度不太敏感，温度升高，n 仅略有增加趋势. R 为普适气体常量，Q 为绝对温度 T 时的激活焓. 因此，纳米材料的蠕变过程不能用解释常规材料蠕变的扩散模型或位错攀移和滑移模型来解释. 纳米材料蠕变过程中的域值行

为是无法用上述描写常规材料蠕变行为的模型来解释.应当用一个与位错无关的模型来说明域值行为.模型的基本思想是:应力有助烧结过程中的应变如图7.10中所示,晶粒沿图中箭头所指的方向作相对的滑移,晶粒向孔洞的滑移就会产生新的附加表面积,这种表面积的产生所需的功由附加应力提供.当压制试样的应力做的功等于晶粒相互滑移产生的新表面积的能量时就呈现出应变的域值行为,这时的附加应力称为阈值应力.当应力高于阈值应力时才会使应变重新开始.

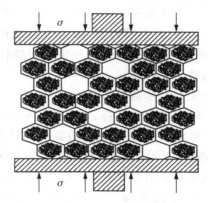

图 7.10　在附加应力作用下晶粒相互滑移模型.晶粒
滑向孔洞而产生的附加表面导致阈值应力的存在

最后必须指出,上述制备纳米陶瓷的方法不一定是最佳工艺,更好的工艺仍处于探索中.上述提到的用掺杂或应力有助烧结法使纳米陶瓷密度大大提高,除此之外粉料本身的处理和配制也是十分重要的.上海硅所将激光诱导 CVD 法制备的纳米氮化硅粉(15～25nm 粒径)经破碎团聚体→分散均匀→制粒→配料(添加剂和氮化硅粉)→混合→过筛后装入模具进行应力有助烧结.经 1350℃应力有助烧结的试样密度高达 $3.18g/cm^3$,相当于理论密度的 98%.这个工艺中的制粒工艺是指将分散好的粉料制成潮湿或塑性的粉体,通过所要求的尺寸的孔板或经筛分,由此形成的团粒坚硬、密实、形状不规则,容易堆积成较小体积,有利于提高生坯密度及烧结后密度.这里的添加剂可包括使生坯具有高强度的粘结剂、抗团聚的反絮凝剂、减少粒子之间和粒子与模子之间的摩擦力的润滑剂、润湿剂等.这均有利形成质量好的致密的陶瓷材料.用上述工艺制得氮化硅块材具有高致密度,与制粒和添加剂工序密切相关.

7.2.3　纳米薄膜和颗粒膜的制备

纳米薄膜分两类,一是由纳米粒子组成的(或堆砌而成的薄膜,另一类薄膜是在纳米粒子间有较多的孔隙或无序原子或另一种材料.纳米粒子镶嵌在另一种基体材料中的颗粒膜就属于第二类纳米薄膜. 由于纳米薄膜在光学、电学、催化、敏感等方面具有很多特性, 因此具有广阔的应用前景. 本节将介绍纳米薄膜的制备方法、功能特性及应用前景.

(1) 纳米薄膜的制备方法

(ⅰ) 液相法

(a) 溶胶-凝胶法[18]. 该方法制备纳米薄膜的基本步骤如下: 首先用金属无机盐或有机金属化合物制备溶胶, 然后将衬底(如 SiO_2 玻璃衬底等)浸入溶胶后以一定速度进行提拉, 结果溶胶附着在衬底上, 经一定温加热后即得到纳米微粒的膜. 膜的厚度控制可通过提拉次数来控制.

下面介绍几个用此法制备纳米薄膜的例子.

(Ⅰ) 纳米 Fe_3O_4 薄膜的制备: 将乙酰丙酮铁 Fe[acac](14.3g)放入 CH_3COOH 和浓硝酸(浓度为 61wt%)的混合溶液中, CH_3COOH 为 68.7ml, 浓硝酸为 7.49ml, 经 4 小时搅拌后, Fe[acac]完全溶化形成了溶胶. 然后将一块经丙酮清洗干净的氧化硅玻璃衬板浸入溶胶后进行提拉, 提拉速度为~0.6mm/s, 再在空气中经 1213K 加热 10min. 上述提拉-加热处理过程重复 10 次后, 膜厚可达 0.2μm. 经鉴定用此法制备的纳米薄膜平均粒径为~50nm, 相结构为 α-Fe_2O_3. 随后将 α-Fe_2O_3. 薄膜埋入碳粉中在 N_2 气保护下, 760~960K 温度内加热 5h 即可获得 Fe_3O_4 纳米薄膜.

(Ⅱ) 金属薄膜的制备: 将一定比例的 $Cu(NO_3)_2 \cdot 3H_2O$ 和正硅酸乙酯(silicon tetraethoxide)放入乙醇中经搅拌形成溶胶, 用 SiO_2 衬底进行提拉, 再在 373K 下干燥即可成膜, 经 723~923K 氢气中还原处理 10min 至 1h 获得纳米 Cu 膜.

(b) 电沉积法[19]. 一般 Ⅱ-Ⅵ 族半导体薄膜可用此法制备. 下面简单介绍 CdS 和 CdSe 薄膜的制备过程: 用 Cd 盐和 S 或 Se 制成非水电解液, 通电后在电极上沉积 CdS 或 CdSe 透明的纳米微粒膜. 粒径为 5nm 左右.

(ⅱ) 气相法

(a) 高速超微粒子沉积法(气体沉积法). 该制备方法的基本原理是: 用蒸发或溅射等方法获得超微粒子, 用一定气压的惰性气体作载流气体, 通过喷嘴, 在基板上沉积成膜.

美国喷气制造公司 Zhang 等[20]采用该工艺成功地制备出纳米多层膜, 陶瓷-有机膜、颗粒膜等. 图 7.11 示出的是他们采用的气体沉积法中的多喷嘴, 转动衬底法示意图. 可以看出, 用此法可制备多组分膜, 也可制备多层薄膜.

日本真空冶金公司的 Seichio Kashu 等用的设备如图 7.12 所示. 他们用此方法制备了各种金属纳米薄膜. 发现 10nm 厚的 Ni 膜的电阻温度系数可以是正, 也可以是负的, 取决于沉积工艺. 金属超微粒子从喷嘴中喷出, 在基片上沉积, 当基片温度远低于蒸发温度时,几乎 100% 的粒子与基片表面碰撞而附着在其上,形成薄膜,粒子的动能(～100m/s)基本转变为粘附能.

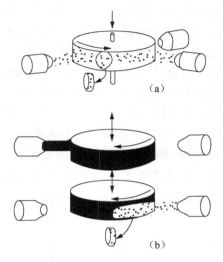

图 7.11　气体沉积法中多喷嘴,转动衬底法
(a)形成多组分膜;(b)形成多层膜

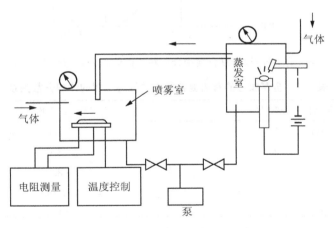

图 7.12　高速超微粒沉积装置示意图

　　美国的(Hummel)采用类似的方法,即离子簇束沉积法(ICB),在分离的蒸发室内用电子束加热,蒸发 Al 在惰性气体中形成超微粒子,通过直径为 2nm 的喷嘴进入离化室,由几百伏的电子束(200～500V)使其离化,并用 5kV 加速电压使其在基片上沉积,形成纳米薄膜.此方法的优点是 Al 被离化后不易碰撞长大,粒子在高速气体载流下也不易聚集长大,因此可获得尺寸小的单颗纳米粒子,并可制成各种不同组分的超微粒子复合膜.

（b）直接沉积法. 这种方法是当前制备纳米薄膜普遍采用的方法. 它的基本原理是把纳米粒子直接沉淀在低温基片上. 制备纳米粒子的方法主要有三种: 惰性气体蒸发法、等离子溅射法和辉光放电等离子诱导化学气相沉积法. 基片的位置、气体的压强、沉淀速率和基片温度是影响纳米膜质量的重要因素.

下面简举几个例子说明用此法制备纳米薄膜的过程.

（Ⅰ）金属-非金属纳米复合膜的制备. 美国 IBM 实验室采用 C_3F_8-Ar 混合气体或丙烷 C_2H_5-Ar 混合气体的辉光放电等离子体溅射 Au,Co,Ni 等靶, 获得不同含量纳米金属粒子与碳的复合膜. 当 $C_2H_5^+/Ar^+ < 10^{-2}$ 时, 只获得基本上为金属纳米粒子膜, $(C_2H_5^+/Ar^+) = 10^{-1} \sim 10^{-2}$ 时, 可获得不同金属颗粒含量的膜 (图 7.13). 这些超微粒子仍保持标准晶体结构. 纳米粒子的粒径随金属粒子在膜中的体积分数变化列于表 7.2. 很清楚, 金属含量越少, 金属粒子的平均直径减小.

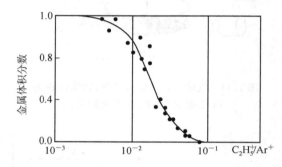

图 7.13　金属纳米粒子/碳复合膜中金属粒子的体积分数与 $C_2H_5^+/Ar^+$ 的关系

表 7.2　金属颗粒的有机复合膜中粒径与金属的体积分数关系

金属体积分数（%）		金属粒子的平均粒径 d(nm)	
Au	10	3.5	fcc
	20	6.0	
	30	8.5	
	40	>15	
Co	10	<1.0	hcp
	20	1.0	
	30	1.7	
	40	4.0	

（Ⅱ）铜-高聚物纳米镶嵌膜的制备. 这种镶嵌膜是把金属纳米粒子镶嵌在高聚物的基体中. 其装置的示意图如图 7.14 所示. 图中有两个位相差为 90°的磁控溅射靶, 一是铜靶, 用直流驱动, 在 Ar^+ 离子的溅射下可产生铜的纳米粒子, 另一个是聚四氟乙烯靶（PTFE）, 由射频电源驱动（13.56MHz）, 靶直径为 55ram, 在 Ar^+ 离

子溅射下可在普通光学玻璃上形成聚四氟乙烯薄膜,基片(光学玻璃)座为一个可以旋转的不锈钢圆筒,在整个溅射过程中它一直在旋转以避免样品表面的温升过高. 当制备 Cu-高聚物(PTFE)纳米镶嵌膜时,交替地驱动 PTFE 靶和铜靶,控制各个靶的溅射时间来调铜粒子的密度与分布.

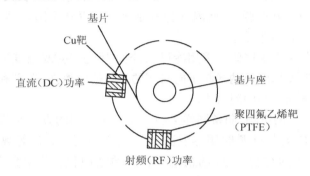

图 7.14　溅射法制备纳米镶嵌膜的实验装置示意图

　　(Ⅲ)银纳米膜的制备[21]. 这种纳米薄膜的特点是在玻璃衬底上由纳米银粒子构成网络形状,文献上把这种膜称为纳米孔洞金属网络膜. 这种膜是通过蒸发法获得的,其工艺过程是将银放入 W 盘中加热蒸发,同时通人 He 气(200Pa),生成银的纳米微粒,这种纳米微粒沉积在玻璃衬底上,衬底温度为 120～150K. 通过改变蒸发速率和 He 的压力来控制纳米银的粒径.

　　(Ⅳ)纳米 Si 膜的制备[22]. 这类薄膜通常采用等离子化学气相沉积法(PCVD),其工艺过程是将纯硅烷在短时间强辉光放电下使硅烷分解在衬底上形成非晶 Si:H 膜,然后在 773～873K 流动纯氢气下退火,当膜的 H 含量小于或等于 $2at\%$ 时非晶 Si:H 膜发生晶化,导致纳米 Si 膜的形成. 在这个基础上经 1273K 以上的纯氧气氛中加热,一部分纳米 Si 氧化,变成纳米 Si 与 SiO_2 复合膜.

　　(c)气相法制备纳米薄膜的几个主要影响因素. 用气相法制备纳米薄膜受许多因素的影响,主要概括如下:

　　(Ⅰ)衬底(基片)的影响(包括衬底材质的选择和温度的影响). 常用的衬底材料有玻璃,NaCl,Al,Cu 及其他氧化物陶瓷等. 大量实验证明,衬底材质对薄膜的结构有影响. 用电子回旋共振(ECR)等离子体溅射法制备纳米 Ti 膜时,采用玻璃或 NaCl 作衬底,在同样工艺条件下获得的纳米 Ti 膜都是 fcc 结,但点阵常数有差别,前者为 $a=4.068\text{Å}$,后者为 4.116Å. X 光和电子衍射实验都证实了这个现象的存在.

　　衬底温度对纳米薄膜的相结构、沉积速度、附着力等有明显的影响. 美国普林斯顿大学的 Fauchet 等[23]用 PECVD 法制备纳米微晶 Si 膜时,观察到当衬底温从 473K 升高至 623K,SiF_4/H_2 流量比从 0.09 升高至 0.5 时,Si 膜由非晶态转变成纳米态. Wang 等[24]用拉曼谱跟踪测量磁控溅射生成的 Si 膜的结构随衬底温度的变化. 结果表明,衬底温度 $T_s=513K$ 时,Si 膜为含氢的非晶态,$T_s=723K$ 时,转变为不含氢的非晶 Si 膜,$T_s=823K$ 时,获得了纳米晶 Si 膜,$T_s=923K$ 时,拉曼特征谱上 Si 的 $518cm^{-1}$ 特征峰变得很窄,可见 923K 下 Si 晶粒明显长大. 溅射法制备的 CoMnNiO 多元氧化物薄膜,衬底温度为液氮温度时得到了纳米晶膜,衬底温度在 $473\sim573K$ 之间,膜为非晶态.

通常,在制备纳米金属膜时采用冷衬底,这是因为当衬底温度远低于纳米粒子的温度时,大的温度梯度使纳米粒子向衬底的沉积速度增强,也有利于粒子的动能转变为粘附能,增强了膜的附着力.

（Ⅱ）制备方法的影响. 制备同样类型的膜采用不同的方法对膜的结构影响是很大的. 在制造纳米晶 Ti 膜时用蒸发法、离子束溅射法、ECR 等离子体溅射法及磁控溅射法所获得的纳米晶 Ti 的初期生长膜的结构和点阵常数有很大差异(见表 7.3).

表 7.3　四种不同沉积法获得的 Ti 纳米膜的结构

方法	膜生长初期的结构	晶格常数(Å)
蒸发法	fcc	3.68
离子束法	fcc	4.02
磁控溅射法	bcc	3.32
ECR 法 *	fcc	4.08

* 电子回旋共振等离子溅射法.

（2）纳米颗粒膜和多层膜

在第九章将对纳米固体的特性进行详细的叙述,本节重点介绍一下颗粒膜的基本内涵及颗粒膜、多层膜中出现的新特性.

颗粒膜是一类具有广泛应用前景的人工材料. 其特性随膜的组成、各组成间的比例、工艺条件等参量的变化而变化,因此可以在较多自由度的情况下人为地控制复合膜的特性. 现将生成颗粒膜各类组成之间可能的组合列表如下(表 7.4).

表 7.4　颗粒膜的种类,即可能的组合

介质	金属	半导体	绝缘体	超导体
金属	Fe-Cu,Co-Ag	Al-Ge	$Fe-Al_2O_3$,$Ni-SiO_2$	
半导体	Pb-Ge	GaAs-NGaAs	$Si-CaF_2$,$Ge-SiO_2$	Bi-Ge
绝缘体	$Au-Al_2O_3$	$CdS-SiO_2$		Bi-Kr
超导体	SNS		Sn-氧化物	

金属、半导体、绝缘体和超导体之间共有十种可能的组合,每一种组合又可衍生出众多类型的颗粒膜,从而形成丰富多彩的研究内涵. 目前研究较为集中的颗粒膜大体有以下三类:

(i) 金属微粒-绝缘体薄膜(例如:Fe-SiO$_2$ 薄膜[25]);

(ii) 金属微粒-半导体薄膜(例如:Ag-Cs$_2$O 薄膜[26,27]);

(iii) 半导体微粒-绝缘体薄膜(例如:CdTe-SiO$_2$ 薄膜[28]).

颗粒膜和多层膜的光学和电学特性如下:

(a) 光学特性

(I) 蓝移和宽化. 纳米颗粒膜,特别是 II-VI 族半导体(CdS$_x$Se$_{1-x}$ 以及 III-V 族半导体 GaAs 的颗粒膜都观察到光吸收带边的蓝移和带的宽化现象. 有人在 CdS$_x$Se$_{1-x}$/玻璃的颗粒膜上观察到光的"退色现象",即在一定波长光的照射下,吸收带强度发生变化的现象. 由于量子尺寸效应使纳米颗粒膜能隙加宽,导致吸带边蓝移. 颗粒尺寸有一个分布,能隙宽度有一个分布,这是引起吸收带和发射带以及透射带宽化的主要原因.

(II) 光的线性与非线性. 光学线性效应是指介质在光波场(红外、可见、紫外以及 X 射线)作用下,当光强较弱时,介质的电极化强度与光波电场的一次方成正比的现象. 例如光反射、折射、双折射等都属于线性光学范畴. 纳米薄膜最重要的性质是激子跃迁引起的光学线性与非线性. 一般来说,多层膜的每层膜的厚度与激子玻尔半径 a_B 相比拟或小于 a_B 时,在光的照射下吸收谱上会出现激子吸收峰. 这种现象也属于光学线性效应. 半导体 InGaAs 和 InAlAs 构成的多层膜,通过控制 InGaAs 膜的厚度可以很容易观察到激子吸收峰. 这种膜的特点是每两层 InGaAs 之间,夹了一层能隙很宽的 InAlAs. 对于总厚度 600nm 的 InGaAs 膜,在吸收谱上观察到一个台阶,无激子吸收峰出现(见图 7.15 曲线 1). 如果制成 30 层的多层膜, InGaAs 膜厚约 10nm 相当于 $a_B/3$,80 层时 InGaAs 膜厚为 7.5nm,相当于 $a_B/4$, 这时电子的运动基本上被限制在二维平面上运动,由于量子限域效应激子很容易形成,在光的照射下出现一系列激子共振吸收峰. 共振峰的位置与激子能级有关. 图 7.15 示出了准三维到准二维转变中 InGaAs-InAlAs 的线性吸收谱.

所谓光学非线性,是在强光场的作用下介质的极化强度中就会出现与外加电磁场的二次、三次以至高次方成比例的项,这就导致了光学非线性的出现,光学非线性的现象很多,这里简单介绍一下纳米材料中由于激子引起的光学非线性. 一般来说,光学非线性可以用非线性系数来表征. 对于三阶非线性系数可以通过下式计算:

$$\chi_s^{(3)} = | \chi_r^{(3)} | (C_s^{(3)}/C_r^{(3)})^{1/2} (n_s/n_r)^2 [L\alpha/(1-e^{\alpha L})e^{-\alpha L/2}], \tag{7.4}$$

式中,s 为样品;r 为参比物质;$C^{(3)}$ 为四波混频信号强度与泵浦光强 I 之比;n 为折射指数;α 为吸收系数;L 为有效样品长度.

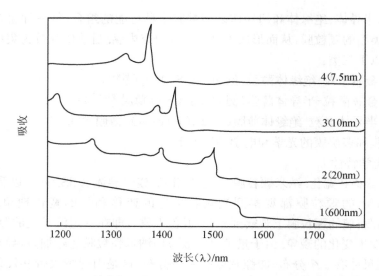

图 7.15 InGaAs-InAlAs 多层膜由准三维向准二维(曲线 1→4)转变中线性吸收谱

图中 600→7.5nm 表示 InGaAs 膜的厚度

对光学晶体来说,对称性的破坏,介电的各向异性都会引起光学非线性. 对于纳米材料由于小尺寸效应、宏观量子尺寸效应,量子限域和激子是引起光学非线性的主要原因. 如果激发光的能量低于激子共振吸收的能量,不会有光学非线性效应发生,只有当激发光能量大于激子共振吸收能量时,于能隙中靠近导带的激子能级很可能被激子所占据处于高激发态,这些激子十分不稳定,在落入低能态的过程中,由于声子与激子的交互作用损失一部分能量,这是引起光学非线性的根本原因. 前边我们讨论过纳米结构材料(膜和块体),纳米微粒中的激子浓度一般比常规材料大,尺寸限域和量子限域显著,因而纳米材料很容易产生光学非线性效应.

(b) 电学特性. 纳米薄膜的电学性质是当前纳米材料科学中研究的热点,这是因为,研究纳米薄膜电学性质可以搞清导体向绝缘体的转变以及绝缘体转变的尺寸限域效应. 我们知道,常规的导体,例如金属,当尺寸减小到纳米数量级,其电学行为发生很大的变化. 有人在 Au/Al_2O_3 的颗粒膜上观察到电阻反常现象,随着 Au 含量的增加(增加纳米 Au 颗粒的数量)电阻不但不减小反而急剧增加,如图 7.16所示. 从这一实验结果我们认为尺寸的因素在导体和绝缘体的转变中起着重要的作用,这里有一个临界尺寸的问题,当金属的颗粒大于临界尺寸将遵守常规电阻与温度的关系,当金属的粒径小于临界尺寸,它就可能失掉金属的特性,图 7.16就说明了这个问题,因此对纳米体系(金属),电阻的尺寸效应的研究以及电阻率与温度关系的数学表达式的尺寸的修正是急待研究的重要科学问题,而纳米金属薄膜或者是颗粒膜可能对上述问题的研究起着重要的作用.

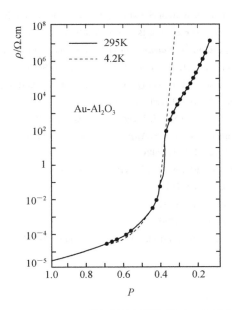

图 7.16 Au/Al$_2$O$_3$ 颗粒膜的电阻率随 Au 含量的变化

最近,Fauchet 等人[23]用 PECVD 法制备了纳米晶 Si 膜,并对其电学性质进行了研究,结果观察到纳米晶 Si 膜的电导大大增加,比常规非晶 Si 膜提高了 9 个数量级,纳米晶 Si 膜的电导为 10^{-2} s·cm^{-1},而常规非晶膜的电导为 10^{-11} s·cm^{-1}.

参 考 文 献

[1] Birringer R,Gleiter H,Klein H P,et al. ,*Phys. Lett. A*,102,365(1984).

[2] Shingu P H,Huang B,Nishitani S R,et al. ,*Suppl. Trans. Tapan Inst. Metals*,29,3(1988).

[3] Fecht H J,Heusten E,Fu Z,et al. *Adv powder Metall.* ,1,11(1989).

[4] Eckert J,Halzer JC,Krill lll C E,et al. ,*J. Appl. Phys.* ,73(6),2794(1993).

[5] Tessier P,Zaluski L,Yan Z-H,et al. ,In:Komareni S,Parker J C and Thomas G J. Nanophase and Nano-composite Materials(MSR Symposium Proceedings). Boston USA 286,209(1992).

[6] Schulz R,Dignard-Bailey L,Trudeau ML,et al. ,ibid. 221.

[7] Morris D G,Morris MA,*Mator. Sci and Engn.* ,A 137,418(1991).

[8] Trudeau ML,Van Neste A,Schulz R,in MSR symp. Proceedings. USA,206,487(1991).

[9] Schultz L,*Philos. Mag.* ,B61,453(1990).

[10] Gleiter H,Encyclopedia of Physical Science and Technology(1991 yearbook). Copy- right ©. Berlin:Academic press. Inc. ,375(1991).

[11] Trudeau M L,Schulz,R,*Mater. Sci. and Eng.* ,A134,1361(1991).

[12] Lu K,Wei W D,Wang J T,*Scripta Metall. et Mater.* ,24,2319(1990).

[13] Lee H Y,Riehemann W,Mordike BL,*J. the Europ. Ceram. Soc.* ,10,245(1992).

[14] Brook R,In Davidgl R W,*Proceedings of Brit. Ceram. Soc.* ,32,7(1982).

[15] Bennison S J,Hearmer M P,*J. Am. Ceram. Sac.* ,68,C-22(1985).

[16] Höfler HJ,Averback R S,In:Komareni S,Parker J C and Thomas G J. Nanophase and Nanocomposite Mattrials (MSR symposium proceedings). Boston USA,286,9 (1992).

[17] Averback RS,Höfler H J,Hahn H,*Nanostructured Mater*. ,1,173(1992).

[18] Tana K,Yoko T,Atarash M,et al. ,*J. Mater. Sci. Lett.* ,8,83(1989).

[19] Hodes G,Engelhard T,Substract Proceedings of MRS. Boston,USA,**H2**:2,294 (1991).

[20] zhang J-Z,Golz JW,Johnso DL,et al. ,同[21]. 161.

[21] Eifert H,Günther B,Neubrand J,*INT. J. Electronics*,73(5),1992(1992).

[22] Rückschlos M,Landkammer B,Veprek S,*Appl. Phys. Lett.* ,63(11),1474(1993).

[23] Fauchet M,Wagner S,同[19],H1. 2,1292(1991).

[24] Wang C,Parsons GN,Buehler EC,et al. ,同上,**H1**:3,293(1991).

[25] Chien C L,*J. Appl. Phys.* ,69,5767(1991).

[26] Echt O,*Phys. Rev. Lett.* ,47,1121(1981).

[27] 吴全德、薛增泉,物理学报,36,183(1987).

[28] Obtsuka S,Koyoma T,Tsuretomo K,et al. ,*Appl. Lett.* ,61,2953(1992).

第8章 纳米固体材料的微结构

材料的性质与材料的结构有密切的关系,搞清纳米材料的微结构对进一步了解纳米材料的特性是十分重要的.从本章开始我们将比较系统地介绍一下纳米固体的结构特点,研究的现状,描述纳米固体界面的结构模型.在详细的评述有关纳米固体各种实验结果的基础上提出对纳米结构的基本看法.在本章的最后我们还对纳米固体中的缺陷,界面热力学进行简单地描述.

8.1 纳米固体的结构特点

用透射电镜,X 射线衍射,正电子湮没及穆斯堡尔谱对纳米微晶的结构研究表明,纳米微晶可分为两种组元:(ⅰ)晶粒组元,该组元中所有原子都位于晶粒内的格点上;(ⅱ)界面组元,所有原子都位于晶粒之间的界面上.纳米非晶固体或准晶固体是由非晶或准晶组元与界面组元构成.晶粒,非晶和准晶组元统称为颗粒组元.界面组元与颗粒组元的体积之比,可由下式得到:

$$R = 3\delta/d \tag{8.1}$$

式中 δ 为界面的平均厚度,通常包括 3 到 4 个原子层,d 为颗粒组元的平均直径.由此,界面原子所占的体积百分数为

$$C_i = 3\delta/(d+\delta) = 3\delta/D \tag{8.2}$$

式中,$D=\delta+d$ 为颗粒的平均直径.

假定粒子为立方形,则单位体积内的界面面积为

$$S_i = \frac{C_i}{\delta} \tag{8.3}$$

单位体积内包含界面数

$$N_f = S_i/D^2 \tag{8.4}$$

设颗粒组元的平均尺度为 5nm,界面平均厚度为 1nm,则可得:$G_i \doteq 50\%$,$S_i \doteq 500\mathrm{m}^2/\mathrm{cm}^3$,$N_f \doteq 2\times10^{19}/\mathrm{cm}^3$.

纳米微晶界面的原子结构取决于相邻晶体的相对取向及边界的倾角.如果晶体取向是随机的,则纳米固体(纳米结构材料)物质的所有晶粒间界将具有不同的原子结构,这些结构可由不同的原子间距加以区分.如图 8.1 所示,不同的原子间距由晶界 A,B 内的箭头表示.如前所述,晶粒尺寸为 5nm 的纳米微晶中界面浓度为 $2\times10^{19}/\mathrm{cm}^3$,界面组元是所有这些界面结构的组合,如果所有界面的原子间距

各不相同,则这些界面的平均结果将导致各种可能的原子间距取值(连续值)在这些界面中均匀分布,因此可以认为界面组元的微结构与长程序的晶态不同,也和典型的短程序的非晶态有差别,是值得有待深入研究的新型结构.

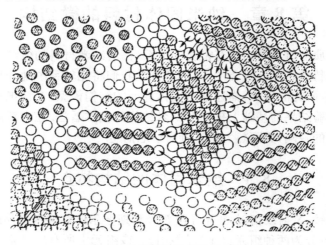

图 8.1　纳米微晶的结构示意图

黑圆点代表晶粒内原子,白圈代表界面原子.箭头表示出晶界 A,B
中不同的原子间距.图上界面原子仍位于规则晶格位置上,但实际
的纳米微晶中这些原子将松弛而形成不同的原子排列

纳米非晶结构材料与纳米微晶不同,它的颗粒组元是短程有序的非晶态.界面组元的原子排列是比颗粒组元内原子排列更混乱,总体来说,他是一种无序程度更高的纳米材料.上面叙述的评估纳米微晶的公式原则上也适用于纳米非晶材料的结构表征.

8.2　纳米固体界面的结构模型

纳米材料结构的描述主要应该考虑到颗粒的尺寸、形态及其分布,界面的形态、原子组态或者键组态,颗粒内和界面的缺陷种类、数量及组态,颗粒内和界面的化学组份、杂质元素的分布等.其中界面的微结构在某种意义上来说是影响纳米材料性质的最重要的因素.与常规材料相比,过剩体积的界面对纳米材料的许多性质负有重要的责任.近年来,对纳米材料界面结构的研究一直成为人们努力探索的热点课题.尽管在实验上用各种手段对不同种类的纳米微晶和纳米非晶材料的界面进行研究,得到了很多实验结果.许多人在各自的角度上依据实验事实和计算提出了一些关于纳米材料界面结构的看法,有些是针锋相对的.现在正处于争论阶段,尚未形成统一的结构模型.下面我们简述一下自 1987 年以来描述纳米固体材料微结构的几个模型.

8.2.1　类气态模型[1]

Gleiter 等人在 1987 年提出的描述纳米微晶界面结构的早期模型. 它的主要观点是纳米微晶界面内原子排列既没有长程序,又没有短程序,是一种类气态的,无序程度很高的结构. 这个模型问世以后一度引起了大家的争论. 近年来关于纳米微晶界面结构研究的大量事实都与这个模型有出入. 因此,类气态模型自 1990 年以来文献上不再引用这个模型,Gleiter 本人也不再坚持这个看法. 但是,应该肯定这个模型的推出在推动纳米材料界面结构的研究上起到一定的积极作用.

8.2.2　有序模型[2~5]

这个模型认为纳米材料的界面原子排列是有序的. 很多人都支持这种看法,但在描述纳米材料界面有序程度上尚有差别. 以 Thomas 和 Siegel[2] 为代表的认为纳米材料的界面结构和粗晶材料的界面结构本质上没有很大差别,他们主要是根据高分辨电镜观察提出上述看法. Eastman 等人[3] 对纳米材料的界面进行了 X 射线衍射和 EXAFS 的研究,在仔细地分析了多种纳米材料实验结果基础上提出了纳米结构材料界面原子排列是有序的或者是局域有序的. Ishida 等[4] 用高压高分辨电镜观察到了纳米材料 Pd 的界面中局域有序化的结构,并看到了孪晶、层错和位错亚结构等只能在有序晶体中出现的缺陷,根据这样的实验事实,他们认为纳米材料的界面是扩展有序的. Lupo 等[5] 1992 年采用分子动力学和静力学计算了在 300K 纳米 Si 的径向分布函数,结果发现纳米 Si 和单晶 Si 在径向分布函数上有差别,当界面原子之间的间距 $r_a \leqslant \dfrac{d}{2}$($d$ 为粒径)径向分布函数类似多晶,但前者的全双体分布函数峰的幅度随原子间距单调地下降,而后者是起伏的. 当界面原子间距大于颗粒的半径时,纳米材料的径向分布函数与非晶态的相同. 据此,他们提出纳米材料的界面有序是有条件的,主要取决于界面的原子间距和颗粒大小,$r_a \leqslant \dfrac{d}{2}$,界面为有序结构,反之,界面为无序结构.

8.2.3　结构特征分布模型

这个模型的基本思想是纳米结构材料的界面并不是具有单一的同样的结构,界面结构是多种多样的. 在庞大比例的界面内由于在能量、缺陷、相邻晶粒取向以及杂质偏聚上的差别,这就使得纳米材料中的界面存在一个结构上的分布,它们都处于无序到有序的中间状态. 有的更接近无序, 有的是短程有序或者是扩展有序, 甚至长程有序. 这个结构特征分布受制备方法、温度、压力等因素的影响很大. 随着退火温度的升高或者压力增大, 有序或扩展有序界面的数量增加. 目前用各种手段观察到界面结构上的差异都可以用这个模型统一起来. 有人观察到界面结构是有序的[2~4], 有人观察到界面结构是短程有序的[3,6], 还有的也观察到有些界面是无序的[7], 这恰好说明了纳米材料结构的多样性, 存在一个结构特征分布. 一个十分重要的实验事实是有人用高分辨电镜观察了纳米 Pd 块体的界面结构, 在同一个试样中既看到了有序的界面, 也观察到了原子排列十分混乱的界面[7].

8.3　纳米固体界面的 X 光实验研究

晶体在结构上的特征是其中原子在空间的排列具有周期性, 即具有长程有序. 多晶是由许多取向不同的单晶晶粒组成, 在每一晶粒中原子的排列仍是长程有序的. 非晶态原子的空间排列不是长程有序的, 但却保持着短程有序, 即每一原子周围的最近邻原子数与晶体中一样仍是确定的, 而且这些最近邻原子的空间排列方式仍大体保留晶体的特征. 如图 8.2 所示, 非晶体的原子径向分布概率函数第一峰对应于最近邻原子分布, 它尖而高, 位置与晶体中最近邻原子间距一致, 由峰面积推算得最近邻原子数也与晶体的基本一致, 表明从最近邻原子分布看, 仍保持晶体的短程有序性. 但随着原子间距 r 的增大, 概率函数的峰值变得越来越不显著, 说明原子的分布已不具有晶体中的长程序.

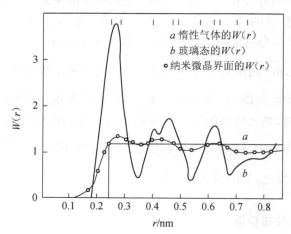

图 8.2　纳米微晶界面组元的原子径向分布函数 $W(r)$

纳米材料的界面究竟有什么特点? 与常规材料和非晶材料有什么差别? 这一直是人们十分感兴趣的热点问题. 为了探索这种新型材料界面结构的微观特征, 人们一开始就用 X 射线衍射结构分析手段研究纳米材料界面中原子排列.

8.3.1　类气态模型的诞生及争论

1987 年德国萨尔(Säärland)大学新材料研究组 Gleiter 等人首先用 X 射线衍射研究了纳米 Fe 微晶界面的结构.

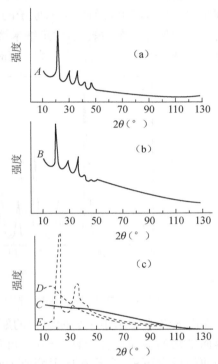

图 8.3(a)示出的是悬浮于石蜡基体上的超细 Fe 微粒的 X 射线衍射曲线,这与通常的 bcc 结构的 α-Fe 的衍射结果是一致的. 压实后的纳米铁微晶的 X 射线衍射强度[图 8.3(b)]则可分解成两部分:其晶体组元——5~6nm 的 Fe 晶粒的贡献由图 8.3(a)示出;界面组元的贡献由总衍射强度[图 8.3(b)]减去晶体组元贡献得到,见图 8.3(c).这部分衍射强度(图 8.3(c)中曲线 C)不同于非晶 Fe 的衍射[图 8.3(c)曲线 E],却类似于具有气态结构的铁样品的散射[图 8.3(c)中曲线 D].这一成分是由界面原子贡献的.

朱星(Zhu X)等[1]计算了纳米 Fe 微晶的 X 射线衍射强度.计算中晶体组元采用 bcc 的 α-Fe 结构模式,晶粒取立方体,立方体的体积取纳米晶粒的平均值;界面组元的系综平均的结构特征则通过对在晶体结构与无序结构两极端情况之间变化的原子系综进行模拟得到. 假定这些原子处于 α-Fe 立方结构外表面的两个原子层内. 在计算中这些

图 8.3　纳米晶 Fe 的微粒、块体和界面组元的 X 射线衍射曲线

(a)铁超微粒的 X 衍射曲线;(b)纳米微晶 Fe 的 X 衍射曲线;(c)界面组元的 X 衍射曲线. 其中 E——非晶 Fe,D——气态 Fe, C——曲线(b)—(a)

原子所作的贡献是用无规取向的非晶格矢量来表征的. 通过改变外(表面)原子层的原子无规移动的量的大小,界面组元可在长程有序与无任何短程序(更无长程序)两极限间变化. 晶体组元与界面组元的干涉函数 $I(s)$ 由下式计算:

$$I(s) = \frac{1}{N} \mid \sum_{j=1}^{N} \exp(2\pi_i (r_j \cdot s)) \mid^2, \tag{8.5}$$

式中 $\mid s \mid = 2\sin\theta/\lambda$,$N$ 为系统的总原子数,r_j 为 j 原子的位矢.

　　若取界面结构为短程有序,则理论计算结果不能与测量值很好符合,表明这种结构是不适于描述纳米微晶界面特征的.但若采用短程无序的界面模型,则计算得到的 $I(s)$ 不但所有衍射峰的高度及宽度能与测量值很好地一致,而且能大致符合本底强度,尤其是在短程有序界面模型拟合得特别差的 $s=0.1\sim0.45$ 区域.典型的理论计算结果示于图 8.4.计算中假定界面结构包括四层发生了无规移动(相对于理想晶格)的原子,其中界面中间区域的两层原子的无规移动为 α-Fe 最近邻原子间距(NND)的 50%.另两层的原子的无规移动为 NND 的 25%.计算中还同时考虑了晶粒尺寸分布的效应,假定纳米微晶 Fe 样品包括 75% 的 6nm 晶粒和 25% 的 4nm 晶粒.这进一步改善了较大 s 值时的理论计算结果.

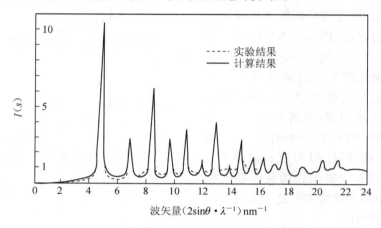

　　　　图 8.4　纳米微晶 Fe 的 x 射线衍射曲线与理论计算结果的比较

　　在图 8.2 中还示出了界面组元的原子间距分布的概率函数 $W(r)$,它是根据对界面结构的最佳拟合计算得到的.可见该分布非常平展,所有可能的原子间距以相似的概率出现,不存在优先的原子间距.尤其是代表了短程有序的最近邻原子间距分布的尖而高的峰消失了.这显然与长程有序的晶体结构及短程有序的非晶态结构的 $W(r)$ 不同,表明纳米微晶界面组元既不是长程有序,也非短程有序.

　　1992 年 Fitzsimmons 和 Eastman[8] 共同合作在美国 Argon 实验室对纳米 Pd 晶体进行了 X 射线衍射研究.他们在实验数据处理方法上不同于 Gleiter 等人.其特点是对布拉格衍射的强度采用洛伦兹函数代替了传统的高斯函数;用一个二次方程加上一个洛伦兹函数来拟合了 16 个布拉格衍射峰;并把纳米微晶 Pd 与粗晶多晶的衍射背景进行比较,结果如图 8.5 所示.当散射矢量幅度 $\tau(=4\pi\sin\theta/\lambda)>$ 40nm^{-1} 时纳米晶与粗晶的衍射背景无多大差别,当 $\tau<40\mathrm{nm}^{-1}$,两者衍射有些差别,这主要归结为低强度衍射拟合过程中的误差.这说明纳米材料结构是有序,他们还根据德拜-沃勒(Debye-Waller)因子的计算得出纳米晶 Pd 试样的德拜-沃勒

因子比粗晶 Pd 大,即纳米材料 Pd 试样中原子的均方位移比粗晶大约 27％（室温下）. 如果考虑到界面过剩体积对纳米晶 Pd 的原子均方位移主要贡献,那么纳米材料晶界内增强的原子振动或者有序原子弛豫的结果,就会导致洛伦兹布拉格峰之间产生较强尾部散射强度. 这就意味着界面原子是趋于有序的排列,而不是作混乱地运动. 类气态模型依据的 X 光实验最主要的疏忽是没有把纳米晶 Pd 的背景衍射强度与粗晶的进行比较. 如果按这个模型考虑,纳米材料界面原子运动距离相当之大（包括最近邻原子）. 由此计算的背景强度应相当高,这并不符合实际情况. 纳米微晶和粗晶比较,实验结果证明二者的衍射背景相差不多,这说明 Gleiter 等人计算结果和类气态模型都不合理.

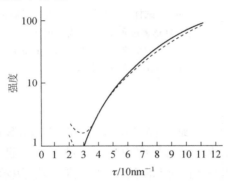

图 8.5　粗晶和纳米微晶 Pd 的 X 射线衍射背景
----粗晶多晶 Pd 的背景；——纳米微晶 Pd 的背景

8.3.2　有序结构模型的实验依据

上面已提到 Eastman 等人利用 X 射线衍射技术对纳米晶 Pd 的界面结构进行了深入细致地研究,结果观察到纳米晶 Pd 与粗晶多晶 Pd 的界面结构没有差别,从而否定了纳米材料界面的类气态模型. 他们进一步结合纳米晶 Pd 的氢化行为研究和 EXAFS 实验结果提出了纳米晶 Pd 的界面为有序或局域有序结构.

（1）纳米晶 Pd 的氢化行为

Eastman 等[3]将晶粒为 10nm 的纳米晶 Pd 试样放在 5.5kPa 的高压氢气下充氢,结果观察到一个十分有趣的现象,即 α-Pd 连续地转变为 β-PdH$_x$,这个过程一直到完全转变成 β-PdH$_x$ 为止. 这可由 X 射线衍射谱随充氢时间增加而连续变化来证实,见图 8.6,图中（a）为充氢前的 X 射线衍射图. 很明显,试样为 α-Pd. 经过一段时间的充氢 X 射线衍射图变成（b）,由图看出,试样中同时存在 α-Pd 和 β-PdH$_x$.

随着进一步充氢,试样全部转变成 β-Pd[见图中 8.6(c)]. α-Pd 完全转变成 β-PdH$_x$ 的现象说明纳米 Pd 的界面不是扩展的无序晶界. 这是因为扩展的无序晶界会阻止 α-Pd 转变成 β-PdH$_x$. 这就进一步证明了纳米晶 Pd 的界面是有序的.

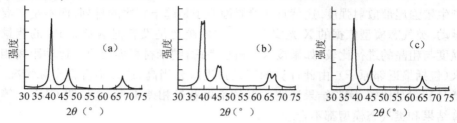

图 8.6　纳米晶 Pd 试样(粒径为 10nm)在 5.5kPa 的氢
气压中充氢过程的 X 射线衍射图
(a)充氢前 α-Pd;(b)充氢过程中,α-Pd+β-PdH$_x$
混合相;(c)充氢结束,β-PdH$_x$

(2) EXAFS 研究

Haubold[9]等人观察到,纳米晶. Pd 和 Cu 的 EX-AFS 幅度比粗晶材料的要低,他们推断,这是由于纳米晶的界面中原子混乱排列引起的. Eastman 等人[3] 对纳米 Pd 块体、粉体和粗晶多晶 Pd 的 EXAFS 实验表明,纳米晶 Pd 块体的 EXAFS 幅度比粗晶的低(见图 8.7),这与 Haubold 等人观察到的结果一致,但纳米 Pd 粉体的 EXAFS 幅度比纳米晶 Pd 块体的还要低. 粉体中界面占的体积分数极小,可以忽略不计,由此他们推断 EXAFS 幅度的降低,并不是由界面原子混乱排列所引起的,并根据这一实验事实否定了 Haubold 等人认为纳米材料界面是无序的观点.

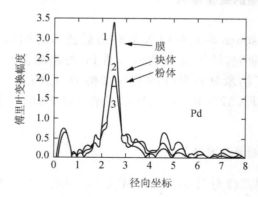

图 8.7　Pd 的 EXAFS 傅里叶变幅度与径向坐标关系
曲线 1 为粗晶多晶 Pd 的;曲线 2 为纳米晶 Pd 块体的;
曲线 3 为纳米 Pd 粉体的

8.3.3　纳米非晶固体界面的径向分布函数研究[6]

纳米非晶材料由于颗粒组元本身是非晶态的,因此它是一种无序程度较高的纳米材料. 这类材料的界面与纳米微晶材料的界面有没有差异一直是人们关注的问题,关于这方面的研究报道很少. 由于电镜观察和 X 光衍射很难给出这类结构的定量数据,所以 X 光径向分布函数的实验研究对了解纳米非晶材料的微结构显得十分重要. 纳米非晶氮化硅块体材料的 X 光径向分布函数(RDF)研究给出了这种材料的平均键长和配位数的实验数据,结果如表 8.1 所示. 由表可以看出:(ⅰ)各种热处理纳米非晶氮化硅样品的 Si—N 键长相同;(ⅱ)传统晶态和非晶态氮化硅试样的最近邻配位数 $n(N;Si)$(每个 N 原子周围的 Si 原子数)和 $n(Si;N)$(每个 si 原子周围的 N 原子数)如下:对晶态 $n(N;Si)=3$,$n(Si;N)=4$。对非晶态 $n(N;si)$ $=2.91$,$n(Si;N)=3.87$(当 $\rho_0=2.87\mathrm{g/cm^3}$ 时). 本实验得到的纳米非晶氮化硅块状样品的 Si—N 配位数(CN)为未考虑中心原子为 Si 或 N 的平均配位数. 表中的CN 很明显小于晶态和非晶态的;(ⅲ)X 射线衍射测得的第二峰的峰位主要代表最近邻 Si—Si 键长. 实验结果表明, Si—Si 键长基本相同(除 10.73K 热处理的偏高外). 对应不同热处理的试样的平均键长(Si—N 键长或 Si—Si 键长)几乎相同,只有假设颗粒内和界面内平均键长在一定温度范围内热处理都不发生变化的情况下才能与实验结果相符合,因此,我们没有理由认为界面中 Si—N 键长或 Si—Si 键长是变化的、原子排列是混乱的,而用短程序来描述纳米非晶氮化硅块材界面结构是合理的. XPS 的实验表明,纳米非晶氮化硅试样中的 N/Si 小于常规非晶氮化硅的 N/Si 比(1.29)(见图 8.8),而后者为典型的 Si—N₄ 四面体短程结构. 如果纳米非晶氮化硅中颗粒组元的短程结构与常规非晶氮化硅类似,那么可以推断,纳米非晶氮化硅块材的界面结构是一种偏离 Si—N₄ 四面体的短程有序结构.

表 8.1　纳米非晶氮化硅块状样品的配位数和键长

热处理 参数	未经热处理	473K 6h	873K 6h	1073K 6h	1273K 6h
第一峰的峰位/nm (Si—N 键长)	0.171	0.171	0.172	0.172	0.171
最近邻 Si—N 配位数 CN	0.266	0.220	0.294	0.279	0.286
第二峰的峰位/nm (Si—Si 键长)	0.298	0.298	0.297	0.301	0.298

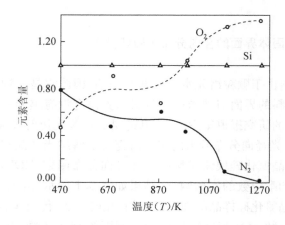

图 8.8　纳米非晶氮化硅试样中硅、氮、氧含量随热处理温度的变化

8.4　界面结构的电镜观察

高分辨透射电镜为直接观察纳米微晶的结构,尤其是界面的原子结构提供了有效的手段. Thomas[2]等对纳米晶 Pd 的界面结构进行了高分辨电镜的观察,没有发现界面内存在扩展的无序结构,原子排列有序程度很高,和常规粗晶材料的界面没有明显的差别(见图 8.9). Ishida[4]对纳米 Pd 试样的高分辨电镜观察发现,在晶粒中存在孪晶,纳米晶靠近界面的区域有位错亚结构存在. 图 8.10 示出了纳米晶 Pd 界面结构的高分辨像和示意图. 结果表明,纳米晶 Pd 的界面基本上是有序的. Ishida 把它称为扩展的有序结构. Siegel 等对 TiO₂(金红石)纳米结构材料的界面进行了高分辨电镜观察[10],没有发现无序结构存在. 李斗星[7]用先进的 400E 高分

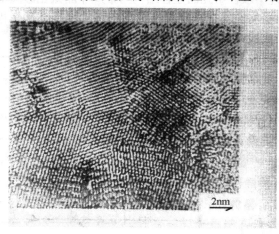

图 8.9　纳米晶 Pd 的高分辨电镜像(Thomas 等的工作)[2]

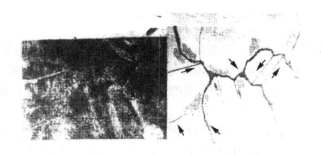

图 8.10　纳米晶 Pd 界面结构高分辨像和示意图(Ishida 等人的工作)[4]

影线区为位错亚结构,箭头表示内应力方向

辨电镜在纳米 Pd 晶体同一试样中既看到了界面原子的有序排列,也看到了混乱原子排列的无序界面,如图 8.11 所示.这是十分重要的实验事实.

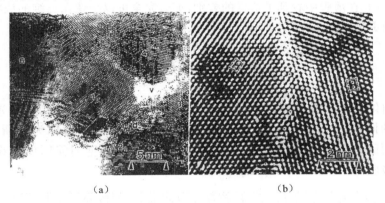

(a)　　　　　　　　　　　　　　　　　(b)

图 8.11　纳米晶 Pd 界面高分辨像[7]

(a)中晶粒 1,4,5,6,7 间晶界有序,V 为空洞,d 为无序晶界;(b)有序晶界

这里应该指出,在用电子显微镜研究纳米材料界面结构时,有以下几个问题应该考虑,否则很难使人相信高分辨电镜对纳米材料界面观察结果是否代表了纳米材料界面的真实结构.

(1)试样制备过程中界面结构弛豫问题

减薄是制备电镜试样的重要步骤.纳米材料的界面由于自由能高,本身处在不稳定的状态,当试样减薄到可以满足电镜观察所需要的厚度时,由于应力弛豫导致了纳米材料界面结构的弛豫,这样,高分辨电镜所观察的结果很可能与初始态有很大的差异.

（2）电子束诱导的界面结构弛豫

高分辨电镜中电子束具有很高的能量,照射到薄膜表面上很可能导致试样局部区域发热而产生界面结构弛豫. 纳米材料界面内原子扩散速度很快,激活能很低,原子弛豫运动所需的激活能很低,即使在低温下电子束轰击也会对纳米材料界面的初态有影响.

根据上述分析,大量高分辨电镜对纳米材料界面结构观察结果都揭示了纳米材料界面是有序的. 这是不是由于上述两点原因导致的必然结果而不能反映纳米材料界面结构的初始状态,这一直是人们十分关注的问题. 我们认为尽管如此,高分辨电子显微镜技术仍然是一个给出纳米材料界面结构直观的生动的图像的有力手段. 仔细分析前面的观察结果便发现,即便是属于有序的界面,它们在结构的细节上仍然存在差异,偶尔也观察到结构无序的界面,这说明纳米材料界面并不都是一样的结构. 在薄膜中看到了这样的差别,那么完全可以想像在三维的块状纳米材料的界面更是多种多样.

8.5　穆斯堡尔谱研究

在固体中处于激发态的核回到基态时无反冲地放出光子,这种光子被处于基态的同种核（又称吸收体）无反冲地共振吸收的吸收谱称为穆斯堡尔谱. 由于下列因素导致核能级分裂,结果吸收体核跃迁产生的穆斯堡尔谱往往具有多个吸收峰.

（ⅰ）核自旋量子数 $I > \frac{1}{2}$ 时,核存在电四极矩,若核处存在电场梯度,则核与环境间的电四极相互作用将导致核能级的分裂.

（ⅱ）核自旋 $I \neq 0$ 的核具有核磁矩,若核处于磁场中,则磁偶极相互作用使核能级分裂成 $2I+1$ 个支能级. 这里的磁场可以是外加磁场,也可以是固有的内磁场（超精细场 H）.

由于原子核与其核外环境（核外电子,近邻原子及晶体结构等）之间存在细微的相互作用,即超精细相互作用. 穆斯堡尔谱学提供了直接研究它的一个有效手段,并能直接有效地给出有关微观结构的信息.

Birringer[11]与 Herr 等[12]人测量了纳米 Fe 微晶样品的穆斯堡尔谱,见图8.12. 测量是在 10K 与室温间的温度范围内进行. 测得的谱可用两组六线谱进行拟合,其超精细参数列于表 8.2. 谱线 1 与 α-Fe 的超微粒的穆斯堡尔谱一致,谱线 2 的形状（宽度、强度）和参数与通常的多晶铁的相应量有显著差异.

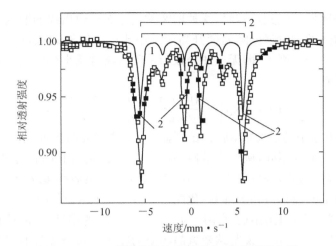

图 8.12　77K 时测得的纳米微晶 Fe 的穆斯堡尔谱.
该谱可用两组六线谱进行拟合. 谱线 1 和谱线 2 分别
代表了晶态 α-Fe 晶粒与界面组元的贡献

表 8.2　纳米微晶 Fe 的穆斯堡尔谱超精细参数

谱线	谱线 1	谱线 2
同质异能移 (IS)/mm·s^{-1}	0.10	0.14
线宽/mm·s^{-1}	0.32	1.6
超精细磁场 $(H)(\times 8\times 10^4)$/A·m^{-1}	343	351

　　与晶体成分相比,第 2 组谱线展示了较强的超精细磁场,及线宽和同质异能移 IS 的增加. 这些可解释谱线 2 是由纳米微晶铁的界面部分产生的. 因为在随热处理的退火过程中,晶粒长大,则谱线 2 将趋于消失.

　　对于一个特定的跃迁,同质异能移与原子核外的电子密度直接相关,它表现为共振吸收谱线位置的移动. 对于 ^{57}Fe,正的同质异能移意味着从源到吸收体,在原子核外的电子密度的减小. 所以纳米微晶 Fe 的界面引起的谱线 2 的同质异能移 IS 的增加表明界面组元的电子密度的减小,这是由于界面中原子间距较大所致. 纳米微晶物质的密度通常为常规多晶物质的 $50\%\sim 95\%$,这也证明了界面中原子密度小,间距大. 同样由于界面密度的减小,最近邻原子间距增大,导致单位原子的磁矩增大,因而造成超精细场 H(又称内磁场)的增强. 图 8.13 示出的是晶体组元与界面组元的超精细场 H 随温度的变化. 低温时,谱线 2 具有较大的 H 值,但其 H 值随着温度的升高下降较快. 这是因为界面组元的居里温度 T_c 较低.

　　谱线 2 宽度的增大也归因于界面组元的原子结构的变化. 由于纳米微晶物质的原子间距分布展现出一很宽的谱,观察到的共振是所有这些原子的贡献的总和,界面结构致使这些原子的穆斯堡尔参数不再单一,例如超精细场的分布增宽,当仅用一组谱线描述界面组元贡献时,这种增宽的场分布导致谱线的增宽.

第2组谱线的相对强度随温度升高而减小比第一组谱线快,这可能是由于界面组元的德拜—沃勒因子(即无反冲分数)f_D 在高温时减小得较快之故,在德拜模型中,f_D 可写成

$$f_D(T) = \exp\left\{-\frac{6E_R}{k_B\theta_D}\left[\frac{1}{4} + \frac{T^2}{\theta_D}\int_0^{\theta_D/T}\frac{x\mathrm{d}x}{e^{x-1}}\right]\right\}, \tag{8.6}$$

式中 E_R 为自由原子的反冲能,θ_D 为德拜温度. 晶体组元与界面组元的 f_D 的差异可归于两者声子谱的不同,例如非谐性的存在将导致高温时 f_D 减小得比通常德拜固体的情况更快. 为此,测量了 $10 \sim 300\text{K}$ 温区的共振吸收强度 $I(T)$,这是通过估算吸收峰谱线下的面积得到的. 归一化曲线 $I(T)/I(10\text{K})$ 示于图 8.14 之中,用式 (8.6) 对该曲线拟合,可给出德拜温度为 345K,比常规的多晶 Fe 的德拜温度 467K 减小甚多. 这从另一个角度说明纳米微晶物质的原子分布与通常的多晶体不同. 应该指出的是,由于纳米微晶物质的界面组元不是德拜固体,式(8.6)并不完全适用,由此给出的纳米微晶 Fe 的德拜温度只是近似值.

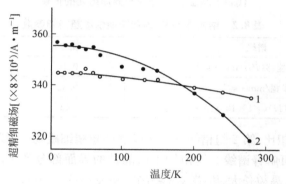

图 8.13　通过最小二乘拟合得到的谱线 1 和谱线 2 的超精细场 $H(T)$ 随温度的变化

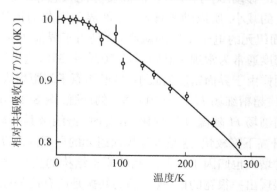

图 8.14　相对共振吸收的拟合结果

8.6　纳米固体结构的内耗研究

内耗是物质的能量耗散现象. 一个自由振动的固体,即使与外界完全隔离,它的机械能也会转化成热能,从而使振动逐渐衰减. 这种由于内部的某种原因使机械能逐渐被消耗的现象称为内耗. 内耗作为一种手段可以用来研究材料内部的微结构和缺陷以及它们之间的交互作用. 它的最重要特点是在非破坏的情况下灵敏地探测材料的微结构. 有人把它称作"原子探针". 纳米材料由于它的基本构成与常规材料不同,因而它的微结构,特别是界面的结构、缺陷都有它独特的特征. 纳米材料在形成过程中经受了很大的压力,原始材料内部畸变能较高,庞大比例的界面的高界面能使它处于亚稳态,这就给直接观察手段,例如 TEM 研究纳米材料的结构带来一定的困难,X 光衍射虽然能揭示纳米材料的微结构,但只能给出静态的结果,对纳米材料中的原子、缺陷和界面等的动态行为的研究无能为力. 在这方面,内耗作为对结构十分敏感的手段却大有用武之地,因此用内耗方法来研究纳米材料的结构可以给出用其他手段不能给出的信息.

8.6.1　界面黏滞性的研究

一般常规的多晶材料晶界具有黏滞性. 早在 1947 年葛庭燧在多晶 Al 中第一次观察到晶界内耗峰,并把它的产生归结为晶界的黏滞性滑移. 由于晶界黏滞性流动引起的能量损耗,可近似地认为

$$能量 = 相对位移 \times 沿晶界滑移的阻力.$$

在一定的温度范围,位移和滑移阻力都较为显著时,将出现内耗峰. 图 8.15 中内耗 Q^{-1} 在 300K 以上随温度的陡峭上升,可以通过这种晶界的黏滞性滑动模型来解释,图中高温端除晶界内耗外,还有附加内耗产生,这种附加内耗与冷加工有关,由于纳米微晶在加压过程中,在高压下经历了大量挤压形变,附加内耗很大并使晶界内耗峰的极大值转变为折点. 减去背景后,得到的晶界内耗肩峰示于图 8.15. 图中给出了不同测量频率下纳米微晶 Pd 的内耗 Q^{-1} 随温度的变化. 可见,随着测量频率的上升,峰值在 520K 的内耗峰向高温方向发生了平移,这代表了界面损耗过程的热活性,由此可定出 520K 的弛豫过程的激活能 H 为 1.3eV. 由图 8.15 看出,纳米晶 Pd 的晶界内耗峰弛豫强度($= \frac{1}{2}$ 峰高)较低. 粗晶粒的金属晶界内耗峰的弛豫强度一般是在 $10^{-2} \sim 10^{-1}$ 之间,比纳米材料晶界内耗峰的弛豫强度几乎高一个数量级. 按传统的看法似乎纳米材料晶界滑动性很差,其实这种看法是不正确的. 由于纳米材料尺寸小,晶界内相对位移变得很小,加之纳米材料界面内原子扩敢很

快,特别是三叉晶界处为纳米材料晶界原子扩散提供了捷径,这使得晶界滑移阻力变得很小. 综合考虑这两个因素必然导致纳米材料晶界弛豫强度大大下降. 这一点从纳米材料晶界内耗峰的峰温比常规粗晶 Pd 大大降低得到证实. 如果纳米材料晶界滑移很困难的话,峰温应出现在较高的温度,而实际情况正相反,这说明纳米晶 Pd 的晶界滑移相对来是很容易发生的. 仔细观察纳米晶 Pd 的晶界内耗峰宽大于具有单一弛豫过程的德拜峰宽,这表明,纳米材料的晶界弛豫不是单一的弛豫过程,而是多个弛豫过程的叠加,这就进一步地证实了纳米材料中的晶界类型并不完全一样的,在结构上存在一个分布. 这就支持了纳米材料界面是多种结构特征分布模型的说法.

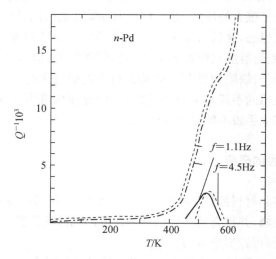

图 8.15　640K 温度下退火后的纳米微晶 Pd 在两种
不同测量频率下的内耗 Q^{-1} 随温度的变化

8.6.2　退火过程中纳米材料结构变化的内耗研究[13]

纳米氧化物块材内耗的研究是我国科技工作者首先开始的,并已取得一些结果. 由图 8.16 可看出,未退火的原始试样在 83K 至 293K 的温度范围,在高内耗背景上附加了一个很宽的内耗峰. 973K 退火,内耗背景陡降,内耗峰变得不太明显. 再经 1173K 和 1373K 退火,内耗变化不大. 这个结果表明,对原始的纳米 ZrO_2 块体,高背景内耗是由压制过程中产生的畸变所致,其上面附加的宽的内耗峰是弛豫性质的. 这是因为升降温测量该峰的峰形不变,基本重合;模量测量表明该峰对应一个大的模量亏损;变频测量,峰位发生移动. 这些现象的产生都与纳米 ZrO_2 块体界面的黏滞性有关. 对于未退火的原始试样,纳米 ZrO_2 块体界面具有很好的黏滞流变性. 经高温退火后,高温背景内耗陡降,内耗峰消失. 这就意味着纳米 ZrO_2 块体内畸变消失,其界面内黏滞性变得很差. 这主要是由于纳米材料在退火过程中界面结构弛豫使原来比较混乱的原子排列趋于有序化. 联系退火过程中模量变化,即经 973K 退火模量升高,再经 1173K 和 1373K 较长时间退火,其模量比初态 ZrO_2 块体的增加两倍多以及测量过程中观察到试样体积发生不可逆收缩,这说明退火后的纳米材料的界面结构与初态比已发生了很大的变化,界面中原子密度增加,原子间结合力(键力)增强,界面变得更加有序. 与初态相比,退火态的纳米材料平均原子间距小,配位数增加,失配键大大下降,这说明初态的欠氧得到了改善. 由于氧化容易在活性大的界面进行,这就使界面中悬挂键减少. 这种氧化使界面增强的结果将导致纳米材料烧结体的优越性能.

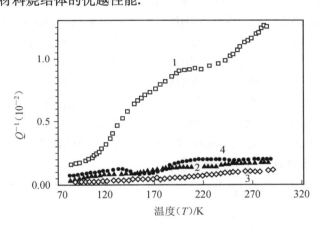

图 8.16　不同温度退火的纳米 zrO_2 的内耗与温度关系
1——原始压缩态;2——973K 退火 15h;
3——973K×15h+1173K×21h;
4——973K×15h+1173K×21h+1373K×18h

8.7　正电子湮没研究

正电子射入凝聚态物质中,在与周围达到热平衡后通常要经历一段时间才会和电子湮没,这段时间为正电子寿命 τ. 在含有点阵空位、位错核心区和空洞等的不完整晶格中,由于在这些空位型缺陷中缺少离子实,电子的再分布会在这些缺陷处造成负的静电势,因此空位、位错和空洞这样的缺陷会强烈地吸引正电子,而使正电子处于被束缚状态(捕获态). 处于自由态和捕获态的正电子都会和电子湮没同时发射出 γ 射线. 正电子湮没(PAS)谱为不同正电子寿命 Δt(指从正电子产生到湮没之间的时间)与湮没事件数之间的关系图谱,通过对此图谱的分析可得到在不同空位型缺陷中与电子湮没的正电子寿命 τ，材料电子结构或缺陷结构的有用信息，因此，正电子湮没谱学为研究纳米微晶物质的结构提供了有效手段.

8.7.1　纳米结构材料缺陷的研究

　　Schaefer 和 Mütschele 等[14~16]用 NaCl 正电子源对纳米微晶 Fe 和纳米微晶 Cu，Pd 样品进行了正电子寿命谱测量. 结果表明，纳米微晶物质的正电子寿命谱与孤立的超微粒、大晶粒物质及非晶态物质的都不同. 图 8.17 示出的是纳米微晶 Fe 的正电子寿命谱与其余 Fe 材料谱的比较. 由谱起始部分的斜率得出纳米微晶 Fe 的平均正电子寿命为 $\overline{\tau}_n = 274\text{ps}$，比非晶态合金（$Fe_{85.2}B_{14.8}$）中的平均正电子寿命（$\overline{\tau}_a = 142\text{ps}$）或大晶粒 Fe 中测得的自由态正电子寿命（$\overline{\tau}_f = 106\text{ps}$）长，但比孤立超微粒 Fe 粉末中的寿命（$\overline{\tau} = 412\text{ps}$）短. 此外，纳米微晶 Fe 的谱的长寿命成分显著增强，纳米微晶 Fe 的正电子寿命谱可用四成分（4 个寿命 τ_1，τ_2，τ_3，τ_4）进行解谱. 结果列于表 8.3 中. 随压实样品的压力增加，长寿命成分只剩下一个. 图 8.18 示出的是纳米微晶 Fe 的正电子寿命谱的分析结果随压力的变化. 可见，当 $p \geqslant 10\text{MPa}$ 时，短寿命 τ_1 与 τ_2 随压力变化很小，两成分的强度之比 I_1/I_2 在 $p = 56\text{MPa}$ 之前随压力增加，表明寿命为 τ_1 的态的浓度相对于寿命为 τ_2 的态的浓度增加了. 而由 $I_3 + I_4$ 给出的长寿命成分在此过程中则减弱了.

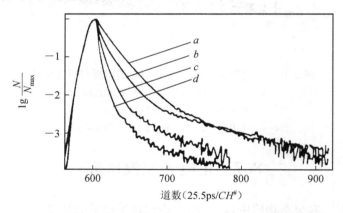

图 8.17　室温下测得的正电子湮没寿命谱
(a)Fe 超微粒；(b)纳米微晶 Fe；(c)非晶态合金 $Fe_{85.2}B_{14.8}$；(d)多晶 Fe

表 8.3　纳米微晶 Fe 及超微粒 Fe 的正电子寿命

	τ_1(ps)	τ_2(ps)	τ_3(ps)	τ_4(ps)
纳米微晶 Fe	130 ± 15	360 ± 30	1200 ± 200	4000 ± 500
超微粒 Fe	200 ± 20	443 ± 5	1350 ± 50	

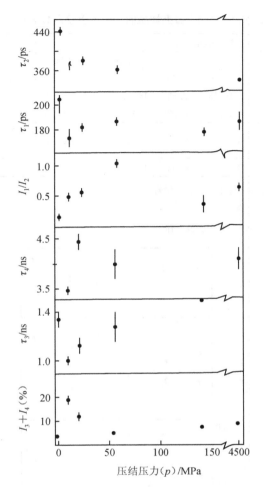

$p=0$ 对应于未加压的 6nmFe 超微粒

图 8.18　纳米微晶 Fe 的正电子湮没谱各组元
的寿命与强度随压结压力 p 的变化（粒径为 6nm）

　　纳米微晶 Pd 与纳米微晶 Cu 的正电子寿命谱可分解成两个较强的短寿命成分（相应的寿命为 τ_1，τ_2）和另一较弱的长寿命成分（τ_3），见表 8.4. 对纳米微晶 Cu 样品，各成分的寿命及其强度也表现出类似于纳米微晶 Fe 的变化，即：随着压实压力在 $p=61\mathrm{MPa}\sim5\mathrm{GPa}$ 内变化，τ_1，τ_2 仅有微小的变化，而其强度比在较低压力下随压力有显著增加.

　　对于 Fe 和 Cu 的纳米微晶样品的等时加温退火实验表明，τ_1，τ_2 及相应的强度 I_1，I_2 随退火温度在 $296\mathrm{K}\leqslant T_a\leqslant653\mathrm{K}$ 变化只发生微小变化. 对于纳米微晶 Fe，长寿命成分的强度 I_3+I_4 最初（$\leqslant428\mathrm{K}$）随温度增加而增加，之后在较高的退火温度时变小（见图 8.19）.

表 8.4　Cu,Pd,Fe 的纳米微晶样品的正电子湮没寿命 τ_i(ps)及其强度 I

		纳米金属微晶					普通金属多晶		
	p/GPa	τ_1/ps	τ_2/ps	I_1/I_2	τ_3/ps	I_3(%)	τ_f^*/ps	τ_{1v}^*/ps	$\tau_{玻璃}^*$/ps
Cu	0.061	152±8	347±3	0.30	1800±100	1.5±0.4	112	179	164
	0.183	187±11	354+16	2.53	1500±100	1.5±0.1			
	5.0	165±3	322±4	0.57	2600±300	0.2±0.0			
Pd	5.0	142±3	321±6	0.72	700±100	2.6±0.7	96 108	168	171
Fe	4.5	185±5	337±5	0.63	4100±400	8.5±0.5	106	175	167

* τ_f:大晶粒多晶样品的正电子自由态湮没寿命;

　τ_{1v}:单空位的正电子寿命;

　$\tau_{玻璃}$:经过弹性形变后的正电子湮没寿命.

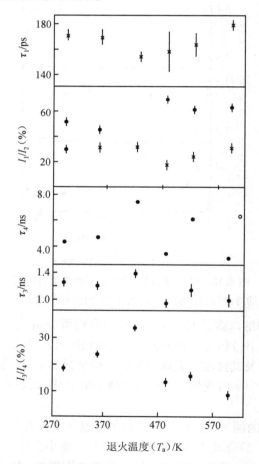

图 8.19　纳米微晶 Fe 样品在 T_a 温度下等时(t_a=20min)
退火后在正电子寿命及相应强度(在 295K 测得)

对于纳米金属微晶样品,在实验精度范围内,所有正电子的湮没都发生在俘获态. 因此,其强度较大的短寿命 τ_1,τ_2 都将大于相应的大晶粒材料中的自由态寿命 τ_f. 寿命 τ_1 是由于正电子被俘获在尺寸约为单个空位的自由体积内的束缚态湮没,因为该值与相应的大晶粒多晶体的 τ_{1v} 相近. 这类自由体积可认为是处在纳米金属微晶的界面上,因为当把纳米微晶 Fe 或 Cu 样品加热到 $T_a=653\mathrm{K}$,相应晶粒内部的单空位将完全消失,而 τ_1 却基本保持不变,这种热稳定性表明这类自由体积不可能位于晶体内部. I_1 随着所加压力的增大而增强的实验结果也支持该看法,因为压力的增加显然使界面上尺寸小的自由体积的浓度增加.

寿命 τ_2 对应于正电子被俘获于 3 个晶粒间界交叉处构成的微空隙(空位团)中的束缚态湮没. 这个微空隙的结构如图 8.20 所示. 理论计算表明,这类微空隙是由约 10 个空位凝聚而成的空位集团,其直径约为 0.6nm. 对 Fe,τ_1,τ_2 成分一直延续到 $T_a=593\mathrm{K}$,尽管退火到这样的温度将导致晶粒平均长大到 40nm,表明在上述退火处理中晶体界面上的正电子俘获并不改变其物理性质. 因此,可以认为这类微空隙是纳米金属微晶的结构元素.

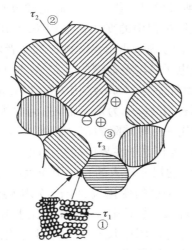

图 8.20　纳米微晶材料中晶粒排置的二维示意图.
影线表示晶面的取向,下角的插图给出了界面原子结构示
意图. 湮没位置(1)对应于正电子寿命 $\tau_1=180\pm15\mathrm{ps}$,位置
(2)对应于 $\tau_2=360\pm30\mathrm{ps}$,位置(3)多应于 $1000\mathrm{ps}\leqslant\tau_3$,
$\tau_4\leqslant5000\mathrm{ps}$,(对于纳米微晶 Fe 样品)

长寿命 τ_3(或 τ_3 及 τ_4)可归结为在较大空隙(见图 8.20)处形成正电子素 O-ps(orthopositronium,即三重态电子素). 这些长寿命成分的强度及寿命值可分别通过正电子功函数和自旋转换过程定出,两种效应都决定了内部晶界的结构性质和杂质污染情况. 因此,纳米微晶 Fe 的长寿命成分的强度 I_3+I_4 最初($T_a\leqslant423\mathrm{K}$)

随退火温度而增加(图 8.20)可归因于空隙表面对扩散过来的气体杂质的吸收,而 $T_a > 423K$ 以后 $I_3 + I_4$ 的减小则是由于气体的解吸和空隙收缩.

在图 8.17 与表 8.3 中同时给出了 6nm 的孤立超微粒 Fe 粉末的正电子湮没寿命谱及参数,此时正电子主要以寿命 $\tau_2 = 443ps$ 而湮没. 这与纳米微晶 Fe 不同. 这一寿命可能是起源于正电子表面态. 而强度较小的 $\tau_1 = 200ps$ 和 $\tau_3 = 1350ps$ 成分则分别对应于正电子在相邻纳米晶粒界面的湮没和正电子素的形成.

因此,正电子寿命谱研究给出,纳米金属微晶物质中存在着界面中的单空位尺寸的自由体积,界面交叉处的微空隙以及构成纳米金属微晶结构元素的大空隙等,图 8.20 示出的是这些结构的示意图. 从而进一步证实纳米微晶物质具有与晶态和非晶态均不相同的结构特点.

8.7.2 烧结过程中纳米材料致密化的研究

致密度的问题是纳米结构材料绕结过程中最重要的研究内容,它是关系到纳米材料应用的关键问题. 纳米材料在绕结中如何完成致密化的过程主要与材料中的空位、空位团、空洞在烧结过程中的变化密切相关. 利用正电子技术就能获得上述信息. 美国 Argon 实验室的 Siegel 和我国科技工作者对纳米 TiO_2 块体烧结过程中结构的变化开展了正电子湮没寿命谱的研究. 纳米 TiO_2 块体材料是通过蒸发和原位加压法制备的. 原始粒径为 12nm,结构为金红石. 他们通过正电子寿命谱的解谱发现,有三种寿命 τ_1,τ_2 和 τ_3,τ_1 为短寿命,τ_2 为中等寿命,τ_3 为长寿命,它们的强度(I_1,I_2 和 I_3)分别代表三种缺陷的相对数量. τ_1 是正电子在纳米 TiO_2 界面的单空位中湮没的寿命;τ_2 为正电子在界面的空位团(大于 10 个单空位)中湮没的寿命;τ_3 为正电子在界面中的尺寸较大的孔洞中湮没的寿命. 图 8.21 示出的是烧结过程中三种寿命及其相应强度的变化. 在小于 773K 烧结时,τ_1 和 τ_2 基本不变,τ_3 下降,而 I_1 先上升后下降,I_2 先下降后上升,I_3 先上升,后下降,但变化幅度不大. 这说明在此温度范围内空位团的尺寸并未发生变化,而孔洞尺寸在收缩. 到 773K 时单空位数量减少,空位团数量增加,孔洞数量下降. 这意味着在这个过程中部分单空位崩塌形成空位团,便 τ_2 寿命的缺陷数量增加,部分孔洞因收缩而完全消失. 在 773K 至 1073K 温度范围烧结,I_1 先下降后上升,I_2 单调下降,I_3 先上升后下降,而相应的 τ_1 和 τ_2 减小,τ_3 增大. 在这时 τ_1 已从 226ps 减小到自由正电子寿命 146.6ps,这表明强烈的热振动和晶界扩散使单空位在晶界上湮灭,I_1 的下降也说明了这个问题;由于部分空位团相互聚合形成大的孔洞,这就导致 τ_3 增加和开始 I_3 的增大,其中部分空位团的收缩使 τ_2 下降,空位团因上述两个过程的耗损,使 I_2 单调下降;1273K 退火 τ_2 和 τ_3 寿命的缺陷仍然存在,但数量有所减少,特别是空位团的数量下降较多,这时试样趋于致密,达 93% 的密度. 这意味着即使在

1273K 烧结,孔洞仍然存在,TiO_2 块体并未完成致密化过程,因此纳米 TiO_2 不加添加剂进行常压烧结很难达到更高的致密度.

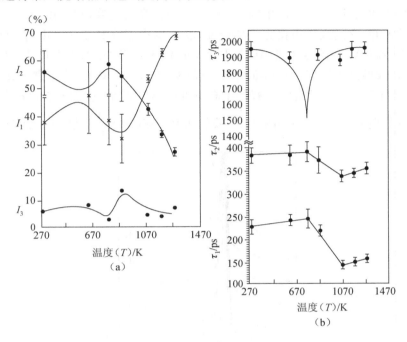

图 8.21　寿命成分 τ_1,τ_2,τ_3 及其相对强度随退火温度的变化曲线

8.8　纳米材料结构的核磁共振研究

具有磁矩的粒子(原子、离子、电子、原子核等)在磁场中形成了若干分裂的塞曼能级.在适当的交变电磁场作用下,可以激发粒子在这些能级间的共振跃迁,这就是核磁共振现象.因此通过对这种核在塞曼能级之间跃迁产生的吸收谱的分析就能获得固体结构,特别是近邻原子组态,电子结构和固体内部运动的丰富信息,这就是核磁共振(NMR)技术.这种技术为研究纳米材料的微观结构提供了强有力的手段.

前面已提到纳米结构材料具有许多常规材料不具备的特性,这些特性的出现与"小尺寸效应","表面、界面效应","量子尺寸效应"和"宏观量子隧道效应"密切相关.这里值得提出的是,除了上述因素外,原子组态和电子结构对纳米材料性能的影响也是十分重要的.但至今很少见到用核磁共振技术来研究纳米材料这些微观结构的报道.目前我国科技工作者已经用核磁共振技术对纳米结构材料和纳米粉体的微结构进行了研究,在纳米 Al_2O_3 的粉体和块体的核磁共振研究上已取得一些结果[17]. 图 8.22 示出的不同温度退火的纳米 Al_2O_3 粉体的^{27}Al 共振谱. 由图可看出,退火温度小于 1023K 时,各个共振谱上均出现两个峰,其中 p_1 峰很低,它是由试样中残余的金属 Al 产生的,p_2 峰为一个很高的主峰,它是由 Al_2O_3 中^{27}Al产生的共振峰,它的线形很接近高斯分布曲线. 退火温度高于 1023K,p_1 峰消失,这是由于金属 Al 氧化转变成 Al_2O_3 所致,p_2 峰仍然存在. 退火温度为 1173K 和1223K 时,共振谱上出现一些精细结构. 1373K 和 1473K 退火,共振谱上又出现四对卫星峰. 由图 8.22 得到的 p_2 峰的半高宽度(FWHM)和化学位移 δ 随退火温度变化关系分别示于图 8.23 和图 8.24. 我们知道,FWHM$\propto \dfrac{1}{r_2}$,其中 r 为两个^{27}Al 核

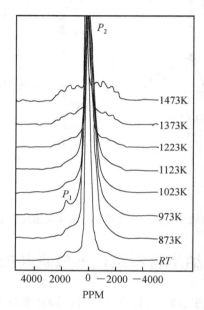

图 8.22　纳米 Al_2O_3 粉体的^{27}Al 核磁共振谱随退火温度的变化

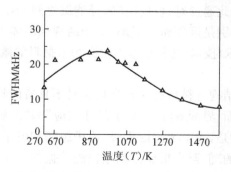

图 8.23　纳米 Al_2O_3 粉体的^{27}Al 共振谱中
主峰的半高宽度(FWHM)随退火温度的变化

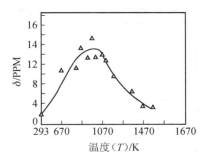

图 8.24　纳米 Al_2O_3 粉体的[27]Al 共振谱主峰的
化学位移(δ)随退火温度的变化

之间的间距. r 越小,FWHM 越大,反之 FWHM 越小,同时当[27]Al 核所处的局域磁场的大小和分布越宽,FWHM 越大,反之,越小. δ 是与[27]Al 核所处位置的局域磁场强度密切相关,有效磁场越大,δ 越大. 此外,[27]Al 核周围电子密度对 δ 影响也很大,当电子密度高到使[27]Al 核被屏蔽,δ 将减小,相反,δ 将增加. 而这些因素(有效磁场和电子密度)强烈依赖于 Al 核周围的环境,包括最近邻原子的种类,周围的配位情况及 Al 核之间的间距等. 纳米 Al_2O_3 的 FWHM 和 δ 随退火温度变化直接反映了它的微结构的变化,而 Al 在不同相结构中它的周围环境是有差别的. 根据 X 光分析,室温至 1473K 范围内退火,粉体中发生如下相变过程:勃母石($AlOOH$)

$$\xrightarrow{\sim 773K} \eta - Al_2O_3 \xrightarrow{1173K} \eta + \gamma + \alpha - Al_2O_3 \xrightarrow{1273K} \gamma + \alpha - Al_2O_3 \xrightarrow{\geqslant 1373K} \alpha - Al_2O_3 \text{（见}$$

表 1). 勃母石中[27]Al 的最近邻为 6 个 OH 团,$\eta - Al_2O_3$ 中,[27]Al 最近邻为氧原子,有的[27]Al 核处于氧的四面体中心,有的处于八面体中心,而[27]Al 的周围配位不全,存在大量无规分布的氧空位. $\gamma - Al_2O_3$ 的情况与 $\eta - Al_2O_3$ 相似,只是[27]Al 在八面体中的数量增加,在四面体中数量减少,氧缺位减少. α 相为刚玉石结构,[27]Al 全部处于八面体位置,氧空位大大减少. 随着退火温度的升高 FWHM 和 δ 都是先上升然后下降,其原因如下:从室温至 973K 为上升阶段,它恰好对应勃母石→$\eta - Al_2O_3$ 转变,在这个过程中,[27]Al 周围的 OH 团逐渐消失,氧原子和无规分布的氧空位成为它的近邻,氧空位的存在使[27]Al 核周围电子密度下降,纳米粒子由 50～60nm 减小到～10nm(见表 8.5),使得 Al 核之间距离变短,这就导致 FWHM 和 δ 的上升. 在下降阶段(1073K→1473K),对应 $\eta \to \gamma \to \alpha - Al_2O_3$ 转变. 在这个过程中 Al 核近邻和次近邻发生如下的变化:(ⅰ)四面体位置的 Al 核逐渐减少,八面体 Al 核逐渐增加,直至全部处于八面体为止;(ⅱ)由于高温氧化,氧空位逐渐减少,Al 核近邻氧原子配位数增加,这就增强了对 Al 核的电子屏蔽;(ⅲ)Al 核之间距离增大. 这就导致 δ 和 FWHM 的下降. 因此,用核磁共振技术研究纳米材料可以给出相变过程中近邻原子组态的变化过程,从共振谱的参数可以判断氧缺位的分布,Al 近邻和次近邻的配位情况以及原子的运动过程,电子密度的变化等.

表 8.5　纳米 Al_2O_3 粒径相和颜色

热处理	相与粒径(nm)	颜色
RT(室温)	勃母石(50～60nm)	深灰色
873K×4h	勃母石(50～60nm)＋η-Al_2O_3(～15nm)	灰色
973K×4h	η-Al_2O_3(～10nm)	灰白色
1023K×4h	η-Al_2O_3	灰白色
1073K×4h	η-Al_2O_3(～10nm)	白色
1173K×4h	γ＋η-Al_2O_3(～10nm)	白色
1273K×4h	γ＋α＋小量 η-Al_2O_3(～10nm)	白色
1373K×4h	α-Al_2O_3(27.4nm)	白色
1473K×4h	α-Al_2O_3(84.0nm)	白色

　　对纳米 Al_2O_3 块体的核磁共振实验给出了与粉体相似的结果.图 8.25 为原始未退火的和 823K 退火的纳米 Al_2O_3 块体与对应粉体的 ^{27}Al 核磁共振谱.可以看在相同热处理条件下 p_2 峰的线形.FWHM 和 δ 等参数基本相同,这表明纳米 Al_2O_3 块体的庞大界面内 Al 核的近邻和次近邻原子组态、分布、距离基本与颗粒内相同,而纳米材料的界面组元与颗粒组元在结构上的差别主要是大于次近邻的范围.这表明纳米 Al_2O_3 块体的界面在近程范围是有序的,不是类气态结构.

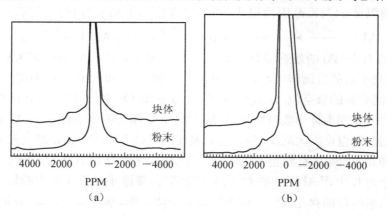

图 8.25　纳米 Al_2O_3 块体和粉体 ^{27}Al 共振谱的比较

(a)未退火试样;(b)823K 退火试样

8.9　拉曼光谱

　　当光照射到物质上时会发生非弹性散射,散射光中除有与激发光波长相同的弹性成分(瑞利散射)外,还有比激发光波波长的和短的成分,后一现象统称为拉曼(Raman)效应.由分子振动、固体中的光学声子等元激发与激发光相互作用产生的非弹性散射称为拉曼散射. 拉曼散射与晶体的晶格振动密切相关, 只有对一定的晶格振动模式才能引起拉曼散射. 因此用拉曼散射谱可以研究固体中的各种元激发的状态.

　　纳米材料中的颗粒组元和界面组元由于有序程度有差别, 两种组元中对应同一种键的振动模也会有差别, 对纳米氧化物的材料, 欠氧也会导致键的振动与相应的粗晶氧化物也不同, 这样就可以通过分析纳米材料和粗晶材料拉曼光谱的差别来研究纳米材料的结构和键态特征. Veprek[18] 用拉曼光谱分析了纳米 Si 的量子尺寸效应. Siegel 等[10] 对纳米 SiO_2 块体材料用拉曼光谱分析了该材料的结构、界面结构和相变, 提供了十分有用的信息. 下面我们以纳米 TiO_2 作为例子详细地叙述一下拉曼光谱在研究纳米材料结构上的应用. 首先我们介绍一下常规的 TiO_2 不同相结构的拉曼振动模式.

　　(1) 金红石结构的拉曼振动

　　金红石属于四方晶系, 每个晶胞中含有两个 TiO_2 分子, 属于空间群 $D_{4h}^{14}(P4_2/mnm)$. 共有 18 种振动自由度, 除了声学模和非拉曼活性模外, 中心对称晶格振动模式 $A_{1g}, B_{1g}, B_{2g}, E_g$, 属于拉曼活性振动模. 它们能引起一级拉曼散射. 这些活性模的振动频率列于表 8.6. 应当指出的是, 拉曼谱上的拉曼位移为元激发, 例如声子的能量, 它与相应的晶格振动频率相同.

表 8.6　常规多晶和单晶 TiO_2(金红石) 的拉曼活性模的频率 (ν)

多晶 $\nu(\mathrm{cm}^{-1})$	单晶 $\nu(\mathrm{cm}^{-1})$	振动模式
143(w)	143	B_{1g}
244(m)	235	多声子过程
440(s)	447	E_g
610(s)	612	A_{1g}
825(vw)	826	B_{2g}

表中: s, vvs, w, m, vw 分别表示振动模式的强弱, 即拉曼谱线为强、很强、弱、中强、很弱.

　　(2) 锐钛矿的拉曼振动模式

　　锐钛矿属于空间群 $D_{4h}^{19}(I4_1/amd)$, 每个晶胞中含有两个 TiO_2 分子, 拉曼振动频率列于表 8.7.

表 8.7[19]　常规多晶和单晶 TiO_2(锐钛矿) 拉曼活性振动模的频率 ν

多晶 $\nu(\mathrm{cm}^{-1})$	单晶 $\nu(\mathrm{cm}^{-1})$	振动模式
143(vvs)	144(ws)	E_g
196(w)	197(w)	E_g
326(vw)	316(w)	一级声子

续表

多晶 v(cm^{-1})	单晶 v(cm^{-1})	振动模式
392(m)	400(m)	B_{1g}
510(m)	515(mw)	B_{2g}
633(m)	640(m)	E_g
798(vw)	796(w)	二级声子

由表 8.6 可看出,多晶粗晶金红石结构的 TiO$_2$ 的拉曼振动模式为:E_g(440cm^{-1}),属于强振动(s);A_{1g}(610cm^{-1}),属于强振动(s);B_{1g}(143cm^{-1}),属于弱振动(w);B_{2g}(825cm^{-1}),很弱的振动(vw).表 8.7 列出多晶粗晶钛钛矿 TiO$_2$ 的拉曼振动 E_g 分别为 143cm^{-1},196cm^{-1},633cm^{-1},强度分别为很强(vvs),弱(w)和中强(m);E_{1g}(392cm^{-1},中强);B_{2g}(510cm^{-1},中强).

图 8.26 示出了不同温度烧结纳米 TiO$_2$ 块体的拉曼谱.由图可知拉曼谱随烧结温度增加发生明显变化,其中包括谱线的数目,位置和峰高的变化.与粗晶多晶金红石相比较,当烧结温度 $T \leqslant 773K$ 时,样品的相结构为金红石和锐钛矿的混合相,$B_{1g} + E_g$ 为 148cm^{-1},E_g 在 424 至 430cm^{-1} 之间,A_{1g} 为 612cm^{-1},这些峰位相对常规材料有平移现象,所有峰变宽。烧结温度 $T \geqslant 1073K$ 时,拉曼谱上出现 4 个峰,它们分别属于 E_g,A_{1g} 和 B_{2g} 振动模,同时还出现一新峰,峰位在 798~800cm^{-1},B_{1g} 消失了.

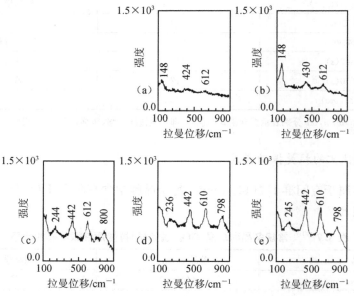

图 8.26　纳米 TiO$_2$ 样品分别经(a)623K;
(b)773K;(c)1073K;(d)1173K;(e)1273K 烧结后的拉曼谱图[17]

关于纳米 TiO_2 与常规多晶 TiO_2 在拉曼谱上表现的差异有两种解释：一是颗粒度的影响；二是氧缺位的影响. Parker 认为，氧缺位是影响纳米 TiO_2 拉曼谱的根本原因[20~22]. 他们首先将样品在 Ar 气中分别经 473K，673K，873K 烧结，这时晶粒度已由 12nm 长到 20nm，对应的拉曼谱线不发生任何移动. 而在氧气中进行同样烧结，拉曼谱线发生了明显的变化. 其次，他们还在 $10^{-4}Pa$ 的真空炉内烧结样品，使 $TiO_2 \rightarrow TiO_{2-x}$，这时可以看到主要拉曼线向开始位置移动，从这两个实验事实可以看到：TiO_2 拉曼线与晶粒度无关，氧缺位是引起纳米 TiO_2 拉曼线移的主要原因.

Traylor 等（1971）[24]，Krishnamurthy（1979）[23]，Marom（1988）[25] 等对金红石、锐钛矿 TiO_2 在 $K=0$ 处进行点阵振动计算：利用 GF-矩阵方法算得锐钛矿 $144cm^{-1}$（E_g）拉曼线是由于 O-Ti-O 键偏移引起，这种模式是底面氧原子不协调地偏离中心 Ti 原子引起. 根据模式的低频振荡，计算出一个弱的力常数，同时指出，少量的氧缺位在某种程度上不会影响基面上原子的相互作用，但纳米 TiO_2 的拉曼谱表明，E_g 振动模式确实出现很大的偏离，这说明纳米态的严重氧缺位使 O-Ti-O 键的振动与常规多晶 TiO_2 相比出现较大的差异，同时也间接地证明了纳米 TiO_2 与典型的锐钛矿和金红石结构尚有差别，很可能是由于界面组元的结构发生了较大的偏离. 从图 8.26 我们看到，不同烧结温度对纳米 TiO_2 拉曼谱有很大的影响，主要表现在峰高的变化和峰位的移动.

（1）峰高

$148cm^{-1}$ 峰较其他峰强. 参考文献[19]指出，常规锐钛矿中的 $148cm^{-1}$（E_g）峰相当强，若金红石与锐钛矿以 1∶1 比例混合，$148cm^{-1}$ 比其他峰高出大约 30 倍. 本实验中 $148cm^{-1}$ 的相对峰高仅比其他峰高 1~2 倍. 因此，我们可以断定，纳米 TiO_2 中含有少量的锐钛矿结构，这一点与 X 射线结果一致. 经 973K 烧结后，$148cm^{-1}$ 的峰高产生陡降，1073K 时该峰消失. 这说明纳米 TiO_2 中存在的锐钛矿结构已完全转变成金红石结构，而常规 TiO_2 晶体由锐钛矿转变为金红石结构的温度一般为 1273K 左右，这说明纳米态的相变温度一般比常规态的低得多.

（2）峰位

各拉曼谱线随温度的变化不完全相同. $148cm^{-1}$ 峰在低温下峰宽（FWHM）为 $64cm^{-1}$，是普通锐钛矿 TiO_2 的 6 倍. 随热处理温度升高，$148cm^{-1}$ 峰逐步移向低频位置. $424cm^{-1}$ 峰随着烧结温度的升高，发生蓝移，最终达到普通金红石的振动频率 $442cm^{-1}$（E_g），$612cm^{-1}$ 峰在整个温度变化范围内频率基本不发生变化. 这主要归结为纳米态氧缺位的影响，而且这种影响对 $442cm^{-1}$ 和 $612cm^{-1}$ 峰的影响不同. $424cm^{-1}$ 在缺氧状态下频率降低了 $26cm^{-1}$，而 $612cm^{-1}$ 峰基本保持不变. 结果表明[23,25]，442cm^{-1}(E_g)模式是由于氧原子沿着 c 轴振动不协调的结果. 这种模式属于非极性，而 612cm^{-1}(A_{2g})属于 Ti—O 键振动，因此，随退火温度增加，氧缺位不断减少，直接影响 442cm^{-1}(E_g)模式的振动频率随退火温度发生变化，而 612cm^{-1}振动模式频率对氧缺位数量并不敏感，这说明氧缺位变化虽然影响 Ti—O 键间交互作用，但正如 Maroni[25]指出，这种交互作用不足以使点阵发生明显的位移，因此 Ti—O 键振动频率不变，峰位不变.

　　当纳米材料颗粒尺寸减小到某一临界尺寸其界面组元所占的体积百分数与颗粒组元相比拟时，界面对拉曼谱的贡献会导致新的拉曼峰出现[19]. 我们对纳米 SnO$_2$ 块体材料的拉曼谱随颗粒尺寸的变化进行了研究，结果如图 8.27 所示[44]. 图中给出了不同颗粒尺寸所对应拉曼谱，曲线 1 对应未经热处理的样品，颗粒度为 5nm，曲线 2 至 8 分别对应经 473K,673K,873K.1073K,1323K 及 1623K 热处理 6h 的样品和粗晶未处理试样，颗粒度分别为 5,8,25,40,80,200nm 及大于 1μm. 尺寸小于 8nm 的试样(小于 1nm)拉曼谱上存在 P_1 和 P_2 峰，它们之间的峰位差约 70cm^{-1}. 对于未热处试样 P_1 峰明显高于 P_2 峰强度(见曲线 1). 473K 退火 P_1 与 P_2 的峰位不变，强度变得几乎相同. 673K 退火，晶粒尺寸长大到 8nm，P_1 峰完全消失，只剩下 P_2 峰. 进一步增加退火温度，P_2 峰位不变，强度增加，峰形变锐，与粗晶粒 SnO$_2$ 的拉曼谱基本类似. 上述结果表明当晶粒尺寸小于某一临界值时 P_1 峰的出现很可能是界面组元的贡献.

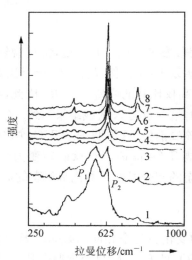

图 8.27　不同热处理的纳米 SnO$_2$ 块体和粗晶试样的拉曼谱曲线

1~7 为纳米试样,1——未热处理;2——473K/6h;3——673K/6h;4——873K/6h;

5——1073K/6h;6——1323K/6h;7——1623K/6h;8——粗晶未处理试样

8.10　电子自旋共振的研究

电子自旋能级在外加静磁场 H 作用下会发生塞曼分裂,如果在垂直于磁场的方向加一交变磁场,当它的频率满足 hv 等于塞曼能级分裂间距时,处于低能态的电子就会吸收交变磁场的能量跃迁到高能态,原来处于高能态的电子,也可以在交变磁场的诱导下跃迁到低能态,这就是电子自旋共振(ESR). 由于在热平衡下,处于低能态的电子数多于处于高能态的电子数,所以会发生对交变磁场能量的净的吸收. 观察到 ESR 吸收所用的交变磁场的频率通常在微波波段.

对于试样含有较多未成键电子时,ESR 现象很容易被观察到,因而 ESR 对研究未成键电子数、悬挂键的类型、数量以及键的结构和特征是有效的.

ESR 的主要参数有 3 个,一是 g 因子,各种未成键电子的性质及键的类型等可由 g 因子来进行评估. 除了 g 因子外,还有共振线宽 ΔH 和谱线的积分强度. ESR 的共振线宽 ΔH 与电子自旋弛豫时间有密切关系,可用经验公式.

$$\Delta H \approx (\gamma \cdot \tau_s)^{-1}, \tag{8.7}$$

其中 γ 是电子的旋磁率. ΔH 可以通过 ESR 谱线的线型求得.

谱线的积分强度通常与磁化率成正比,这里要特别指出的是纳米粒子的磁化率与粒子所包含的电子奇偶数有关,前面在 3.2 中已提到. 利用 ESR 的测量可以了解纳米材料的顺磁中心,未成键电子以及键的性质和键的组态. 如何用 ESR 谱的参数研究纳米材料的微结构,首先需要找出 ESR 的参数的变化和纳米材料微结构之间的关系. 在具体叙述用 ESR 谱研究纳米材料之前我们先详细介绍一下 ESR 谱诸参数的基本概念和物理意义.

8.10.1　基本概念

(1) 磁矩,g 因子

电子自旋磁矩 $\boldsymbol{\mu}_s, = 2\beta\boldsymbol{S}$,轨道磁矩 $\boldsymbol{\mu}_l = \beta\boldsymbol{L}$,其中,$\beta$ 是玻尔磁子,$\beta = \dfrac{e\hbar}{2m}$,$\boldsymbol{S}$ 是电子自旋角动量算符,$\boldsymbol{L}$ 是轨道角动量,有时将上两式统一写成

$$\boldsymbol{\mu}_s = g\beta\boldsymbol{S}, \tag{8.8}$$
$$\boldsymbol{\mu}_l = g\beta\boldsymbol{L}, \tag{8.9}$$

这里对于自旋和转道运动,g 因子分别等于 2 和 1,g 因子是磁矩与角动量的比,单位用无量纲的玻尔磁子表示,电子自旋的旋磁比 γ 与 g 因子有关,可以表示为

$$\gamma = \frac{g\beta}{\hbar}. \tag{8.10}$$

如果考虑电子的自旋运动和轨道运动,那么总的角动量 J 司表示成为

$$J=L+S, \tag{8.11}$$

这样,总的磁矩 μ 就等于

$$\mu = g\beta J. \tag{8.12}$$

对全部磁矩,朗德因子 g 有如下形式:

$$g = \frac{3}{2} + \frac{S(S+1) - L(L+1)}{2J(J+1)} \tag{8.13}$$

固体中,由于电子轨道动动与晶场作用较强.因此,轨道运动与自旋分离开来,这个过程称为"quenching",分离得越完全,g 因子越接近自由电子的 g 值 2.0023[26].

在单晶中,g 因子是随着方向 (x, y, z) 的变化而不同的.一般来说,g 因子是有六个分量的对称张量,如果能找到主轴 (x, y, z),则 g 张量是对角的,经常使 g 张量有个轴对称,这里

$$g /\!/ = g_{zz}, \tag{8.14}$$
$$g \perp = g_{xx} = g_{yy}, \tag{8.15}$$

其中 z 轴是对称轴.对任意取向的晶体,在磁场中的共振可表示为

$$g = \sqrt{g_{xx}^2 \cos^2\theta_x + g_{yy}^2 \cos^2\theta_y + g_{zz}^2 \cos^2\theta_z}, \tag{8.16}$$

其中 θ_x 是 x 轴与磁场方向的夹角,$\cos\theta_x$ 是 x 轴方向的余弦,这 3 个方向的余弦满足

$$\cos^2\theta x + \cos^2\theta y + \cos^2\theta z = 1, \tag{8.17}$$

在球坐标系中,g 因子可以写为

$$g = \sqrt{g_{xx}^2 \sin^2\theta \cos^2\varphi + g_{yy}^2 \sin^2\theta \sin^2\varphi + g_{zz}^2 \cos^2\theta}, \tag{8.18}$$

如果是轴对称的,上式成为

$$g = \sqrt{g_\perp^2 \sin^2\theta + g^2 /\!/ \cos^2\theta}, \tag{8.19}$$

这里认为对称轴是 $g/\!/$ 方向,对大多数 ESR 实验,测量只得到一个 g 值.

一般来说,g 因子直接反映了被测量对象所包含的自由电子或者未成键电子的状态.对一个复杂的体系,通常实验上测得的 g 因子是一个平均值,它是多个 g 因子的张量叠加,因此实验上通常经过线形的分析把一个复杂的 ESR 信号分解为若干个信号,每一个信号将对应一个特定的 g 因子,以便对一个复杂体系的微结构进行了解.对纳米材料,由于颗粒尺寸小,界面组元和晶内组元对 g 因子的贡献有差别.与常规材料相比,在 ESR 信号上就会产生 g 因子的位移 (Δg).从 g 因子的变化也可以来理解纳米微粒或纳米材料结构的特征.下面我们将会详细介绍这方面的内容.

(2) 自旋哈密顿量 H

自旋哈密顿量决定了 ESR 信号的强弱.对于纳米粒子来说,尺寸也将对 ESR

信号有影响. 粒径小于 100nm 的碱金属, ESR 信号很容易观察到, 原因是哈密顿量很弱, 而纳米的 Ag 粒子, 只有在很低的温度时才能观察到 ESR 信号, 这是因为纳米 Ag 粒子的自旋哈密顿量很大. 自旋哈密顿量可用下式表示：

$$\boldsymbol{H} = \boldsymbol{H}_{dect} + \boldsymbol{H}_{ef} + \boldsymbol{H}_{LS} + \boldsymbol{H}_{ss} + \boldsymbol{H}_{Zee} + \boldsymbol{H}_{hfs} + \boldsymbol{H}_{Q} + \boldsymbol{H}_{N} \tag{8.20}$$

每项具有下面典型形式和数值[26]：

$$\boldsymbol{H}_{dect} = 10^4 \sim 10^5 \, \text{cm}^{-1},$$

$$\boldsymbol{H}_{ef} = 10^3 \sim 10^4 \, \text{cm}^{-1},$$

$$\boldsymbol{H}_{LS} = \lambda \cdot \boldsymbol{L} \cdot \boldsymbol{S} = 10^2 \, \text{cm}^{-1},$$

$$\boldsymbol{H}_{ss} = D[S_z^2 - S(S+1)/3] \approx 0 \sim 1 \text{cm}^{-1},$$

$$\boldsymbol{H}_{Zee} = \beta \boldsymbol{H} \cdot (\boldsymbol{L} + 2\boldsymbol{S})$$

$$= \beta(g_x H_x S_x + g_y H_y S_y + g_z H_z S_z) \approx 0 \sim 1 \text{cm}^{-1},$$

$$\boldsymbol{H}_{hfs} = A_x S_x I_x + A_g S_y I_y + A_z S_z I_z \approx 0 \sim 10^2 \, \text{cm}^{-1},$$

$$\boldsymbol{H}_Q = \{3eQ[4I(2I-1)]\}\left(\frac{\partial^2 V}{\partial_z^2}\right)$$

$$\left[I_z^2 - \frac{I(I+1)}{3} \right] \approx 0 \sim 10^{-2} \, \text{cm}^{-1},$$

$$\boldsymbol{H}_N = \gamma \beta_N \boldsymbol{H} \cdot \boldsymbol{I} \approx 0 \sim 10^{-3} \, \text{cm}^{-1},$$

（8.21）

其中, λ 为自旋-轨道耦合常数；S_z, L_z 为自旋和轨道角动量的子分量；D 为零场分裂常数；β 为玻尔磁子；g_z 为 g 因子的 zz 分量；A_z 为精细耦合常数 A 的 zz 分量；I_z 为核自旋 z 分量；Q 为核的电偶极矩；V 为晶体电场势能；γ 为核旋磁率；β_N 为核磁子. $\boldsymbol{H}_{dect}$ 是顺磁离子在自由态的电子能量, $\boldsymbol{H}_{ef}$ 是自由离子电子结构与晶体电子场的相互作用能量, 这项有助于决定 g 因子. 自旋-轨道相互作用与塞曼能量在数量级上一样, 这就导致了能级的复杂化, 即这个系统强烈依赖在磁场中晶体的取向. 一个较强的相互作用或迅速取向的效应使共振线型变窄和各向同性. ESR 可以说是测量塞曼能 $\boldsymbol{H}_{Zee}$ 的实验, 本质上 ESR 就是研究其他哈密顿量受到或施加十扰塞曼能量的形式. 当晶场对称低于轴对称时, 则有低对称的自旋-自旋相互作用形式, $E(S_x^2 - S_y^2)$, 这里, $-1 \leqslant 3E/D \leqslant 0$. 核自旋与未配对电子的相互作用产生了精细结构 (hfs). 通常, 所有的精细分量有同样的线宽和形式. 但是, 有时弛豫机制使这值偏离. 当过渡族金属的电子自旋与其核自旋相互作用时, hfs 可用哈密顿量表示为

$$\boldsymbol{H}_{hfs} = A\boldsymbol{I} \cdot \boldsymbol{S}. \tag{8.22}$$

对于轴对称, 则上式可写为

$$\boldsymbol{H}_{hfs} = A_\perp (S_x I_x + S_y I_y) + A_{//} S_z I_z \tag{8.23}$$

精细耦合常随着核环境的不同而变化, 即它是核自旋与电子自旋相互作用强度的一种量度.

（3）线型

从 ESR 的共振吸收线的线宽和线形可以得到大量的未成键电子结构的信息. 谱线的宽度不仅与电子自旋和外加磁场间的相互作用有关, 而且与电子自旋和样品内环境间的相互作用有关. 因此, 线宽的信息反映了自旋环境; 累积强度代表在共振条件下样品所吸收的总能量, 这个强度是用谐振曲线下部的总面积来表征的, 用来测定样品中的自由基的浓度, 即每克物质中不成对自旋的数目.

8.10.2　电子自旋共振研究纳米材料的实验结果

纳米非晶氮化硅键结构的 ESR 研究结果如下: 电子自旋共振对未成键价电子十分敏感, 悬键即为存在未成键电子的结构, 因而利用 ESR 谱可以清楚地了解悬键的结构. 一般认为, 如果存在单一类型的悬键, ESR 的信号是对称的. 如果出现不对称时, 可以肯定存在几种类型的悬键结构, 是这几种 ESR 信号的叠加.

传统氮化硅薄膜的 ESR 谱的研究十分广泛[27~29], 一般认为氮化硅中主要存在 Si 的悬键, 并且 Si 的悬键是 MNOS 记忆元件中电荷贮存的位置[30]. 由于氮化硅薄膜中界面密度很大, 悬键数量很大, 数量级为 $10^{17} \sim 10^{18}/cm^3$, 而一般微米级的氮化硅粉体悬键甚少, 约为 $10^{15}/cm^3$[31]. 纳米非晶氮化硅块体的结构与上述薄膜和微米级粉体有明显差别. 为了研究纳米非晶氮化硅块体的界面结构及其变化情况, 我国科技工作者对不同压力压制而成的块状试样以及不同热处理后的试样的 ESR 谱时行测定[32].

对常规晶态 Si_3N_4 的 ESR 信号如图 8.28 所示. 由图可看出, ESR 信号对称. g 因子测量结果平均 g 值为 2.003. 图 8.29 给出了纳米非晶氮化硅块体在不同退火

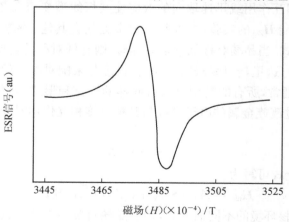

图 8.28　常规 Si_3N_4 的 ESR 谱

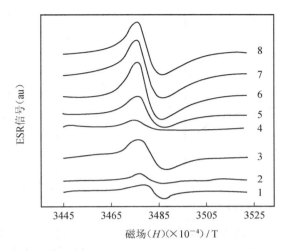

图 8.29　纳米非晶氮化硅块体经不同温度热处理以后所测的 ESR 谱[32]

曲线 1～8 分别对应热处理温度 RT,473K,673K,873K,1073K,1273K,1473K,1573K

温度下的 ESR 曲线. 由图可知 ESR 信号 1～8 均表现为非对称,随退火温度的提高,对称性有所改善. 图 8.30 示出了在不同退火温度下纳米非晶氮化硅 g 因子的变化. 随热处理温度的提高,g 因子下降. 当退火温度低于 1300℃ 时,$g>2.003$.
图 8.31 示出不同退火温度纳米非晶氮化硅未成键电子自旋浓度随退火温度的变化. 当温度 $Ta<1073K$ 时,自旋浓度随退火温度升高而下降,高于 1073K 退火时,随退火温度升高自旋浓度又有所回升. 压制实验表明,随着压力的升高,ESR 信号的非对称性变大(见图 8.32). 对未退火的试样,g 的平均值约为 2.0046,比常规材料大,而自旋浓度为 $10^{18}/m^3$,比常规的 Si_3N_4 中的自旋浓度高 3 个数量级. 这说明纳米非晶氮化硅 g 因子和自旋浓度都比常规的 Si_3N_4 的值大. 这种大的偏离反映了纳米态和常规态的键结构有很大的差别. 纳米非晶氮化硅由于界面组元存在配位不全,很可能包含大量的悬键和不饱和键,我们可以通过 ESR 信号的 g 因子判断一下纳米非晶氮化硅中悬键的类型.

一般 Si 富余的非晶氮化硅中存在以下几种类型的悬键:

（ⅰ）N—Si—N ,是典型的 Si 悬键,用 Si—SiN$_3$ 表示,对应的 g 因子

为 2.003[41];

（ⅱ）Si—Si—Si ,也是一种 Si 悬键,用 Si—Si$_3$ 表示,对应的 $g=2.005$[42];

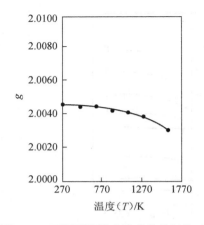

图 8.30　不同温度退火纳米非晶氮化硅　　图 8.31　不同温度热处理纳米非晶氮化硅
　　　　的 g 因子变化[32]　　　　　　　　　　　　　的电子自旋浓度与温度关系

（ⅲ）　　　　，N 的悬键，用 N—NSi$_2$ 表示，$g=2.0057$[31]；

（ⅳ）H—Si—H，Si 悬键的第三种形式，用 Si—SiH$_3$ 来表示，$g=2.0055$[43].

从测定的纳米非晶氮化硅的红外谱可知，不存在 Si—H 键，因此上述（ⅳ）是不存在的.

从图 8.29 及图 8.30 可知，曲线 1～7 的 $g>2.003$，而且均存在非对称性，因此在存在典型的 Si—SiN$_3$ 悬键外，必然还存在 g 值大于 2.003 的其他类型悬键，它们可能包括 Si—Si$_3$ 和 N—NSi$_2$ 悬键. 在制备纳米非晶氮化硅时，会导致微量游离态的硅，即 Si—Si$_3$ 悬键的存在，同时也可能导致 N—NSi$_2$ 悬键的存在，但是 N—NSi$_2$ 的 ESR 谱是 3 线谱，按照（Jouse）[33]，Wannen[31] 的观点，N—NSi$_2$ 悬键数量很少时，它的信号很弱，在微波功率很小及室温条件下完全掩没在 Si 的悬键的信号里，因而无法观察到.

当制备块体样品的压很小时（150MPa），界面经受的畸变不大，随压力提高，界面畸变增大而形成更多的悬键，使得未成键电子自旋浓度和 g 值变大. 在界面畸变过程中形成一部分 Si—Si$_3$ 悬键，从而导致 ESR 信号变得更加不对称及 g 的上升. 这就解释了为什么在图 8.32 中 1.15GPa 压力压制而成的样品的信号的非对称性略大于径 150MPa 压力压制而成的样品的 ESR 信号.

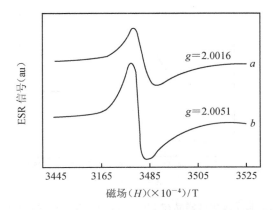

图 8.32　不同压力压制的纳米非晶氮化硅样品的 ESR 谱
曲线 a——150MPa；曲线 b——1.15GPa

　　随热处理温度升高，界面无序度减少，热处理温度越高，界面原子的动性增强，界面中不同的悬键可以相互反应形成亚稳的饱和价键，以如下几种方式结合：

（ⅰ）Si—Si—Si　（ⅱ）Si—Si—Si　（ⅲ）N—Si—N

（ⅳ）Si—Si—Si　（ⅴ）　（ⅵ）N—Si—N

　　由于 Si—SiN$_3$ 悬键比 N—NSi$_2$ 稳定，因此，$T<1073$K 时，结合方式以（ⅱ），（ⅳ），（ⅴ）为主，当界面中不同的悬键以这几种方式结合以后自旋浓度下降，g 值下降，当然热处理温度越高，参与结合的悬键数量越多.

　　当热处理温度 $T>1073$K 时，以（ⅱ），（ⅳ），（ⅴ）形式结合的亚稳饱和键发生分解，转变成更加稳定的 Si—SiN$_3$ 悬键，因此，g 值下降，而自旋浓度有所上升，经 1573K 热处理以后，基本只剩下 Si—SiN$_3$ 悬键，从图 8.29 中曲线 8 的对称性得到进一步改善也可以说明这一点，这时，$g=2.0033$，同 Si—SiN$_3$ 悬键的标准 g 值接近. 当 $T=1673$K 时，ESR 曲线变得很对称，$g=2.0031$（见图 8.33），这表明只存在 Si—SiN$_3$ 键.

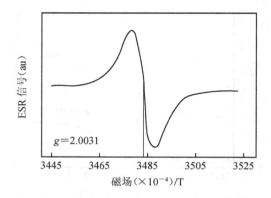

图 8.33　纳米非晶氮化硅样品在 1400℃, 1 atm N^2 下烧结 4h 后的 ESR 谱

由上述分析可得出如下结论:

（i）纳米非晶氮化硅悬键数量很大,比微米量级氮化硅高 2~3 个数量级.

（ii）纳米非晶氮化硅存在几种类型的悬键,在热处理过程中以不同形式结合、分解,最后只存在稳定的 $Si—SiN_3$ 悬键.

8.11　纳米材料结构中的缺陷

缺陷是指实际晶体结构中和理想的点阵结构发生偏差的区域. 按照缺陷在空间分布的情况,晶体中的缺陷可以分为以下三类:

（1）点缺陷

也称为零维缺陷,它包括空位、溶质原子（替代式和间隙式）和杂质原子等. 这一类型缺陷在三维尺度上都很小. 从广义上来说把这类缺陷的小聚合体也划归点缺陷范围. 例如空位对,空位团等.

（2）线缺陷

这一类型缺陷在两个方向尺度很小,也称一维缺陷. 位错是这一类缺陷的典型代表. 按照位错性质划分,位错可分成刃型、螺型和混合型. 它的运动方式有两种:一种是在滑移面上作滑移运动,另一种是离开滑移面作攀移运动,后一种运动伴随质量的迁移,与点缺陷运动有关. 描述位错的一个最重要的量是伯格斯矢量 **b**. 位错运动的平均自由程以及位错线的长度都小于晶粒尺寸.

（3）面缺陷

这种类型缺陷在一个方向上尺度很小,通常称为二维缺陷. 层错,相界、晶界、孪晶面等都属于这一类缺陷.

　　我们知道结构缺陷对材料许多性质有着举足轻重的影响,特别是对结构十分敏感的物理量,例如屈服强度、断裂强度、超塑性、半导体的电阻率、杂质发光等,都与缺陷存在有密切的关系,因此缺陷在材料科学研究中占有极其重要的地位. 对常规晶体材料已建立了一整套系统的理论,并成功地解释了结构材料中某些力学行为. 通过对热处理、冷加工与缺陷组态关系的研究,已找出它们之间的内在规律,为材料改性提供了有力的理论指导.

　　纳米材料就其结构特征而言,平移周期遭到了很大的破坏,它偏离理想晶格的区域很大. 这是因为纳米材料的界面原子排列比较混乱,其体积百分数比常规多晶材料大得多,即使纳米材料的晶粒组元的结构基本与常规晶体相似,但由于尺寸很小,大的表面张力使晶格常数减小(特别是颗粒的表面层). 这就是说,纳米材料实际上是缺陷密度十分高的一种材料. 但是,纳米材料中的缺陷种类、缺陷的行为和组态、缺陷的运动规律是否与常规晶态一样? 对常规晶体所建立起来的缺陷理论在描述纳米材料是否适用? 纳米材料中是否存在常规晶体中从未观察到的新的缺陷? 纳米材料中哪一种缺陷对材料的力学性质起主导作用? 这些问题至今尚未搞清,是急待从实验上和理论上加以解决的重要课题. 纳米材料诞生不久,有人认为纳米材料中存在大量的点缺陷. 如果说把界面看作为纳米材料的基本构成而不是一种缺陷的话,那么纳米材料中的点缺陷很可能是最主要的基本缺陷. 持这种观点的人从理论上分析纳米材料中很可能是无位错的(dislocation free),理由是位错增殖的临界切应力 τ_c 和 Frank-Read 源的尺度成反变,一般来说 Frank-Read 源的尺度远小于晶粒尺寸,而纳米材料中的晶粒尺寸十分小,如果在纳米微粒中存在 Frank-Read 源的话,其尺度就更加小,这样开动 Frank-Read 源的临界切应力就变得十分大,相略估计它比常规晶体的 τ_c 大几个数量级,这样大的临界切应力一般很难达到,因此位错增殖在纳米晶内不会发生,因此在纳米晶体材料内很可能无位错,即使有位错,密度也很低. 另一种观点,除了存在点缺陷外,纳米材料晶粒组元甚至在靠近界面的晶粒内存在着位错,但位错的组态,运动行为都与常规晶体不同. 例如,没有位错塞积,由于位错密度低没有位错胞和位错团. 位错运动自由程很短.

　　20 世纪 90 年代有不少人用高分辨电镜分别在纳米 Pd 中已经观察到了位错、孪晶、位错网络等[4,7]. 这就在实验上以无可争辩的实验事实揭示了纳米晶内存在位错、孪晶等缺陷,图 8.34 示出了纳米 Pd 晶体中的位错和孪晶的高分辨像. 下面我们详细地介绍一下纳米材料中存在的几种缺陷.

8.11.1　位错

　　纳米材料中晶粒尺寸对位错组态有影响,俄罗斯科学院 Gryaznov 等[34]率先从理论上分析了纳米材料的小尺寸效应对晶粒内位错组态的影响. 对多种金属的纳米晶体位错组态发生突变的临界尺寸进行了计算. 他们的主要观点是与纳米晶体的其他性能一样, 当晶粒尺寸减小达到某个特征尺度时性能就会发生突变. 例如, 纳米晶粒尺寸与德布洛意波长或电子平均自由程相差不多时, 由于量子尺寸效应使许多物理性质发生变化. 当粒径小于某一临界尺寸时, 位错不稳定, 趋向于离开晶粒, 当粒径大于此临界尺寸时, 位错稳定地处于晶粒中, 对于单个小晶粒, 他们把位错稳定的临界尺称为特征长度 L_p, 它可以通过下式求得:

$$L_p \approx Gb/\sigma_p, \tag{8.24}$$

G 是剪切模量, b 为柏格斯矢量, σ_p 为点阵摩擦力. 他通过计算给出了纳米金属 Cu, Al, Ni 和 α-Fe 块体的特征长度, 如表 8.8 所列. 由表中可看出同一种材料, 粒子的形状不同使得位错稳定的特征长度不同.

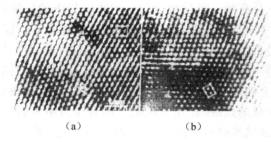

　　　　　（a）　　　　　　　　　　（b）

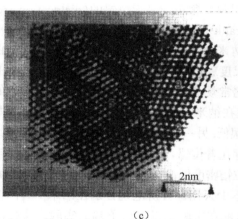

2nm

（c）

图 8.34　纳米晶 Pd 中的缺陷的高分辨像
(a)低角度晶界中的位错像, 如"⊥"所示;
(b)晶粒内位错像, 如"⊥"所示;
(c)晶粒内的五重孪晶

表 8.8　具有滑移界面的金属纳米晶体的位错稳定的特征长度和 G, b, σ_p

	Cu	Al	Ni	α-Fe
G(GPa)	33	28	95	85
b(nm)	0.256	0.286	0.249	0.245
σ_p,(10^{-2}GPa)	1.67	6.56	8.7	45.5
L(nm),球形粒子	38	18	16	3
L(nm),圆柱形粒子	24	11	10	2

　　为了分析在纳米微晶块体试样中滑移位错稳定性问题,他们引入了两个表征位错稳定性的参数:一是位错稳定时的相对体积 Δ,$\Delta = \dfrac{V_e}{V}$,这里 V 为一个颗粒的总体积,V_e 为在此晶粒中位错稳定存在的体积. 另一个参数就是上述的特征长度 L,又称位错稳定的特征常数,晶粒尺寸小于它,位错则不稳定. 对于 $\Delta = \dfrac{1}{2}$ 的圆柱形或球形纳米晶粒,L 等于它们的半径. 图 8.35 和图 8.36 为 Δ 和 L 与纳米微晶块体特征参数的关系. 图 8.35 分别示出了不同形状晶粒内稳态位错相对体积 Δ 与参数 $\Omega(= 2l\sigma_p/G^{(1)}b)$ 和弹性模量比 $\Gamma(= G^{(1)}/G^{(m)})$ 的关系. 这里 l 为晶粒尺寸,$G^{(1)}$

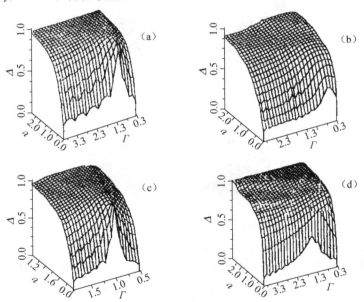

图 8.35　纳米晶粒中稳态位错的相对体积 Δ 与参数 Ω 和弹性模量比 Γ 的关系

(a)具有共格晶界的球形晶粒;(b)具有滑移晶界的球形晶粒;(c)具有共格晶界的圆柱形晶粒;

(d)具有滑移晶界的圆柱形晶粒. $\Omega = 2l\sigma_p/G^{(1)}b$,它是表征纳米晶粒大小($l$)和材料性质的参数.

$\Gamma = G^{(1)}/G^{(m)}$,$G^{(1)}$ 为晶粒的剪切模量,$G^{(m)}$ 为晶界剪切模量

为晶粒的剪切模量,$G^{(m)}$)为晶界剪切模量,Ω 正比于颗粒尺寸,对结构很敏感的. 实际上,对同一种结构被确定的材料,Ω 的变化反映了粒径大小. 这样由图8.35很容易看出,随颗粒尺寸 l 减小(即 Ω 的减小),稳态位错的相对体积 Δ 也下降,这就意味着,当颗粒尺寸 l 小于 L 时,稳态位错所占的体积大大减小. 这进一步说明在纳米态下,小于特征长度 L 的晶粒内,稳态位错密度比常规粗晶的密度低得多. 图 8.36示出了不同形状纳米晶粒内,使位错处于稳定状态的特征长度与 $\sum = 2\log_{10}(G^{(1)}/\sigma_p)$ 和弹性模量比 Γ 的关系. 这实际上是分析纳米晶内稳态位错出现的必要条件. 仔细分析图 8.36 的物理意义,不难看出,稳态位错的出现与晶粒的形状、界面的类型,弹性模量比和特征长度密切相关. 图 8.36(a~d)分别示出了这几种因素对稳态位错存在的影响. 很清楚,每种情况下都存在一个临界 Γ_c,当 $\Gamma > \Gamma_c$,特征长度 L 大,由于纳米态颗粒尺寸小,这时很容易满足 $l < L$ 条件,这就导致位错的不稳定. 对共格晶界,$\Gamma_c = 1$[见图 8.36(a)和(c)]. 对滑移晶界,球形晶粒 $\Gamma_c = 0.6$,圆柱形晶粒 $\Gamma_c = 1.4$[见图 8.36(b)和(d)],这说明球形晶粒中位错比圆柱形晶粒中位错稳定性差. 对共格界面,稳态位错的存在与晶粒形状无关.

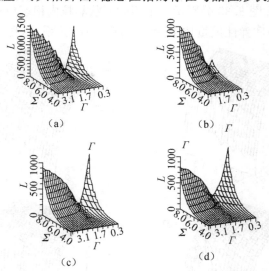

图 8.36　纳米晶粒中稳态位错的特征长度 L 与参数$\sum$和 Γ 的关系

(a)具有共格晶界的球形晶粒;(b)有滑移晶界的球形晶粒;(c)具有共格晶界的圆柱形晶粒;

(d)具有滑移晶界的圆柱形晶粒. $\sum = 2\log_{10}(G^{(1)}/\sigma_p)$,此变量是表征材料性质的. $\Gamma = \dfrac{G^{(1)}}{G^{(m)}}$

Gryaznov 等人指出,当晶粒尺寸小于某一临界值 l_c 时,稳定位错组态不存在[36]. l_c 为稳定堆积的位错间距,它可由下式来表示:

$$l_c = \frac{3Gb}{\pi(1-v)H}, \qquad (8.25)$$

其中 G 为剪切模量, b 为柏格斯矢量, v 为泊松比. 表 8.9 列出了纳米微晶材料 Cu, Pd, Fe, TiO_2, Ni – P, Nb_3Sn 和 Ni 的 G, b, v, H, d 值和由式(8.25)计算的 l_c(见表 8.9).

表 8.9　不同纳米微晶材料的 G, b, v, H, d 值及 l_c 的计算值[37]

材料	G(GPa)	b(nm)	v	H(GPa)	l_c (nm)	d(nm)
Cu	77	0.256	0.31	1.5	18.2	8～16 5～59
Pd	51	0.275	0.52	2.5	11.2	3～21 7～13
Fe	81	0.248	0.29	8.0	3.4	6～60
TiO_2	105	～0.4[a]	0.30[a]	7.4	7.8	130～500 14～200
Ni – p	76	0.249	0.31	10.5	2.5	7～25 25～120
Nb_3Sn	…	…	…	9.0	…	6～100
Ni	76	0.249	0.31	10.5	2.5	12～12500

a 为假设值.

8.11.2　三叉晶界[35]

　　三叉晶界在纳米材料界面中体积分数高于常规的多晶材料,因而它对材料的性质,特别是力学性质影响是很大的. 在 9.1 中我们将比较详细地讨论纳米材料的 Hall - Petch 关系与三叉晶界之间的关系. 在本节中, 我们重点讨论一下作为纳米材料中的重要缺陷,即三叉晶界的体积分数如何计算以及它与颗粒尺寸的关系. Palumbo 等人[35]考虑晶粒为多面体,三叉晶界为 3 个或多个相邻的晶粒中间的交叉区域,假设它为三棱柱,如图 8.37 所示. 这里需要指出的是他们把整个界面分成两部分,一是三叉晶界区,二是晶界区. 这两个部分的体积总和称为晶间区体积. 本章第一节计

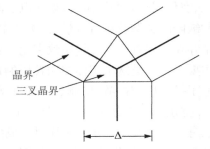

图 8.37　三叉晶界示意图
三叉晶界为垂直纸面的三棱柱;
△ 为晶界厚度

算界面体积分数的公式 $C_i = \dfrac{3\delta}{d}$ 实际上是指晶间区体积分数,而不是指这里所提到的晶界区体积分数. 晶间区是指每个多面体的厚度为 $\Delta/2$ 的表"皮"区域. 对粒径为 d 的纳米晶块体的总晶间体积分数可表示如下:

$$V_i^c = 1 - [(d-\Delta)/d]^3 . \tag{8.26}$$

晶界区为厚度等于 $\frac{\Delta}{2}$ 的六角棱柱,它由多面体晶粒的表面伸向晶粒内部 $\frac{\Delta}{2}$ 深度.晶界体积分数为

$$V_i^{gb} = [3\Delta(d-\Delta)^2]/d^3 . \tag{8.27}$$

由(8.26)和(8.27)两式可求得三叉晶界总体积分数

$$V_i^{tj} = V_i^c - V_i^{gb} = 1 - [(d-\Delta)/d]^3 - [3\Delta(d-\Delta)^2]/d^3 . \tag{8.28}$$

上述式(8.26),(8.27)和式(8.28)在 $d > \Delta$ 时有效.当 $d < 10nm$ 时,由式(8.26)计算的晶粒间体积与 Gleiter 等人采用公式 $C_i = \frac{3\delta}{d}$ 计算的结果一致.

三叉晶界体积分数对晶粒尺寸的敏感度远远大于晶界体积分数.当粒径 d 从 100nm 减小到 2nm 时,三叉晶界体积分数增加了 3 个数量级,而晶界体积分数仅增加约 1 个数量级.因此这就意味着三叉晶界对纳米晶块材性能的影响将是举足轻重的.

Bollman[38~40] 曾经指出,三叉晶界可描述为旋错结构,它的结构依赖于相邻晶粒的特有晶体学排列,随相邻晶粒间取向混乱度增加,三叉晶界中缺陷增多.

8.11.3　空位、空位团和孔洞

在 8.7 中我们比较详细地介绍了用正电子寿命谱研究纳米材料中存在的空位、空位团和孔洞缺陷.根据正电子湮没寿命的长短和相应强度的高低来鉴别这三种缺陷的类型及相对数量.在本节中着重叙述一下空位、空位团和孔洞在纳米材料中存在的位置以及在烧结致密化过程中它们的动力学行为.单空位主要在晶界,这主要对第一类纳米固体在颗粒压制成块体时形成的.因为纳米材料庞大的界面中原子排列比较松散,压制过程中很容易造成点阵缺位.它们在界面中分布是随机的.空位团主要分布在三叉晶界上.它的形成一部分可归结为单空位的扩散凝聚,也有一部分在压制块状试样时形成的.空位团一般都很稳定,在退火过程中即使晶粒长大了,它们仍然存在,这是因为在退火过程中三叉晶界不能被消除.这就解释了为什么退火后空位团仍然存在的原因.孔洞一般处于晶界上.孔洞存在的数量(孔洞率)决定了纳米材料的致密程度.这类缺陷随退火温度的升高和退火时间的加长,孔洞会收缩甚至完全消失.这个过程主要通过质量迁移来实现的.目前对于纳米材料的致密化问题有两种看法,特别是对纳米相材料在烧结过程中很难获得致密的固体.一种看法认为纳米微粒的团聚现象在压制成型过程中硬团聚很难被消除掉,这样就把硬团聚体中的孔穴缺陷残留在纳米材料中,即使高温烧结也很难消除掉.因此不加任何添加剂的烧结,纳米相材料的致密度只能达到~90%.另一

种观点认为纳米微粒表面很容易吸附气体,在压制过程中很容易形成气孔,一经烧结,气体跑掉,自然会留下孔洞. 这是影响纳米相材料致密化的一个重要原因. Gleiter曾估计,真空蒸发原位加压法制备的纳米金属块体致密化达 $90\%\sim97\%$,孔洞一类缺陷大大降低,界面组元的平均原子密度只比晶内的少 8%. 这就说明用这种方法制备的纳米固体是很致密的,但对纳米相材料,界面组元的平均原子密度要比晶内的低 20% 多. 这也说明了纳米相材料用一般压制和烧结方法很难获得高致密度. 这主要归结为孔洞的存在,因而孔洞率的问题是决定纳米材料致密化的关键所在.

8.12　康普顿轮廓法

测量 X 射线或 γ 射线的康普顿散射是研究物质电子动量分布的一种直接手段,它被广泛地用于研究多晶、单晶、非晶和合金等的电子状态[45~48]. 用这种方法研究纳米材料的电子动量分布是一种新的尝试,并已经取得了一些有意义的结果.

8.12.1　康普顿轮廓与电子动量密度分布的关系

当 γ 光子与物质中的电子发生康普顿散射时,由于电子处于运动状态,使散射到一定角度的 γ 光子的能量产生多普勒展宽. 图 8.38 示出的是 γ 光子与运动电子散射的示意图. 图中(E_1,$\boldsymbol{P}_1$)和(E_2,$\boldsymbol{P}_2$)分别代表散射前后. 电子的能量和动量,(ω_1,$\boldsymbol{k}_1$)和(ω_2,$\boldsymbol{k}_2$)分别代表散射前后 γ 光子的能量和波矢. 在冲量近似下,由能量和动量守恒定律得到

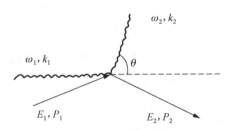

图 8.38　γ 光子与运动电子散射示意图

$$\omega_2 = \omega_1 - \frac{|\boldsymbol{k}|^2}{2m} - \frac{|\boldsymbol{k}|\,p_z}{2m} \tag{8.29}$$

式中,m 为电子的静止质量,$\boldsymbol{k}=\boldsymbol{k}_1-\boldsymbol{k}_2$ 是散射矢量(取为 Z 轴方向),p_z 是 $\boldsymbol{p}_1$ 在 Z 轴方向的投影. 等式右边第二项是 γ 光子与静止电子散射后的能量变化,第三项是由于电子的运动引起的散射 γ 光子的多普勒能移. 显然,散射后的 γ 光子的能量

ω_2,中包含了散射体电子动量分布的信息.

在含时微扰论一级近似和冲量近似条件下,计算得到康普顿微分散射截面为[49]

$$\frac{\mathrm{d}^2\sigma}{\mathrm{d}\Omega\mathrm{d}\omega} = \left(\frac{\mathrm{d}\sigma}{\mathrm{d}\Omega}\right)_{th} \cdot \frac{\omega_2}{\omega_1} \cdot \frac{m}{k} \int_{p_x}\int_{p_y} n(p_x, p_y, p_z)\mathrm{d}p_x\mathrm{d}p_y$$

$$= \left(\frac{\mathrm{d}\sigma}{\mathrm{d}\Omega}\right)_{th} \cdot \frac{\omega_2}{\omega_1} \cdot \frac{m}{k} J(p_z), \tag{8.30}$$

式中,$\left(\frac{\mathrm{d}\sigma}{\mathrm{d}\Omega}\right)_{th}$ 为汤姆孙微分散射截面,而

$$q = p_z = \frac{\omega_1 - \omega_2 - \omega_1\omega_2\cos\theta/mc^2}{(\omega_1^2 + \omega_2^2 - 2\omega_1\omega_2\cos\theta)^{1/2}} \text{(原子单位 au)}. \tag{8.31}$$

记

$$J(q) \equiv \int_{p_x}\int_{p_y} n(p_x, p_y, p_z)\mathrm{d}p_x\mathrm{d}p_y, \tag{8.32}$$

$J(q)$ 称作康普顿轮廓(Compton profile),它代表电子动量密度分布在散射矢方向的投影. 设电子动量分布是球对称的,原子处于基态时电子的动量波函数为 X_p,那么电子的动量在 $p \to p + \mathrm{d}p$ 范围内的概率为

$$I(p) = 4\pi p^2 n(p) = 4\pi p^2 x*(\boldsymbol{p})x(\boldsymbol{p}) \tag{8.33}$$

这时式(8.32)可以写成

$$J(q) = \int_{q_1}^{\infty} \frac{I(p)}{ap}\mathrm{d}p, \tag{8.34}$$

则

$$I(p) = p\mathrm{d}J(q)/\mathrm{d}q. \tag{8.35}$$

因为 $n(\boldsymbol{P})$,$I(p)$ 都是概率分布,实验测得的康普顿轮廓应归一化

$$\int_{-\infty}^{\infty} J(q)\mathrm{d}q = N, \tag{8.36}$$

N 为散射物质中一个原子或一个分子单元所含有的电子数目. 若对康普顿轮廓作傅里叶变换,可以得到自关联空间波函数[50]

$$B(\boldsymbol{r}) = \left(\frac{1}{2\pi}\right)^{3/2} \iiint_{-\infty}^{\infty} \mathrm{e}^{-i\boldsymbol{p}\cdot\boldsymbol{r}} n(\boldsymbol{p})\mathrm{d}p_x\mathrm{d}p_y\mathrm{d}p_z$$

$$= \left(\frac{1}{2\pi}\right)^{3/2} \int_{-\infty}^{\infty} \mathrm{e}^{-i\boldsymbol{p}\cdot\boldsymbol{r}} J(q)\mathrm{d}q. \tag{8.37}$$

从此式可以得到电子空间密度分布的信息.

8.12.2 实验装置和数据处理

测量康普顿轮廓的一个典型实验装置示于图 8.39[51],它的工作原理是:准直的 γ 射线入射到散射体上,在固定的 θ 角方向利用射线探测器(如高纯锗 HPGe)测量散射后的 γ 光子的能量,从探测器输出的电脉冲信号经过前置放大器、主放大器放大后,由多道脉冲幅度分析器记录,最后送计算机处理.

实验测得的散射 γ 射线能谱 $M(\omega)$ 需按下式进行修正:

$$C(\omega) = [M(\omega) - B(\omega)]G(\omega)A(\omega)X(\omega), \tag{8.38}$$

式中,$C(\omega)$ 是修正后的 γ 能谱,$B(\omega)$ 是本底谱,$A(\omega)$ 是样品的吸收修正因子,$X(\omega)$ 是截面修正因子,$G(\omega)$ 是探测器的探测效率修正因子. 为消除仪器固有分辨函数的影响,还需对修正后的 γ 能谱 $C(\omega)$ 作退卷积处理,然后,按式(8.31)把能量标度转换成动量标度,经过多次散射修正,归一化后得到康普顿轮廓 $J(q)$.

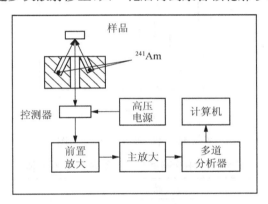

图 8.39 实验装置方框图

8.12.3 纳米材料的康普顿轮廓

目前已经用康普顿轮廓方法研究了多种纳米材料的电子动量分布,并与相应的多晶大块材料进行了比较. 现以碳和三氧化二铝为例作一介绍.

纳米碳粉是将光谱纯的石墨粉用球磨机球磨 8h 制备的,其平均颗粒度为 2.3nm,用透射电子显微镜观测到的粒径分布示于图 8.40. 分别将这种纳米碳粉和多晶石墨粉在 0.25GPa 的压力下压成直径为 13mm,厚度为 5mm 的薄片,利用图 8.39 所示的装置测量由 241Am 放出的 59.54keV 的 γ 射线经 165° 角散射后的 γ 射线能谱,经一系列的修正和处理后,得到纳米碳和石墨的康普顿轮廓 $J(q)$ 值,见表 8.10 和图 8.41. 由表 8.10 和图 8.41 可看出,在低动量区纳米碳的 $J(q)$ 值比石

墨的 $J(q)$ 值大. 当 $q=0$ 时,纳米碳的 $J(0)$ 值比石墨的 $J(0)$ 值高 2.2%(误差为 0.55%). 根据式(8.35),对 $J(q)$ 微分计算得到相应的电子动量密度分布,$I(p)$ 值示于图 8.42. 由图可看出,纳米碳的 $I(p)$ 曲线较石墨的 $I(p)$ 曲线略向小动量方向移动,在 $p\approx1.4au$ 处,纳米碳的 $I(p)$ 值比石墨的 $I(p)$ 值高 2%(误差 0.8%). 在 $P=3\sim4au$ 范围内,纳米碳的 $I(p)$ 值较石墨的 $I(p)$ 值低. 一个合理的解释是:颗粒度很小的纳米碳的界面原子占的比例大,这些原子与晶体内部的原子不同,有许多不饱和的悬键,这些悬键的电子结合松散,能量偏高,动量偏低,所以在低动量区电子的密度比石墨的高.

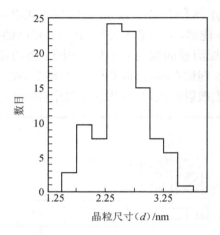

图 8.40　纳米碳的粒径分布图

表 8.10　纳米碳材料和石墨多晶的 $J(q)$ 值

q(au)	石墨多晶	纳米碳
0.0	2.292±0.010	2.342±0.013
0.1	2.278	2.327
0.2	2.236	2.282
0.3	2.168	2.209
0.4	2.075	2.110
0.5	1.960±0.009	1.987±0.011
0.6	1.827	1.846
0.7	1.679	1.690
0.8	1.520	1.523
0.9	1.355	1.352
1.0	1.190±0.007	1.182±0.009
1.2	0.878	0.864

续表

q(au)	石墨多晶	纳米碳
1.4	0.618	0.601
1.6	0.427	0.410
1.8	0.306	0.291
2.0	0.240±0.003	0.227±0.004
3.0	0.163	0.153
4.0	0.098	0.099
5.0	0.055	0.057
6.0	0.033	0.036
7.0	0.019±0.001	0.021±0.001

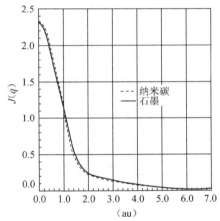 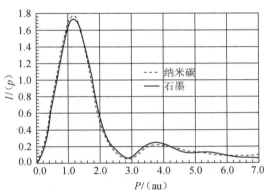

图 8.41　纳米碳和石墨的康普顿轮廓　　图 8.42　纳米碳和石墨的电子动量密度分布曲线

用同样的方法研究了纳米 Al_2O_3 的电子动量分布. 实验用的纳米 Al_2O_3 样品是用化学方法制备的. 把用化学法制成的粒径约为 8nm 的勃母石粉压片后在 873K 温度下烧结 4h 得到平均颗粒度约为 10nm 的纳米 Al_2O_3 固体, 与之对比的样品是微米多晶 Al_2O_3 在 1473K 温度下烧 24h 制成的 α 相 Al_2O_3 固体. 实验数据经过一系列的修正和处理后得到的纳米 Al_2O_3 和 $\alpha\text{-}Al_2O_3$ 的 $J(q)$ 值示于表 8.11 和图 8.43. 用式(8.35)计算的与两个 $J(q)$ 值对应的电子动量密度分布 $I(p)$ 值示于图 8.44. 这些结果表明, 纳米 Al_2O_3 的 $J(0)$ 值比大块 $\alpha\text{-}Al_2O_3$ 的 $J(0)$ 值高 3.89%(误差 0.63%). 纳米 Al_2O_3 的电子动量密度分布曲线 $I(p)$ 比大块 $\alpha\text{-}Al_2O_3$ 的 $I(p)$ 曲线略向低动量方向移动. 研究纳米 TiO_2 和纳米 Si_3N_4 的康普顿轮廓, 也得到与上述结果相同的变化趋势.

表 8.11　纳米氧化铝和氧化铝 $J(q)$ 值

q(au)	α 氧化铝	纳米氧化铝
0.0	15.278±0.11	15.873±0.10
0.1	15.178	15.732
0.2	14.947	15.487
0.3	14.641	15.084
0.4	14.188	14.556
0.5	13.618±0.10	13.904±0.099
0.6	12.940	13.193
0.7	12.169	12.283
0.8	11.321	11.358
0.9	10.420	10.392
1.0	9.490±0.087	9.415±0.083
1.2	7.645	7.545
1.4	6.131	5.942
1.6	4.933	4.704
1.8	4.083	3.821
2.0	3.508	3.216±0.051
3.0	1.938±0.040	1.762
4.0	1.174	1.091
5.0	0.772	0.697
6.0	0.516	0.485
7.0	0.369±0.017	0.339±0.014

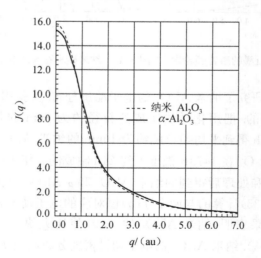

图 8.43　纳米 Al_2O_3 和 α-Al_2O_3 的康普顿轮廓 $J(q)$

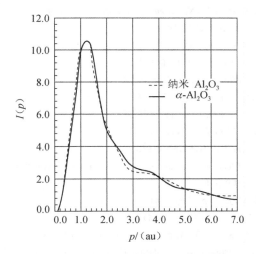

图 8.44　纳米 Al_2O_3 和大块 $\alpha\text{-}Al_2O_3$ 的电子动量密度分布

到目前为止,所有的实验结果都显示:在低动量区纳米固体的 $J(q)$ 值均比同种材料的大块多晶固体的 $J(q)$ 值高,电子动量密度分布 $I(p)$ 曲线也向低动量方向移动,对于不同的纳米材料或相同材料但不同颗粒度的纳米固体,$J(q)$ 和 $I(p)$ 改变的数值不同. 这些结果显示了纳米材料的电子状态与大块固体材料的电子状态不同,这是纳米材料具有一些特殊性质的重要原因之一.

参 考 文 献

[1] Zhu X,Birringer R,Herr U,Gleiter H,*Phys. Rev. B*,35,9085(1987).

[2] Thomas GJ,Siegel Rw,Eastman JA,*Scripta Metall. et Mater.*,24,201(1990).

[3] Eastman J A,Fitzsimmons MR,Müller-Stach M,et al.,*Manostructured Mater.*,1,47(1992).

[4] Wunderlich w,Ishiday,Manrer R,*Scripta Metall. et Mater.*,24,403(1990).

[5] Lupo JA,Sabochiek MJ,*Nanostructured Mater.*,1,131(1992).

[6] Zhang L D,Mo C M,Wang T,et al.,*Phys. Star. Sol. (a)*,136(2),291(1993).

[7] Li D X,Ping D H,Ye H Q,et al,*Philos. Mag. Lett.* 2,53(1993).

[8] Fitzsimmons MR,Eastman JA,Müller-Stach *M etal.*,*Phys. Rev. B*,44(6),2452(1991).

[9] Haubold T,Birrmger R,Lengeler B,Gleiter H,*Jn Les-Comm. Metals*,145,557(1988).

[10] Siegel RW,Synthesis and Processing of Nanostructured Materials. in:Nastasi MA Mechanical Properties and Deformation Behavior of Materials Having Ultra-Fine Microstructures. Kluwer,Dordrech(1993).

[11] Birringer R,Gleiter H,*Klein HP et a*l.,*Phys. Lett.*,102A,365(1984).

[12] Herr U,Ting J,Birringer R,et al.,*Appl. Phys. Lett.*,50,472(1987).

[13] Xie C Y,Zhang L D,Mo C M,et al.,*J. Appl. Phys.*,7(8),3447(1992).

[14] Mütschele T,Kirchheim R,*Scripta Metall.*,21,135(1987).

[15] Schaefer HE,Würschum R,*Phys. L. H.*,A119,3(1987).

[16] Mürschum R,Scheytt M,Schaefer HE,*Phys. Stat. Sol. (a)*,102,119(1987).

[17] zhang LD,Li B Q,Mo C M,etal. ,*Nanostructured Mater.* ,5(3),299(1995).

[18] Veprek S,Iqbal Z,*J. Phys.* ,C14,295(1981).

[19] Copwell RJ,*Appl. Spectroscopy*,26(5),537(1972).

[20] Melendres C A,*J. Mater. Res.* ,4(5),1246(1989).

[21] Paker JC,Siegel RW,*J. Mater. Res.* ,5(6),890(1990).

[22] Paker JC,Siegel RW,*Appl. Phys. Lett.* ,5~7(9),943(1990).

[23] Krishnamurthy N,Pure J,*Appl. Phys.* ,17,67(1979).

[24] Traylor J G,Smith H G,*Phys. Rer. B*,13,3457(1971).

[25] Mami V A,*J. Phys. Chem. Solids*,47,607(1988).

[26] Charles P,Poole C P,Jr. Electron Spin Resonance. Second Edition. New York：A Wiley-Interscience pubi-cation. JOHN WILEY&SONS. Inc. (1983).

[27] Krick D T,Lenahan P M,*J. Appl. Phys.* 64(7),1(1988).

[28] Robert J,Powell MJ,*Appl. Phys. Lett.* ,44(4),15(1984).

[29] Hasegawa S,Matunra M,Kurata Y,*Appl. Phys. Lett.* ,49,1272(1986).

[30] Pepper M,in Koberts R,Morant MJ,Insulating Films on Semiconductors. London：Institute of Phys,(1980).

[31] Warren WL,Lenahan PM,Curry SE,*Phys. Rev. Lett.* ,65,207(1990).

[32] Wang T,Zhang L D,Fan X J,etal. ,J. *Appl. Phys.* ,74(10),6313(1993).

[33] Jouse D,Kanicki J,Stachic JH,*Appl. Phys. Lett.* ,54(11). 13(1989).

[34] Gryaznov VG,Polonsky IA,Romanov AE,et aI. ,*Phys. Rev. B*,44(1),42(1991).

[35] Palumbo G,Thorpe S J,Aust T,*Scripta Metall.* ,*et Mater.* ,24,1347(1990).

[36] Gryaznov VG,Solov'ev VA,Trusov LI,*Scripta Metall et Mater.* ,24,1529(1990).

[37] Curyanarayana C,Mukhopadhyay D,et al. ,*J Mater. Res.* ,7(8),2114(1992).

[38] Bollman W,*Plilos,Mag.* ,49,73(1984).

[39] Bollman W,*Philos. Mag.* ,A57,637(1988).

[40] Bollman W,*Mater. Sci and Eng.* ,All3,129(1989).

[41] Lenahan PN,Curry SE,*Appl. Phys. Lett.* ,56,157(1990).

[42] Jousse D,Kanicki JK,Stathis JH,*Appl. Phys. Lett.* ,54,1043(1989).

[43] Morimoto A,Tsuzimura Y,Kumeda M,et al. ,*Jpn. J. Appl Phys.* ,24. 1399(1985).

[44] Xie C Y,Zhang L D,Mo C M,*Phys Stat. Sol.* (a),141k59(1994).

[45] Roseberg M,Marim F,*Phys. Rev. B*,18(2),844(1978).

[46] Lou YM,*J. Phys.* ：*Condens. Matter*,3,1699(1991).

[47] Lasser R,Lengeler B,*Phys. Rev. B*,22,663(1980).

[48] Pal D,Paali HC,*Philos. Mag.* ,B65(3),553(1992).

[49] Willians B G,Compton Sattering,New York：McGraw-Hill. (1977).

[50] Pattison P,Williams B G,*Sol,Stat,Comm.* ,20,585(1976).

[51] 卞祖和、吴铁军、唐孝威等,中国科技大学学报,17,528(1987).

第9章 纳米固体材料的性能

9.1 力学性能

在过去几十年对单晶和多晶材料力学试验基础上建立了比较系统的位错理论、加工硬化理论,成功地解释了粗晶粒构成的宏观晶体所出现的一系列力学现象. 从 20 世纪 70 年代开始,对多晶材料的晶界研究也对材料力学性能的研究起了推进作用,与此同时也开展了对具有短程序的非晶材料的力学性质研究,总结了一些实验规律,理论研究工作有一定深度,正日趋完善. 近年来,纳米结构材料诞生以后,引起了人们极大的兴趣,对这样一个由有限个原子构成的小颗粒,再由这些小颗粒凝聚而成的纳米结构材料在力学性质方面有什么新的特点,它与颗粒尺寸的关系和粗晶多晶材料所遵循的规律是否一致,已成功描述粗晶多晶材料力学行为理论对纳米结构材料是否还适用,这些问题是人们研究纳米结构材料力学性质必须解决的关键问题. 20 世纪 90 年代,关于纳米结构材料力学性质的研究,观察到一些新现象,发现一些新规律,提出了一些新看法,但仍处于实验室的初始阶段,尚未形成成熟的理论. 下面就几个问题进行评述.

9.1.1 Hall-Petch 关系

Hall-Petch 关系是建立在位错塞积理论基础上,经过大量实验的证实,总结出来的多晶材料的屈服应力(或硬度)与晶粒尺寸的关系,即

$$\sigma_y = \sigma_0 + Kd^{-1/2}, \tag{9.1}$$

其中 σ_y 为 0.2% 屈服应力,σ_0 印是移动单个位错所需的克服点阵磨擦的力,K 是常数,d 是平均晶粒尺寸. 如果用硬度来表示,关系式(9.1)可用下式表示:

$$H = H_0 + Kd^{-1/2}. \tag{9.2}$$

这一普适的经验规律,对各种粗晶材料都是适用的,K 值为正数. 这就是说,随晶粒尺寸的减小,屈服强度(或硬度)都是增加的,它们都与 $d^{-1/2}$ 成线性关系.

从 20 世纪 80 年代末到 90 年代初,对多种纳米材料的硬度和晶粒尺寸的关系进行了研究[1~12]. 归纳起来有三种不同的规律:(i)正 Hall-Petch 关系($K>0$);对于蒸发凝聚、原位加压纳米 TiO_2,用机械合金化(高能球磨)制备的纳米 Fe 和 Nb_3Sn_2,用金属 Al 水解法制的 γ-Al_2O_3 和 α-Al_2O_3 纳米结构材料等试样,进行

维氏硬度试验,结果表明,它们均服从正 Hall-Petch 关系,与常规多晶试样一样遵守同样规律,见图 9.1 和图 9.2;(ⅱ)反 Hall-Petch 关系($K<O$):这种关系在常规多晶材料中从未出现过,但对许多种纳米材料都观察到这种反 Hall-Petch 关系,即硬度随纳米晶粒的减小而下降.例如,用蒸发凝聚原位加压制成的纳米 Pd 晶体以及非晶晶化法制备的 Ni-P 纳米晶的硬度实验结果表明,它们遵循反 Hall-Petch 关系,如图 9.1 和图 9.2 所示;(ⅲ)正-反混合 Hall-Petch 关系:最近对多种纳米材料硬度试验都观察到了硬度随晶粒直径的平方根的变化并不是线性地单调上升或单调下降,而存在一个拐点(临界晶粒尺寸 d_c),当晶粒尺寸大于 d_c,呈正 Hall-Petch 关系($K>0$),当 $d<d_c$,呈反 Hall-Petch 关系($K<0$).这种现象是在常规粗晶材料中从未观察到的新的现象.图 9.1 和图 9.2 分别给出了纳米晶 Cu 和 Ni-P 的实验结果,它们均服从这种混合关系.这里提到的纳米晶 Cu 是由蒸发凝聚、原位加压制成的,Ni-P 是由非晶晶化法制备的.

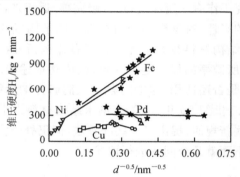

图 9.1　纳米晶体材料 Fe,Pd,Cu,Ni 的维氏硬度与 $d^{-1/2}$ 的关系

d:粒径

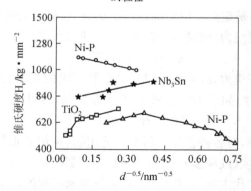

图 9.2　纳米晶体材料 Nb_3Sn,TiO_2 和 Ni-P 的维氏硬度与 $d^{1/2}$ 的关系

d:粒径

　　除上述关系外,在纳米材料中还观察到两个现象,即在正 Hall-Petch 关系和反 Hall-Petch 关系中随着晶粒尺寸的进一步减小,斜率(K)变化,对正 Hall-Petch 关系 K 减小,对反 Hall-Petch 关系 K 变大(见图 9.1 和图 9.2 中纳米晶 Ni 和 Ni-P 的情况).另一个现象是对电沉积的纳米 Ni 晶体观察到偏离 Hall-Petch 关系(以下简称 H-P 关系).图 9.3 示出了纳米晶 Ni 维氏硬度与晶粒度平方根倒数的关系.从图中可以看到,当 $d<44\text{nm}$ 时出现了非线性关系.

　　对纳米结构材料,上述现象的解释已不能依赖于传统的位错理论,它与常规多晶材料之间的差别关键在于界面占有相当大的体积分数,对于只有几纳米的小晶粒,由于其尺度与常规粗晶粒内部位错塞积中相邻位错间距 l_c 相差不多,加之这样小尺寸的晶粒即使有 Frank-Read 位错源也很难开动,不会有大量位错增殖问题,因此,位错塞积不可能在纳米小颗粒中出现,这样,用位错的塞积理论来解释纳米晶体材料所出现的这些现象是不合适的,必须从纳米晶体材料的结构特点来寻找新的模型,建立能圆满解释上述现象的理论.目前,对于纳米结构材料的反常 H-P 关系从下述几方面进行了讨论.

(1) 三叉晶界

三叉晶界是 3 个或 3 个以上相邻的晶粒之间形成的交叉"线"(见图 9.4).

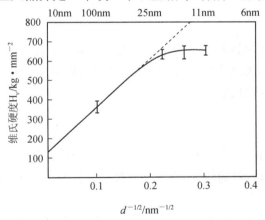

图 9.3　电沉积纳米晶 Ni 的硬度与 $d^{-1/2}$ 的关系　　　图 9.4　三叉晶界示意图

　　由于纳米材料界面包含大量体积百分数,三叉晶界的数量也是很高的.随着纳米晶粒径的减小,三叉晶界数量增殖比界面体积百分数的增殖快得多.根据 Palumbo 等人[10]的计算,当晶粒尺寸由 100nm 减小到 2nm 时,三叉晶界体积增殖速度比界面增殖高约两个数量级,如图 9.5 所示.纳米晶材料存在大体积百分数的三叉晶界,就会对材料性质产生重要的影响.研究表明,三叉晶界处原子扩散快、动性好,三叉晶界实际上就是旋错[11~12],旋错的运动就会导致界面区的软化,对纳米晶材料来说,这种软化现象就使纳米晶材料整体的延展性增加,用这样的分析很容易解释纳米晶材料具有的反 H-P 关系,以及 K 值的变化.

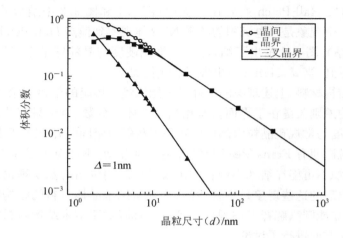

图 9.5　晶粒直径对晶间区,晶界和三叉晶界体积分数的影响
晶界厚度 $\Delta=1$nm;＊:这里的晶间区是指除了颗粒以外的区域,即以前所指的界面(晶界)区,Palumbo 等人设晶间区＝晶界十三叉晶界区

(2) 界面的作用

随纳米晶粒尺寸减小,高密度的晶界导致晶粒取向混[12],界面能量升高. 对蒸发凝聚原位加压法获得的试样,考虑这个因素尤为重要. 这时界面原子动性大,这就增加了纳米晶材料的延展性(软化现象).

(3) 临界尺寸

Gleiter 等[1]认为在一个给定的温度下纳米材料存在一个临界的尺寸,低于这个尺寸界面粘滞性增强,这就引起材料的软化,高于临界尺寸,材料硬化. 他们把这个临界尺寸称为"等粘合晶粒尺寸".

总地来说,上述看法都不够成熟,尚未形成比较系统的理论. 对这一问题的解决在实验上尚须做大量的工作. 有几个问题应该强调一下:

（ⅰ）纳米材料的密度只能达到理论密度的 $90\%\sim95\%$,有相当数量的孔洞,甚到微裂纹存在试样中,这些缺陷对强度和硬度有很大的影响,这很可能造成测量上的误差,给总结实验规律造成困难.

（ⅱ）晶粒尺寸的测量和评估,目前普遍用透射电镜测量和 X 光衍射的谢乐公式来测定平均粒径,这样测量都有一定的误差. 实际上晶粒尺寸有一个分布而显微硬度是随机测量的,这也可能造成硬度数据的分散.

（ⅲ）试样制备方法多种多样,由纳米粉压制,烧结而成的块体材料的晶界与球磨或非晶晶化获得的纳米材料的界面有很大的差别,前者包含孔洞之类缺陷,原子配位数不全,后者界面相对比较致密,界面的原子排更接近有序状态,这很可能导致这两类不同的纳米结构材料的变形抗力有差异,硬度和粒径的关系也就遵循不同的规律.

由于上述原因,即使对同样材料,用同样制备方法制备的样品,硬度与粒径关系也会出现差异,如图 9.2 中的纳米晶 Ni-P 就呈现出不同的 H-P 关系. 我们认为要弄清纳米结构晶体材料硬度和屈服强度与粒径之间真正关系,一定要用同一种制备方法,保持相同致密度,晶粒尺寸分布尽量窄. 此外,由最小晶粒构成的试样对研究 H-P 关系很重要. 要选择多种材料按上述要求制备试样来进行实验,可能获得系统的结果,以利找出反映纳米晶体材料特点的真实规律.

9.1.2 模量

晶界对于物质的力学性质有重大的影响. 因此可以预期纳米微晶材料(纳米晶体材料)的力学性质比起常规的大块晶体有许多优点,因为纳米微晶的晶粒尺寸极小而均匀,晶粒表面清洁等对于力学性能的提高都是有利的.

弹性模量的物理本质表征着原子间结合力. 可以认为,弹性模量 E 和原子间的距离 a 近似地存在如下关系: $E = \dfrac{k}{a^m}$ (k, m 为常数). 表 9.1 列出了纳米微晶 CaF_2 和 Pd 的杨氏模量 E 与切变模量 G. 可以看出,它们比大块试样的相应值要小得多. 对纳米微晶 Pd,采用 6nm 尺寸的立方形晶粒及界面厚度为 1nm 的简单模型,根据表 9.1 中的杨氏模量值 E,可得到界面组元的杨氏模量 $E_i = 40GPa$,比大块晶体的相应值减小 50% 以上. 通常以为,弹性模量的结构敏感性较小,因此 E_i 的减小可能是由于界面内原子间距增大的结果.

表 9.1 Pd 和 CaF_2 纳米晶体与大晶粒多晶体的弹性模量比较

性能	材料	一般晶体	纳米晶体	增量的百分比
相氏模量	Pd	123	88	~28%
E(GPa)	CaF_2	111	38	~66%
切变模量 G(GPa)	Pd	43	32~35	~20%

图 9.6 示出了纳米微晶 Pd 的切变模量 G 在 100K/h 的加热速率下随温度的变化[14]. 这是通过扭摆振动的方法测量的,因而 G 正比于自由扭摆振动频率 f 的平方,即 $G \propto f^2$. 曲线(a)为 295K 时用 5GPa 压力压结后直接测量结果;曲线(b)则为加热至 640K 后重复做的第二轮测量结果. 曲线(a)在 380K 附近有一狭窄的不

可逆的上升,曲线(b)中无此上升,与此对应密度上升,这是界面结构重排引起的.
它表明界面结构可为不同的亚稳相,当界面的自由体积减小时可达到较低的界面
能,这与理论上导出的界面能与自由体积的关系相符合.

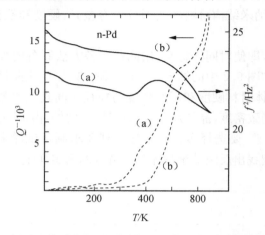

图 9.6　加热速率为 100K/h 时纳米微晶 Pd 的内耗 Q^{-1} 及切变模量 $G\propto f^2$ 随温度的变化

(a)在 295K 下加压 5GPa 致密后测量;(b)加热至 640K 后重复的第二轮测量

　　纳米氧化物结构材料的模量与烧结温度有密切的关系. 最近对单斜纳米 ZrO_2
(原始平均粒径约 5nm)的块体的切变模量进行了比较系统的研究[15],室温下未经
烧结的原始试样切变模量低于粗晶 ZrO^2 的切变模量,973K 焙烧 15h,切变模量明
显增加,高于粗晶 ZrO_2 的将近 1 倍,1173K 焙烧 21h,切变模量继续增加,1373K
焙烧 18h 切变模量突增,是粗晶材料的六倍(见图 9.7 和图 9.8). 由这个实验结果
可知,未经焙烧的纳米 ZrO_2 试样界面的键结合是很弱的,主要原因是由于大体积
百分数的界面内存在着配位数不全的非饱和键和悬键,这导致了界面模量下降,这
与纳米金属的结果一致. 随着焙烧温度的增加,界面的键组态发生变化,973K 焙烧
后,由于氧化,部分氧原子与不饱和键和悬键相结合,界面结合力开始增强,界面的
原子密度增加,这就使模量上升. 当焙烧温度增加至 1373K 时,界面的欠氧状态得
到很大的改善,由于配位数增加使界面中的非饱和键和悬键大大减少,加之由于颗
粒由 5nm 长到 155nm,界面体积百分数大大下降,与此同时界面中的原子密度也
大大增加,这是导致切变模量剧增的主要原因. 纳米氧化物材料的这一特点在纳米
金属材料中尚未观察到. 这个工作的意义在于通过切变模量与焙烧温度关系的研
究对选择最佳烧结温度十分有用. 上述结果也进一步说明了高模量的纳米结构材
料所对应的颗粒尺寸并不是愈小愈好,而是有一个最佳的范围.

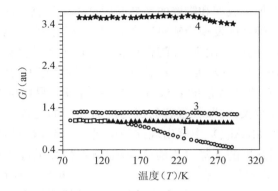

图 9.7　经不同温度焙烧后的纳米 ZrO_2 块体的切变模量与测量温度关系
1——接收态;2——973K×15h;3——1173K×21h;4——1373K×18h

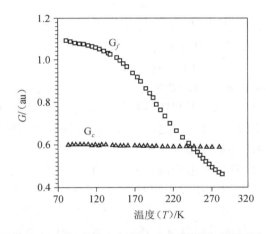

图 9.8　未烧结的纳米 ZrO_2 块体和粗晶 ZrO_2 试样的切变模量与测量温度关系
G_c——粗晶试样;G_f——接收态纳米试样

9.1.3　超塑性

超塑性从现象学上定义为在一定应力拉伸时产生极大的伸长量.$\frac{\Delta l}{l}$ 几乎达到大于或等于 100%,Δl 为伸长量,l 为原始试样长度.早在 20 世纪 70 年代末,在金属与合金中就发现了这一特性.当晶粒很细,达到微米级,由于界面的高的延展性使材料产生超塑性.20 世纪 80 年代,人们对陶瓷材料的超塑性的研究引起了极大的兴趣,发现几种材料在单轴或者双轴向拉伸下有超塑性现象发生[15~23],这些陶瓷材料是 Y-TZP,氧化铝和羟基磷灰石及复相陶瓷 ZrO_2/Al_2O_3,$ZrO_2/$莫来石,Si_3N_4 和具有其他混合相 Si_3N_4/SiC 等.这对纳米陶瓷制备科学和陶瓷物理学产生很大的影响. 陶瓷的加工成型和陶瓷的增韧问题是人们一直关注的, 急待需要解决的关键问题. 陶瓷超塑性的发现为解决这个问题打开了新途径. 有人把陶瓷超塑性的发现称为陶瓷科学的第二次飞跃. 陶瓷材料超塑性主要是材料界面所贡献的, 陶瓷材料中包含界面的数量和界面本身的性质对超塑性负有重要的责任. 一般来说, 陶瓷材料的超塑性对界面数量的要求有一个临界范围, 界面数量太少, 没有超塑性, 这是因为这时颗粒大, 大颗粒很容易成为应力集中的位置, 并为孔洞的形核提供了主要的位置. 例如, Al_2O_3 中就出现这种情况[24]. 界面数量过多虽然可能出现超塑性, 但由于材料强度的下降也不能成为超塑性材料. 最近研究表明, 陶瓷材料出现超塑性颗粒的临界尺寸范围约 $200\sim500$nm[24]. 粗略估计在这个尺寸范围界面的体积百分数约为 $1\%\sim0.5\%$. 界面的流变性是超塑性出现的重要条件, 它可以由下式表示:

$$\dot{\varepsilon} = A\sigma^n/d^p, \tag{9.3}$$

这里 $\dot{\varepsilon}$ 为应变速率, σ 是附加应力, d 为粒径, n 和 p 分别为应力和应变指数, A 是与温度和扩散有关的系数, 它可以表示为 Arrhenins 形式, 即

$$A \propto \exp(-Q/k_BT).$$

对超塑性陶瓷材料, n 和 p 典型的数字范围为 $1\sim3$. 在式(9.3)中不难看出, A 愈大, $\dot{\varepsilon}$ 愈大, 超塑性越大. A 是与晶界扩散密切相关的参数. 我们知道, 当扩散速率大于形变速率时, 界面表现为塑性, 反之, 界面表现为脆性. 因而界面中原子的高扩散性是有利于陶瓷材料的超塑性的.

界面能及界面的滑移也是影响陶瓷超塑性的重要因素. 在拉伸过程中高超塑性的产生是界面不发生迁移, 不发生颗粒长大, 仅仅是界面内部原子的运动, 从宏观产生界面的流变. 原子流动性愈好, 界面粘滞性愈好, 这种性质的界面对拉伸应力的响应极为敏感, 而低能界面有上述特性. 界面缺陷, 例如孔洞, 微裂纹会造成界面结构的不连续性, 破坏了界面粘滞性滑动, 不利于陶瓷超塑性的产生. 晶界特征分布(即各种类型的界面所占的比例和几何配置)也对陶瓷材料的超塑性有影响. 较宽的晶界特征分布(晶界类型很多)不利于超塑性的产生, 这是因为不同的晶界类型在能量上相差很大, 高能晶界在拉伸过程中为晶粒生长提供了较高的驱动力并且也使晶界具有相对低的粘合强度.

关于陶瓷材料超塑性的机制至今并不十分清楚, 目前有两种说法, 一是界面扩散蠕变和扩散范性[25], 二是晶界迁移和粘滞流变[24]. 这些理论都还很粗糙, 仅仅停留在经验地、唯象地描述上, 进一步搞清陶瓷超塑性的机理是陶瓷物理学的一个重要研究课题. 下面简单介绍这两种机制:

(1) 界面扩散蠕变和扩散范性

纳米晶材料在室温附近的延展性在一定程度上与原子在晶界内扩散流变有

关[25]. Gleiter 等人在 1987 年解释纳米 CaF_2 在 353K 出现塑性变形时提出了一个经验公式,即晶界扩散引起的蠕变速率

$$\dot{\varepsilon} = \frac{\sigma \Omega B \delta D_b}{d^3 k_B T}, \tag{9.4}$$

其中 σ 为拉伸应力,Ω 为原子体积,d 为平均晶粒尺寸,B 为一数字常数,D_b 为晶界扩散系数,k_B 为玻子兹曼常量,T 为温度,δ 为晶界厚度. 由公式可看出,d 愈小,$\dot{\varepsilon}$ 愈高. 当 d 由常规多晶的 $10\mu m$ 减小到 10nm 时,$\dot{\varepsilon}$ 增加了 10^{11} 倍,同时晶界扩散系数是常规材料的 10^3 倍[25],这也使 $\dot{\varepsilon}$ 大大增加. 根据这一结果,超塑性主要来自于晶界原子扩散流变(扩散蠕变). 这个结果还告诉我们,理论上纳米材料应该具有很好的超塑性.

(2) 晶界迁移和黏滞流变

前面已经谈过,晶界的迁移会引起形变过程中晶粒动态长大,不利于陶瓷材料超塑性的产生. 阳离子的掺杂在界面偏聚并由此而产生的对界面的钉扎作用,可以减小界面动性,防止晶粒动态长大,有利于提高陶瓷材料的超塑性. 在这方面已做了大量的研究工作,取得了一些系统性的结果. 以 $300\sim500nm$ 粒径的四方相 ZrO_2 陶瓷材料为例,我们看一下掺杂不同的阳离子对这种材料的晶界动性和晶粒生长的影响. 图 9.9 示出了掺杂对四方 ZrO_2 多晶的晶界动性的影响. 由图看出不同价的阳离子对晶界的钉扎和抑制晶界动性的影响是不同的,按由强到弱的依次顺序为:Ca^{2+},Mg^{2+},Y^{3+},Yb^{3+},In^{3+},Sc^{3+},Ce^{4+},Ti^{4+},Ta^{5+} 和 Nb^{5+}. 抑制晶粒生长由强到弱也是这个顺序,其原因主要取决于阳离子晶界偏聚的多少以及它们对晶界钉扎的能力,这两个因素又依赖于阳离子带电荷的多少(原子的化学价大小)和阳离子的大小. 阳离子晶界偏聚的驱动力主要来源于两个方面:一是阳离子处于晶内和晶界畸变能的差,二是它们静电能的差. 尺寸大的阳离子很容易在晶界偏聚以降低系统的能量,并且对界面钉扎作用大. 如果说,晶粒内部由于完全配位而保持电中性而配位不全的晶界可能带正电,它就很自然地对阳离子有一个排斥作用,从这个观点来分析价数低的阳离子(如 Ca^{2+},Mg^{2+},Y^{3+},Y_b^{3+},In^{3+},Sc^{3+})比价数高的容易偏聚在晶界[26],阻碍晶界运动. 综合分析,图 9.9 中阳离子对晶界钉扎强弱的分布是合理的.

下面简单介绍陶瓷超塑性材料研究的新进展. 自 20 世纪 80 年代中期以来,超塑性陶瓷材料相继在实验室问世. Wakai 和 Nieh 等人在四方二氧化锆中加 Y_2O_3 稳定化剂(粒径小于 300nm)观察到了超塑性[15,27],他们在此材料基础上又加了 $20\%Al_2O_3$,制成的陶瓷材料平均粒径约 500nm,超塑性达 200% 到 500%[17,26]. 值得一提的是,Nieh 等人在四方二氧化锆加 Y_2O_3 的陶瓷材料中超塑性竟达到 800%[28]. 1990 年 Wakai 等人在 $Si_3N_4+20\%SiC$ 细晶粒复合陶瓷中在 1873K 下延

伸率达 150%.

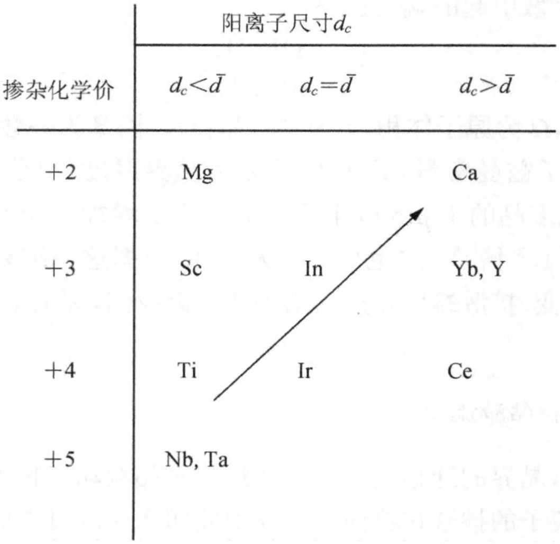

	阳离子尺寸d_c		
掺杂化学价	$d_c < \bar{d}$	$d_c = \bar{d}$	$d_c > \bar{d}$
+2	Mg		Ca
+3	Sc	In	Yb, Y
+4	Ti	Ir	Ce
+5	Nb, Ta		

图 9.9　掺杂对四方 zrO_2 多晶(粒径 300～500nm)的晶界动性的影响,$\bar{d}$ 为 Zr^{4+} 离子的尺寸

　　近年来对细晶粒 Al_2O_3 陶瓷超塑性的研究引起了人们极大的兴趣,做了不少的尝试. 例如细晶粒 Al_2O_3 中加氧化镁;Al_2O_3＋CuO 以及低熔点的硼化物等试图获得氧化铝陶瓷材料的超塑性,结果都不理想. 纯的 Al_2O_3 陶瓷材料超塑性的探索基本上是不成功的,原因是 Al_2O_3 细晶陶瓷高的晶界能为晶粒的异常长大提供了较高的驱动力,同时也为引发晶界黏合强度下降,但这并不意味着 Al_2O_3 陶瓷材料就不可能出现超塑性. 纳米陶瓷材料很可能成为制备陶瓷超塑性材料的主要角色. 利用纳米材料烧结过程中致密速度快,烧结温度低和良好界面延展性,在焙烧过程中控制颗粒尺寸在 200～500nm 的最佳范围是完全有可能获得良好超塑性陶瓷材料.

9.1.4　强度、硬度、韧性和塑性

（1）强度与硬度

　　根据断裂强度的经验公式可以推断材料的断裂与晶粒尺寸的关系,这个公式可表如下:

$$\sigma_c = \sigma_0 + \frac{K_c}{\sqrt{d}} \tag{9.5}$$

这里 σ_0 与 K_c 为常数,d 为粒径. 从式(9.5)中可知,当晶粒尺寸减到足够小时,断

裂强度应该变得很大,但实际上对材料的断裂强度提高是有限度的,这是因为颗粒尺寸变小后材料的界面大大增加,而界面与晶粒内部相比一般看作是弱区,因而进一步提高材料断裂强度必须把着眼点放在提高界面的强度上. Watanabe[29] 在 Al-Sn 合金材料强度的研究中指出,当颗粒减小到微米级,材料的界面强度增加,理由是在这种情况下特殊晶界(低能重位晶界)大大增加. 当颗粒尺寸进一步减小到纳米级时,材料的断裂强度是否能大幅度提高呢? Gleiter 等人[25] 在纳米 Fe 多晶体(粒径为 8nm)观察到断裂强度比常规 Fe 的高 12 倍. 含量为 1.8%C 的纳米 Fe 晶体的断裂强度为 600kg/mm², 相应的粗晶材料为 50kg/mm². 这表明在 Fe 的纳米晶体中占 38% 体积的界面与晶粒内部一样具有很强的抗断裂能力. 对纳米陶瓷未经烧结的生坯强度和硬度都比常规陶瓷材料低得多,其原因是纳米陶瓷生坯致密度很低. 图 9.10 和图 9.11 分别示出了不同压力下和不同粒径对 SiC 生坯的相对密度的影响. 可以看出,对粒径为 8nm 的 SiC 生坯随压力增加相对密度增加,但最大也只有 50%. 粒径愈小相对密度愈低,这说明纳米陶瓷生坯界面原子密度很低、缺陷较多、很不致密. 为了提高纳米陶瓷的致密度,增强断裂强度,通常采用两个途径,一是进行烧结,二是通过加入添加剂进一步提高烧结致密化. 常用的添加剂为 Y_2O_3, SiO_2, MgO 等.

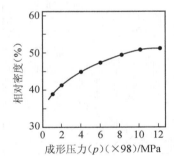

图 9.10　纳米 SiC 生坯的相对
密度与单轴压力的关系

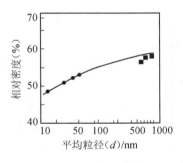

图 9.11　粒径对 SiC 生坯的相对
密度的影响

近年来的研究表明,采用上述措施制备的纳米陶瓷强度、硬度及其他综合性能都明显地超过同样材质的常规材料. 1987 年美国的 Argon 实验室 Sieger 等人[30] 用惰性气体蒸发法制备了金红石结构的纳米 TiO_2 陶瓷(平均粒径为 12nm),致密度达 95%. 他们系统地测量了这种材料维氏硬度与烧结温度的关系,并与粗晶 TiO_2 陶瓷进行比较,结果如图 9.12 所示. 从此图可知,对应于同样烧结温度,纳米陶瓷硬度均高于常规陶瓷,对应同样的硬度值纳米 TiO_2 烧结温度可降低几百度,这充分显示了纳米陶瓷的优越性. 在获得高强度纳米陶瓷方面有人总结了一些经验,其中粒径分布要窄,无团聚或减少团聚、颗粒为球形等是十分重要的.

（2）塑性与韧性

纳米材料的特殊构成及大的体积百分数的界面使它的塑性、冲击韧性和断裂韧性与常规材料相比有很大的改善,这对获得高性能陶瓷材料特别重要,一般的材料在低温下常常表现为脆性,可是纳米材料在低温下就显示良好的塑性.

Karch 等[31]研究了 CaF$_2$ 和 TiO$_2$ 纳米晶体(纳米微晶陶瓷)的低温塑性形变.样品的平均晶粒尺寸约为 8nm. 图 9.13(a)为用于对纳米微晶 CaF$_2$ 的样品进行形变测量装置的剖面图. 首先将平展的方形样品置于两块铝箔之间,其中一块铝箔放于铅制活塞上,另一块铝箔则贴近波纹状铁制活塞. 通过压缩活塞,使样品发生形变. 纳米微晶 CaF$_2$ 的塑性形变导致样品按铁表面的形状发生正弦弯曲,并通过向右侧的塑性流动而成为细丝状,见图 9.13(b).

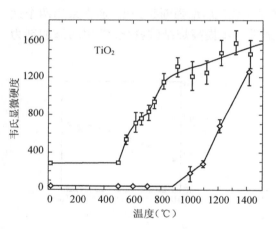

图 9.12　TiO$_2$ 的韦氏(维氏)硬度随烧结
温度的变化(室温下的硬度值)

□——初始粒为 12nm 的纳米晶试样；◇——初始
晶粒尺寸为 1.3μm 的大晶粒样品

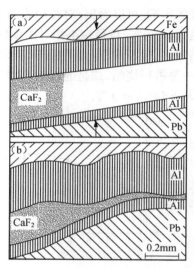

图 9.13　纳米微晶 CaF$_2$ 的形变

(a)纳米微晶陶瓷弹性形变测试装置示意图.
CaF$_2$ 样品右边最初是空的,测试时沿箭头方向
加压力使上下闭合；(b)CaF$_2$ 样品的弹性形变,
形变发生于 1073K. 形变时间为~1s

在 353K 下,对纳米微晶 TiO$_2$ 样品进行类似实验也产生正弦形塑性弯曲. 当一块表面有裂纹的平展的片状 TiO$_2$ 纳米微晶样品发生塑性弯曲时,发现形变致使裂纹张开,但裂纹没有扩大. 而对 TiO$_2$ 单晶样品进行同样条件的实验,样品则当即发生脆性断裂.

对 TiO$_2$ 的纳米微晶及普通多晶样品进行压痕硬度测试,在 293K 进行测量时后者加压的结果会产生许多破裂. 实验中还发现如果应变速率大于扩散速率,则纳

米微晶陶瓷将发生韧性向脆性的转变.

纳米结构材料从理论上进行分析应该有比常规材料高的断裂韧性,这是因为纳米结构材料中的界面的各向同性以及在界面附近很难有位错塞积发生,这就大大地减少了应力集中,使微裂纹的出现与扩展的概率大大降低. TiO_2 纳米晶体的断裂韧性实验证实了上述的看法. 当热处理温度为 1073~1273K 时,纳米 TiO_2 晶粒小于 100nm,断裂韧性为 2.8MPa·$m^{\frac{1}{2}}$,比常规 TiO_2 多晶和单晶的高[25].

9.2 热 学 性 质

9.2.1 比热

根据热力学理论,如果系统的平均能量为 U,固体的定容比热的定义为

$$C_v = \left(\frac{\partial U}{\partial T}\right)_v. \tag{9.6}$$

定压比热为

$$C_p = \left(\frac{\partial H}{\partial T}\right)_p, \tag{9.7}$$

其中 H 为热焓

$$H = U + pV, \tag{9.8}$$

这里 p 为压力,V 为体积.

在非等温过程中,熵的变化为

$$dS = C\frac{dT}{T}. \tag{9.9}$$

在等容过程中

$$dS = C_v\frac{dT}{T}, \Delta S = \int \frac{C_v}{T}dT. \tag{9.10}$$

在等压过程中

$$dS = C_p\frac{dT}{T} \quad \Delta S = \int \frac{C_p}{T}dT. \tag{9.11}$$

从式(9.10)和式(9.11)可看出体系的比热主要由熵来贡献,在温度不太低的情况下,电子熵可忽略,体系熵主要由振动熵和组态熵贡献. 纳米结构材料的界面结构原子分布比较混乱,与常规材料相比,由于界面体积百数比较大,因而纳米材料熵对比热的贡献比常规粗晶材料大得多,因此可以推测纳米结构材料的比热比常规材料高得多,实验结果也证实了这一点. Rupp 等[32]测量了晶粒尺度分别为 8nm 和 6nm,密度分别为 $90\%\rho_0$ 和 $80\%\rho_0$ 的纳米晶体 Cu 和 Pd 的定压比热 C_p.

图 9.14 示出了 Pd 纳米晶试样与常规多晶比热与温度的关系. 在图 9.14 中, 同时示出了玻璃 $Pd_{72}Si_{18}Fe_{10}$ 的 C_p 随温度的变化. 在 150～300K 的温度范围内, 纳米 Pd 的 C_p 比多晶 Pd 增大 29%～54%, 例如在 295K 时, 纳米 Pd 的 $C_p =$ 0.37J·g^{-1}·K^{-1}, 一般多晶为 0.24J·g^{-1}·K^{-1}, 前者比后者的 C_p 增加 54%, 相应地 Cu 纳米晶的 C_p 比一般多晶 Cu 增大 9%～11%. 玻璃态 $Pd_{72}Si_{18}Fe_{10}$ 的 C_p 比多晶 Pd 高约 8%, 研究表明, 该增大中有一半是来源于两者不同的化学成分, 另一半则来自不同的原子结构.

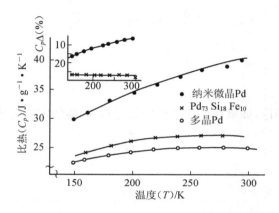

图 9.14　纳米微晶 Pd, 多晶 Pd、玻璃 $Pd_{72}Si_{18}Fe_{10}$ 的比热的比较, 左上角的小图绘出了
纳米微晶 Pd 及玻璃 $Pd_{72}Si_{18}Fe_{10}$ 相对于多晶 Pd 的比热的增加 ΔC_p

Cu 为抗磁金属, 而 Pd 为顺磁金属, 因而在 150～300K 的温度范围, 电子或磁性对于比热的贡献可忽略. 所以纳米微晶 Pd 或 Cu 的比热取决于物质的振动熵与组态熵的热变化, 亦即, 取决于晶格振动, 平衡缺陷浓度的变化等. 对于长程有序的多晶体, 短程有序的玻璃态, 及纳米微晶结构, 这种热变化各不相同, 因此导致了三者比热的不同.

纳米微晶 Cu 和 Pd 的 C_p 的增大程度不同, 这与两者的密度不同似乎一致. 事实上, 纳米微晶 Pd 的相对密度 (ρ_n/ρ_0, 其中 ρ_n 为纳米微晶的密度, ρ_0 为理论密度) 比纳米微晶 Cu 低, 这表明纳米微晶 Pd 的晶界组元具有更为开放的原子结构, 因而使原子间耦合变弱, 导致 C_p 变大. 这一解释意味着 C_p 的增大主要与晶界组元有关. 如果这一解释属实, 则晶粒长大将使纳米微晶物质的比热减小. 这种现象已在纳米微晶样品的退火实验中观察到. 当晶粒尺度增至 20nm, 纳米微晶 Pd 的比热比多晶 Pd 仅增大 50%.

由纳米微晶 Pd 的 C_p 的增加可推算出 300K 时每个界面原子有 $3.3k_B$ 的过剩熵. 这可能起源于纳米微晶物质的原子振荡频率较低及其非谐性, 也可能来自界面内的多原子平衡位置.

纳米陶瓷材料的比热目前数据不多, 有人对纳米 Al_2O_3 块材用 DSC 进行了测量,结果如图 9.15 所示. 可以看出,纳米结构 α-Al$_2$O$_3$ 的比热 C_p 与温度呈线性关,对应粒径为 80nm 的比热,比常规粗晶 Al$_2$O$_3$ 陶瓷高 8% 左右(在室温下,常规多晶 Al$_2$O$_3$ C_p＝0.76J·g^{-1}·K^{-1},而纳米 Al$_2$O$_3$(80nm)为 0.82J·g^{-1}·K^{-1}).

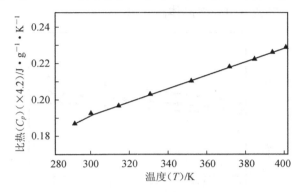

图 9.15　纳米 α-Al$_2$O$_3$ 块体的比热与测量温度的关系. 粒径为 80nm

9.2.2　热膨胀

固体的热膨胀与晶格非线性振动有关,如果晶体点阵作线性振动就不会发生膨胀现象. 由体系的自由能很容易求出在一定压力 P 下体系膨胀与温度的关系

$$\frac{V - V_0}{V_0} = \frac{\gamma}{K} \frac{E}{V} - \frac{p}{K}, \tag{9.12}$$

式中,$K = V_0 \left(\dfrac{d^2U}{dV^2} \right)_{V_0}$ 是在体积为 V_0 时的体积弹性模量,V_0 为原始体积,V 为热膨胀以后的体积,p 为压力,E 为体系能量,γ 为格林艾森常量,它可表示为

$$\gamma = -\frac{d\ln v_i}{d\ln V}, \tag{9.13}$$

其中 v_i 为格波非线性振动频率. 在晶格作线性振动时 $\gamma = 0$,它是和晶格非线性振动有关. 当温度发生变化时,晶格作非线性振动就会有热膨胀发生. 纳米晶体在温度发生变化时非线性热振动可分为两个部分,一是晶内的非线性热振动,二是晶界组分的非线性热振动,往往后者的非线性振动较前者更为显著,可以说占体积百分数很大的界面对纳米晶热膨胀的贡献起主导作用. 纳米 Cu(8nm)晶体在 110K 到 293K 的温度范围它的膨胀系数为 31×10^{-6} K^{-1},而单晶 Cu 在同样温度范围为 16×10^{-6} K^{-1}[33],可见纳米晶体材料的热膨胀系数比常规晶体几乎大一倍. 纳米材料的增强热膨胀主要来自晶界组分的贡献,有人[34]对 Cu 和 Au(微米级)多晶晶界膨胀实验证实了晶界对热膨胀的贡献比晶内高 3 倍,这也间接地说明了含有大体积百分数的纳米晶体为什么热膨胀系数比同类多晶常规材料高的原因.

纳米结构和微米 α-Al_2O_3 的热膨胀与温度的关系,如图 9.16 所示. 由图可以测得 80nm 时热膨胀为 9.3×10^{-6}/K,105nm 为 8.9×10^{-6}/K,$5\mu m$ 为 4.9×10^{-6}/K. 可见随颗粒增大,热膨胀系数减小. 纳米结构 Al_2O_3(80nm)的热膨胀系数在测量温度范围几乎比 $5\mu m$ 的粗晶 Al_2O_3 多晶体高一倍.

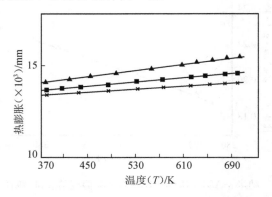

图 9.16　纳米和微米 α-Al_2O_3 晶体的热膨胀与温度关系

▲:80nm;　■:105nm;　×:$5\mu m$

纳米非晶氮化硅块材热膨胀和温度的关系在室温到 1273K 范围出现了十分有趣的现象,可分为两个线性范围,转折的温区为 723K 到 893K. 从室温到 723K,热膨胀系数为 $5.3\times10^6 K^{-1}$,从 893K 到 1273K,膨胀系数为 $72.8\times10^{-6} K^{-1}$. 与常规晶态 Si_3N_4 陶瓷(热膨胀系数为 $2.7\times10^{-6} K^{-1}$)相比较,纳米非晶氮化硅块体的热膨胀系数高 1 到 26 倍[35](见图 9.17). 其原因主要归结为纳米非晶氮化硅块体的结构与常规 Si_3N_4 有很大的差别,前者是由短程有序的非晶态小颗粒构成的,它们之间的界面占很大的比例,界面原子的排列较之非晶颗粒内部更为混乱,对这样结构的固体原子和键的非线性热振动比常规 Si_3N_4 晶态在相同条件下显著得多,因此它对热膨胀的贡献也必然很大.

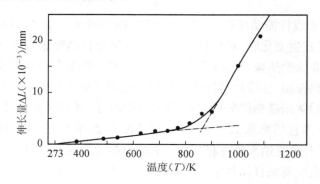

图 9.17　纳米非晶氮化硅块体的热膨胀与温度关系

9.2.3　热稳定性

纳米结构材料的热稳定性是一个十分重要问题,它关系到纳米材料优越性能究竟能在什么样的温度范围使用. 能在较宽的温度范围获得热稳定性好的(颗粒尺寸无明显长大)纳米结构材料是纳米材料研究工作者急得解决的关键问题之一. 纳米结构材料庞大比例的界面一般能量较高,这就为颗粒长大提供了驱动力,它们通常处于亚稳态.

通常加热退火过程将导致纳米微晶的晶粒长大,与此同时,纳米微晶物质的性能也向通常的大晶粒物质转变. 有关的观察结果如下:在高真空内对纳米微晶 Fe 样品在 750K 下加热 10h,则样品的晶粒尺寸增加到 $10\sim200\mu m$,转变为 α-Fe 多晶体[36].

对纳米微晶样品 Pd,Cu 在 750K 下退火,可使晶粒尺寸上升到 20nm 左右[32].

但当退火温度较低时,晶粒尺寸看来将保持稳定不变. 如在 393K 对纳米微晶 Cu 退火 60h 或在 473K 对纳米微晶 Fe 退火 10h,都未观察到晶粒长大[37]. 图 9.18 为在 $448\sim837K$ 对纳米微晶 Ni³C 退火过程中晶粒的生长状况. 图中可见,随着退火温度的增加,晶粒生长的速度加快. 晶粒尺寸随退火时间变化可由经验公式给出

$$D = kt^n, \tag{9.14}$$

D 为晶粒直径,k 为速率常数,t 为退火时间. 指数 n 的大小代表着晶粒生长的快慢. n 随着温度的升高而增大. 在退火温度 448K 时,晶粒大小几乎没有变化. 此外,纳米微晶物质在固态反应形成化合物过程中也会引起晶粒长大[38].

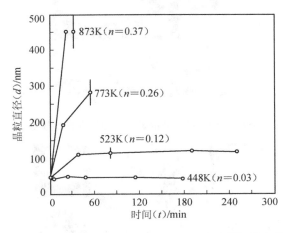

图 9.18　各种不同退火温度下晶粒尺寸随时间的变化

对纳米相材料(纳米氧化物,纳米氮化物)的退火实验进一步观察到其颗粒尺

寸在相当宽的温度范围内并没有明显长大,但当退火温度 T 大于 T_c 时(T_c 为临界温度),晶粒突然长大.纳米非晶氮化硅在室温到 1473K 之间任何温度退火,颗粒尺寸基本保持不变(平均粒径为 15nm),在 1573K 退火颗粒已开始长大.1673K 退火颗粒长到 30nm,1873K 退火,颗粒急剧上升,达到 $80 \sim 100 \text{nm}$[38] (见图 9.19).图 9.20(a)和图 9.20(b)分别示出了原始纳米非晶氮化硅颗粒的形貌像及经 1573K 和 1673K 退火的纳米非晶氮化硅颗粒的形貌像.

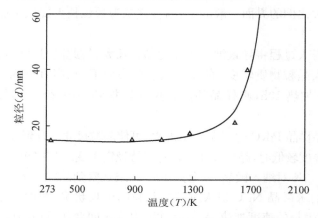

图 9.19　纳米非晶氮化硅块体的颗粒度与温度的关系

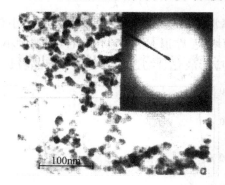

图 9.20(a)　纳米非晶氮化硅原始颗粒形貌像

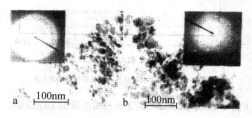

图 9.20(b)　纳米非晶氮化硅颗粒形貌像

a(左边图)1573K 在 $\sim 1.36 \times 10^{-3}$Pa 真空下退火;b(右边图)1673K,在氮气下($\sim 10^5$Pa)退火 24h

纳米 Al_2O_3 块体晶粒尺寸稳定的温度范围也比较宽,退火温度不超过 1273K, 颗粒尺寸基本保持不变,平均粒径约 8nm. 1373K 退火粒径长到 27nm,1473K 退火粒径长到 84nm,而且粒径分布窄. 图 9.21 示出了不同退火温度下纳米 Al_2O_3 颗粒的形貌像. 图 9.22 示出 1373K 和 1473K 退火 4h 纳米 Al_2O_3 颗粒的分布图.

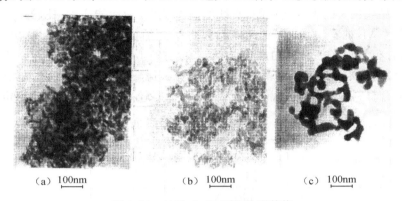

（a) 100nm　　　（b） 100nm　　　（c） 100nm

图 9.21　纳米 A_2O_3 颗粒的形貌像

(a)1073K×4h 退火,η-Al_2O_3;(b)1373K×4h 退火,α-Al_2O_3;(c)1473K×4h 退火,α-Al_2O_3

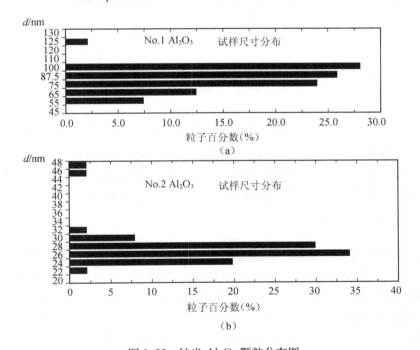

图 9.22　纳米 Al_2O_3 颗粒分布图

(a)1473K4h 退火,α-Al_2O_3,平均颗径 84nm;(b)1373K4h 退火,α-Al_2O_3,平均颗径 27.4nm

把纳米相材料颗粒尺寸随温度长大规律综合到一起发现一个十分有趣的现

象,这就是在某一温度区间内颗粒长大服从 Arrhenius 关系.图 9.23 示出了纳米 ZnO,MgO/WO$_x$、TiO$_2$ 和 Fe 的纳米晶粒尺寸与退火温度倒数关系.可以看出,在高温区晶粒快速生长时满足 Arrhenius 关系,其中纳米 Fe 颗粒热稳定的温度范围较窄,纳米相复合材料较宽,纳米单相材料位于它们之间.由线性区直线的斜率很容易求出晶粒长大的表观激活能,直线的斜率愈大,激活能愈大.比较这四种材料直线的斜率,不难看出纳米 Fe 晶体晶粒生长激活能最小,纳米 ZnO 次之,纳米 TiO$_2$ 比纳米 ZnO 的激活能稍大些,纳米复合材料 MgO/WO$_x$ 的晶粒长大激活能最大.这说明纳米金属晶体的晶粒相对来说长大比较容易,热稳定的温区较窄,而纳米相复合材料 MgO/WO$_x$ 晶粒长大由于激活能较高变得较困难,热稳定化温区范围较宽.

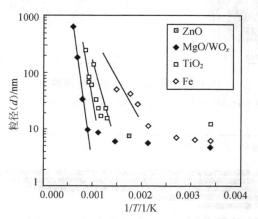

图 9.23　纳米相 Fe,TiO$_2$,MgO/WO$_x$ 和 ZnO 晶粒尺寸与退火温度关系

　　关于纳米相及纳米复合材料热稳定温度加宽问题机理的讨论目前还很浮浅,尚无统一看法,但从纳米结构材料的结构,特别是界面结构的特点出发来讨论这个问题有助于对热稳定性机理的认识.下面我们从几个方面进行讨论.

　　(1) 界面迁移问题

　　纳米相材料热稳定的核心问题是如何抑制晶粒长大,界面迁移为晶粒长大提供了基本条件,从某种意义上来说,抑制界面迁移就会阻止晶粒长大,提高了热稳定性.晶界的迁移可以分解为元过程的叠加.一种晶体缺陷或一组原子从一个平衡组态,翻越势垒到达另一个平衡组态,就构成了晶界运动的元过程.翻越势垒是一个热激活过程.如果没有驱动力,正向和反向运动的概率是相同的,不产生宏观的晶界迁移[见图 9.24(a)].在驱动力下使势垒产生不对称的偏移,正向和反向概率不等,就显示出晶界的迁移[见图 9.24(b)].这里驱动力主要来自于热驱动力(如加热).界面能量高及界面两侧相邻两晶粒的差别大有利于晶界的迁移.纳米材料晶粒为等轴晶、粒径均匀、分布窄,保持纳米材料各向同性就会大大降低界面迁移的驱动力 ΔF,不会发生晶粒的异常长大,这有利于热稳定性的提高.

（2）晶界结构弛豫

一般来说,纳米相材料由于压制过程中晶粒取向是随机的,晶界内原子的排列、键的组态、缺陷的分布都较之晶内混乱得多,晶界通常为高能晶界. 前面说过,高能晶界将提供晶粒长大的驱动力,很可能引起晶界迁移,但实际上纳米相材料晶界的物理过程并不因为晶界能量高而引起晶界迁移,而是在升温过程首先是在晶界内产生结构弛豫,导致原子重排,趋于有序以降低晶界自由能. 这是因为晶界结构弛豫所需要的能量小于晶界迁移能,升温过程中提供的能量首先消耗在晶界结构弛豫上,这就使纳米相材料晶粒在较宽的温度范围内不明显长大.

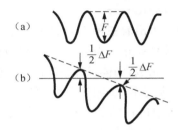

图 9.24　在驱动力作用下势垒的变化

ΔF 为相邻的平衡组态的自由能的差值;F 为无驱动力存在时自由能势垒的高度;

（b）中的 $F+\frac{1}{2}\Delta F$ 为有驱动力时原子由右向左运动的势垒;$F-\frac{1}{2}\Delta F$ 为原子由左向右运动的势垒

（3）晶界钉扎

纳米相材料溶质原子或杂质原子的晶界偏聚使晶界能降低,偏聚的驱动力来源于原子或离子的尺寸因素和静电力,利用这一特点往往向纳米材料中添加稳定剂,使其偏聚到晶界,降低晶界的静电能和畸变能,客观上对晶界起了钉扎作用,使其迁移变得困难,(有关这方面的问题在本章第一节有关超塑性问题中已做过详细讨论),晶粒长大得到控制,这有利于提高纳米材料热稳定性.

9.3　纳米结构材料中的扩散问题

9.3.1　自扩散与溶质原子的扩散[74]

这里主要介绍纳米晶体材料(纳米微晶物质)原子输运的基本特征,主要从自扩散和溶质原子扩散两个方面进行评述. 我们知道,对于纳米微晶物质内扩散过程的研究具有相当广泛的意义. 首先,对此扩散过程的研究有助于了解纳米微晶的结构,特别是界面的性质. 其次,具有大的界面体积百分比的物质将具有高的扩散系数,因而界面区域的掺杂甚至溶质元素通过沿纳米微晶晶界网络的扩散而与纳米微晶的元素形成合金将是一种有发展前途的工艺过程,这些过程使得按预定的目的进行改造和设计材料的性质成为可能;再次,纳米微晶物质的晶粒尺寸很小,而界面的成核格点浓度很高,致使物质具有高扩散系数和短反应距离,从而有可能在相当低的温度下形成固态的界面亚稳相或稳定相,也为在低温条件下利用不同元素纳米晶粒内的二元混合物反应,而生成大块亚稳相物质提供了广泛的可能性.

现已通过许多方法观察到 Ag,Cu,Bi 在纳米微晶 Pd 中的高扩散系数. 这些方法包括:电子微探针分析,He 离子卢瑟福背散射,二次离子质谱和溅射中性粒子质谱(sputtered neutral massspectrometry).

对于多晶物质,扩散物质可沿着三种不同的途径进行扩散,对应于三种扩散动力学类型,即:晶格扩散(或称体扩散),晶界扩散、样品自由表面扩散,自由表面扩散系数最大,其次是晶界扩散系数,而体扩散系数最小. 这主要是由于扩散的激活能不同所致,由于晶粒间界和金属表面的点阵发生强烈的畸变,故扩散激活能小,而扩散系数大. 一般金属的横截面中进行的晶界扩散只占很小一部分($\sim 10^{-6}$ 为晶界扩散),故晶界扩散不易表现出来. 而纳米微晶物质中,由于晶界浓度很大($\sim 50\%$),晶界扩散系数也增大甚多,因而晶界扩散占绝对优势.

定量而言,当下式满足时,晶界扩散占优势:

$$2(Dt)^{1/2} \leqslant \delta, \tag{9.15}$$

式中,D 为溶质的晶格扩散系数,t 为扩散时间,δ 为晶界宽度,纳米微晶物质的界面及普通多晶质的晶界宽度都为 1nm 左右,但两者的结构可能不同,故分别用 δ_b、δ_i 表示,脚标"i"代表界面,脚标"b"代表晶界.

Horva′th 等人[39]首次研究了在纳米微晶 Cu 样品中的自扩散. 纳米微晶 Cu 样品的平均晶粒直径为 8nm. 由于^{67}Cu 的半衰期较长(62h)故被用作放射性示踪原子蒸发到抛光的样品表面上,然后密封于真空石英瓶中加热使之扩散,根据式(9.15)控制扩散时间,使晶界扩散占优势. 经一定时间后,用离子束溅射法对样品逐次剥层,再用 Ge(Li)$_\gamma$ 谱仪测量每次剩层的活性,由此得到^{67}Cu 的纵剖面(扩散)分布图,并推出扩散系数. 图 9.25 示出两块不同样品上的实验结果. 图中纵轴代表由^{67}Cu 覆盖表面(原始表面)到被测面所在位置距离为 x 处的比放射性活度(比放射性活度正比于 x 处截面的平均放射性示踪剂浓度 C(x,t)).

对于初始时(即 $t=0$)示踪原子沉积于样品表面($x=0$)一薄层内的面积,斐克第二定律的晶界扩散的解为

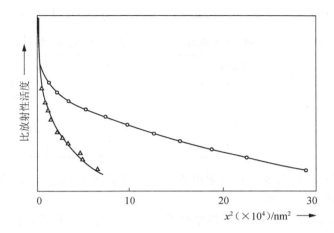

图 9.25　经 393K 下退火 15min,293K 下退火 64h(○)和 353K 下退火 30min,293K 下
退火 26h(△)的纳米微晶 Cu 样品中 ^{67}Cu 示踪剂自扩散的纵剖面图

$$C(x,t) = C_0(2\delta_i/g)(\pi D_i t)^{-1/2} \quad \exp[-x^2/(4D_i t)], \tag{9.16}$$

式中 $C(x,t)$ 为扩散 t 时间后 x 处的平均示踪剂浓度,C_0 为 $t=0$ 时每单位表面的示踪剂浓度,g 为晶粒尺寸.式(9.16)具有斐克第二定律的薄膜扩散解的特征.通过式(9.16)与图 9.25 直线部分的对比,可定出界面扩散系数 D_i.

由于晶格扩散系数很小,可以忽略示踪原子因扩散进入晶格而从晶界内消失的情形,虽然从形状上图 9.25 与存在这种情形的扩散分布相似,即近表面部分的示踪原子浓度比式(9.16)的估计值偏高甚多.这种偏高可能是由于下述原因引起的:(ⅰ)表面抛光处理中带来的杂质聚集于界面会与示踪原子反应并减小其迁移率;(ⅱ)晶体中位错造成除界面扩散之外的快扩散途径;(ⅲ)界面结构变化和界面移动(例如由于晶粒长大或弛予造成的界面移动)可能会导致示踪原子由界面合并入晶粒内,并被固定住(晶格扩散系数甚小);(ⅳ)多晶中表面扩散比晶界扩散高.

根据图 9.25 直线部分的斜率,可得

$$D_{i1}t_1 + D_{i3}t_3 \equiv A_1, \tag{9.17}$$
$$D_{i2}t_2 + D_{i3}t_4 \equiv A_3, \tag{9.18}$$

A_1,A_2 是为方便而引入的记号,D_{i1},D_{i2},D_{i3} 分别为 393K,353K 和 293K 时的界面扩散系数.根据 Arrhenius 公式,当温度在小范围内变动时,D_i 与温度的关系为

$$D_i(T) = D_{oi}\exp(-H_i/k_B T), \tag{9.19}$$

H_i 为界面扩散的激活能.由式(9.17)至式(9.19)可得

$$\left[\frac{D_{i1}t_2 t_3}{A_2 t_3 - (A_1 - D_{i1}t_1)t_4}\right]^{\frac{T_2}{T_1 - T_2}} = \left[\frac{D_{i1}t_3}{A_1 D_{i1}t_1}\right]^{\frac{T_3}{T_1 - T_3}} \tag{9.20}$$

经数值运算,可得 D_{i1} 代入式(9.17)和式(9.18),则可得 D_{i1}, D_{i3} 具体结果见表 9.2.

表 9.2　纳米微晶 Cu,单晶 Cu 及普通多晶 Cu 的自扩散系数

温度/K	纳米微晶 Cu $D_i(m^2 \cdot s^{-1})$	多晶 Cu $\delta_b D_b(m^3 \cdot s^{-1})$	单晶 Cu $D(m^2 \cdot s^{-1})$
393	1.7×10^{-17}	2.2×10^{-28}	2×10^{-31}
353	2.0×10^{-18}	6.2×10^{-30}	2×10^{-34}
293	2.6×10^{-20}	4.8×10^{-33}	4×10^{-40}

设晶粒间界的宽度 $\delta = 1nm$,则由表 9.2 中数据可知,多晶的晶界扩散系数比纳米微晶材料低几个量级.

表 9.3 中就纳米微晶界面扩散常数 D_{0i},激活能与单晶和普通多晶中的相应值及沿 Cu 的(111)面的表面扩散激活能进行了比较. 纳米微晶界面扩散的激活能较低,与表面扩散的激活能相近. 这说明界面与表面的扩散机制可能是相似的,但与多晶中的晶界扩散机制不同,据认为后者是通过空位机制扩散的.

表 9.3　纳米微晶 Cu,多晶 Cu 和单晶 Cu 的自扩散激活能
和 D_0 及 Cu(111)面的表面扩散激活能

纳米微晶 Cu	多晶 Cu	单晶 Cu	表面
$H_i = 0.64eV$	$H_b = 1.06eV$	$H = 1.98eV$	$H_s = 0.69eV$
$D_{0i} = 3 \times 10^9/m \cdot s^{-1}$	$\epsilon_b D_{0b} = 0.7 \times 10^{-15}/m^3 \cdot s^{-1}$	$D_0 = 4.4 \times 10^{-6}/m^2 \cdot s^{-1}$	

对纳米微晶 Cu 的正电子湮没测量表明,纳米微晶物质中存在三种自由体积:单空位,包含约 10 个空位的空位团(微空隙)及晶粒尺寸大小的空洞,因此空位型缺陷可能会在纳米微晶物质的扩散机制中导致不同的贡献并因此引入更复杂的输运机制. 这是进一步的研究所需验证的.

9.3.2　溶解度[40~42,74]

溶解度是指溶质原子在固体中固溶能力,一般分为替代式和间隙式两种,前者溶质原子占据了固体中正常位置,后者是指溶质原子占据固体的点阵间隙位置. 一般以原子半径小的 B,C,N,H,O 等原子为主. 纳米结构材料由于两个基本构成:颗粒组元和界面组元,与常规材料微结构不同,扩散系数极高,扩散距离短,因而在相同条件下(温度等)与常规固体材料相比有很高的溶解度,例如有人报道[40] Bi 在 8nm 的纳米微晶 Cu 中的溶解度为~4%,而在多晶 Cu 的情况下,100℃时 Bi 的溶解度小于 10^{-4},可见纳米晶 Cu 中 Bi 的溶解度几乎是多晶 Cu 中的 1000 到 10000 倍. 在纳米结构材料中这种溶解度增强效应与溶质原子在固溶体中化学势的变化有关,即与多晶中的化学势有很大差异. 在多晶情况下两种互不相溶的 Ag/Fe 系和 Cu/Fe 系在纳米态下可以形成固溶体[25]. 利用纳米材料这一特性,可以设计出新型的合金材料. 这无论在学术上和应用上都有很大的意义.

20 世纪 80 年代末,对氢在纳米 Pd 中的溶解度的研究比较系统,观察到一些有趣的现象并在理论上做了一些处理,很好地解释了氢在 Pd 中溶解度与扩散系数的关系.

氢是以填隙方式在 Pd 中扩散的,在形成间隙式固溶体的过程中,体扩散进行得相当容易,扩散在这里不具有结构敏感的特性(结构敏感性是指扩散速度与固溶体的晶粒大小有关的现象). 因此,与纳米微晶 Cu 中具有高扩散系数不同,由于氢在界面自由体积内被俘获,它在纳米微晶 Pd 中的扩散系数反而减小了. 那么氢在纳米 Pd 中的溶解度却比氢在单晶 Pd 中高得多. 这些现象似乎是矛盾的,实际上,氢在纳米 Pd 中的扩散系数并不是常数,而是依赖于纳米态结构和氢在其中的浓度,为了解释这个问题,必须仔细观察氢的扩散系数与浓度的关系.

Kirchheim 等[41,42]研究了氢在纳米微晶 Pd 中的溶解度、扩散及相变,并与单晶及非晶物质进行了对比. 实验采用电化学渗透法测量. 图 9.26 示出测量装置示意图. 样品安装于双电池中,在双电池的一边,通过阴极充电 H 沉淀于样品表面,部分氢迁移透过样品,通过样品另一边电势的瞬变值可求得氢在样品中的扩散系数. 而电位的稳定值则等于氢的化学位或电动势(emf). 测量是在 293K 进行的. 测量前先使样品在 700mV(SCE 为饱和甘汞电极)阳极极化,以去除样品中原来含有的氢.

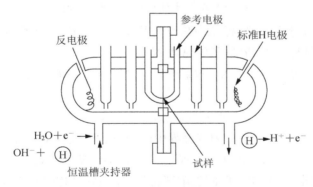

图 9.26　电化学测量 H 在金属中扩散和渗透装置的示意图

单晶 Pd 样品的电动势 E 与氢浓度的关系满足 Nernst 方程

$$E = -274\text{mV} + \frac{RT}{F}\ln C, \tag{9.21}$$

其中 C 为以原子数之比 H/Pd 为单位的氢的浓度,F 为法拉第常数. 293K 的测量值见图 9.27,图中在 0.005 到 0.01H/Pd 氢浓度范围内为直线,其斜率对应于

RT/F,该曲线代表了氢在 Pd 中的理想稀释溶解性质. 在 0.005H/Pd 以下,由于发生 H-H 相互作用,实验结果偏离了 Nerst 方程,而在 0.01H/Pd 浓度时由于形成 β 相,氢的溶解偏离理想溶解性质. 图 9.27 中同时示出了纳米微晶 Pd 中氢溶解度的测量结果,对应于相同的电动势值(氢活性或氢平衡压力),纳米微晶 Pd 中的氢溶解度高于单晶 Pd 的 1 至 2 个量级,而且直到 0.1H/Pd 浓度时才形成 β 相.

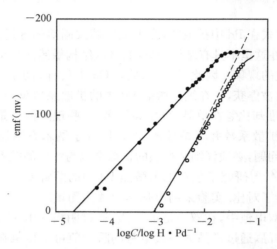

图 9.27　单晶 Pd 中氢的电动势(●)以及纳米微晶 Pd 中氢的电动势(○)随氢浓度的变化. 通过单晶 Pd 数据点直线的斜率为 RT/F. $C \geqslant 0.01$H/Pd 时的平台对应于双相区($\alpha+\beta$-Pd). 通过纳米微晶 Pd 数据点的直线为假定氢在晶界内的点阵能具有一定的分布时理论计算得到 (虚线是未考虑 H-H 相互作用的计算值)

设 N_g 和 N_{gb} 分别为 Pd 样品中晶粒内及晶界中的 Pd 原子数,C_i 为界面内 Pd 原子的百分数,则样品中 Pd 原子的总数 N 为

$$N = N_{gb} + N_g, N_{gb} = C_i N, N_g = (1 - C_i)N. \tag{9.22}$$

同样,对于氢,有

$$N_H = N_{H,gb} + N_{H \cdot g}, \tag{9.23}$$

则样晶中总的氢浓度 C 及晶粒内或晶界中的局域氢浓度 C_g,C_{gb} 分别为

$$C = N_H/N, C_g = N_{H,g}/N_g, C_{gb} = N_{H,gb}/N_{gb}. \tag{9.24}$$

对于一定的电动势,单晶中的氢浓度将与多晶 Pd 晶粒内的一致,此时,晶界内的氢浓度可根据式(9.22)~式(9.24)由总浓度 C 算出

$$C_{gb} = \frac{C - C_g(1 - C_i)}{C_i}. \tag{9.25}$$

假定晶界厚度为 $\delta = 0.5$nm,根据实验结果,作出 $C_{gb}/(1 - C_{gb}) \sim C_g/(1 - C_g)$ 曲线见图 9.28.

根据 Langmuir-Mclean 方程

$$\frac{C_{gb}}{1 - C_{gb}} = \frac{C_g}{1 - C_g} \exp\left[\frac{-Gs}{RT}\right],$$ (9.26)

G_s 为偏析的吉布斯自由能, 平衡偏析过程在图 9.28 中将是一条斜率为 1 的直线. 但实验曲线的直线部分的斜率为 0.5. 因此, 为了能描述氢的晶界偏析, 式(9.26) 中的因子 $exp(-G_s/RT)$ 必须随浓度变化, 即 G_s 将具有能谱形式.

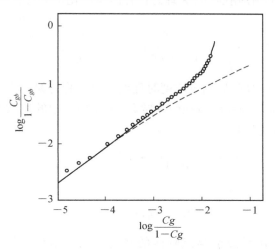

图 9.28　根据式(9.23)计算的晶界内的氢浓度与晶粒内氢浓度之关系. G_{gb} 由纳米微晶 Pd 与单晶 Pd 在相同电动势的氢浓度之差得到. 曲线为假设氢的偏析能具有一谱分布的理论计算值. 虚线在计算时未考虑 H-H 相互作用

　　氢在不同点阵的分布可用费米—狄拉克统计的统计热力学模型描述, 晶粒内的原子点阵与单晶 Pd 的点阵一样具有相同的氢溶解点阵能 E_0, 氢在晶粒间界面处的点阵能则按高斯分布围绕 E_1 变化, 因此总的氢分布函数为

$$n(E) = (1 - C_i)\delta(E - E_0) + \frac{C_i}{\sigma\sqrt{\pi}}\exp\left[-\left(\frac{E - E_1}{\sigma}\right)^2\right],$$ (9.27)

其中 σ 为高斯分布的宽度, 这个高斯分布是指纳米晶界面内格点能的分布. 它可通过非晶态 $Pd_{83}Si_{17}$ 的化学势与氢浓度直线关系的斜率求出. 对上式乘以占有数, $1/\left[1 + exp\left(\frac{E - \mu}{RT}\right)\right]$, 并在整个能量范围积分, 则得

$$C = \frac{1 - C_i}{1 + \exp\left(\frac{E_0 - \mu}{RT}\right)} + \frac{C_i}{\sigma\sqrt{\pi}}\int_{-\infty}^{\infty}\frac{\exp\left[-\left(\frac{E - E_1}{\sigma}\right)^2\right]}{1 + \exp\left(\frac{E - \mu}{RT}\right)}dE.$$ (9.28)

上式右边第一式等于 $N_{H,g}/N$, 第二式等于 $N_{H,gb}/N$. 选择一定的化学势, 经数值运算可得 $\frac{C_{gb}}{1 - C_{gb}} - \frac{C_g}{1 - C_g}$ 曲线, 见图 9.28 中实线(计算中取 $\sigma = 15\text{kJ/mol} \cdot \text{H}, E_1 =$

31.6kJ/mol·H). 在大部分情形下,理论计算结果与实验能很好地符合,仅当晶粒间界内的氢浓度较大时($C_{gb}>0.1$),两者发生偏离,这可能是界面内的 H-H 相互作用引起的. 可采用准化学近似排除这项相互作用,即取化学势

$$\mu = \mu_{id} + WC_{gb},\qquad\qquad(9.29)$$

式中 W 为 H-H 相互作用能,μ_{id} 为理想稀释溶解的化学势,则式(9.28)成为

$$C = \frac{1-C_i}{1+\exp\left(\dfrac{E_0-\mu}{RT}\right)} + \frac{C_i}{\sigma\sqrt{\pi}}\int_{-\infty}^{\infty}\frac{\exp\left[-\left(\dfrac{E-E_1}{\sigma}\right)^2\right]}{1+\exp\left[\dfrac{E-\mu-WC_{gb}}{RT}\right]}dE.\qquad(9.30)$$

若选择 W 为负值,则高的界面氢浓度时理论值对实验的偏离将获得改善.

取鞍点能(saddle point energy)为常数,无序物质中的填隙原子的扩散系数可表示为温度与浓度的函数

$$D = D_0\,\frac{\partial}{\partial C}\left\{(1-C^2)\exp\left(\frac{\mu}{RT}\right)\right\},\qquad\qquad(9.31)$$

其中:

$$D_0 = D_0^0\exp\left(\frac{Q^0}{RT}\right),\qquad\qquad(9.32)$$

Q^0 为平均激活能,由鞍点能与点阵能的平均值之差给出. 对于非晶 Pd 合金,式(9.32)的计算与实验符合得很好. 由式(9.31)和式(9.32)可算出,对液相急冷和气相急冷得到的 Pd-Si 合金,Q^0 分别为 18.9 和 9.9kJ(mol·H)$^{-1}$.

电化学渗透法测得的纳米微晶物质的扩散系数对应于晶界扩散. 氢浓度较低时,氢原子在点阵能高斯分布的低能部分的点阵内被俘获,因此扩散系数比单晶 Pd 更低. 随着氢浓度的增加,能量较高的格点也被占据,导致扩散的平均激活能降低,相应地扩散系数升高,于是扩散系数将大于单晶 Pd 中的值(这种变化规律与非晶 Pd-Si 合金的一致). 当晶界内的氢浓度很高时(即 $C_{gb}>0.1$). H-H 相互吸引作用抵消了激活能降低的因素并最终导致扩散系数降低. 定量处理可采用式(9.31).

$$D = D_0\,\frac{\partial}{\partial C_{gb}}\left\{(1-C_{gb})^2\exp\left(\frac{\mu-E_1}{RT}\right)\right\}.\qquad\qquad(9.33)$$

由式(9.30)和式(9.33)可计算得到扩散系数 D,结果示于图 9.29,计算中取 $\sigma=15$k J/mol,$W=-30$k J/mol,与图 9.28 中的计算所取参数一致. 由于计算中已扣除 H-H 相互作用的贡献,计算结果与实验符合得很好. 由式(9.32)可计算得纳米微晶 Pd 的激活能 $Q^0<2$k J/mol·H.

以上计算表明,纳米微晶 Pd 的晶界中氢的点阵能居于液相急冷和气相急冷的 Pd-Si 合金之间,但由液相急冷到气相急冷 Pd-Si 合金再到纳米微晶 Pd,平均激活能有显著增加. 这表明,纳米微晶物质的晶界较非晶态金属具有更加"开放"的结构.

　　当含氢金属系统发生相变时,随着含氢总量的增加,在两相区化学势或氢压力保持不变.这种性质对晶态金属成立,对非晶态金属则不成立.

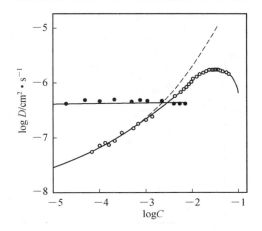

图 9.29　293K 温度时氢在单晶 Pd 与纳米微晶 Pd 中的扩散系数与氢浓度之关系

曲线为理论计算虚线未考虑 H-H 相互作用

9.3.3　界面的固相反应[40,74]

　　界面的固相反应是指通过界面进行物质交换产生新相的现象.作为常规材料制备和成型工艺的传统固相界面反应,由于参加反应物质的颗粒较大,界面附近的原子与体内原子数之比很小,因而只能引起固体局部结构和性质的改变.根据几何学的估算,当晶粒尺寸小到 5nm 左右时,其界面原子体积约占整体 50%,且具有高度无序的结构.原子在这样的界面上扩散较为容易,接近表面扩散.如纳米 Cu 在80℃的自扩散系数为 $2\times10^{-18}\,m^2/s$,较之大晶粒 Cu 块的自扩散系数大 14~16 个数量级,也较之 Cu 的晶界上自扩散大 3 个数量级.加之纳米尺度粒度使反应的距离变短,从而使整个固相反应可以在较低温度下发生,形成各种不同的亚稳相,实现材料的整体转变.纳米尺度界面反应是近年来兴起的纳米固体研究中一个重要内容,它不仅涉及到非平衡转变热力学和动力学以及界面现象等许多科学问题,而且对新材料的发展具有工程应用价值.

　　为了解纳米二元混合物的反应动力学特点,Hahn 等[40]用 He 离子背散射和电镜研究了纳米微晶 Pd 与其表面 Bi 薄膜的反应.在 He 离子背散射谱中,可观察到在相当低温度下(~395K)金属间平衡化合物 Pd_3Bi 的形成,见图 9.30.电镜研究也证实了这一相的形成.同时还发现在反应区内有显著的晶粒长大,但在样品的另一端(未涂 Bi 膜),则未观察到晶粒生长.这说明由化学驱动力引起的晶粒生长过程,类似于扩散引起的晶界移动,这种化学驱动力导致在晶界移动经过区域中的熔合过程. 然而在相同条件下,蒸发到纳米微晶上的 Bi 薄膜样品中却观察不到 Pd_3Bi 相的形成,这表明在纳米微晶结构中扩散率和反应率都增加了.

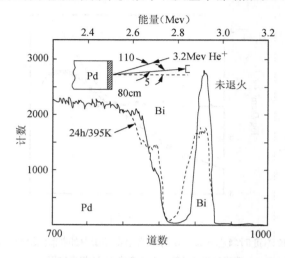

图 9.30　表面淀积 80hm 厚 Bi 膜的纳米微晶 Pd 样品的 He 离子背散射谱

——:样品退火前的背散射谱;┄┄:395K 温度下退火 24h 后的背散射谱

Hahn 等[40]通过同时蒸发 Cu 和 Er 金属,并沉淀到旋转冷却棒上而制得了均匀混合的 Cu,Er 微粒. 从冷却棒上刮下的粉末在真空中加压 2GPa 使其致密. 化学分析和 He 离子背散射都表明其中 Cu 占 50% 原子百分比. 德拜-谢乐(Debye-Scherrer)X 射线分析表明,除了一小部分未参与反应的 Cu,Er 超微粒子外,样品的大部分都经反应形成了 CsCl 结构的 CuEr 平衡化合物. 没有其他的附加项存在. 该实验表明纳米微晶的制备方法是足够洁净的,从而使微粒间彼此能够发生反应. 此外,也表明在对流的 He 气流和旋转冷却棒上形成的两种金属粒子的相互混合物仅仅通过压结过程就能达到几乎百分之百的反应.

对于 Cu-Er 系统,实验表明通过基体箔的机械冷轧和随后的加热退火将形成部分非晶相. 但在以上压结的纳米微晶样品中,却未观察到非晶相. 对此,最可行的解释是:在压结过程中由于机械能和反应微粒释放的化学能引起样品被加热,使样品的温度超过了 Cu-Er 系统的相当低的再结晶温度(470K). 这将由进一步的实验来阐明.

机械合金化(用高能球磨不同合金元素的微粒)制备纳米的合金材料就是利用了纳米尺度界面固相反应的原理获得了许多合金,其中包括用常规方法难以获得的纳米合金. 日本京都大学和大阪大学利用这一原理成功制备出 Al-Fe 系纳米晶材料,晶粒度为 10nm.

9.4　光　学　性　质

固体材料的光学性质与其内部的微结构,特别是电子态、缺陷态和能级结构有密切的关系.传统的光学理论大多都建立在带有平移周期的晶态基础上逐渐发展起来的. 70 年代以来,对非晶态光学性质的研究又建立起来描述无序系统光学现象理论.纳米结构材料在结构上与常规的晶态和非晶态有很大的差别,突出地表现在小尺寸颗粒和庞大体积百分数的界面,界面原子排列和键的组态的无规则性较大,这就使得纳米结构材料的光学性质出现一些不同于常规晶态和非晶态的新现象.

9.4.1　紫外-可见光和红外光吸收

纳米固体中纳米微粒小尺寸效应、量子尺寸效应、表面效应以及大量缺陷的存在,从而导致其光吸收呈现粗晶材料不具备的特性.下面分别介绍红外和紫外-可见光吸收.

（1）紫外-可见光吸收

纳米固体的光吸收具有常规粗晶不具备的一些新特点.例如,金属纳米固体等离子共振吸收峰变得很弱,甚至消失;半导体纳米固体中粒子半径小于或等于 a_B (激子玻尔半径)时,会出现激子(Wannier 激子)光吸收带(例如,粒径为 4.5nm 的 $CdSe_xS_{1-x}$,在波长约 450nm 处呈现一光吸收带.);相对常规粗晶材料,纳米固体的光吸收带往往会出现蓝移或红移(例如,纳米 NiO 块体的 4 个光吸收带(3.30, 2.99, 2.78, 2.25eV)发生蓝移,三个光吸收带(1.92, 1.72, 1.03eV)发生红移.这些特征与纳米粉体的相类似.这里必须指出,在分析光吸收带蓝移或红移的机制时,要搞清引起蓝移和红移的因素有哪些.一般来讲,粒径的减小,量子尺寸效应会导致光吸收带的蓝移[77,78],引起红移的因素很多,归纳起来有以下五方面[77,78,89]:（ⅰ）电子限域在小体积中运动;（ⅱ）随粒径减小,内应力 $P\left(=\dfrac{2\gamma}{r},r\right.$ 为粒子半径,γ 为表面能)增加,导致电子波函数重叠;（ⅲ）能级中存在附加能级,例如缺陷能级,使电子跃迁时的能级间距减小;（ⅳ）外加压力使能隙减小;（ⅴ）空位、杂质的存在使平均原子间距 R 增大,从而晶增强度 $D_q\left(\infty\dfrac{1}{R^5}\right)$ 减弱,结果能级间距变小.对于每个光吸收带的峰位则由蓝移和红移因素共同作用来确定,蓝移因素大于红移因素时会导致光吸收带蓝移,反之,红移.

纳米固体除了上述紫外-可见光光吸收特征外,有时,纳米固体会呈现一些比常规粗晶强的,甚至新的光吸收带,这是因为庞大的界面的存在,界面中存在大量的缺陷,例如,空位、空位团和夹杂等,这就很可能形成一些高浓度的色心,使纳米固体呈现一些强的或新的光吸收带. 纳米 Al_2O_3 块体就是一个典型的例子[77],经 1100℃ 热处理的纳米 Al_2O_3 具有 α 相结构,粒径为 80nm. 在波长为 200 至 850nm 波长范围内,光漫反射谱上出现六个光吸收带,其中 5 个吸收带的峰位分别为 6.0, 5.3, 4.8, 3.75 和 3.05eV,一个是非常弱的吸收带,分布在 2.25 至 2.50eV 范围. 这种光吸收现象与 Al_2O_3 晶体(粗晶)有很大的差别,Levy 等[78]观察到,未经辐照的 Al_2O_3 晶体只有两个光吸收带,它们的峰位为 5.45eV 和 4.84eV,但在核反应堆中经辐照后,他们观察到 7 个光吸收带出现在 Al_2O_3 晶体中,这些带的峰位分别为 6.02, 5.34, 4.84, 4.21, 3.74, 2.64 和 2.00eV. 与上述纳米 Al_2O_3 块体的光吸收结果相比较可以看出,只有经辐照损伤的 Al_2O_3 晶体才会呈现多条与纳米 Al_2O_3 相同的光吸收带. 大量实验结果证明粗晶 Al_2O_3 中 6.0, 5.4 和 4.8eV 的光吸收带是由 F^+ 心(氧空位被单电子占据)引起的,3.75eV 为缺陷色心所致,3.0eV 至 3.1eV 的光吸收带是由空穴心引起的,2.25eV 吸收带是由 Cr^{3+} 引起的[77]. 因此,由于辐照损伤,使 Al_2O_3 晶体中产生许多氧空位和空穴,这些缺陷转化成 F^+ 心和空穴型心(V^{2-}, V^- 和 V_{OH^-})导致 Al_2O_3 晶体呈现许多光吸收带. 纳米 Al_2O_3 固体未经辐照就呈现许多与经辐照的 Al_2O_3 晶体相同的光吸收带,这是由于庞大界面中的大量氧空位和空穴转化成色心所致.

(2) 红外吸收[43~46]

对纳米固体红外吸收的研究,近年来比较活跃,主要集中在纳米氧化物,纳米氮化物和纳米半导体材料上. 下面简单介绍这方面工作进展. 在对纳米 Al_2O_3 块体的红外吸收研究中观察到在 $400cm^{-1}$ 到 $1000cm^{-1}$ 波数范围有一个宽而平的吸收带,当热处理温度从 837K 上升到 1473K 时,这个红外吸收带保持不变,颗粒尺寸从 15nm 增加至 80nm,纳米 Al_2O_3 的结构发生了变化($\eta\text{-}Al_2O_3 \xrightarrow{1273K} \gamma +$ $\alpha\text{-}Al_2O_3 \xrightarrow{\geqslant1373K} \alpha\text{-}Al_2O_3$),对这个宽而平的红外吸收带没有影响,见图 9.31. 与单晶红宝石相比较,纳米 Al_2O_3 块体红外吸收现象有明显的宽化. 图 9.32 示出了单晶 Al_2O_3 的红外吸收谱. 可以看出,在 400 到 $1000cm^{-1}$ 的波数范围红外吸收带不是一个"平台",而出现了许多精细结构(许多红外吸收带),而在纳米结构块体中这种精细结构消失. 值得注意的是,在不同相结构的纳米 Al_2O_3 粉体中观察到了红外吸收的反常现象,即在常规 $\alpha\text{-}Al_2O_3$ 中应该出现的一些红外活性模,在纳米 Al_2O_3 粉体中($\alpha+\gamma$ 和 $\alpha\text{-}Al_2O_3$)却消失了,然而常规 $\alpha\text{-}Al_2O_3$ 粉体被禁阻的振动模在纳米态出现了,具体的实验结果列于表 9.4. 由表中司看出,对于单晶和粗晶多晶 α-Al_2O_3 应为红外禁阻的～448 和 598cm^{-1} 振动模在纳米态下出现了,且这两个振动模的强度与其他活性模相当,而常规 α-Al_2O_3 的 568cm^{-1} 的活性模在纳米态已经不出现了. 即便是在纳米 Al_2O_3 粉中出现了与红宝石和蓝宝石相同的活性模,它们对应的波数位置出现了一些差异,其中对应红宝石和蓝宝石的 637cm^{-1} 和 442cm^{-1} 的活性模,在纳米 Al_2O_3 粉体中却"蓝移"到 639.7cm^{-1} 和 442.5cm^{-1}.

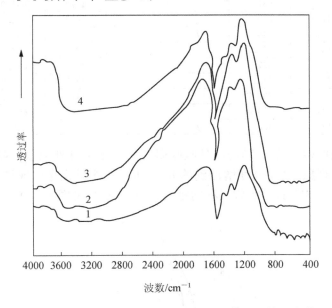

图 9.31　不同温度退火下纳米 Al_2O_3 块体的红外吸收谱

1～4 分别对应 873,1073,1273 和 1473K 退火 4h

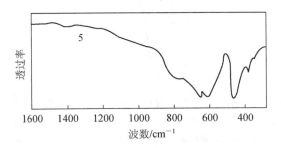

图 9.32　红宝石(加 Cr 的 α-Al_2O_3 单晶)的红外吸收谱

表 9.4　纳米 α-Al$_2$O$_3$ 粉体的红外吸收带的频率(υ)

未退火原始粉径 d(nm)	退火温度 T(K)	带的频率 υ(cm^{-1})	禁阻模 f	未退火原始粉粒粒径 d(nm)	退火温度 T(K)	带的频率 υ(cm^{-1})	禁阻模 f
8	1173	639.7			1373	601.6	f
	1173	597.5	f		1373	576.3	
	1173	442.5		15	1373	435.5	
	1273	637.2			1473	631.0	
	1273	590.4			1473	592.0	f
	1273	449.6	f		1473	453.0	f
	1373	639.7			1373	639.7	
	1373	597.5			1373	583.7	
	1373	442.5		35	1373	449.6	f
	1473	639.7			1473	632.7	
	1473	583.4			1473	604.5	f
	1473	456.6	f		1473	442.5	

　　在纳米晶粒构成的 Si 膜的红外吸收研究中观察到红外吸收带随沉积温度增加出现频移的现象.沉积温度增加到约 623K 时,红外吸收峰出现红移,进一步增加沉积温度至 673K,红外吸收又移向短波方向(蓝移)(见图 9.33).

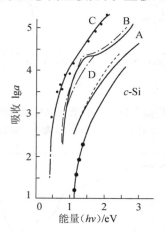

图 9.33　不同温度和氢含量下沉积的多晶 Si 膜的光吸收

A:383K,≈12%;B:533K,≈4%;C:623K,≈1%;D:673K.

虚线为 923～1073K(超高真空下退火后的吸收谱. c-Si 表示 Si 单晶试样

　　在非晶纳米氮化硅块体的红外吸收谱研究中,观察到了频移和吸收带的宽化.图 9.34 示出了纳米非晶氮化硅粉体和室温下压制而成纳米块体的红外吸收谱,它们分别对应曲线(a)和(b).曲线 a 具有位于 989cm^{-1} 的 P_1 峰,曲线 b 也具有一个峰 P_1', P_1 和 P_1' 峰位未见明显的差别,但 P_1' 峰明显宽化,而且向低波数方向展宽,高波数侧几乎无变化.传统晶态粗晶氮化硅只在 935cm^{-1} 处出现一个强而锐的吸收峰

P_c[见曲线(c)]. P_1 和 P_1' 同 P_c 相比较,均蓝移了 54cm^{-1},而且 P_1' 峰大大宽于 P_c.

　　纳米非晶氮化硅块体的红外吸收带强烈地依赖于退火温度,在低于 873K 退火,红外吸收带呈宽而平的形状,退火温度升到 1133K,红外吸收带开始变尖并有精细结构出现,随退火温度升至 1273K 精细结构依然存在,而未退火的粉体红外吸收带窄而尖,详见图 9.35.

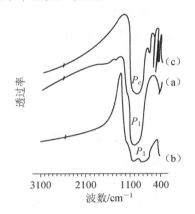

图 9.34　纳米非晶氮化硅粉体(a),
块体(b)和常规粗晶氮化硅(c)
的红外吸收谱

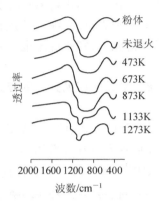

图 9.35　纳米非晶氮化硅粉体
(未退火)和不同温度退火的
块体红外吸收谱

　　关于纳米结构材料红外吸收谱的特征及蓝移和宽化现象已有一些初步的解释,概括起来有以下几点:

　　（ⅰ）小尺寸效应和量子尺寸效应导致蓝移. 这种看法主要是建筑在键的振动基础上. 由于纳米结构颗粒组元尺寸很小,表面张力较大,颗粒内部发生畸变使键长变短,使纳米材料平均键长变短. 纳米非晶氮化硅块体的 X 光径向分布函数研究以及纳米氧化铁的 EXAFS 实验均观察到上述现象. 这就导致了键振动频率升高,引起蓝移. 另一种看法是量子尺寸效应导致能级间距加宽,利用这一观点也能解释同样的吸收带在纳米态下较之常规材料出现在更高波数范围.

　　（ⅱ）晶场效应. 对纳米结构材料随热处理温度的升高红外吸收带出现蓝移现象主要归结于晶场增强的影响. 这是因为在退火过程中纳米材料的结构会发生下面一些变化,一是有序度增强,二是可能发生由低对称到高对称相的转变,总的趋势是晶场增强,激发态和基态能级之间的间距也会增大,这就导致同样吸收带在强晶场下出现蓝移.

　　（ⅲ）尺寸分布效应. 对纳米结构材料在制备过程中要求颗粒均匀,粒径分布窄,但很难做到粒径完全一致. 由于颗粒大小有一个分布,使得各个颗粒表面张力有差别,晶格畸变程度不同,因此,引起纳米结构材料键长有一个分布,这是引起红外吸收带宽化的原因之一.

（iv）界面效应. 纳米结构材料界面体积百分数占有相当大的权重,界面中存在空洞等缺陷,原子配位数不足,失配键较多,这就使界面内的键长与颗粒内的键长有差别. 就界面本身来说,庞大比例的界面的结构并不是完全一样的,它们在能量上,缺陷的密度上,原子的排列上很可能有差异,这也导致界面中的键长有一个很宽的分布,以上这些因素都可能引起纳米结构材料红外吸收带的宽化.

当然,分析纳米结构材料红外吸收带的蓝移和宽化现象不能孤立地仅仅引用上述看法的个别观点,要综合地进行考虑. 总之,纳米结构材料红外吸收的微观机制研究还有待深入,实验现象也尚须进一步系统化.

9.4.2　掺杂引起的可见光范围荧光现象[47~52]

关于加 Cr 的 α-Al$_2$O$_3$ 单晶(红宝石)的荧光现象已有许多作者作了系统地研究[48,49],他们观察到在波数为约 14400cm^{-1} 附近出现两条发射峰(P_1 和 P_2). 20 世纪 80 年代中期开始,许多作者把注意力转向含 Cr 超微粒 Al$_2$O$_3$ 粉体的荧光现象的研究[50,51]. 对 α-Al$_2$O$_3$ 和 χ,δ-Al$_2$O$_3$ 他们同样观察到在约 14400cm^{-1} 附近出现荧光. 他们把荧光出现的机制归结为八面体晶场中 Cr^{3+} 离子的荧光. 用紫外光激发纳米结构 Al$_2$O$_3$ 块体,在可见光范围观察新的荧光现象,对于勃母石 η 相和 γ 相有两个较宽的荧光带(P_1 和 P_2)出现,它们的波数范围分别为~14500cm^{-1} 至 11500cm^{-1} 和 20000cm^{-1} 至~14500cm^{-1},如图 9.36 所示. 这两个荧光带在 873K 到 1273K 范围退火均存在. 这表明,纳米结构的 Al$_2$O$_3$ 块体在可见光的荧光现象

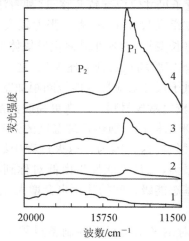

图 9.36　不同热处理纳米 Al$_2$O$_3$ 块体试样的荧光谱

图中 1 为原始试样,勃母石;2 为 873K×2h,η 相,15nm+勃母石;3 为 1073K×2h,η 相,15nm;4 为 1273K×2h,$\alpha+\gamma$ 相,大约 15nm

有很好的热稳定性. 当热处理温度升高到 1473K 时，P_2 带消失，P_1 已不是一个宽的"鼓包"，有明显的精细结构出现，即它变成了二条锐而强的荧光峰，它们的峰位分别为 14430cm^{-1} 和 14400cm^{-1}，在它们附近还出现一些小的卫星峰，如图 9.37 所示. 仔细观察这时的荧光现象基本与加 Cr，α-Al$_2$O$_3$ 单晶(红宝石)的荧光谱相类似，也就是说 1473K 退火的试样所出现的荧光现象已基本上失去了纳米结构 Al$_2$O$_3$ 块体的荧光谱的特征.

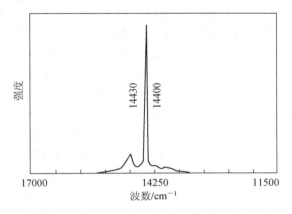

图 9.37　1473K 退火的纳米 Al$_2$O$_3$ 块体试样的荧光谱

α 相 180nm 粒径

纳米结构 Al$_2$O$_3$ 在可见光范围出现的两个荧光带机理的研究取得了一些进展，基本的看法是 P_1 带是由八面体晶场中 Cr^{3+} 离子的 $^2E \rightarrow {}^4A_2$ 和 $4T_2 \rightarrow {}^4A_2$ 的电子跃迁产生的. 对 P_2 带的机理研究工作比较系统，根据试样含有 0.15％Fe 杂质，在理论上首先提出了一个看法，认为它可能与试样中含有的 Fe 杂质有关，它是由 Fe^{3+} 离子在晶化程度较差的勃母石及含有大量界面的纳米 Al$_2$O$_3$ 亚稳相(η,γ-Al$_2$O$_3$)中产生的. 这个带属于 Fe^{3+} 的 d^5 电子 $^4T_1 \rightarrow {}^6A_1$ 跃迁. 这一看法已被精心设计的掺三价铁的纳米结构 Al$_2$O$_3$ 块体的荧光实验所证实. 图 9.38 示出了高纯纳米结构 η-Al$_2$O$_3$ 掺杂和未掺杂三价铁的荧光谱. 很明显，未掺杂质铁的试样 P_2 带变得又窄又弱，而掺杂三价铁离子试样 P_2 带变得宽很强. 这一强有力的实验事实进一

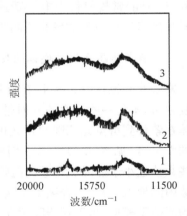

图 9.38　高纯纳米结构 η-Al$_2$O$_3$ 掺杂和未掺杂 Fe^{3+} 离子的荧光谱

图中，曲线 1 为未掺杂，曲线 2 掺入 4.61wt％Fe$_2$O$_3$，曲线 3 为掺入 48.01wt％ Fe$_2$O$_3$(粒径约 15nm，α-Fe$_2$O$_3$)

步证实了 Fe^{3+} 离子对 P_2 带的产生起关关键作用.[52]

9.4.3　紫外到可见光的发射谱

从紫外到可见光范围内材料的发光问题一直是人们感兴趣的热点课题. 所谓的光致发光是指在一定波长光照射下被激发到高能级激发态的电子重新跃入低能级被空穴捕获而发光的微观过程. 从物理机制来分析,电子跃迁可分为两类:非辐射跃迁和辐射跃迁. 当能级间距很小时,电子跃迁可通过非辐射性级联过程发射声

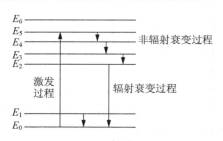

图 9.39　激发和发光过程示意图
E_0 为基态能级;$E_1 \sim E_6$ 为激发态能级

子(如图 9.39 中虚线箭头所示),在这种情况下是不能发光的,只有当能级间距较大时,才有可能发射光子,实现辐射跃迁,产生发光现象. 如图中从 E_2 到 E_1 或 E_0 能级的电子跃迁就能发光. 我们这里要讨论的发光现象都是与电子辐射跃迁的微观过程相联系. 纳米结构材料由于颗粒很小,这样由于小尺寸会导致量子限域效应,界面要结构的无序性使激子,特别是表面激子很容易形

成;界面所占的体积很大,界面中存在大量缺陷,例如悬键,不饱和键和杂质等,这就可能在能隙中产生许多附加能隙;纳米结构材料中由于平移周期的破坏,在动量空间(k 空间)常规材料中电子跃迁的选择定则对纳米材料很可能不适用,这些就会导致纳米结构材料的发光不同于常规材料,有自己新的特点.

（1）纳米非晶氮化硅块体的发光

常规非晶氮化硅 α-SiN_x 在紫外到可见光很宽的波长范围,发光呈现一个很宽的发射带,不是一些分立的发射带[53],而退火温度等于 673K 时,纳米非晶氮化硅块体在紫外到可见光范围的发光现象与常规非晶氮化硅截然不同,出现了 6 个分立的发射带（见图 9.40）[54],它们的峰值分别为 3.2,2.8,2.7,2.4,2.3 和 2.0eV,这些数值远小于非晶氮化硅的能隙宽度（4.5~5.5eV）,这表明纳米态的发光都是能隙内的现象. 为了解释纳米态这些新的发光特点,我们提出了纳米非晶氮化硅块体的能隙态模型,指出在能隙中存在四个附加能级（见图 9.41）,其中 $\equiv Si^-$ 为受主能级（捕获电子能级）,$\equiv Si^0$ 为施主能级（捕获空穴能级）,$=N^-$ 为氮悬键产生的附加能级,$Si-Si$ 为 $\equiv Si-Si \equiv$ 单元产生的附加能级. 根据这个能隙态模型,纳米非晶氮化硅块体在紫外到可见光范围出现的 3.2,2.7,2.4,2.3 和 2.0eV 的 5 个发射带分别由下列电子跃迁产生:$\equiv Si^0 \longrightarrow E_v$（价带顶）,$\equiv Si^- \longrightarrow =N^-$,$E_c$（导带底）$\longrightarrow \equiv Si^0$,$\equiv Si^0 \longrightarrow =N^-$,和 $E_c \longrightarrow \equiv Si^-$,2.8eV 的发射带是与氧化过程密切相

关的. 由下面理由可以证明这个模型是合理的:第一,它与 Robertson 等人[55,56]的结果一致. 图 9.42 是 Robertson 等人计算出的 CVD 非晶氮化硅能隙态模型,与图 9.41 的纳米非晶氮化硅的能隙态模型相比较,不难看出,纳米非晶氮化硅的 1.9,2.2,2.3 和 3.1eV 发射带与 Robertson 计算值 2.0,2.4,2.3 和 3.2eV 发射带十分相近;第二, ESR 和 RDF 实验证明,在纳米非晶氮化硅中存在 Si 悬键及≡Si—Si≡单元[57];第三, 许多作者[53,58~60]在非晶氮化硅(α-SiN$_x$)中观察到 Si 和 N 的悬键和≡Si—Si≡单元. 这些结果都进一步支持了纳米非晶氮化硅块体能隙态模型是正确的.

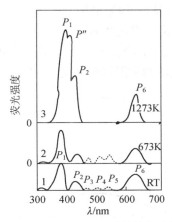

图 9.40　在真空下(1.36Pa)不同温度退火后纳米非晶氮化硅块体的紫外光-可见发光射谱

——代表激发波长为 250nm;···· 代表激发波长为 350nm

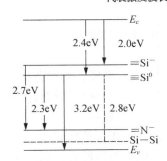

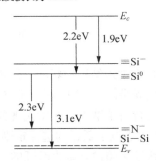

图 9.41　纳米非晶氮化硅试样
能隙态模型

图 9.42　Robertson 计算的 CVD 非晶
氮化硅的能隙态

由图 9.40 还可看出,当退火温度升至 1273℃时,发射谱中出现一新的 3.0eV 发射带,它是由 N-Si-O 缺陷在能隙中形成的新附加能级引起的.

(2) 纳米 TiO$_2$ 的发光

常规 TiO$_2$ 晶体的发光现象人们已经进行了一些探索研究[70,71]. De Haart 等[70]

在单晶 TiO_2 中观察到新的发光现象. 在紫外到可见光范围发现一个很锐的发光峰（位置在 412nm）和一个很宽的发光带（范围在 450～600nm）（见图 9.43），这个实验是在低温（4.8K）下完成的. 这种单晶 TiO_2 发光现象对温度极为敏感，当温度从 4.8K 上升到 12K，412nm 的锐的发光峰立刻消失，而在可见光范围的宽荧光带强度迅速下降. 12K 时的发光强度仅仅是 4.8K 时的发光强度的 35%. 在室温下从未观察到任何发光现象. 常规多晶薄膜在 77K 下也观察到一个很宽的荧光带（位置在约 520nm），但室温下发光现象消失[71]. 对非晶 TiO_2 薄膜的研究表明，非晶 TiO_2 的能隙约为 $4.0eV$[71]，这个数值大于常规晶态 TiO_2 能隙宽度（约 $3.0eV$）. 纳米 TiO_2 的发光的现象与常规 TiO_2 粗晶和非晶不同，费浩生观察到经硬酯酸包覆的纳米 TiO_2 粒子在室温下呈现光致发光现象，发光带的峰位在 540nm，该发光现象是由大量表面束缚激子所致，由纳米 TiO_2 粒子形成的纳米固体在室温下不发光.

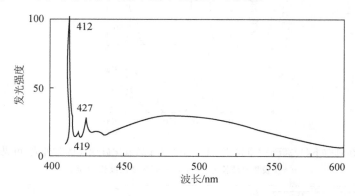

图 9.43　单晶 TiO_2（金红石）在 4.8K 时的发光谱

激发波长为 380nm

　　为什么纳米结构材料的发光谱与常规态有很大差别，出现了常规态从未观察到的新的发光带. 对这个问题的研究才刚刚开始，但是我们认为从纳米结构材料的本身特点来进行讨论纳米态的发光现象应该考虑下面四方面问题：

　　(i) 关于电子跃迁的选择定则问题，常规的晶态材料具有平移周期，在 k 空间描述电子跃迁必须遵守垂直跃迁的定则，非垂直跃迁一般来说是被禁止的. 当电子从激发态跃迁到低能级时形成发光带，这样一个过程就受到选择定则的限制. 而纳米结构材料中存在大量原子排列混乱的界面，平移周期在许多区域受到严重的破坏，因此用 k 空间来描述电子的能级状态也不适用，选择定则对纳米态的电子跃迁也可能不再适用. 在光的激发下纳米态所产生的发光带中有些发光带就是常规材料中由于受选择定则的限制而不可能出现的发光现象.

　　(ii) 量子限域效应. 正常情况下纳米半导体材料界面中的空穴浓度比常规材料高得多，同时由于组成纳米材料的颗粒尺寸小，电子运动的平均自由程短，空穴约束电子形成激子的概率比常规材料高得多,结果导致纳米材料含有激子的浓度较高,颗粒尺寸越小,形成激子的概率越大,激子浓度越高,由于这种量子限域效应.在能隙中靠近导带底形成一些激子能级,见图 9.44.这些激子能级的存在就会产生激子发光带.纳米材料激子发光很容易出现,而且激子发光带的强度随颗粒的减小而增加.因此激子发光带是常规材料在相同实验条件下不可能被观察到的新的发光现象.

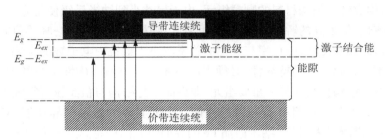

图 9.44　能隙中激子能级示意图

E_{ex} 为激子的结合能

（ⅲ）缺陷能级.纳米结构材料庞大体积百分数的界面内存在大量不同类型的悬键和不饱和键,它们在能隙中形成了一些附加能级(缺陷能级).它们的存在会引起一些新的发光带,而常规材料中悬键和不饱和键出现的概率小,浓度也低得多,以致于能隙中很难形成缺陷能级.可见纳米材料能隙中的缺陷能级对发光的贡献也是常规材料很少能观察到的新的发光现象.

（ⅳ）杂质能级.(Weber)[72]曾经指出,某些过渡族元素(Fe^{3+},Cr^{3+},V^{3+},Mn^{2+},Mo^{3+},Ni^{2+} 等)在无序系统会引起一些发光现象,纳米晶体材料中所存在的庞大体积分数的有序度很低的界面很可能为过渡族杂质偏聚提供了有利的位置,这就导致纳米材料能隙中形成杂质能级、产生杂质发光现象.一般来说杂质发光带位于较低的能量位置,发光带比较宽.这是常规晶态材料很难观察到的.

9.5　磁　　性

物质的磁性与其组分、结构和状态有关.一些磁性参数如磁化强度、磁化率等与物质的晶粒大小、形状、第二相分布及缺陷密切相关,另一些参数,如饱和磁化强度、居里温度等则与物质中的相及其数量等有关.

纳米结构材料与常规多晶和非晶材料在结构上,特别是磁结构上有很大的差别,这必然在磁性方面也会呈现出其独特的性能.常规晶体、非晶体 Fe 和其合金的磁结构是由许多磁畴构成,畴间由畴壁隔开,磁化是通过畴壁运动来实现.纳米晶 Fe 中不存在这种畴结构.纳米晶 Fe 的磁结构有下面的特点:每个纳米晶粒一般为一个单的铁磁畴.相邻晶粒的磁化由两个因素来控制:一是晶粒的各向异性.每个晶粒中磁化趋向于排列在自己的易磁化方向;二是相邻晶粒间磁交互作用使得相邻晶粒朝向共同磁化方向磁化. 由于纳米晶体中晶粒的取向是混乱的,加上晶粒磁化的各向异性,这就使得磁化交互作用仅限于几个晶粒的范围内,长程的交互作用受到障碍. 纳米晶材料的磁结构和磁化特点是引起它的磁性不同于常规材料的重要原因. 同时,必须指出,纳米材料结构与常规材料的不同也是导致它具有新的磁特性的重要原因. 在 3.2 中曾指出,构成纳米结构材料的颗粒组元,由于尺寸小到纳米量级使得它具有与粗颗粒不同的磁性. 例如高的矫顽力;低的居里温度;颗粒尺寸小到某一临界值时,纳米微粒粉体会呈现超顺磁性;磁化率与粒径的关系取决于颗粒中电子数的奇偶性等. 这种颗粒组元本身在磁性上的特异性,必须引起纳米结构材料在磁性上与常规材料的差异. 同时,纳米结构材料的另一重要组元,即界面本身结构与粗晶粒有很大差别,从而使得界面组元本身磁性具有其独特的性能. 例如,界面的磁各向异性能小于晶粒内部,穆斯堡尔谱测量表明[61],纳米微晶 Fe 的界面组元的居里温度比大块多晶 Fe 样品的低. 因此,可以断定由纳米微晶和庞大界面组成的纳米材料的磁性与常规多晶材料有较大的差别.

9.5.1　饱和磁化强度

固体的铁磁性将随原子间距的变化而变化. 纳米晶 Fe 与玻璃态和多晶粗晶 α-Fe 一样都具有铁磁性,但纳米 Fe 的饱和磁化强度 M_s 比玻璃态 Fe 和 α-Fe 低. 在 4K 时,其饱和磁化强度 M_s 仅为多晶粗晶 α-Fe 的 30%. 铁的 M_s 主要取决于短程结构. 玻璃态 Fe 与粗晶 α-Fe 具有相同的短程序结构,因此,它们具有相同的 M_s,而纳米晶 Fe 的界面的短程有序与玻璃态和粗晶 α-Fe 有差别,如原子间距较大等,这就是纳米晶 Fe 的 M_s 下降的原因. M_s 的下降意味着庞大界面对磁化不利.

9.5.2　抗磁性到顺磁性的转变及顺磁到反铁磁转变

由于纳米材料颗粒尺寸很小,这就可能使一些抗磁体转变成顺磁性. 如金属 Sb 通常为抗磁性的($\chi < 0$),其 $\chi = -1.3 \times 10^{-5}/g$,但纳米微晶 Sb 的 $\chi = 2.5 \times 10^{-4}/g$,表现出顺磁性.

某些纳米晶顺磁体当温度下降至某一特征温度(Neel 温度)T_N 时,转变成反铁磁体,这时磁化率 χ 随温度降低而减小,且几乎同外加磁场强度无关. Jiang 等曾用穆斯堡尔谱来研究纳米晶 FeF_2 块材(粒径 10nm)的顺磁到反铁磁体的转变. 他们观察到纳米晶 FeF_2 块体的 T_N 不是某一个确定温度,而是一个温度范围(78K~66K),但 FeF_2 单晶的 $T_N \approx 78K$,T_N 的分布范围小于 2K. 纳米晶 FeF_2 块体的 T_N 从 78K 延伸至较低的温度 66K 呈现出一个宽度为 12K 的温度范围,这个结果可以归因于庞大晶界面中 T_N 分布在 78K 至 66K 范围. 这是因为 T_N 是由原子最近邻配位数(N), 原子间距 S 和最近邻的原子种类来决定. EXAFS 和小角散射实验表明, 纳米晶 FeF_2 的晶界中原子最近邻配位数小于单晶 FeF_2, S 大于单晶 FeF_2, 这就导致晶界中相邻原子之间的自旋与自旋偶合减弱, 结果使晶界的 T_N 降低, 而晶粒组元中 T_N 与单晶相同(78K). 因此纳米晶 FeF_2 块体的 T_N 有一个分布, 且从 78K 向低温延伸至 66K.

9.5.3　超顺磁性

纳米 α-Fe_2O_3 粉体(7nm)与块体的穆斯堡尔谱测量结果表明, 它们的谱有明显的差别(见图 9.45). 图 9.45 表明, 在室温下粉体的穆斯堡尔谱显示了明显的超顺磁峰, 而相应的块材超顺磁峰大大减小. 磁有序的弛豫时间为

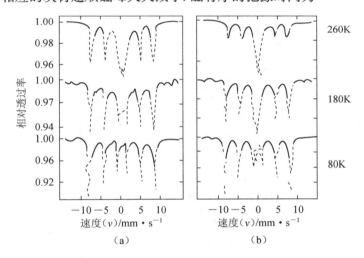

图 9.45　α-Fe_2O_3(7nm)在不同温度下的穆斯堡尔谱
(a)纳米块体; (b)纳米粉体

$$\tau = \tau_0 \exp(KV/k_BT), \tag{9.34}$$

式中 τ_0 约 10^{-11} s, K 为磁各向异性常数, V 为晶粒的体积. 对于纳米结构块体, 界面体积分数很大, 界面的磁各向异性常数 K 比晶粒内部小, 这就使得 τ 变小, 磁有序易实现, 因此超顺磁性峰降低. 同样过程施于), γ-Fe_2O_3 颗粒(8nm), 发现其穆斯堡尔谱与块材没有明显的差别. 这是由于 γ-Fe_2O_3 颗粒表面原有的各向异性能大, 块体界面中的各向异性能也很大, 因此 τ 值较大, 磁有序比较难以实现, 因此粉体与块体的超顺磁峰基本相同.

9.5.4　磁相变[74]

对纳米微晶 Er 样品的磁学研究表明,其磁性受纳米晶粒的尺度及由此导致晶粒间界所占的大体积百分比的影响是相当大的[62].

金属 Er 为 hcp 结构,$a=0.353\text{nm}$,$c=0.559\text{nm}$.交换相互作用与磁各向异性共同作用的结果,使得在 100K 以下温度产生三类不同的磁相变:在 $T_a=85\text{K}$ 出现纵向正弦磁结构(longitudinal sinusoidal structure);$T_b=52\text{K}$ 时成为基面调制结构(basal plane modulated structure);而在 $T_c=19\text{K}$,则是伴随着一个沿 c 轴的净磁矩的螺旋铁磁结构.其磁化率的倒数与温度的关系曲线示于图 9.46(a),图上有 3 个明显的相变点.

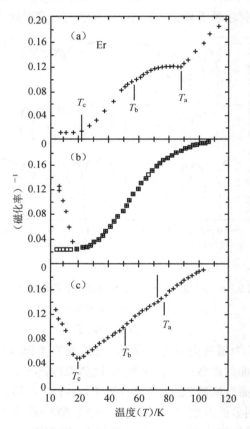

图 9.46　磁化率的倒数与温度之间的关系
(a)粗晶多晶 Er;(b)慢蒸发制备的纳米微晶 Er;(c)快蒸发制备的纳米微晶 Er

用于磁性研究的纳米微晶 Er 样品的晶粒尺度为 12～70nm,密度为通常多晶质的 50%～75%. 图 9.46(b)是通过缓慢蒸发制备的纳米微晶 Er 的磁化率倒数与温度的关系,这时已很难找到温度较高的两个相变,但却可以观察到超顺磁性.图 9.46(c)为经快速蒸发过程制备的纳米微晶 Er 样品的磁化率倒数与温度的关系.此时,3 个相变点仍然存在,但所对应的温度改变了,此外也观察到超顺磁性.

Er 为稀土族元素,对之采用无相互作用粒子模型,则温度 T_c 以下将有一净铁磁矩,于是样品有可能呈现出超顺磁性.该系统独有的特征是磁有序和超顺磁"阻塞"(superparamagnetic"blocking")基本上在同一温度下开始.这一观点将通过穆斯堡尔谱及交流磁化率的测量进一步阐明.

较高温度的相变点的移动(以及相变点的消失)可能与小晶粒的有效各向异性和交换相互作用有关.通常,稀土族元素的各向异性来源于大的自旋轨道耦合以及晶体场效应.金属 Er 的相变对于易轴或易平面磁各向异性与各种交换相互作用项之间的细致平衡(delicate balance)非常敏感.而在纳米微晶物质中这一平衡很容易因晶界和单晶颗粒内局域环境的畸变而发生移动.

上述仅仅是对纳米微晶物质磁学性质的初步研究.这些性质与晶粒尺度,晶粒间界位置的原子百分比以及界面的原子结构间的依赖关系仍需进一步阐明.

9.5.5　居里温度

(Valiev)等人[63,64]曾观察到,纳米晶材料具有低的居里温度.例如粒径为 70nm 的纳米晶 Ni 块材比常规粗晶 Ni 的居里温度低约 40℃.他们认为纳米晶 Ni 的 T_c 下降纯粹是由于大量界面引起的.这里值得指出的是,85nm 的纳米微粒 Ni 本身的居里温度比粗晶的低 8℃(见 3.2),因此,纳米 Ni 块体居里温度比常规材料低是由界面组元和晶粒组元共同引起的,而不能仅仅归结于界面的作用.

9.5.6　巨磁电阻效应

这个概念产生于 80 年代后期,是在磁电阻概念基础上延伸出来的.我们知道,一般具有各向异性的磁性金属材料,如 FeNi 合金,在磁场下电阻会下降,人们把这种现象称为磁阻效应,通常用 $\Delta R/R$(R 为电阻,$\Delta R/R=[R(H)-R(0)]/R(0)$),$R(H)$ 和 $R(0)$ 分别为在加磁场 H 和未加磁场下的电阻)来表示,一般来说,磁电阻变化率约为百分之几.1988 年法国巴黎大学 Fert 教授等首先在 Fe/Cr 多层膜中观察到磁电阻变化率 $\Delta R/R$ 达到 -50%,比一般的磁电阻效应大一个数级,且为负值,各向同性,人们把这种大的磁电阻效应称为巨磁电阻效应(giant magnetoresistance).这里特别应该指出的是,巨磁电阻是在纳米材料体系中发现的,这种反铁磁性的 Cr 膜与铁磁性的 Fe 膜构成的多层膜是在 GaAs(001)基片上外延生长得到的金属超晶格结构,各层膜的厚度为纳米级的.

　　1992 年 Berkowtz[79]与 Xiao[80]等人分别发现纳米 Co 粒子嵌在 Cu 膜中的颗粒膜存在巨磁电阻效应,以后掀起了研究纳米颗粒膜巨磁电阻效应的热潮,在 Co-Ag,Fe-Ag 等颗粒膜中也陆续发现了巨磁电阻现象. 1996 年在 Co(Ni)-SiO$_2$ 颗粒膜中发现具有隧道效应的巨磁电阻效应[81]. 目前,颗粒膜巨磁电阻效应的研究主要是两大材料系列.（ⅰ）银系,如 Co-Ag,Fe-Ag,FeNi-Ag. FeCO-Ag 等;（ⅱ）铜系,如 Co-Cu,Fe-Cu,Fe CoCu 等. 研究的目标一直围绕着降低出现巨磁电阻效应的外加磁场强度,提高巨磁电阻变化率,提高出现巨磁电阻的工作温度进行. 为了避免室温下纳米磁性粒子出现超顺磁性,铁磁粒子的直径最好控制在几纳米到 10nm 左右. Co-Ag,Fe-Ag,Fe-Cu 等颗粒膜的巨磁电阻效应与含 Fe,Co 铁磁粒子体积百分数之间的关系见图 9.47[82],可以看出,在一定的颗粒体积百分数下巨磁电阻(GMR)出现极大值. 呈现极大值的原因可作如下分析:当颗粒体积百分数较小时,影响巨磁电阻的因素有 3 个方面:一是散射中心减少;二是颗粒之间间距大于电子平均自由程;三是颗粒尺寸下降,前两个因素引起巨磁电阻下降,最后一个因素引起巨磁电阻升高,由于前二者的权重大,总的巨磁电阻是低的;颗粒体积百分数较高时,颗粒尺寸变大,当颗粒尺寸大于电子平均自由程,甚至形成了磁畴,这时大尺寸颗粒成为影响巨磁电阻的主要因素,它导致了巨磁电阻的下降. 因此,在一定的颗粒体积百分数下,巨磁电阻呈现极大值. 这说明获得最佳颗粒尺寸和体积百分数是使颗粒膜具有最佳性能的重要条件.

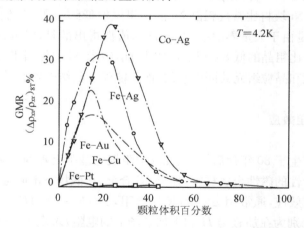

图 9.47　Co-Ag,Fe-Ag 等颗粒膜的巨磁电阻效应与 Co,Fe 微粒的体积百分数的关系[84]

　　近年来,采用液相快淬的工艺及机械合金化方法制备成的纳米体相材料(厚条带和块体)中也观察到巨磁电阻效应. 采用熔淬工艺可以制成数拾微米厚度的长条薄带. 与形成颗粒膜的条件一样,必需选择热力学不相固溶的二元或多元组成,对于磁性颗粒体系,其中一种组成必需是铁磁材料,目前研究最多的熔淬颗粒体系是

Co-Cu 系统[83~86].

Brux 等[87]人采用电弧熔化工艺在氩气氛中制备 $Cr_{100-x}Fe_x$ 合金,切割成 6mm×2mm×0.2mm 的薄片,1200K 温度下退火,然后淬于水中,根据磁相图,当含铁量少于 18at%时呈反铁磁相,大于 20at%时,呈长程有序的铁磁相,介于这二者之间为团簇—玻璃态,呈现最大巨磁电阻效应的组成为铁含量约等于 20at%,处于团簇—玻璃态相区.纳米微粒固体的巨磁电阻效应机制与颗粒膜相同,均源于自旋相关的散射,并以界面散射为主,巨磁电阻效应的大小与相应组成的 Fe-Cr 颗粒膜相近[88],当 $x=18.9$%时,磁电阻值 $MR=26$%(4K).团簇—玻璃态与自旋玻璃态具有显著不同的巨磁电阻效应.对于典型的 Au-Fe,Au-Mn 自旋玻璃态材料,$\Delta\rho/\rho\sim H^n$,$n\sim2$,在 1T 磁场下,MR 值仅为 1%,而在三元 $Fe_xNi_{80-x}Cr_{20}$ 自旋玻璃态合金中(16<x<21at%),MR$\simeq5\times10^{-3}$(4T,4.2K)[88].从磁相图知,当铁含量处于 10<x<30 at%范围内时,系统可处于团簇-玻璃态的受挫状态,该系统的巨磁电阻效应的研究尚不足,它涉及到存在相互作用颗粒系统中的电子输运问题.

9.6　电 学 性 质

电导是常规金属和合金材料一个重要的性能.近年来,高温超导材料的发现使一些氧化物材料也成为人们感兴趣的超导研究对象,这就大大地丰富了对材料电学性质的研究.纳米材料的出现,人们对电导(电阻)的研究又进入了一个新的层次.由于纳米材料中庞大体积百分数的界面使平移周期在一定范围内遭到严重的破坏.颗粒尺寸愈小,电子平均自由程短,这种材料偏移理想周期场愈严重,这就带来了一系列的问题:(ⅰ)纳米金属和合金与常规材料金属与合金电导(电阻)行为是否相同;(ⅱ)纳米材料(金属与合金)电导(电阻)与温度的关系有什么差别?(ⅲ)电子在纳米结构体系中的运动和散射有什么新的特点?这都是纳米材料电性能研究所面临的新的课题.目前对纳米材料电导(电阻)的研究尚处于初始阶段,实验数据不多,但从仅有的一些实验结果已经充分说明了纳米材料的电性能与常规材料存在明显的差别,有自己的特点.

9.6.1　纳米材料的电阻(电导)

(1) 纳米金属与合金的电阻

Gleiter 等[25]对纳米金属 Cu,Pd,Fe 块体的电阻与温度关系,电阻温度系数与颗粒尺寸的关系进行了系统的研究.上述三种纳米晶材料的晶粒尺寸都在 6nm 到 25nm 范围.纳米 Pd 试样的总金属杂质≤0.5at%,氧含量在 0.3at%到 1at%之间,碳含量约 1at%. 纳米 Cu 和 Fe 中孔洞率为 1% 到 10% 之间,而纳米 Pd 晶体只含有很少的孔洞(小于 0.1%). 图 9.48 示出了不同晶粒尺寸 Pd 块体的比电阻与测量温度的关系. 由图中可看出,纳米 Pd 块体的比电阻随粒径的减小而增加,所有尺寸(10nm 至 25nm)的纳米晶 Pd 试样比电阻比常规材料的高,同时还可看出,比电阻随温度的上升而上升. 图 9.49 示出了纳米晶 Pd 块体的直流电阻温度系数随粒径的变化. 很明显,随颗粒尺寸减小,电阻温度系数下降. 由上述结果可以认为纳米金属和合金材料的电阻随温度变化的规律与常规粗晶基本相似. 其差别在于纳米材料的电阻高于常规材料,电阻温度系数强烈依赖于晶粒尺寸. 当颗粒小于某一临界尺寸(电子平均自由程)时,电阻温度系数可能由正变负. 例如,Ag 粒径和构成粒子的晶粒直径分别减小至等于或小于 18mn 和 11nm 时,室温以下的电阻随温度上升呈线性下降,即电阻温度系数 α 由正变负(见图 9.50)[73],而常规金属与合金 α 为正值,即电阻 R 和电阻率 ρ 与温度的关系满足 Matthisserl 关系

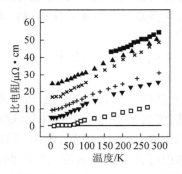

图 9.48　不同晶粒尺寸 Pd 块体的比电阻随温度的变化

■——10nm;▲——12nm;×——13nm;＋——22nm;▼——25nm,□——粗晶 Pd

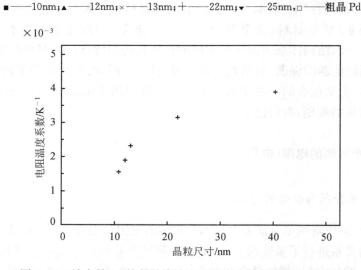

图 9.49　纳米晶 Pd 块材的直流电阻温度系数与晶粒尺寸关系

$$R = R_0(1 + \alpha T) \text{ 及 } \rho = \rho_0(1 + \alpha T). \tag{9.35}$$

为了解释纳米金属与合金在电阻上的这种新特性,我们首先分析一下在纳米金属和合金材料中电子输运的特点. 我们知道,电子在理想周期场中的运动速度可表示为

$$V = \frac{1}{h} \nabla_k E(k). \tag{9.36}$$

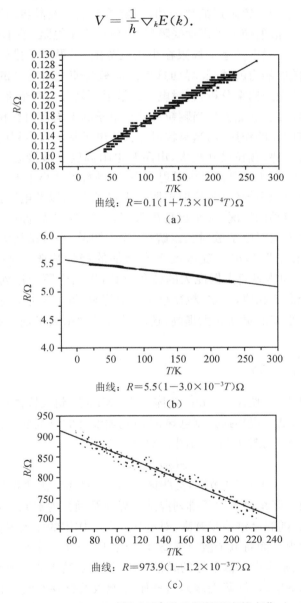

曲线: $R = 0.1(1 + 7.3 \times 10^{-4} T)\Omega$

(a)

曲线: $R = 5.5(1 - 3.0 \times 10^{-3} T)\Omega$

(b)

曲线: $R = 973.9(1 - 1.2 \times 10^{-3} T)\Omega$

(c)

图 9.50　室温以下纳米 Ag 的电阻随温度的变化

(a)粒径为 20nm,晶粒度为 12nm;(b)粒径为 18nm,晶粒度为 11nm;(c)粒径为 11nm,晶粒度为 11nm

　　如果势场不发生畸变,电子的能量状态不会变化,运动的速度也不会改变.电子在周期势场中以波的形式(布洛赫波)传播.电子的波函数可以看作是前进的平面波和各晶面的反射波的迭加.在一般情况下,各反射波的位相之间没有一定的关系,彼此相互抵消.从理想上可以认为周期势场对电子的传播没有障碍,但实际晶体中存在原子在平衡位置附近的热振动,杂质或缺陷以及晶界.这样,电子在实际晶体中的传播由于散射使电子运动受障碍,这就产生了电阻.纳米材料中大量的晶界的存在,几乎使大量电子运动局限在小颗粒范围.晶界原子排列越混乱,晶界厚度越大,对电子散射能力就越强.界面这种高能垒是使电阻升高的主要原因.总的来说,纳米材料从微结构来分析,它对电子的散射可划分为两个部分:一是颗粒(晶内)组元;二是界面组元(晶界).当颗粒尺寸与电子的平均自由程相当时,界面组元对电子的散射有明显的作用.而当颗粒尺寸大于电子平均自由程时,晶内组元对电子的散射逐渐占优势,颗粒尺寸越大,电阻和电阻温度系数接近常规粗晶材料,这是因为常规粗晶材料主要是以晶内散射为主.当颗粒尺寸小于电子平均自由程,使界面对电子的散射起主导作用,这时电阻与温度的关系以及电阻温度系数的变化都明显地偏离了粗晶的情况,甚至出现反常现象.例如,电阻温度系数变负值就可以用占主导地位界面对电子散射加以解释.我们知道,一些结构无序的系统,当电阻率趋向一"饱和值"时,电阻随温度上升增加的趋势减弱,α 减小,甚至由正变负[73].对于纳米,固体界面占据庞大的体积分数,界面中原子排列混乱,这就会导致总的电阻率趋向饱和值,加之.粒径小于一定值时,量子尺寸效应的出现,也会导致颗粒内部对电阻率的贡献大大提高,这就是负温度系数出现在纳米固体试样中的原因.

　　(2) 交流电导($\sigma(\omega)$)

　　纳米非晶氮化硅(粒径~15nm)粉体经 130MPa 压制成块体后,在不同频率下测量其交流电导,结果观察到交流电导 $\sigma(\omega)$ 先随温度的升高而下降然后又上升的非线性和可逆变化(见图 9.51).由图 9.51 可以得出

$$\sigma(\omega) \propto \omega^n. \tag{9.37}$$

在低频范围 n 在 $0.65\sim0.70$ 范围,高频区为 $1.51\sim1.63$,比常规非晶氮化硅高.电导随温度升高而下降是由于原子排列混乱的界面及颗粒内部原子热运动增加对电子散射增强所致.随温度进一步升高,对电导起重要作用的庞大界面中原子排列趋向有序的变化使得界面对电子散射减弱,电导上升.这个因素是一个十分重要的原因,但另外一个因素也会导致电导的异常变化,那就是纳米非晶氮化硅块体的能隙中存在许多附加的能级(缺陷能级),这些附加能级的存在有利于价电子进入导带成为导电电子,使电导上升.相类似的结果在掺 1at%Pt 的纳米 TiO_2 的交流电导温度谱中被观察到.图 9.52 为 773K4h 退火的含 1at%Pt 的纳米 TiO_2 的交流电导

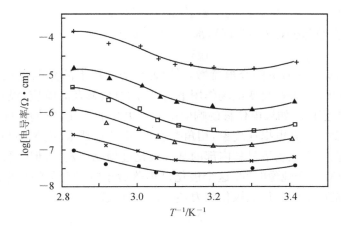

图 9.51　纳米非晶氮化硅块体的交流电导的温度谱

+——100kHz；▲——25kHz；□——10kHz；△——5kHz；×——2kHz；●——1kHz

温度谱. 很清楚, 电导呈现强烈非线性和可逆性, 即随温度的上升, $\sigma(\omega)$ 首先下降,
温度高于 473K 时 $\sigma(\omega)$ 迅速上升. Eastman 等人认为, 这种电导的异常行为是由 Pt
的掺杂在纳米 TiO_2 能隙中（3.2eV）附加了 Pt 的杂质能级所致.

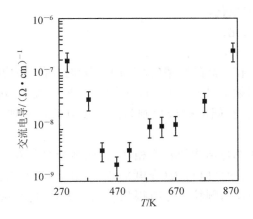

图 9.52　掺 Pt 纳米 TiO_2 的变流电导温度谱

9.6.2　介电特性

　　介电特性是材料的基本物性之一. 在电介质材料中介电常数和介电耗损是最
重要的物理特性. 对介电性的研究不仅在材料的应用上具有重要意义, 而且也是了
解材料的分子结构和极化机理的重要分析手段之一. 对常规粗晶材料（电介质）介
电可用复数表示

$$\varepsilon^*(\omega) = \varepsilon'(\omega) - i\varepsilon''(\omega), \tag{9.38}$$

其中 $\varepsilon'(\omega)$ 为实数部分,$\varepsilon''(\omega)$ 为虚数部分. 介电损耗

$$\mathrm{tg}\delta = \varepsilon''/\varepsilon' \tag{9.39}$$

ε' 代表静电场($\omega \longrightarrow 0$)下的介电常数,ε'' 代表交变电场下的介电损耗. $\mathrm{tg}\delta$ 是介电能量耗散的量度. 如果在交变电场作用下,材料的电位移及时响应,没有相角差,这时介电损耗趋近于 0. 如果电位移的响应落后于电场的变化,它们之间存在一个相角差,这时就发生了介电损耗现象,相角差愈大,损耗愈严重. 电位移与极化过程有关. 一般来说在交变电场下材料内部的某种极化过程就会发生,但这种极化过程对交变电场响应有一个弛豫时间. 这个极化过程落后于电场变化的现象就会发生介电损耗,这就是说电位移代表极化能力,它可以表示成

$$D = \varepsilon^* E, \tag{9.40}$$

这里 E 为交变电场强度.

根据介质的极化理论,按极化的机理不同可以分为[65]

（ⅰ）电子位移极化；

（ⅱ）离子位移极化；

（ⅲ）热松弛极化(电子松弛极化、离子松弛极化)；

（ⅳ）偶极子转向极化；

（ⅴ）空间电荷极化；

（ⅵ）自发极化等等.

其中电子位移极化只在极高的频率(大于 $10^{14}\,\mathrm{Hz}$)时才能体现出来,与温度无关；离子位移极化也是在高频下($10^{12} \sim 10^{13}\,\mathrm{Hz}$)才出现,松弛极化、转向极化和自发极化随温度变化有极大值. 空间电荷极化则是随温度升高而减弱. 后四种极化有能量消耗.

常规材料的极化都与结构的有序相联系,而纳米材料在结构上与常规粗晶材料存在很大的差别. 它的介电行为(介电常数、介电损耗)有自己的特点. 主要表现在介电常数和介电损耗与颗粒尺寸有很强的依赖关系. 电场频率对介电行为有极强的影响.

目前,对于不同粒径的纳米非晶氮化硅[53]、纳米 α-$\mathrm{Al_2O_3}$[12]、纳米 $\mathrm{TiO_2}$ 锐钛矿[79]、金红石和纳米晶 Si 块材的介电行为的研究已获得了一些结果,归纳起来有以下几点：

（ⅰ）纳米材料的介电常数 ε' 或相对介电常数 ε'_r 随测量频率减小呈明显的上升趋势,而相应的常规材料的 ε' 和 ε'_r 较低,在低频范围上升趋势远低于纳米材料,如图 9.53、图 9.54、图 9.55 和图 9.56 所示. 这些图分别对应不同粒径纳米 α-$\mathrm{Al_2O_3}$,$\mathrm{TiO_2}$,Si 和纳米非晶氮化硅块材的介电常数随频率变化曲线.

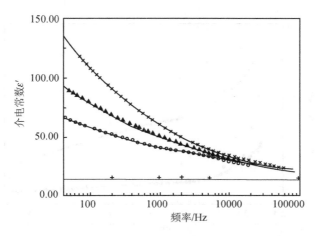

图 9.53　不同粒径纳米 α-Al_2O_3 块体和粗晶试样室温介电常数频率谱

○——27nm;×——84nm;▲——258nm;+——5μm

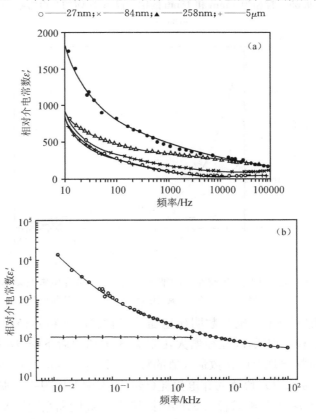

图 9.54　不同粒径纳米 TiO_2 和粗晶试样室温介电常数频率谱

（a）锐钛矿：○——9.8nm,△——14.4nm,●——17.8nm.×——28.5nm;+——1μm;

（b）金红石：○——12nm,+——粗晶

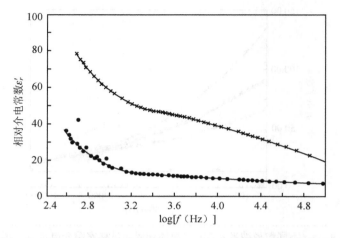

图 9.55　粒径为 15nm 和 18nm 的纳米晶 Si 块体的介电常数频率谱
×——18nm；•——15nm

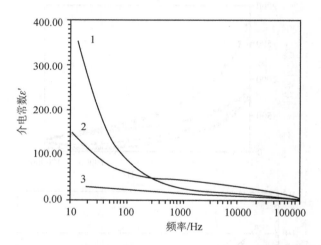

图 9.56　不同温度烧结后的纳米氮化硅块体的介电常数频率谱
1——未烧结；2——1673K 氮气中烧结；3——1873K 氮气中烧结

（ⅱ）在低频范围,介电常数明显地随纳米材料的颗粒粒径变化,即粒径很小时,介电常数 ε' 和 ε'_r 较低,随粒径增大,ε' 和 ε'_r 先增加然后下降.纳米 α-Al_2O_3 和纳米 TiO_2 块体试样出现介电常数最大值的粒径分别为 84nm 和 17.8nm.

（ⅲ）纳米 α-Al_2O_3 块体的介电损耗（$\mathrm{tg}\delta$）频率谱上出现一个损耗峰.损耗峰的峰位随粒径增大移向高频.粒径为 84nm 时损耗峰的高度和宽度最大(见图 9.57).纳米 TiO_2 试样在测量频率范围,除了最大粒径(28nm)试样的介电损耗峰出现在介电损耗频率谱内,其他具有小粒径的试样峰位低于测量频率的下限.由不同粒径试样的介电损耗 $\mathrm{tg}\delta$ 随频率下降而上升的趋势可以看出,粒径为 17.8nm 的试样的损耗峰最高(见图 9.58).

　　(ⅳ) 介电常数温度谱特征. 纳米 TiO_2 块材的介电常数温度谱上存在一个介电常数峰(如图 9.59 所示). 不同测量频率(96Hz,9.6kHz 和 96kHz)和不同粒径下纳米 TiO_2 锐钛矿的介电常数峰的峰值、峰位和半峰宽度列于表 9.5. 由表可以看出,粒径为 17.8nm 的介电常数峰的峰值、峰位和半峰宽明显大于其他各粒径的相应值.

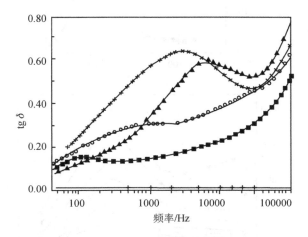

图 9.57　不同粒径纳米 α-Al_2O_3 块样的介电损耗(tgδ)频率谱
■——γ-Al_2O_3,7nm;○——α-Al_2O_3,27nm;
×——α-Al_2O_3,84nm;▲——α-Al_2O_3,258nm

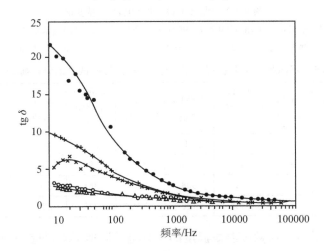

图 9.58　纳米 TiO_2 锐钛矿的介电耗损频率谱
○——9.8nm;△——14.4nm;●——17.8nm;×——28.5nm;+——1μm

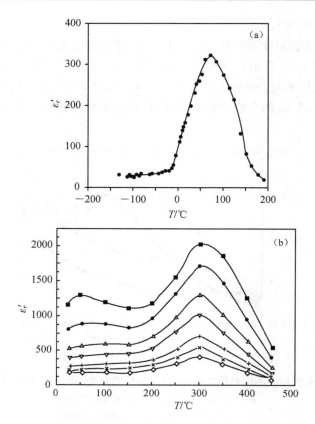

图 9.59　纳米 TiO_2 的介电常数温度谱

(a)纳米锐钛矿,测量频率 $f=96kHz$,粒径为 17.8nm;(b)纳米金红石,

测量频率:■1,●2,△5,▽10,+25,×50,◇100kHz,粒径 $d=12nm$

表 9.5　不同频率 f 和粒径 d 下纳米 TiO_2 锐钛矿试样的介电峰的参数

粒径 d(nm)	96kHz 峰值	96kHz 峰位(K)	96kHz 半峰宽 (K)	9.6kHz 峰值	9.6kHz 峰位(K)	9.6kHz 半峰宽 (K)	96Hz 峰值	96Hz 峰位(K)	96Hz 半峰宽 (K)
28	332	328	373	11	324	374	1720	328	355
17.8	327	350	390	15.4	343	396	3510	353	345
14.4	249	323	366	308	328	368	2400	350	306
9.8	178	324	383	196	324	375	2225	303	333

　　纳米晶 Si 的介电常数随测量温度的上升呈单调地下降(见图 9.60).纳米非晶氮化硅块样的介电常数随温度上升先下降然后出现一个小峰,如图 9.61 所示.

　　(Ⅴ)纳米 TiO_2 锐钛矿块体的介电损耗温度谱上呈现一损耗峰(图 9.62).表9.6列出了不同频率和粒径下损耗峰的峰值、峰位和半峰宽.

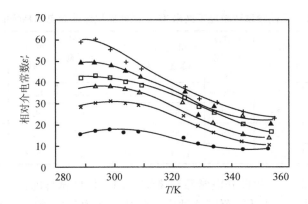

图 9.60　纳米晶 Si 的介电常数温度谱

+ ——1kHz；▲ ——2kHz；■——5kHz；△ ——10kHz；×——25kHz；●——100kHz. 试样中颗粒直径为 18nm

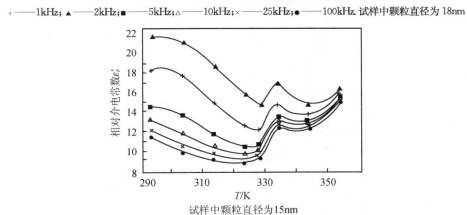

试样中颗粒直径为15nm

图 9.61　纳米非晶氮化硅块样的介电常数温度谱

▲ ——1kHz；+ ——2kHz；■ ——5kHz；△ ——10kHz；×——25kHz；●——100kHz

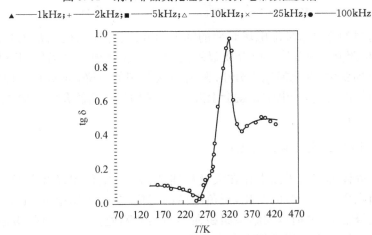

图 9.62　纳米 TiO₂ 块样的介电损耗温度谱

粒径 17.8nm；频率 96kHz

表 9.6　不同频率和粒径下纳米 TiO₂ 锐钛矿块体的介电损耗峰的参数

粒径 d(nm)	96kHz 峰值	96kHz 峰位(K)	96kHz 半峰宽 (K)	9.6kHz 峰值	9.6kHz 峰位(K)	9.6kHz 半峰宽 (K)	96Hz 峰值	96Hz 峰位(K)	96Hz 半峰宽 (K)
28	0.572	321	376	2.58	323	359	8.36	378	318
17.8	0.965	315	308	3.65	321	307	9.6	328	315
14.4	0.900	318	325	4.52	322	325	9.0	321	331
9.8	0.620	322	313	1.71	341	319	6.2	348	323

（vi）纳米非晶氮化硅介电常数频率谱随制备块体试样时的压力而变化,压力越大,介电常数越高,在低频范围这种介电常数的压力效应越明显(图 9.63).

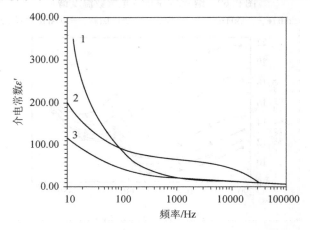

图 9.63　压力对纳米非晶氮化硅块体的介电常数的影响

粒径:15nm. 1——1.12GPa;2——750MPa;3——150MPa

纳米材料的介电常数随电场频率的降低而升高,并显示出比常规粗晶材料强的介电性.按照介电理论[78],电介质显示高的介电性必须在电场作用下极化的建立能跟上电场变化,极化损耗十分小.随着电场频率的下降,介质的多种极化都能跟上外加电场的变化,介电常数就会上升.纳米结构材料高的介电常数主要来源于如下几个原因:

（1）界面极化（空间电荷极化）

在纳米固体的庞大界面中存在大量悬挂键、空位、空位团以及空洞等缺陷,这就引起电荷在界面中分布的变化,正负电荷的变化.在电场作用下,正负间隙电荷分别向负正极移动,电荷运动结果聚积在界面的缺陷处,形成了电偶极矩,即界面电荷极化.同时,纳米粒子内部也存在晶格畸变及空位等缺陷,这也可能产生界面极化.这种极化的主要特征是介电常数随温度上升单调下降.纳米固体庞大界面及具有较多缺陷的颗粒中易产生界面极化并且它对介电贡献比常规粗晶材料大,这就往往导致纳米固体具有高的介电常数.例如,纳米晶 Si 的介电常数随温度上升呈单调下降(见图 9.60),这就表明,空间电荷极化是导致纳米晶 Si 高介电性的主要因素.在纳米非晶氮化硅中介电常数随温度上升而下降,并在其上叠加一个很小的峰(图 9.61).小的介电温度峰是由电偶极矩转向极化所致,这将在下段中阐述.介电常数随温度上升而下降表明,空间电荷极化呈现在纳米非晶氮化硅中,这是因为其庞大界面中很容易产生空间电荷极化.由于纳米非晶氮化硅粉体的颗粒表面除了各种 Si 和 N 的悬键外,还可能有一些其他类型的极性键,在压制成块体时,这些键的状态会产生很大的变化,从而引起一定量的空间电荷分布,在外电场作用下形成空间电荷极化,这就会导致纳米非晶氮化硅具有比常规粗晶材料高的介电常数.纳米 TiO_2 块体(锐钛矿和金红石)低频下介电常数比粗晶 TiO_2 高得多,这是与庞大界面中空间电荷极化密切相关.

(2) 转向极化

纳米氧化物,如 α-Al_2O_3 中除了共价键外,还存在大量离子键,纳米 α-Al_2O_3 粒子中离子键占 63%,纳米非晶氮化硅中也有约 30% 的离子键,因此,在原子排列较混乱的庞大界面中及具有较大晶格畸变和空位等缺陷的纳米粒子内部会存在相当多数量的氧离子空位或氮离子空位,这两种离子带负电,它们的空位都相当于带正电荷(这里不包括带负电荷的 F 和 F^+ 心),这种正电荷就会与带负电的氧离子或氮离子形成固有电矩,在外电场作用下,它们改变方向形成转向极化.转向极化的特征之一是极化强度随温度上升出现极大值.纳米非晶氮化硅的介电常数温度谱上出现介电峰(图 9.61),由此推测,转向极化是这种纳米材料的较高介电常数的重要因素之一.

(3) 松弛极化

它包括电子松弛极化和离子松弛极化.前者是由弱束缚电子(如 F 心)在外场作用下由一个阳离子结点向另一个阳离子结点转移而产生的,后者是由弱束缚离子在外电场作用下由一个平衡位置向另一个平衡位置转移产生的.电子松弛极化主要是折射率大、结构紧密、内电场大和电子电导大的电介质的特性.一般以 TiO_2 为基的电容器陶瓷很容易出现弱束缚电子,形成电子松弛极化.它建立的频率范围为 $10^2 \sim 10^9$ Hz.离子松弛极化易出现在玻璃态物质,结构松散的离子晶体中以及晶体的杂质和缺陷区.它产生的频率范围为 $10^2 \sim 10^5$ Hz.例如,纳米 TiO_2 庞大比例的界面中除了空间电荷极化外,离子松弛极化很可能对纳米 TiO_2 介电常数起作用,同时,晶粒内电子极化和离子极化也十分显著.松弛极化介电损耗的特征是 tgδ 与频率、温度的关系曲线中出现极大值.纳米 TiO_2 的 tgδ 与频率、温度关系曲线中均出现这一特征(见图 9.58,图 9.59 和图 9.62),这就意味着松弛极化对其介电常数有重要贡献.

综上所述,对一种纳米材料往往同时有几种极化机制都十分明显,它们对介电有较大的贡献,特别是界面极化,转向极化以及松弛极化对介电常数的贡献比常规材料往往高得多,因此纳米材料呈现出高介电常数.

随着制备块体试样时的压力减小,纳米材料的介电常数下降.由 ESR 谱表明,压力减小,悬键数量下降.悬键的出现是由于空位、空位团及孔洞的存在,使原子近邻配位不会形成的.因此,悬键数下降意味着上述缺陷的减少,这就会导致转向极化和界面极化减弱,介电常数下降.

9.6.3　压电效应

某些晶体受到机械作用(应力或应变)在其两端出现符号相反的束缚电荷的现象称压电效应.具有压电效应的物体称为压电体.早在 1894 年,Voigt 就指出,在 32 种点群的晶体中,仅有 20 种非中心对称点群的晶体才可能具有压电效应,但至今压电性的微观理论研究方面还存在许多问题,无法与实验结果一致,但压电效应的实质上是由晶体介质极化引起的.我国科技工作在 LICVD 纳米非晶氮化硅块体上观察到强的压电效应[66,67].结果见表 9.7.由表看出,制备块状试样条件对压电常数的影响很大:压制时,压强为~60MPa 的纳米非晶氮化硅试样具有最高的压电常数;未经退火或烧结的纳米非晶氮化硅块体均具有比 PCM 和 PZT 压电陶瓷高得多的压电常数;经烧结或 1000℃高温退火的纳米氮化硅块体不呈现压电效应;常规氮化硅无压电性.

表 9.7　不同条件下制备的纳米非晶氮化硅块体的压电常数[67]

材　料	制　备　条　件	压电常数 $(10^{-12})(N \cdot C^{-1})$	密度 $\rho(g \cdot cm^{-3})$
纳米非晶氮化硅块体	热压烧结	0	3.16
	在 76MPa 下压制成块	1667	0.98
	在 62MPa 下压制成块	2613	1.02
	在 63MPa 下压制成块后经 1273K 退火	0	
常规非晶氮化硅块体(μm 级)	100MPa 压制成块	0	
PCM		784	7.7
PZT		741	7.5

按照固体理论,在 32 种点群的晶体中只有 20 种具有非中心对称点群的晶体才可能具备压电性[68,69]. 在各向同性的物体里不存在压电效应. 理想化学计量的氮化硅分子式是 Si_3N_4,非晶 Si_3N_4 的短程结构如图 9.64 所示. 由图看出,Si 原子的键角为 109.8°,很接近正四面体的 109.47°,N 原子的键角为 121°,也很接近于平面三角形的 120°. 这种中心对称较好的 Si 原子的四面体结构不可能产生压电性,无规取向的 N 原子平面三角形结构也不能产生压电性. 这就是说非晶氮化硅是不会产生压电效应的. 纳米非晶氮化硅块体结构的 RDF 和 ESR 研究(详见 8.3 和 8.10)表明,Si 和 N 等悬键的总数量比常规非晶氮化硅高 2～3 个数量级,因此纳米非晶氮化硅的平均短程结构是偏离了常规材料的 $Si-N_4$ 四面体结构. 这种短程结构的偏离,主要论在它的庞大界面中. 对于未经退火和烧结的纳米非晶氮化硅试样,界面中存在大量的悬键(如 $Si-Si_3$,$Si-SiN_3$ 等 Si 悬键和 $N-NSi_2$ 氮的悬键等)以及 N-H,Si-H,Si-O 和 Si-OH 等键. 这些键的存在导致界面中电荷分布的变化,形成局域电偶极矩. 在受到外加压力后使得电偶极矩取同、分布等发生变化,在宏观上产生电荷积累,从而呈现强压电性. 换句话说纳米非晶氮化硅块体的压电性是由界面产生的,而不是颗粒本身. 颗粒越小,界面越多. 缺陷偶极矩浓度越高,对压电性的贡献越大. 传统的非晶氮化硅粒径达到微米数量级,因此界面急剧减少(小于 0.01%)导致压电效应为 0.

• Si
○ N

图 9.64 非晶氮化硅的短程结构

经热压烧结或压实后高温退火的纳米非晶氮化硅试样,其内部的 N-H,Si-H 极性键因 H 的释放而遭破坏,导致缺陷偶极矩减少;璃温加热使界面原子排列有序度增加,空位、孔洞减少或消失等导致缺陷电偶极矩的急剧减少以至消失,因此试样不呈现压电性.

参 考 文 献

[1] Chokshi A H,Rosen A,Karch J,Gleiter H,et al.,*Scripta Metall.*,23,1679(1989).

[2] Nieman G. W,Weertman J R,Siegel R W,*Scripta Metall.*,23,2013(1989).

[3] Nieman G W,Weertman J R,Siegel R W,Clusters and Cluster-Assemlled Materials,in: Averback R S Bemhole J and Nelson D L. Mater,Res,Soc. Symp. Proc. 206 Pittsburgh PA:Materials Research Society,581 (1991).

[4] Nieman G W,Weerlman J R,Siegel R W,*Scripta Metall. et Mater.*,34,145(1990).

[5] Jang JSC,Koch CC,*Scripta Metall. et Mater.*,20,1599(1990).

[6] Hughes G D, Smith S D, Pande C S, et al. , *Scripta Metall.* , 20, 93(1986).

[7] Höfler H, Averbaek RS, *Scripta Metall. et Mater.* , 24, 2401(1990).

[8] Lu K, Wei WD, Wang J T, *ScrOta Metall. et Mater.* , 24, 2319(1990).

[9] McMahon G, Erb U, *Microstructural Sci.* , 17, 447(1989).

[10] Palumbo G, Thorpe S J, Aust K T, *ScrOta Metall. et Mater.* , 24, 1347(1990).

[11] Bollman W, *Philos. Mag.* , A49, 73(1984).

[12] Bollman W, *Philos. Mag.* , A57, 637(1988).

[13] Bollman W, *Mater. Sci. and Eng.* , A113, 129(1989).

[14] Schaefer H E, Mürsehum R. Birringer R, et al. , *J. Less-Comm. Metals*, 140, 161 (1988).

[15] Wa Kai F, Sakaguchi S, Matsuno Y, *Adv. Ceram. Mater.* , 1(3), 259(1986).

[16] Wakai F, Kodoma Y, Sakaguchi S, etal. , *J. Am. Ceram. Soc.* , 73, 457(1990).

[17] Wakai F, Kato H, *Adv. Ceram Mater.* , 3(1), 71(1988).

[18] Wakai F, KodOma Y, Sakaguchi S, et al. , Superplastic Deformation of zrO_2/Al_2O_3 Duplex Composite. in: Doyama M, Somiya SS, chang R P et al. , MRS CDnference Proc. of Internafional Meeting on Advanced Materials, Pittsburgh, PA: Materials Research Socity, 7(1989).

[19] Yoon CK, Chen I-W, *J. Am. Ceram. Soc.* , 73(6), 1555(1990).

[20] Yoon CK, Superplastic Flow of Mullite/ZY-TZP Cnposite. PhD Ihesis Uni. of Michigan, Ann. Arbor, MI(1990).

[21] Chen I-W, Hwang SL, Proc. of the 91st Annual Meeting of the American Ceramic Society. Indianapolis, IN, 1989(Basic Scienle Division, PaperNo 120-B-89); and Proc. of 92nd Annual Meeting of the American Ceramic Society. Dallas, TX, Basic Scienle Division, paper No. 25-B-90; 26-B90(1990).

[22] Wakai F, Kodama Y, Sakaguchi S, et al. , *Nature*, 344, 421(1990).

[23] Wakai F, Kodama Y, Sakaguchi S, et al. , Superplastisity of Nonoxide Ceramics. in: Mayo MI, Wadsworth J, Mukherjee AK etal. Mks Symposium Proc. On Superplastility in Metals, Ceramics, and Intermetallics, Pittsburgh, PA: Materials Research Society (1990).

[24] Chen I-W, Xue LA, *J. Am Ceram*, *Soc.* , 73(9), 2585(1990).

[25] Gleiter H, *Progress in Mater. Sci.* , 33, 223(1989).

[26] Nich T G, McNally C M, Wadsworth J, *Scripta Metall.* , 23, 457(1989)

[27] Nich T G. McNally C M, Wadsworth J, *Scripta Metall.* , 22, 1297(1988).

[28] 张立德, 牟季美, 纳米材料学, 辽宁科技出版社, 140(1994).

[29] Watanabe T, *Res. Mechanica*, 11(1), 47(1984).

[30] Siegel R W, Hahn H, Ramasony S, etal. , *J. Phys.* , 549, 681(1988).

[31] Karch J, Birringer R, Gleiter H, *Nature*, 330, 536(1981)

[32] Rupp J, Birringlr R, *Phys. Rev.* , B36, 7888(1989)

[33] Birringer R, Gleiter H, Adv. in Mater. Sci. in: Cahn R W. Encyclopedia of Mater. Sci. and Eng. Oxford: Pergamon press, 339(1988).

[34] Klam H J, Hahn H, Gleiter H, *Acta Metall.* , 35, 2101(1987).

[35] 蔡树芝、牟季美、张立德等, 物理学报, 41(10), 1620(1992).

[36] Birringer R, Gleiter H, Klein H P, et al. , *Phys Lett.* , 102A, 365(1984).

[37] Horvath J. Birringer R, Gleiter H, *Sol. Stat. Comm.* , 62, 319(1987).

[38] Siegel R W, Hahn H, in: Yussouff M. Current Trends in the Physics of Materials. Singapore: world

scienle(1987).

［39］Horva'th J,Birringer R,Gleiter H,*Sol. Stat. Comn.* ,62,319(1987).

［40］Hahn H,Höfler H J and Averback RS. DIMETA-88in:Proc. of International Conference on Diffusion in Metals and Alloys. Balatonfüred,Hungary(1988).

［41］Kirchhein R,Mütschele T,Kieninger W,Gleiler H,et al. ,*Mater. Sci. andEng.* ,99,457(1988)

［42］Mütschele T,Kirehheim R,*Scripta Metall.* ,21,135(1987).

［43］MoC,Yuan Z,Zhang L,et al. ,*Nanostructured Mater.* ,2,47(1993).

［44］Barker AS,*Jr. Phys. Rev.* 132,1474(1963).

［45］Veprek S. Iqbal Z,Oswald H R,et al. ,*J* ,*Phys* ,C14. 295(1981).

［46］zhang L D,Mo C M,Wang T,et al. ,*Phys. Stat. Sol. (a)* ,136(2),291(1993).

［47］牟季美、张立德、赵铁男等,物理学报,43(6),1000(1994).

［48］Lapraz D,Zaeconi P,Daviller D,et al. ,*Phys. Star. Sol. (a)* ,126,521(1991).

［49］Imbusch G F,Kopelman R,Optieal Spectroscopy of Electronic Centers in Solids in:Yen W M and Seizer PM. Laser Spectroscopy of Solids. New York:Springer-Verlag Berlin Heideberg,49,1(1981).

［50］Hirai Y,Fukuda T,Kobayashi Y,et al;*Sol. Stat. Comm.* ,62(9),637(1987).

［51］Carturom G,Maggio RD,Montagna M,et al. ,*J. Mater. Sci.* ,25,2705(1990).

［52］MoC M,Zhang L D,Yao X H,et al. *J. Appe. Phys.* ,76(9),5453,(1994).

［53］Gritsenko VA,Punder PA,*Sov. Phys. Sol. Stat.* ,25,901(1983),

［54］Mo C M Zhang L D,Xie C Y,et al. ,*J. Appe. Phys.* ,73(10),5185(1993).

［55］Robertson J,Powell MJ,*Appl. Phys. Lett.* ,44,415(1984).

［56］Robertson J,*Philos. Mag.* ,1363,47(1991).

［57］Wang T,Zhang LD,Fan X J et al. ,*J. Appl. Phys.* ,74(10),6313(1993).

［58］Fujita S,Sasaki A,*J. Electronchem. Soc.* ,132,389(1985).

［59］Shimizu T,*J. Non-Cryst. Solids* ,59,117(1985).

［60］Warren W L,Lenahan P M,Carry S E,*Phys,Rev. Lett.* ,65,207(1991).

［61］Sattler K,Mühlbach J,Recknagel E,*Phys,Rev. Lett.* ,45,821(1980).

［62］Cowen JA,Stolzman B,Averback RSA,*J. Appl. Phys.* ,61,3317(1987).

［63］Vatier RZ,Mulyukov R R,Mulyukov K Y,et al,*Pismav Syurnal Tecknickeskoi Fiziki* ,15,78(1989).

［64］Mulyukov K Y,Valiev R z,Korznikova G F,et al. ,*Phys. Stat. Sol. (a)* ,112,137(1989).

［65］关振铎、张中太、焦金生,无机材料物理性能,清华大学出版社,296(1992).

［66］李道火等,激光技术,15,220(1991).

［67］Wang WX,Li D H,*Appl. Phys. Lett.* ,62,321(1993)

［68］孙慷、张福学,压电学(上册),国防工业出版社(1984).

［69］Kitted C,Introduction to Solid State Physics. John Wiley and Sons,Inc,charpter 13(1976).

［70］De Haart LGJ,Blasse G. J,*Sol. Stat. Chemistry* ,61,135(1986)

［71］Deb SK,*Sol Stat* ,*Comm.* 11,713(1972).

［72］Weber M J,Laser Excited Fluorescence Spectroscopy in Glass,in:Yen WM and Selzer PM. Laser Spectroscopy of Solids. New York:Springer-Verlag Berlin Neidelberg,49,189(1981).

［73］Liu Y S,Mo CM,Gai WL,*J. Mater. Sci. Tech.* ,16(3),506(2000).

［74］王广厚、韩民,物理学进展,10(3),248(1990)

［75］张立德、牟季美,纳米材料学,辽宁科技出版社(1994).

[76] Vassiliou J K,Mehrotra V,Russell M W,et aI. ,*J. Appl. Phys.* ,73(10),5109(1993).

[77] MocM,Zhang L D,Yuan Z,*Nanostructured Mater.* ,5(1),95(1995).

[78] Levy PW,*Phys. Rev.* 123(4),1226(1961).

[79] Berkowtz AE,Mitekell J R,Corey M J,et al,*Phys. Rev. Lett.* ,68,3745(1992).

[80] Xiao J Q,Jiang JS,Chien C L,*Phys. Rev. Lett.* ,68,3949(1992).

[81] Mihler A M,*Phys,Rev. Lett.* ,76,475(1996);都有为,物理学进展,17(2),180(1997).

[82] Gavrin A,Kelley MH,Xiao J Q,et al. ,*Appl. Phys. Lett.* ,66,1683(1995).

[83] Wecker J. Helmomt RV,Schultz L,et al. ,*Appl. Phys. Lett.* ,62,1983(1993).

[84] Dieng B,Chamberod A,Genin JB,et al. ,*J. MMM*,126,433(1993).

[85] Dieng B,Chamberod A,Cowache C,et al. ,*J. MMM*,135,191(1994).

[86] Yu RH,Zhang XX,Jejada J,et al. ,*J. Appl. Phys.* ,79,392(1995).

[87] Brux U,schneider T,Acet M,et al. ,*Phys. Rev. B*,52,3040(1995).

[88] Takanashi K. Sugawara T,Hono K,et al. ,*J. Appl. Phys.* ,76,6790(1994).

第 10 章　纳米复合材料结构和性能[1~4]

　　世纪之交,高科技的飞速发展对高效性能材料的要求越来越高,在时间上的要求也越来越迫切,而纳米尺寸合成为发展高性能新材料和对现有材料的性能进行改善提供了一个新的途径.最近,在美国材料研究学会举办的秋季会议上已正式提出"纳米材料工程"的新概念,目的是加快纳米材料转化为高技术企业的进程,缩短基础研究、应用研究和开发研究的周期,这是当今新材料研究的重要特点,谁在这方面下功夫谁就能占领 21 世纪新材料研究的"制高点",就会在 21 世纪新材料的研究中处于优势地位.在这方面,纳米复合材料的发展已经成为纳米材料工程的重要组成部分.综观世界发达国家发展新材料的战略,他们都把纳米复合材料的发展摆到重要的位置.美国在 1994 年 11 月中旬召开了国际上第一次纳米材料商业性会议,纳米复合材料的发展和缩短其商业化进程是这次会议讨论的重点;德国在制定 21 世纪新材料发展的战略时,把发展气凝胶和高效纳米陶瓷作为重要的发展方向;英国和日本各自也都制定了纳米复合材料的研究计划.纳米复合材料研究的热潮已经形成.

　　纳米复合材料大致包括三种类型,即前面已经介绍过的 0-0 复合、0-3 复合和 0-2 复合.此外,有人把纳米层状结构也归结为纳米材料,由不同材质构成的多层膜也称为纳米复合材料.近年来引人注目的气凝胶材料也称为介孔固体,同样可以作为纳米复合材料的母体,通过物理或化学的方法将纳米粒子填充在介孔中(孔洞尺寸为纳米或亚微米级),这种介孔复合体也是纳米复合材料.

10.1　复合涂层材料

　　纳米涂层材料由于具有高强、高韧、高硬度特性,在材料表面防护和改性上有着广阔的应用前景.近年来纳米涂层材料发展的趋势是由单一纳米涂层材料向纳米复合涂层材料发展.芬兰技术研究中心等用磁控溅射法成功地在碳钢上涂上纳米复合涂层$(MeSi_2/SiC)$,经 500℃1h 热处理,涂层硬度可达 20.8GPa,比碳钢提高了几十倍,而且有良好的抗氧化、耐高温性能,同时克服了单层纳米 $MoSi_2$ 容易开裂的缺点,充分显示纳米复合涂层的优越性.美国北加里福尼亚州立大学材料工程系把 TiN 和金刚石的复合涂层涂在普通钢表面上.其具体工艺过程是:首先用激光蒸发法在钢表面附上一层纳米 TiN,再用 CVD 法把金刚石纳米粒子沉积在纳米 TiN 涂层上,然后再涂上一层 TiN,结果金刚石纳米粒子嵌镶在第二层 TiN 薄层中形成了纳米复合涂层. 这种涂层不但具有良好的高硬度、耐热冲击的能力,而且与钢基体有极强的附着力. 美国西北大学用磁控溅射法在工具钢上沉积了氮化物纳米复合多层膜,例如,TiN/NbN 和 TiN/VN,它们的硬度分别达到了 $5200kgf/mm^2$ 和 $5100kgf/mm^2$,比一般工具钢硬度提高了十几倍.

10.2　高力学性能材料

所谓高力学性能是指比目前常规材料所具有的强度、硬度、韧性以及其他综合力学性能更好、更优越的性能,除了对传统材料进行改性以外,发展高效力学性能材料已提到材料科学工作者的面前,在这方面纳米复合材料的研究为探索高力学性能材料开辟了一条新的途径.

10.2.1　高强度合金

日本仙台东北大学材料研究所用非晶晶化法制备了高强、高延展性的纳米复合合金材料,其中包括纳米 Al -过渡族金属-镧化物合金,纳米 Al - Ce -过渡族金属合金复合材料,这类合金具有比常规同类材料好得多的延展性和高的强度(1340~1560MPa). 这类合金结构上的特点是在非晶基体上分布纳米粒子,例如,Al -过渡族金属-金属镧化物合金中在非晶基体上弥散分布着 3~10nm 的 Al 粒子,而对于 Al - Mn -金属镧化物和 Al - Ce -过渡族金属合金中是在非晶基体中分布着 30~50nm 的 20 面体粒子,粒子外部包有 10nm 厚的晶态 Al. 这种复杂的纳米结构合金是导致高强、高延展性的主要原因. 有人用高能球磨方法得到的 Cu 纳米 MgO 或 Cu -纳米 CaO 复合材料,这些氧化物纳米微粒均匀分散在 Cu 基体中. 这种新型复合材料电导率与 Cu 基本一样,但强度大大提高.

10.2.2　增韧纳米复相陶瓷

纳米尺度合成使人们为之奋斗将近一个世纪的陶瓷增韧问题的突破成为一种可能. 德国 Jülicn 材料研究所采用粒径小于 20nm 的 SiC 粉体作基体材料,再混入 10％或 20％的粒径为 $10\mu m$ 的 α - SiC 粗粉,充分混合后在低于 1700℃,350MPa 的热等静压下成功地合成了纳米结构的 SiC 块体材料,在强度等综合力学性能没有降低的情况下,这种纳米材料的断裂韧性 K_{1C} 为 5~6MPa·$m^{1/2}$,比未加粗粉的纳米 SiC 块体材料的断裂韧性提高 10％至 25％. 韩国釜山(Pohang)科技大学用多相溶胶一凝胶方法制备堇青石($2MgO·2Al_2O_3·5SiO_2$)与 ZrO_2 复合材料,具体方法是将勃母石与 SiO_2 的溶胶混合后加入 ZrO_2 溶胶,充分搅拌后再加入

Mg(NO3)$_2$溶液形成湿凝胶,经 100℃,干燥和 700℃焙烧 6h 后再经球磨干燥制成粉体,经冷等静压(200MPa)和 1320℃烧结 2h 获得了高致密的堇青石-ZrO$_2$纳米复合材料,其断裂韧性为 4.3MPa·m$^{1/2}$,它比堇青石的断裂韧性提高了将近 1 倍.德国斯图加特金属研究所等 5 个研究单位联合攻关,成功地制备了 Si$_3$N$_4$/SiC 纳米复合材料,这种材料具有高强、高韧和优良的热稳定及化学稳定性.其具体方法是:将聚甲基硅氮烷在 1000℃惰性气体下热解成非晶态碳氮化硅,然后在 1500℃,氮气下热处理相变成晶态 Si$_3$N$_4$/SiC 复合粉体,在室温下压制成块体,经 1400～1500℃热处理获得高力学性能.我们利用平均粒径为 27nm 的 α-Al$_2$O$_3$ 粉体与粒径为 5nm 的 ZrO$_2$ 粉体复合,在 1450℃热压成片状或者圆盘状的块体材料,室温下进行拉伸试验获得了韧性断口.

10.2.3　超塑性

自 20 世纪 80 年代中期以来,超塑性陶瓷材料相继在实验室问世. Wakai 和 Nieh 等人在加 Y$_2$O$_3$ 稳定化剂的四方二氧化锆中(粒径小于 300nm)观察到了超塑性,他们在此材料基础上又加入 20%Al$_2$O$_3$,制成的陶瓷材料平均粒径约 500nm,超塑性达 200%至 500%.值得一提的是,Nieh 等人在四方二氧化锆加入 Y$_2$O$_3$ 的陶瓷材料中,观察到超塑性竟达到 800%. 1990 年 Wakai 等人在 Si$_3$N$_4$＋20%SiC 细晶粒复合陶瓷中,观察到在 1600℃下延伸率达 150%.

近年来对细晶粒 Al$_2$O$_3$ 陶瓷超塑性的研究引起了人们的极大的兴趣,做了不少的尝试.例如,纯的 Al$_2$O$_3$ 陶瓷材料超塑性的探索基本上是不成功的.但这并不意味着 Al$_2$O$_3$ 陶瓷材料就不可出现超塑性.利用纳米材料烧结过程中致密速度快、烧结温度低和良好的界面延展性,在烧结过程中控制颗粒尺寸在 200～500nm 的最佳范围,是完全有可能获得具有良好超塑性陶瓷材料的.

10.3　高分子基纳米复合材料

高分子基纳米复合材料是世纪之交很有发展前途的重要复合材料. Eckert 等将微米级(≤100μm)Fe 和 Cu 合金粉按一定比例混合后,经高能球磨制备纳米晶 Fe$_x$Cu$_{100-x}$合金粉体.电镜观察表明,粉体中的颗粒是由极小的纳米晶体构成,晶粒间为高角晶界.他们将这种粉体与环氧树脂混合制成具有极高硬度的类金刚石刀片.美国马里兰大学材料系在实验室里研制成功纳米 Al$_2$O$_3$ 与橡胶的复合材料,这种材料与常规橡胶相比,耐磨性大大提高,介电常数提高了将近 1 倍.将纳米 TiO$_2$,Cr$_2$O$_3$,Fe$_2$O$_3$,ZnO 等具有半导体性质的粉体掺入到树脂中有良好的静电屏蔽性能.日本松下电器公司科学研究所已研制成功树脂基纳米氧化物复合材料,初步试验发现这类复合材料静电屏蔽性能优于常规树脂基与碳黑的复合材料,同时可以根据纳米氧化物的类型来改变这种树脂基纳米氧化物复合材料的颜色,在电器外壳涂料方面有着广阔的应用前景. 德国、瑞士的一些研究单位正在研制纳米 TiO_2 与有机物的复合材料,利用纳米 TiO_2 粉体对紫外吸收特性可以试制防晒膏和化妆品. 纳米 ZnO 与树脂复合也具备上述的性能. 我们在实验室也试制出纳米以 α-Al_2O_3 与环氧树脂的复合材料,使其模量增加,当粒径为 27nm,α-Al_2O_3 添加量为 $1\sim5wt\%$ 时提高了环氧树脂的玻璃化转变温度,模量达极大值;添加量超过 $10wt\%$ 时,模量下降.

10.4　磁性材料

10.4.1　磁致冷材料

　　美国标准技术研究所在 20 世纪 90 年代初制备出了钆镓铁石榴石(GGIG)纳米复合材料,具体制备方法是:将含铁的硝酸盐的混合物与过量的酒石酸水溶液充分混合、脱水,经 950℃空气中加热即生成含铁的钆镓石榴石,这种复合材料结构特点是少量的铁原子代替了镓原子,并在基体中形成了纳米尺度的磁性相. 与常规钆镓石榴石比较,GGIG 纳米复合材料的磁致冷温度由原来 15K 提高到 40K. 主要原因是因为 GGIG 纳米复合材料的熵变比常规钆镓石榴石提高了 3.4 倍,这正是利用了纳米材料熵变大的特性设计了新型纳米复合材料,使其磁致冷温度大大提高,加之这种材料热损耗小,也没有剩余磁化,因而它在未来磁致冷材料上有着广阔的应用前景,纳米磁致冷复合材料很可能成为未来致冷技术中的关键材料.

10.4.2　超软磁材料和硬磁材料

　　用非晶晶化法在原非晶基体上析出大量纳米尺度的磁性粒子提高材料磁导率是磁性纳米复合材料制备的一个重要方法. 近年来日本、美国、英国的材料科学家在这方面做了不少工作. 日本东北大学金属材料研究所制备出了 Fe-M-B(M:Zr,Hf 或 Nb)体心纳米结构复合材料. 这种材料具有高磁导率和高饱和磁化强度,前者为 20000(在 1kHz 下),后者大于 1.5T. 这些纳米结构材料超软磁性主要归结为纳米结构使表观磁各向异性常数下降,磁畴壁易位移以及磁性纳米体心立方米粒子通过其间残余非晶相磁耦合的结果.

　　在纳米结构复合硬磁材料的研究方面,采用熔体淬火法制备了纳米复合 Fe-Nd-B 合金,这种材料的结构特点是在纳米四方 $Fe_{14}Nd_2B$ 颗粒内分散着 $10\sim$

15nm 的 α - Fe 粒子. 这种材料具有高矫顽力和高剩余磁化强度. 高矫顽力的原因可归结为四方 $Fe_{14}Nd_2B$ 相强的磁-晶各向异性场以及纳米粒子的单磁畴特性.

10.4.3　巨磁电阻材料

近年来,人们在颗粒膜中观察到巨磁电阻效应,即在磁的基体中弥散着铁磁性的纳米粒子,例如,在 Ag,Cu,Au 等材料中弥散着纳米尺寸 Fe,Co,Ni 等磁性粒子. 因此,纳米复合颗粒膜材料是巨磁电阻材料的重要组成部分,同时它也为深入研究磁场作用下电阻的变化,电子的输运等基础研究课题创造了条件. 一个引人注目的工作是瑞士实验物理所首次成功地制备出巨磁阻丝,他们在聚碳酸酯的膜上腐蚀出有规则排列的纳米孔洞,用电沉积的方法将纳米 Co 粒子填充到孔洞中,在其上再电镀一层 Cu 膜,以相同方法,重复上述过程形成多层膜,在膜的垂直方向,孔洞是同心的,因此形成了 Co/Cu 纳米粒子交替排列的丝,这种丝在室温下具有明显的巨磁电阻效应,巨磁电阻值 $\triangle R/R$ 几乎达到 15% 至 20%. 这种巨磁电阻丝可能作为微弱磁场以及超导量子相干器、霍尔系数探测器.

10.5　光 学 材 料

自纳米材料诞生以后,人们对原来不发光的材料,当使其颗粒尺寸达到纳米量级时,观察到在紫外到可见光以及近红外范围新的发光现象. 尽管发光强度和效率尚未达到使用水平,但是纳米材料的发光却为设计新的发光体系,发展新型发光材料提出了一个新的思路,纳米复合很可能力开拓新型发光材料提供了一个途径. 纳米材料的光吸收和微波吸收的特性也是未来光吸收材料和微波吸收材料设计的一个重要依据.

纯的 Al_2O_3 和纯的 Fe_2O_3 纳米材料在可见光范围是不发光的,如果把纳米 Al_2O_3 和纳米 Fe_2O_3 掺和到一起所获得的纳米粉体或块体在可见光范围蓝绿光波段出现一个较宽的光致发光带,这个工作是中国科技大学材料系与中国科学院固体物理所合作发现的. 发光的原因是,Fe^{3+} 离子在纳米复合材料所提供的庞大体积百分数而有序度低的界面内所致,部分过渡族离子在弱晶场下形成的杂质能级对由此形成的纳米复合材料的发光起着主要作用. 意大利 Trento 大学,在纳米 Al_2O_3 与纳米 Cr_2O_3 复合材料中观察到由于 Cr^{3+} 离子诱导的发光带,该发光带的波长范围为 650~750nm,当纳米 Al_2O_3 为 α 相时,在 ~690nm 附近出现两个锐峰,其行为与红宝石的发光很相像. 当 Al_2O_3 为 γ 相时发光带变成一个宽带,该发光带受晶场影响很大,晶场越强,发光带变窄. 这种发光现象是由 Cr^{3+} 离子在八面体晶场中所引起的. 纳米复合膜的发光近年来研究得比较多. 瑞士洛桑粉末技术实验室等单位合作研制成功氢化非晶硅薄膜(厚度为 2～4nm)与氮化硅薄膜(厚为 6nm)的多层复合膜,此膜共有 60 至 100 层,经激光处理在可见光范围出现荧光.如果将这种多层膜放在导电胶和晶体硅基片上还可获得电光效应,在光电元件上有应用前景.

10.6　高介电材料

　　美国军队实验室用溶胶-凝胶技术和氯化银还原法制备了 Ag 与 SiO_2 纳米复合材料,纳米 Ag 粒子均匀分布在 SiO_2 基体中,这种纳米复合材料具有高介电常数,1kHz 下介电常数达 5000,比常规 SiO_2 提高 1 个数量级,在 -100℃ 左右时,介电常数更高.印度科学培训协会通过纳米复合获得了玻璃、陶瓷与金属的纳米复合材料.这种复合材料属于 0-3 复合,即把 Ag 的纳米粒子分散在玻璃与陶瓷的界面中,得到了较高的介电常数(～500),温度低于 200K 介电常数和介电损耗基本不变,高于 200K 介电常数和介电损耗均连续增加.这种材料介电常数和介电损耗的行为大大优越于常规材料,应用前景广阔.该种纳米复合材料制备方法比较复杂,具体方法是将 SiO_2,ZnO,Li_2O 和 P_2O_5 按一定比例混合(比例为 55,12,32.2 和 0.8mol%),在氧化铝坩埚中加热熔化,加热温度为 1600K,然后浇铸在黄铜板上,经 838K30min 热处理,试样中沉淀出正硅酸锌和磷酸锂,它们的粒径为几微米,表面抛光后再放入 583K 熔融的硝酸银中 6h,清洗以后再在 873K 氢气中还原 30min 获得纳米复合材料.

10.7　仿生材料

　　仿生材料的研制是当前材料科学中学科交叉的前沿领域.纳米材料问世以后,仿生材料研究的热点已开始转向纳米复合材料,这是因为自然界生物的某些器官实际上是一种天然的纳米复合材料.例如,动物的牙齿就是由定向的羟基磷灰石纳米纤维与胶质基体复合而成,动物的筋、软骨、皮及鸟头骨、豪猪脊骨等动物的骨骼、昆虫表皮等都属纳米复合材料.随着高技术的飞速发展对新型材料的需求,特别是人类的健康对新材料的需求使仿生材料的研究越来越受到材料科学家们的重视.目前,一些发达国家,如美国、日本、德国、俄罗斯已经开始制定为人类健康服务的仿生材料的研究计划,而纳米仿生材料的位置也越来越高,例如围绕仿造动物骨骼开展的仿生纳米复合材料的研究已取得一些成果.我们知道,动物的骨头是由胶质的基体与纳米或亚微米的羟基磷灰石增强的一种复合体,胶质的基体柔软,有着良好的韧性,长形、片状粒子致密堆垛羟基磷灰石起着结构增强作用,使骨头既具有刚性又具有良好的韧性.如何仿照自然界动物骨头这一特点设计研制人造骨头,关键要解决以下几个问题:一是选择具有良好柔性的基体;二是在基体中原位沉淀高强度的纳米或亚微米的粒子,控制粒子取向和形状,长形的片状粒子在基体中有取向的堆垛最好;三是沉淀粒子和基体有良好的相容性,更重要一点是整个复合材料与生物体要有好的相容性. 根据这些要求,美国亚利桑那(Arizona)材料实验室和普林斯顿(Princeton)大学已经在实验室制备出人造骨头. 他们选用聚二甲基丙烯酸甲脂和聚偏氟乙烯共混物作为基体,通过钛的醇盐水解在基体中原位生成 TiO_2 粒子,尺寸为约 $100nm\sim1\mu m$,长形粒子通过沉淀过程中拉伸来控制堆垛取向,这种由氧化物纳米粒子增强的高分子与动物骨头力学性能相近.

　　纳米材料科学的研究有两个方向应该引起人们的注意:一是纳米复合材料的研究应予以高度重视. 它是属于纳米材料工程的重要组成部分,以实际应用为目标的纳米复合材料的研究在未来的一段时间内将有很强的生命力,也是新材料发展的一个重要部分,研制新型纳米复合材料涉及有机、无机、材料、化学、物理、生物等多学科的知识,在发展纳米复合材料上对学科交叉的需求比以往任何时候都更迫切. 缩短实验室研究和产品转化的周期也是当今材料研究的特点,因此组成跨学科的研究队伍,发展纳米复合材料的研究是刻不容缓的重要任务. 第二个方向是开展纳米复合人工超结构的研究. 根据纳米结构的特点把异质、异相、不同的有序度的材料在纳米尺度下进行合成、组合和剪裁,设计新型的元件,发现新现象,开展基础和应用基础研究,在继续开展简单纳米材料研究的同时,注意对纳米复杂体系的探索也是当前纳米材料发展的新动向.

参 考 文 献

[1] 牟季美、张立德. 物理,25(1),31(1996).

[2] Möller A,Hahn H,*Nanostructured* Mater. ,12(1~4),259(1999).

[3] Vollath D,Szabo D,Fuchs J,同上,12(1~4),433(1999).

[4] Blondel A,Meier J,Doudin B,et al. ,Abstracts of Second International Conference onNanostructurod Mater. ,Stuttgart,Pergamon an Imprint of Elsevier Science,Publishers of the Acta Metallurgica et Materialia Inc. ,85(1994).

第 11 章　纳米粒子和离子团与沸石的组装体系[1,2]

　　制备在沸石中单分散金属纳米粒子或离子团簇的组装体是一个十分有趣的课题,一方面粒子的尺寸受沸石中的笼或通道的控制,另一方面粒子与沸石壁之间会呈现有益的交互作用.

　　沸石与其他支撑体(例如非晶材料,玻璃等)不同,这是因为笼的尺寸、形状以及笼内部的相互连接性对纳米粒子的性质有影响、从而组装体呈现新性能[3~6].形成的粒子和离子团簇的类型与沸石的结构、交换的阳离子浓度和质子的含量相关.

　　沸石被用作催化剂和催化剂衬底的报导很多,若将绝缘体,半导体和金属放入沸石的笼中,可形成单尺寸和同样形状粒子的三维的稳定的周期阵列,由于粒子间交互作用,它们的物理性能可以不同于单个的粒子和它们的体材料.

　　下面重点论述沸石中纳米粒子的表征及制备.这种组装体有可能用作分子丝、纳米多孔分子电子材料和非线性光学材料.

11.1　纳米粒子与沸石组装体系的合成

　　下面首先分析沸石的结构,然后评述合成上述组装体的不同方法.

11.1.1　沸石结构的描述

　　沸石是一种硅酸铝,它们的一般表示式为

$$M_x D_y [Al_{x+2y} Si_z O_{2(x+2y+z)}], \tag{11.1}$$

其中 M 为单价阳离子,D 为二价阳离子,它们中和因四价 Si 原子被三价 Al 原子所替代引入的负电荷.

　　某些典型的沸石结构示于图 11.1.

　　具有三维网络结构的沸石是由 $[SiO_4]^{4-}$ 和 $[AlO_4]^{5-}$ 四面体连接而成,氧原子处于四面体顶角,中心为 Si 或 Al 原子,这些四面体构成沸石网络时相邻的同种四面体共享顶角的氧原子.

　　在沸石孔洞中存在的阳离子数是由 $[AlO_4]^{5-}$ 四面体的数目来确定.这是因为 Al^{3+} 替代了 Si^{4+},导致四面体中出现多余负电荷,这些负电荷被合成时介质中的阳离子和结构间隙中的阳离子中和.

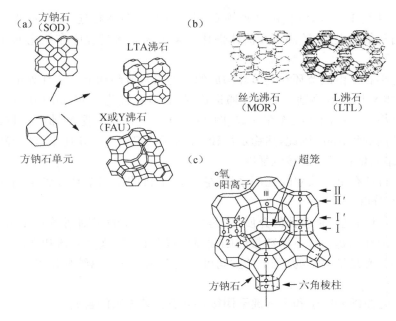

图 11.1　几种典型的沸石结构

(a)由方钠石单元组装体形成的沸石结构:方钠石(SOD),LTA 沸石,X 或 Y 沸石(FAU);

(b)含有通道的沸石结构:丝光沸石,L 沸石(LTL);(c)X 或 Y 沸石:阳离子处于

六角棱柱(Ⅰ)中,处于方钠石笼中(Ⅰ′和Ⅱ′)及超笼(Ⅱ和Ⅲ)中

　　水分子的含量和所处的位置取决于沸石孔洞和通道的尺寸和形状以及存在结构中阳离子的数量和性质.

　　表 11.1 列出了几种最普通的沸石的表征. LTA 沸石是最有用的一种沸石. 它的主要用途是作离子交换(水软化器)和吸附剂.

表 11.1　几种沸石的表征

结构类型	名称	单胞的成分
LTL	L 沸石	$K_6 Na_3 Al_9 Si_{27} O_{72} \times 21H_2O$
SOD	方钠石	$Na_6 Al_6 Si_6 O_{24} \times 8H_2O$
LTA	A 沸石	$Na_{12} Al_{12} Si_{12} O_{48} \times 27H_2O$
FAU(八面沸石)	X 沸石	$Na_{88} Al_{88} Si_{104} O_{384} \times 235H_2O$
	Y 沸石	$Na_{58} Al_{58} Si_{134} O_{384} \times 210H_2O$
MOR	丝光沸石	$Na_8 Al_8 Si_{40} O_{96} \times 24H_2O$

　　八面沸石主要包括 X 沸石(高的 Al 含量,Si/Al 的比率接近 1)和 Y 沸石(较高的 Si/Al 比率). 它们是由方钠石(截角八面体)笼构成的类金刚石阵列,方钠石笼通过六棱柱相连接在一起[图 11.1(a)]. 八面沸石中除了方钠石笼外,其他主要

的孔洞直径约 1.1nm,它们由孔径约 0.74nm 的 12 节环相连. X 沸石的主要用途是在吸附和催化上用. Y 沸石在流体催化裂解和氢裂解过程中作催化剂或催化剂衬底.

丝光沸石是由四节环和五节环构成的一种由八节环和十二节环界定的多孔体系,多孔体系是由沿晶轴 c 的线性通道构成,具有孔径为 0.67nm×0.70nm. 这些通道通过第二套孔洞系统连在一起[图 11.1(b)]. 与 A,X 或 Y 沸石比较,丝光沸石含有较高的氧化硅,因此,热稳定性较高. 除了较高的 Si/Al 比率,丝光沸石含有五节环,结果增强了它的酸位强度.

L 沸石具有单一尺寸的孔洞系统,它是由平行的十二节环线性通道构成,Si/Al 比率十分低.

总之,沸石是一种多孔的介质,它是由一系列不同的规则通道和孔洞构成,进入这些间隙孔洞是通过不同数量的四面体构成的窗口. 这些通道和孔洞的尺寸对于沸石的特性是很关键的,笼中的空间可容纳金属或非金属纳米粒子.

11.1.2　金属纳米粒子和金属离子团簇与沸石组装体系的合成

沸石是一种三维的阳离子交换器,因此制备含有金属前驱体的一种直接方法是离子交换法,即与可还原过渡族离子进行离子交换[7]. 此法可以在溶液中[8],也可以在固相中进行[9],离子交换可以是化学计量配比的,也可以是非化学计量配比的. 另一种制备含有金属前驱体的沸石的方法是化合物吸附法[3],这些化合物在下一步处理中易分解. 在许多情况下,羰基金属是比较理想的化合物,通过蒸馏或升华将它们引入沸石的孔中;碱金属的叠氮化物也被用来制备碱金属前驱体[10];吸收不稳定有机复合物,例如三烷基铑,二硫代磷酸镍等也可将金属原子输入沸石. 对于高硅沸石,离子交换法不能使用[11].

表 11.2 列出了含有金属前驱体的沸石转变成金属粒子/佛石或离子团簇/沸石组装体系的方法. 可以看出,主要方法有自还原、γ 射线辐照、离子交换、直接合成、NaN_3 分解、H_2 还原、通 H_2S,H_2Se,CO 还原、热分解、金属沉积(MVD)、气相沉积(VPD)、金属有机化合物化学气相沉积(MOCVD)等. 必须注意的是,在大多数情况下,在最后处理前,必须对前驱体进行脱水,否则会影响引入沸石中纳米粒子或离子团簇的性质和所处的位置. 下面举几个例子说明前驱体转变成最后状态的反应.

在自还原过程中,沸石本身是催化剂,例如形成 Ag 在 A,X,Y,CHA 沸石(菱沸石)或 MOR 沸石中的组装体时,反应为

$$Z(Ag^+ZO^-) \longrightarrow \frac{1}{2}O_2 + 2Ag^0 + ZO^- + Z^+, \tag{11.2}$$

表 11.2　金属粒子/沸石或离子团簇/沸石组装体的合成

前驱物	沸石	制备方法	最后系统	参考
Ag^+	A	自还原	Ag_3^{2+} 团簇/A	3,12
Ag^+, Na^+	Y	γ 辐照	Ag_3^{2+} 和 Ag_3^0/Y	13
AgX(X=Cl,Br,I)	SOD	离子交换	$Ag_{8-2n}Na_{2n}X_2$/SOD	4,6,14,57,59,60
Ag, C_2O_4	SOD	直接合成	Ag_4OX^{2+}, Ag_4^{2+}, Ag_4^{3+}	4,14
M^+, Na^+	X	NaN_3 分解	Na_x^0, Na_4^+; Cs_x^0	10,16,19~23
Ag^+	Y	γ 辐照	Ag_2^0	15
Ag^+	Y	H_2 还原	Ag^0	3,72,73
M^+(Li^+,Na^+,K^+,Rb^+,Cs^+)	X	MVD	Na_6^{5+}, K_3^{2+}	17
Na^+	SOD, Y (Gallosilicate)镓硅酸盐	NaN_3 分解	Na_4^{3+}	18
M	A	MVD	铁磁 M_x	24~27
Cd^{2+}	A,X,Y	H_2S	CdS, Cd_4S_4	5,28,29
Cd^{2+}	A,X,Y,MOR,ALPO$_4$	H_2Se	Se_8, CdSe, Se_x	5,30,31,58
Se, Te 熔态	MOR	VPD	Se_x^0, Te_x^0	32,33
Zn^{2+}	Boralite(硼酒石酸铝)	H_2S	Zn_4S	5
	SOD		Zn_4S_4	5
有机金属	Y	MOCVD	$Ga_{28}P_{13}$	34

续表

前　驱　物	沸　石	制 备 方 法	最 后 系 统	参　考
化合物		$(CH_3)_3Ga+PH_3$		
$Ru^{3+}, Pd^{2+}, Pt^{2+}$	Y	自还原	Ru_x^0, Pd_x^0, Pt_x^0	3,74
Rh^{2+}, Ir^{2+}氨复合物			Rh_x^0, Ir_x^0	
Pt^{2+}	KL	$H_2, NaBH_4$	Pt^0	68
$Ni(CO)_4$	NaY,HY	热分解	Ni_x^0	35,36
$Fe(CO)_5$	HY	热和光化学	Fe_x^0	36,37
		分解		
$Fe(CO)_5$	NaY,HY	热分解	Fe_x^0	3
Ag^+	NaY,NaMOR	H_2 还原	Ag^0	3
	NaCHA			
Cu^{2+}	NaY	H_2 还原	Cu^0	3
Ni^{2+}	NaY	H_2 还原	Ni^0, NiO	3
		Pt/H_2 还原	Ni^0	3
Cu^{2+}	Y	CO 还原	Cu^0	3
$Rh(NH_3)^{3+}$	NaY	CO 还原	$Rh^+(CO)_2$	3
		H_2 还原	Rh^0	44
Ni^{2+}, Co^{2+}	NaY,NaA	金属还原	Ni^0, Co^0	3
$Pt(NH_3)_4^{2+}$	NaY,NaX	H_2 还原	Pt^0	38,49
$Mn(NO_3)_2, Rh(NH_3)_5^{3+}$	NaY	H_2 还原	MnO/Rh	39,45

续表

前　驱　物	沸　石	制 备 方 法	最 后 系 统	参　考
$Pd(NH_3)_4^{2+}$,$FeSO_4$	NaY	H_2 还原	Fe^{2+}/Pd^0	40,54
$Pt(NH_3)_4^{2+}$,$FeSO_4$	NaY	H_2 还原	Fe^{2+}/Pt^0	41,45
$Co(NO_3)_2$,$Pd(NH_3)_4^{2+}$	NaY	H_2 还原	Co^{2+}/Pd^0	42,51,53
$Co(NO_3)_2$,$Pt(NH_3)_4^{2+}$	NaY	H_2 还原	Co^0/Pt^0	69~71
$Pt(NH_3)_4^{2+}$,$Cu(NO_3)_2$	NaY	H_2 还原	$Pt_x^0 Cu_y$	43,48~50
$Rh(NH_3)_5^{3+}$,$Cr(NO_3)_3$	NaY	H_2 还原	Cr^{3+}/Rh^0	44
$Rh(NH_3)_5^{3+}$,$FeSO_4$	NaY	H_2 还原	Fe^{2+}/Rh	46,55
$Pt(NH_3)_4^{2+}$,$Re_2(CO)_{10}$	NaY	H_2 还原,分解	Pt^0-Re^0	47
$Pd(NH_3)_4^{2+}$,$Ni(NO_3)_2$	NaY	H_2 还原	$Pd^0 Ni_x^0$	52
$(CH_3)_2Zn$,$(CH_3)_2Cd$	NaY	表面反应	CH_3Zn-Zeo	56
			CH_3Cd-Zeo	
Si_2H_6	NaY	CVD随后表面反应	Si_{60}	61,62
SnS_2	—	直接水热合成	R-SnX-1 ($X=S,Se$)	63~65
$Ge,S,CsOH,Fe^{2+}$	—	直接水热合成	Open framework	
$Ge,S,TMAOH,Fe^{2+}$	—		$Cs_2 FeGe_4 S_{10}$	66
$Ge,S,TMAOH,Mn^{2+}$			$TMA_2 FeGe_4 S_{10}$	
			$TMA_2 MnGe_4 S_{10}$	
K_2S,Sn^0	—	直接水热合成	$K_2 Sn_4 Se_8$	67

MVD:金属气相沉积;VPD:气相沉积;CVD:化学气相沉积;MOCVD:金属有机化合物化学气相沉积;CHA:菱沸石;TMA:四甲基铵。

其中 ZO^- 为负电荷沸石点阵, Z^+ 为一个 Lewis 酸性位置.

羰基金属热或光化学分解过程中形成准原子化分散粒子的反应情况如下:

在 NaY 沸石中, $Fe(CO)_5$ 进行逐段地分解如下:

$$Fe(CO)_5 \xrightarrow{\text{缓慢}} Fe(CO)_2 \xrightarrow{\text{快速}} Fe(CO)_{0.25} \rightarrow Fe, \tag{11.3}$$

在 HY 沸石中

$$Fe(CO)_5 \xrightarrow{\text{缓慢}} Fe_3(CO)_{12} \xrightarrow{\text{快速}} Fe(CO) \rightarrow Fe. \tag{11.4}$$

过渡族金属离子通过分子氢还原得到未氧化的金属和氢形式的沸石

$$M^n + nZO^- + \frac{n}{2}H_2 \rightarrow M^0 + nZOH. \tag{11.5}$$

原子氢还原较容易; Co 可还原羰基金属; 用氨还原比分子氢还原比较有效, 但它将导致金属的烧结; 对于难还原的金属, 碱金属气相法可以用来进行前驱体的转变, 例如, 在 A 和 Y 沸石中的 Ni^{2+} 和 Co^{2+} 离子就可用此法进行转变.

制备碱金属钠纳米粒子在沸石中的组装体可采用金属叠氮化物的热解法

$$2MN_3 \rightarrow 2M^0 + 3N_2. \tag{11.6}$$

零价的金属原子能够形成较大的纳米粒子, 也能形成阳离子团簇.

半导体纳米粒子, 如 $CdS, CdSe, Zn_4S$ 等可通过在含有 Cd^{2+} 和 Zn^{2+} 的沸石中通以 H_2S 或 H_2Se 沉淀剂来获得.

值得注意的是, 现在制备 Si 纳米粒子/NaY 沸石组装体是采用 Si_2H_6 化学气相沉积法经表面反应获得.

11.2　沸石中纳米粒子的表征

通常采用 X 射线衍射(XRD)、X 射线宽化、小角 X 射线散射(SAXS)、径向电子分布(RED)、透射电镜(TEM)、扩展 X 射线吸收精细结构(EXAFS)、X 射线光电子能谱(XPS)、多核磁共振(Multi NMR)、吸附氙的核磁共振(NMR of adsorbed xenon)、电子顺磁共振(EPR)、铁磁共振和紫外—可见光吸收谱对沸石中的纳米粒子进行表征. 下面将介绍几个典型的纳米粒子/佛石中纳米粒子的表征.

11.2.1　银和卤化银沸石

方钠石具有温度稳定的均匀纳米孔洞, 这些孔洞适合稳定填充小的单分散的或交互作用的分子、原子或团簇粒子.

几种银和卤化银担载的化合物能够在 SOD 沸石中合成. 首先, Na^+, Ag^+ 和 Br^- 独立地占据单胞位置, 随后, 这些离子交互作用形成 $(Na_xAg_{4-x}Br)^{3+}$ 团簇. 每个团簇在笼中的行为像一个分立的分子, 由于空间限域, 团簇限制在约 0.66nm 大小. 如果团簇交互作用, 他们可能形成较大的粒子, 这时, 限域体积可长到方钠石晶粒的尺寸. Na_8X_2SOD 组装体系 (X 代表卤族元素) 中阳离子无序分布, 其中的钠离子可在水溶液或银盐熔体中被 Ag 离子交换掉. 方钠石的单胞尺寸可随卤化物的类型及其中阳离子的类型和浓度变化 (如图 11.2 所示).

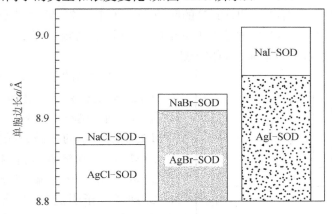

图 11.2　钠和银的卤化物/方钠石组装体中方钠石单胞随卤化物类型的变化

一般来讲, 大的阳离子填充会引起方钠石笼的膨胀. 具有相似半径的 Na^+ 离子 ($r=1.13Å$) 被 Ag^+ 离子 ($r=1.14Å$) 替代却引起方钠石笼的收缩, 这种收缩可归结为 Ag^+ 离子与中心卤素离子 (X 离子) 之间共价键强交互作用的结果.

表 11.3 列出了不同 MX 方钠石组装体中原子间距. 方钠石中卤化银间距处于气相分子和块体半导体固体之间, 银与同一笼中阳离子间距随卤素离的变化 (Cl→Br→I) 增大, 而银与近邻笼中阳离子间距则减小. 在同一笼中, Ag～Ag 间距随 Cl→Br→I 的变化增大.

表 11.3　原子间距 (单位为 nm)

试样	M-X	M-O	Ag-Ag	Ag-Ag (次邻近)	M-X (块体状)	Ag-X (气相分子)	Ag-X (次邻近)
NaCl-SOD	0.2734	0.2372	—	—	0.2820	—	—
AgCl-SOD	0.2537	0.2475	0.4142	0.4920	0.2775	0.228	0.5146
NaBr-SOD	0.2888	0.2356	—	—	0.2989	—	—
AgBr-SOD	0.2671	0.2444	0.4361	0.4859	0.2887	0.2393	0.5047
NaI-SOD	0.3089	0.2383	—	—	0.3237	—	—
AgI-SOD	0.2779	0.2576	0.4539	0.4821	0.3040	0.2545	0.4918

卤化银/方钠石组装体的紫外-可见光反射谱表明, Ag 离子完全交换的试样呈现两个光吸收带, 一个宽的 245～250nm 带是由下列电子跃迁引起的: $Si3s, 3p$⇐

Ag4d；另一个锐的 245～250nm 带是由下列跃迁产生的：Si3s,3p,Ag5s⇐Xnp,Ag5s,5p,4d.

在方钠石中，在较高的 Cl^- 和 Br^- 下，光吸收带无明显的移动，这是因为在方钠石中团簇形核率受限制，结果粒子尺寸不会明显地变大.

三种 AgX 方钠石（X＝Cl,Br,I）的吸收带边等于 3.78eV，大大低于钠方钠石的光学带隙（5.2～6.1eV），这是由于卤化物离子的性质影响所致.

卤化银方钠石的带隙属于间接带隙.

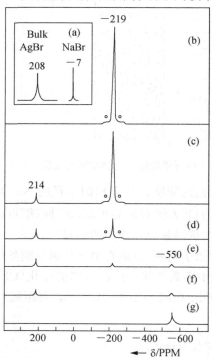

图 11.3　MAS^{81}Br 核磁共振谱
(a)体材料 NaBr 和 AgBr；(b)Na$_{8-n}$Ag$_n$Br$_2$－SOD 组装体，在 n＝0 时；(c)n＝0.8；(d)n＝2；(e)n＝4；(f)n＝5.2 及(g)n＝8.δ 为化学位移

图 11.3 示出的是 Na$_{8-n}$Ag$_n$Br$_2$－SOD 中 MAS^{81}Br 的核磁共振谱（n＝0,0.8,2.4,5.2 和 8）. 钠方钠石 Na$_8$Br$_2$－SOD 在－219 PPM 处呈现一单的核磁共振线，参考试样为 0.1M NaBr 水溶液. 对体材料 NaBr 情况，这条线出现在高磁场下，它归因为 Na$_4$Br 纳米粒子引起的. 从屏蔽角度来分析，可以认为在 Na$_8$Br$_2$－SOD 中 Na$_4$Br 四面体里环绕 Br^- 阴离子的电荷密度高于在体相中 Na$_6$Br 八面里的情况，这就导致了化学位移顺磁项的减小. 当 Ag$^+$ 离子存在时，一条新的核磁核共振线出现在 214PPM，它与体相 AgBr 的线相同. 用稀的 Na$_2$S$_2$O$_3$ 清洗固体试样表面，这条线消失，因此，这条线是由晶体外表面上纳米晶 AgBr 产生的. 在高的 AgBr 担载下（n＝4,5.2 和 8），在－550PPM 又出现一条新的核磁共振线，它是由 Ag$_4$Br 纳米粒子产生的. 封装在沸石孔洞中的 Na$_{4-x}$Ag$_x$Br 纳米粒子里 Br^- 核的屏蔽增加，这是由孔间电子耦合导致相邻近的 Na$_{4-x}$Ag$_x$Br 纳米粒子间轨道重叠所致.

总之，担载不同纳米粒子的方钠石的独特结构性质使这种材料成为探测纳米粒子物理化学性质的一种理想模型材料，同时也是进展材料研究中一个有前途的材料.

11.2.2　碱金属和离子团簇粒子

（1）电子顺磁共振研究

当 NaN_3 在 CsY 八面沸石上分解时,下面的反应将进行,相对浓度随时间增加.

$$2NaN_3 \longrightarrow 2Na + 3N_2. \tag{11.7}$$

在外部的纳米晶 Na 粒子,EPR 谱线是一条宽的线,g 值为 2.076,当 Na 纳米晶移入八面沸石的笼中,EPR 变为一条窄线,$g=2.003$. Na 金属能够还原 Cs^+ 离子,最后导致 Cs_x 纳米粒子的形成,$g=1.998$. 在 NaY 沸石中,Nd_4^{3+} 团簇也能被鉴别出来,因为它显示出超精细结构. Kevan 等人用叠氮化物分解和气相沉积法在 X 沸石中形成了碱金属纳米粒子,两种制备方法给出了相类似的电子顺磁共振（EPR）谱. 不同的 M/MX 沸石的 EPR 参数列于表 11.4 之中. Li/LiX 试样为红褐色,Na/NaX 和 K/KX 试样为深蓝色,Rb/RbX 和 Cs/CsX 试样为蓝色. 从 Li 到 Cs,g 因子减小,而线宽增加（见表 11.4）. 很明显,在碱金属粒子中导电电子的 g 值低于自由电子的 g 值（2.0023）,这是因为随着提高原子掺入量,自旋—轨道耦合增强. 与此同时 EPR 线宽也增加. Li 的粒子,自旋—轨道耦合常数小,EPR 线窄,而 Cs 粒子自旋—轨道耦合常数大,线宽,Na 和 K 粒子情况相反（见表 11.4）. 线宽与温度无明显关系,这表明表面散射占优势,因此,凯文等指出碱金属的粒径小于 10nm. 碱金属粒子既能在 α 笼（直径为 1.25nm）,又能在 β 笼（直径为 0.65nm）中形成.

表 11.4　碱金属担载的碱金属离子交换的 X 沸石的 EPR 参数

（用碱金属叠氮化物分解制备的）

试　样	g 值	$\Delta H/G$	Aiso/G
Li/LiX	2.0029 ± 0.0005	2.8 ± 0.2	—
Na/NaX	2.0013 ± 0.0005	4.2 ± 0.2	25.5 ± 0.2
K/KX	1.9997 ± 0.0005	6.1 ± 0.2	12.8 ± 0.2
Rb/RbX	1.9924 ± 0.0005	8.3 ± 0.2	—
Cs/CsX	1.9685 ± 0.0005	22.2 ± 0.2	—

Na/NaX 和 K/KX 试样的 EPR 谱呈现出超精细结构. Na/NaX 试样的 19 线信号是由 Na_6^{5+} 离子团簇产生的,它是由一个未配对电子与 6 个等价 Na 核（$I_{Na}=3/2$）交互作用构成（图 11.4）. K/KX 试样的 10 线谱是由 K_3^{2+} 团簇引起的,该团簇是由一个未配对电子与 3 个等价的 K 核交互作用构成（$I_K=3/2$）. 这些团簇来源于

原始离子交换存在沸石中的阳离子,并且在 β 笼中形成离子团簇.表 11.5 为 X 和 Y 沸石中 Na^+,K^+ 离子所处的位置及形成的离子团簇.

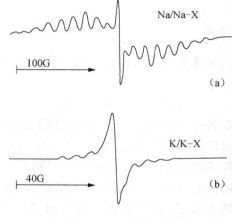

图 11.4　300K 的 EPR 谱

(a)Na/NaX;(b)K/KX 沸石

表 11.5　在碱金属阳离子交换沸石与碱金属蒸气反应
形成的组装体中碱金属纳米粒子的室温 EPR 的 g 值

金属蒸气	Li－X	Na－X	K－X	Rb－X	Cs－X
Li	2.0034	2.0053	2.0004	1.9939	1.9712
	Li	Li	Li or K	Rb	Cs
Na	2.0032	2.0016	1.9998	1.9936	1.9776
	Li	Na	Na or K	Rb	Cs
K	2.0008	1.9999	1.9997	1.9939	1.9722
	K	K	K	Rb	Cs
Rb	1.9932	1.9929	1.9930	1.9929	1.9736
	Rb	Rb	Rb	Rb	Cs
Cs	1.9640	1.9686	1.9998	1.9931	1.9686
	Cs	Cs	K	Cs	Cs

　　Kevan 等人采用 5 种碱金属蒸气与 5 种碱金属离子交换的 X 沸石反应制成了组装体系.EPR 研究结果表明,所有试样给出一条单的 EPR 线,g 约为 2.0. 这是因为碱金属纳米粒子在沸石内形成,在 Na/LiX,N/NaX 和 M/KX 试样中观察到超精细结构,它被归因于 β 笼中形成的碱金属离子团簇.表 11.5 为 M/MX 试样中碱金属纳米粒子的导电电子 EPR 的 g 值.这些 g 值与相对应的碱金属纳米粒子的 g 值很接近,因此认为 EPR 单线是由金属纳米粒子产生的,所有金属纳米粒子是在 α 笼中生成.

(2) 电子逆向转移

表 11.6 列出了电子由碱金属原子到碱金属离子转移的气相焓. 正的焓表明气相电子由较小原子序数碱金属原子向大原子序数的碱金属阳离子转移. 这种电子逆向转移出现在 Na/LiX,Cs/KX 体系及 RbX 和 CsX 沸石中,下列体系中无此种电子转移：K/LiX,Rb/LiX,Cs/LiX,K/NaX,Rb/NaX,Cs/NaX. Rb/KX,Li/NaX,Li/KX 和 Na/KX. 在 RbX 和(CsX 沸石中,较大的 Rb^+ 和 CS^+ 阳离子可能部分地堵塞了通向 α 笼的 12 -环孔径,并且阻碍了金属蒸气扩散入 α 笼,但是,如果电子传输出现,Rb 和 Cs 原子形成,它们与 12 -环窗口作用较弱,这就可以较多的移人 α 笼,这就打开了由于电子传输形成的 Li^+ , Na^+ , ···阳离子迁移进入 α 笼的通道. 同样的电子逆向转移出现在 Y 沸石中,即用 MN_3(M=Li, Na 和 Cs)在 MY(M=Li,Na,K,Rb 和 Cs)上分解制得组装体系中出现逆向电子转移. 对这些体系不仅观察到 M_x^0 纳米粒子,而且还观察到混合碱金属纳米粒子,例如, Na_xK_y, Na_xRb_y 或 Na_xCs_y.

表 11.6　由碱金属原子向碱金属阳离子气相电子传输的焓(ΔH)(kJ/mol)

ΔH	Li^+	Na^+	K^+	Rb^+	Cs^+
Li^0	0	244	1014	1172	1445
Na^0	−244	0	770	928	1201
K^0	−1014	−770	0	158	431
Rb^0	−1172	−928	−158	0	273
Cs^0	−1445	−1201	−431	−273	0

(3) 核磁共振

对于 Na 粒子在 NaY 沸石中形成的组装体,^{23}Na 核磁共振谱表明在室温下出现一个宽的,未移动的(相对 NaCl 参考物)共振线,它是由未完全自旋配对的偶数原子组成的 Na 金属纳米粒子引起的. 在掺 Rb 的 NaY 沸石中,室温下,^{23}Na 核磁共振谱呈现一条宽的不移动谱线和一条明显移动的窄的 1660PPM 谱线(见图 11.5),插图为窄谱线随温度(在 280K 至 260K 范围)的变化. 可以看出,随温度下降,这条窄谱线共振频率轻度减小,强度下降,在 260K 时消失,而一条新的谱线出现在 1122PPM. 在高的 Rb 担载下,Na - Rb 合金能够形成,上述可移动的窄谱线与温度的关系可由合金相变来解释,即温度下降至 260K 时,液相的 Na - Rb 合金转变成两个分离的相(Na 和 Rb 相). 的确,新谱线的共振位置相当于体相 Na 和 Rb 的奈特位移,这就指出形成了分离的金属团聚体.

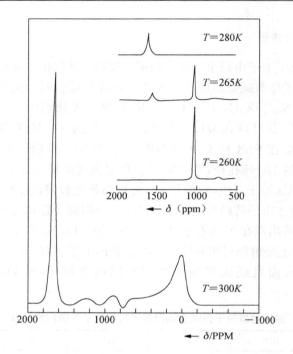

图 11.5　担载 Rb 的 NaY 沸石的室温 ^{23}Na 核磁共振谱

插图：明显移动的核磁共振线与温度关系；δ 为化学位移

(4) 磁和光性能

在不含磁性元素的 K-KTA 沸石中铁磁性被观察到. 最明显的铁磁性是在 α 笼中含有约 5 个 K 原子的情况出现. 每个 α 笼中有两个和 6 个电子分别填充 $1s$ 和 $1p$ 能带，这些电子来自于担载的碱金属原子. 图 11.6 示出 K-LTA 沸石中巡回电子铁磁性的模型，它给出了在能带中来源于 K 团簇 $1s$ 和 $1p$ 户分子轨道的自旋向上和自旋向下电子的态密度，如果费米能 E_f 位于 $1p$ 带足够高态密度的能量下，自旋向上与自旋向下之间有限数量差会减少总的能量，结果产生铁磁性.

每个笼中含有 4.9, 5.4 和 5 碱金属原子的 Na-，K- 和 Rb-LTA 沸石的磁、光性能被进行比较，试样由气相沉积获得. 图 11.7 示出这三种沸石的反射谱. 很清楚，在约 2.0eV 处，表面等离子激发支配 Na 和 K 纳米粒子的光谱，而 Rb

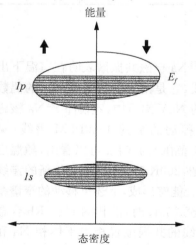

图 11.6　在 K-LTA 沸石中巡回电子铁磁性模型的简单示意图

纳米粒子中表面等离子带变得不明显,由 $1p \rightarrow 1d$ 的跃迁在 1.6 和 2.0eV 处出现两个独立的激发.

K 和 Rb 纳米粒子的磁化率遵守居里-外斯定律,外斯温度分别为 6 和 2.7K,而 Na 纳米粒子磁化率为负值,这说明 Na 纳米粒子没有磁矩,是抗磁的.

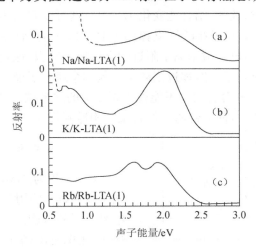

图 11.7　Na-LTA(电子密度:4.9/α 笼)

(a)K-LTA(电子密度:5.4/α 笼);(b)和 Rb-LTA(电子密度:5/α 笼);

(c)的反射谱.虚线表示每个粒子的透过率未被忽略

11.2.3　过渡族金属纳米粒子

(1)沸石中金属纳米粒子的位置、尺寸和结构

Pt 纳米粒子/X 或 Y 沸石组装体中,Pt 纳米粒子的位置、尺寸分布和结构已由 Sachtler 和 Gallezot 等人进行了调查.当前驱体 Pt^{2+} 离子处于超笼中,小的 Pt 粒子在超笼中形成,EXAFS 测量表明,粒径为 0.3~1.3nm 的 Pt 粒子具有一个平均配位数为 7.7.如果 Pt^{2+} 离子分布在超笼和方钠石笼中,较大的 Pt 粒子是通过从方钠石笼出来的 Pt 原子加到在超笼中已形成 Pt 粒子表面上而形成.Pt 粒子的位置和尺寸由还原前氧化的温度来确定.另外,在沸石笼中 Pt 的团聚能形成大于超笼尺寸的团聚体(约 2nm 直径).占据超笼的小 Pt 粒子中原子间距小于体相 Pt 的 fcc 结构的原子间距.例如,由 EXAFS 分析(粒径为 0.7~0.8nm)粒子中的第一近邻距离指出,存在点阵参数收缩的混合的二十面体和十四面体,而对于较大的特超笼粒子(粒径为 2.0nm)无点阵收缩.

在沸石中的 Pt 纳米粒子缺乏电子,这已由吸附探针分子,如 CO 或 NO,的 IR

频率变化来得到证实,随粒子减小频率 υ_{C_0} 增加.有几种说法对电子缺乏进行了解释,一种解释指出,部分电子由金属转移到支撑体上,这点在 Pd-LTL 试样上通过 XPS 和 IR 测量得到证实.在 XPS 测试结果中,结合能是与粒子尺寸有关的,当粒子尺寸从 5.0nm 减小到 1.0nm 结合能增加约 0.5eV.但,当 Pd 粒子尺寸保持不变,试样由酸性变成碱性的,结合能变化 1.5eV。这可以归结为金属粒子与支撑体之间发生交互作用,Pd 粒子在酸性支撑体上是缺电子的,而在碱性支撑上是富电子的.另一种解释认为电子被阳离子附近的金属原子吸引,这就导致在阳离子对面位置的金属原子缺乏电子(即,邻近阳离子引起的金属粒子极化).

　　大多数 Pt-Y 试样含有大到不能处于超笼中的纳米粒子.电镜观察表明,这些太大的粒子处于基体中,使局部沸石的骨架结构遭到损坏.

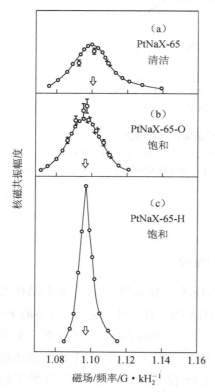

图 11.8　在 80K 通过点接点自旋回波法得到的 PtNaX-65(65%Pt 分散度)的 ^{195}Pt 核磁共振谱
(a)清洁 Pt 纳米粒子;(b)吸附氧的 Pt 纳米粒子;
(c)吸附氢的 Pt 纳米粒子.箭头表示谱的重心

(2) 核磁共振

　　图 11.8 为 NaX 沸石中清洁的 Pt 纳米粒子(a),吸附了氧(b)和氢(c)的 Pt 纳米粒子的自旋回波点接点 ^{195}Pt 核磁共振谱.由图看出,氧的化学吸附对核磁共振谱的影响比氢化学吸附小得多,共振谱线的最大值在氧或氢化学吸附下,从 1.100G/kHz(磁场强度/频率)移向 1.096G/kHz.对于所有具有清洁表面的 Pt 纳米粒子情况,^{195}Pt 核自旋一点阵弛豫时间($T1$)在 80K 以上与温度 T 的关系满足 $T_1 \cdot T = C^t$ 关系(Korringa 弛豫机制),这表征核处于金属态.在 PtNaY 试样中,随 Pt 粒径的减小,与化学吸附氢或氧一样,Pt 原子的金属特征下降,只有粒径大于 1.6~1.9nm 时,在 22K 以上。Pt 原子才呈现金属性.

　　^{129}Xe 核磁共振是表征在沸石孔洞内的金属纳米粒子的强有力的技术,这是因为 ^{129}Xe 的核磁共振化学位移对孔洞体积、阳离子性质、金属粒子的性质和尺寸等十分敏感.在核磁共振时间范围内,Xe 原子在大孔洞中的金属纳米粒子,笼壁和近邻沸石晶体之间进行快速地交换,结果仅得到一条核磁共振线.一般,

在 Pt-NaY 沸石情况下，^{129}Xe 核磁共振化学位移和 Xe 压（或在每克沸石里 Xe 的物理吸附摩尔浓度）之间为双曲线形关系. 如果假想 4 个 Xe 原子通过四个窗口进入超笼中 Pt 粒子上，z 为高 Xe 压下进入空的超笼的最高 Xe 原子数，下列表达式可以得到：

$$\delta(p) = \delta_{Pt} N_{Pt} \frac{4}{[N_{Pt}4 + (1 - N_{Pt})zap]} + \delta_{NaY}(p), \qquad (11.8)$$

这里 δ_{pt} 为与金属粒子相接触的 Xe 的化学位移，$\delta_{NaY}(p)$ 为一定 Xe 压下与沸石壁相接触的 Xe 的化学位移，N_{Pt} 为含有金属纳米粒子的超笼的分数，$N_{NaY} = 1 - N_{Pt}$ 为空超笼的分数，α 为 Xe 在空 NaY 超笼中吸附常数（N_{NaY} 接近 1）. 如果 $\Delta(p) = \delta(p) - \delta_{NaY}(p)$，上述表达式变为

$$\frac{1}{\Delta(p)} = \frac{1}{\delta_{Pt}} + \frac{za}{4\delta_{Pt}} \frac{1 - N_{Pt}}{N_{Pt}} p, \qquad (11.9)$$

za 可由吸附等温线求得，等于 0.0033×133Pa.

(3) EXAFS

EXAFS 是一种最普通的测定掺入粒子的配位数及其尺寸的物理方法. 例如，EXAFS 证明在 NaY 沸石中存在小的 PtPd 二元金属纳米粒子[75]引，并指明 Pt 和 Pd 原子是混乱混合的. 根据平均总配位数，计算出这种二元粒子直径约 1nm，纯 Pd 纳米粒子为 2.5nm 左右. TEM 测量表明，二元粒子平均粒径小于 2nm，Pd 纳米粒子为 5.8nm. 这两种方法测量的差异是由于 EXAFS 法低估了非常小粒子的配位数，而 TEM 法很难鉴别出小于 1nm 的粒子，从而高估了粒径.

(4) 其他研究结果

由 Fe 族和 Pt 族金属组成的处于沸石中的二元纳米粒子被广泛地研究，研究结果表明，Pt 族金属的存在有利于沸石中 Fe 族金属离子的还原，还原的量取决于离子的位置、动性、质子的浓度和温度. 由于 Pd 或 Pt 粒子与 Fe 离子强交互作用，这些粒子的化学锚 Fe 离子使粒子分散性好. 用氢还原离子交换的 PdFe/NaY 沸石结果形成了 Fe^{2+} 离子和 PdFe 合金纳米粒子. 随着增加沸石中的质子浓度，Pd 增强 F^{2+} 还原成 F^0 的程度下降.

11.2.4　其他类型的纳米粒子

(1) 发光硅的新形式

我们知道，体相 Si 是一种间接带隙的半导体，从选择定则来讲，电子由导带向价带直接跃迁的发光是禁阻的. 若能找到一种方法既使 Si 发光，又保持好的电子传

输和晶体 si 的力学和热稳定性,这就为把发光 Si 引入集成线路提供机遇,从而导致 Si 基光电元件的发展. 现在用来设计晶态 Si 的光致发光或电致发光的方法包括缺陷设计和带结构设计[61,62],前者包括用等电子或等价的夹杂替代 Si 及稀土掺杂,后者包括合金化,例如 $Si_{1-x}Ge_x$ 超点阵和量子尺寸效应,Si 的量子阱、量子丝和团簇.

　　用气相沉积乙硅烷(Si_2H_6)到酸性沸石 Y(HY)的 1.3nm 超笼的金刚石点阵中,从而合成纳米 Si 粒子的阵列. 在此过程中,Si_2H_6 分子反应性地锚到脱水的 HY 沸石的 Brönsted 酸格位,通过一系列 H_2 排除反应的热处理,获得封装在沸石中包敷的 Si 纳米粒子,结果,材料在空气和水中稳定,并呈现橙红色室温光致发光. 光致发光的强度和寿命与温度有关,光强随 Si_2H_6 担载量的增加而上升[61,62] (如图 11.9 所示). 由图看出,随 Si_2H_6 的担载量增加,光吸收边和光能单调地红移. 它们的光吸收边与温度无关,相对体相材料发生蓝移. 有人将 Si_2H_6 经化学气相沉积到 MCM-41 的 3.5nm 六角对称介孔通道中,形成 Si 纳米粒子,随 Si 纳米粒子的生长,光吸收边红移,直到粒子长到 3.5nm 为止,Si 粒子受通道尺度的限制只能到 3.5nm.

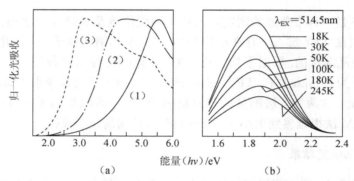

图 11.9　在 Y 沸石中,Si 纳米粒子的光吸收和光发射图
(a)在 Y 沸石中,Si 纳米粒子光吸收谱随 Si_2H_6 的掺入量变化,(1)2Si_2H_6/超笼;(2)5Si_2H_6/超笼;
(3)8Si_2H_6/超笼;(b)在 Y 沸石中,Si 纳米粒子的光发射谱,4Si_2H_6/超笼,λ_{Ex} 为激发波长

(2) 沸石中半导体量子纳米团簇[2]

　　随着高真空技术的发展和超晶格概念、能带系统工程的提出,MBE(分子束外延)、MOCVD(金属有机化合物化学气相沉积)、IBE(离子束外延)技术、溶胶-凝胶法及其他新型材料生长技术得到迅速的发展,为实现各种人工剪裁能带结构的低维半导体材料的生长提供了物质条件. 纳米半导体的粒径与德布罗意波长相当时,量子尺寸效应、非定域量子相干效应、量子涨落和混沌、多体关联效应和非线性光学效应都会变得明显,可望为新一代固态电子、光电子器件的研制奠定基础,并将对 21 世纪的信息高科技产业产生深远的影响.

　　由于半导体团簇呈现许多新颖而奇特的性质,是最新一代有潜力的光电子材料. 因此,人们采用了许多方法来制备半导体团簇,例如超声喷注、粒子轰击、激光蒸发及 STM(扫描隧道显微镜)的"原子搬迁"等技术. 不过用这些方法产生的团簇往往只适用于基础的研究,而难以达到实际开发应用的目的. 因为这些方法产生的团簇往往是瞬时存在的,难以得到稳定的团簇实体. 下面介绍在沸石分子筛多孔材料中,采用化学方法为主要手段,形成稳定的、具有实际意义的半导体团簇,并探讨这类团簇的生长技术、材料的结构、性质及应用前景.

　　(ⅰ) 沸石分子筛中半导体纳米团簇的组装技术. 团簇的产生方法有好几种. 团簇的制备主要解决稳定性、尺寸、均匀性及密度问题,而稳定性又是关键的问题. 由于表面大、活性大,团簇总趋于凝聚形成体材料,为了解决团簇的稳定性问题,往往采用包容技术(capping),降低团簇的表面活性,消除表面态(图 11.10),从而达到阻止团簇长大的目的. 常用于包容团簇的材料见图 11.11. 在沸石孔隙中组装半导体纳米团簇有其独特性,其稳定性是其他包容技术无法比拟的. 在沸石均匀的孔隙中产生团簇粒子,是正好在所期望的点上阻止其长大的唯一方法. 这一点从根本上讲是粒子撞击到孔壁上并在那里停止下来. 下面介绍在沸石孔隙中组装半导体团簇的方法.

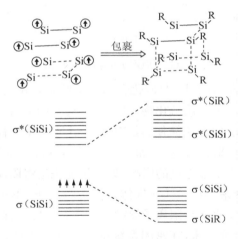

图 11.10　包容技术消除团簇的表面态

　　(a) 离子交换法. 离子交换是最常用的一种方法,尤其对制备Ⅱ-Ⅵ族化合物较为方便,对于Ⅰ-Ⅶ族的卤化银(AgX)及某些Ⅲ-Ⅴ族半导体团簇也可用,但不适用于单质半导体纳米团簇的制备. 离子交换法制备半导体纳米团簇往往分为阳离子的引入和阴离子的引入两个步骤:

　　(Ⅰ) 阳离子的引入. 例如在沸石中形成 CdS 团簇,就可以先将 Cd^{2+} 离子引入,首先将沸石放进蒸馏水中搅拌,pH 值用硝酸调至 5,再将 $Cd(NO_3)_2$ 加入,室温下搅拌 20h 后过滤、洗涤、烘干,并在氧气氛的保护下 400℃ 焙烧 2h 即可.

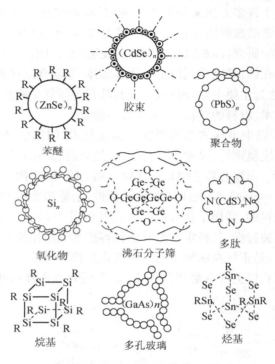

图 11.11　团簇的包容技术及材料

（Ⅱ）阴离子的引入. 对于Ⅱ-Ⅵ族化合物来说即是硫化或硒化. 硫化可以采用不同的如下方法进行：一种是用硫化物（H_2S 或 Na_2S）的水溶液与载有阳离子的沸石经液固反应进行硫化. 此方法简便、操作安全,不足之处是有大量分子的存在影响半导体化合物的结构和形态. 此外,部分水分子占据沸石的孔隙,降低了团簇的密度,对团簇的性能带来很多不良的影响；另一种硫化法将阳离子的交换后的沸石与干燥的乙腈制成悬浮液,通入 H_2S 气体而得白色粉末. 不过乙腈的操作不够安全,常用的方法是用气体直接与阳离子交换后的沸石反应. 将阳离子交换后的沸石在熔砂玻璃上形成薄层反应床,在密闭系统中于 100℃ 与 H_2S 气体反应 60min 左右,然后用 N_2 吹扫或抽真空排除残余的 HiS 气体. 由于硫化后的试样对空气中的水分很敏感,遇水很快变黄,故样品应保存在干燥的密闭装置中.

对于氧化物半导体,阳离子引入后,可采用在氧气中氧化的方法形成氧化物半导体纳米团簇. 例如在沸石 A 中形成 TiO_2 团簇.

对于 AgX 团簇的形成,X^- 离子先引入再将 Ag^+ 引入,X^- 离子的沸石的合成时就有意识地引入. Ag^+ 的交换可采用高温熔融离子交换法进行,将沸石与 $AgNO_3$,$NaNO_3$ 混合,避光在 300℃ 反应 2h 即可. 此外,先将 Na^+ 型沸石转换成

H^+ 型沸石,然后再进行阳离子交换,这样就便于交换反应的进行,并可提高半导体纳米团簇的纯度. 由于 H_2S,H_2Se,PH_3,AsH_3 都是有毒有害的气体,因此反应系统应很好地密封,尾气必须进行很好处理,反应最好在通风橱中进行. 此方法的缺点是容易引入杂质(如 H^-),难以得到高纯的半导体纳米团簇.

(b) 气相注入法. 气相注入法适用于气化或升华温度比较低的半导体(Se,PbI_2)或半导体金属化合物(三甲基镓). 例如在 A 沸石中合成 PbI_2 团簇,先将 A 沸石在 400℃脱水 2h 后,PbI_2 在 420℃升华,并与沸石混合,PbI_2 便可注入到沸石的空隙中,反应 24h 后,降到 350℃,在惰性气氛保护下退火 8h 即可. 又如在沸石中形成 GaAs 或 GaP 团簇,可在低温下干燥的 HY 型沸石与三甲基镓蒸气混合,缓慢升到室温,则沸石中质子酸中心与三甲基镓 $(Me)_3Ga$ 气体发生反应形成 $(Me)_{3-x}Ga$ 担载在沸石中. 再在一定的温度下加热将有机离子除去,再经砷化或磷化,便可得到 GaAs 或 GaP 团簇. 气相注入法的缺点是适用范围小,反应不好控制. 它的优点是,对于Ⅲ-Ⅴ族来说,能克服离子交换由于 pH 值过低而破坏沸石晶体结构的缺点.

(c) 固相扩散法. 高温固相扩散法也是在沸石中形成半导体纳米团簇一种有效的方法. 例如在八面沸石中形成 Se 团簇,将八面沸石在真空 420℃脱水 2h 后,与 Se(99.999%)混合,磨匀,密封在石英管中,均匀加热到 250℃,待反应 20h 后,降到室温便可形成 Se 团簇. 团簇的构型还可以通过沸石 Si/Al 比的变化及实验条件来加以调制. 固相扩散法制备半导体纳米团簇虽简单,但技巧性很强. 升温、降温速率,反应温度的微小差异,反应时间对团簇的性质都有很大的影响. 因此,对于每一种团簇都需要一定的经验来摸索实验条件,以便制备出所需要的团簇材料.

(d) 光氧化法. 光氧化法是在沸石中形成氧化物团簇一种有效的方法. 例如 NaY 沸石中形成 WO_3 团簇便可用这一方法. 在 WO_3 的制备过程中,挥发性强的 $W(CO)_6$ 转变为 WO_3,然后在真空中热处理,WO_3 会失去部分氧还原成非整比的 WO_{3-x} 氧化物半导体纳米团簇,WO_{3-x} 在氧气氛中 300~400℃加热又会氧化成 WO_3. 由于这一氧化-还原过程是可逆的,氧化物团簇的电学性质可以通过团簇氧化-还原反应加以控制,进而通过选择电荷平衡的阴离子可实现对团簇电子结构的精确调制.

在沸石的 α 笼中最多能容纳两个 $W(CO)_6$ 分子. 光氧化后的产物 WO_3 只占一半 α 笼,接着又可将 $W(CO)_6$ 注入,光氧化又可继续进行。因此沸石中 WO_3 团簇的形成是一分步进行的过程,可用方程式表示如下:

$$16W(CO)_6 - Na_56Y \rightleftharpoons 16WO_3 - Na_{56}Y,$$
$$8W(CO)_6,16WO_3 \longrightarrow Na_{56}y \rightleftharpoons 24WO_3 \longrightarrow Na_{56}Y,$$
$$4W(CO)_6,24WO_3 \longrightarrow Na_{56}Y \rightleftharpoons 28WO_3 \longrightarrow Na_{56}Y, \qquad (11.10)$$
$$\vdots \qquad \vdots \qquad \vdots \qquad \vdots$$
$$1W(CO)_6,31WO_3 \longrightarrow Na_{56}Y \rightleftharpoons 32WO_3 \longrightarrow Na_{56}Y.$$

　　这一过程的系列产物可以用通式表示为 $n[WO_{3-x}]$- $Na_{56}Y, 0 < n \leqslant 32, 0 < x \leqslant 1$. 图 11.12 形象地示出了 WO_3 团簇的形成过程. 精确的晶格和电子结构研究表明,在这些材料中,含 W 的组份都很好地控制在沸石的孔隙中. 这些化合物的存在对于沸石的结晶习性、完整性没有影响,对于晶胞的大小也只产生很微小的影响,结构的研究还表明,在这一过程中可形成单聚、双聚和四聚分子的氧化钨(图 11.13). 当经

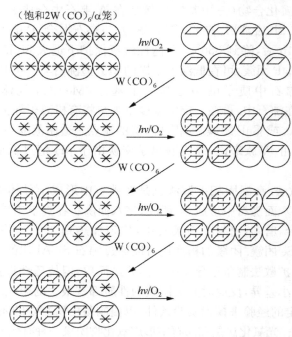

图 11.12　Y 沸石中 WO_3 团簇的形成过程

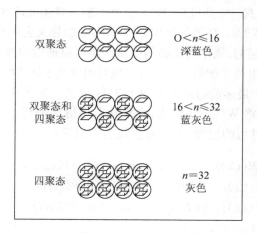

图 11.13　Y 沸石中 WO_{3-x} 团簇的结构和性质

$x=0,n$ 在 16 到 13 时,观察到与 Na^+-阴离子-相连的 W_2O_6 双聚态. 在第一还原阶段,$x=1/2$,对于 $n=16$,Na^+-阴离子- W_2O_5 是双聚态;当 $n=32$ 时是四聚态. 在还原的第二阶段,相当于 $x=1$,所有氧化钨都是单聚态分子. 图 11.14 对沸石中 WO_{3-x} 的结构及热还原过程中各产物的变化给予了详细的说明. 这一变化说明了氧化物半导体团簇的电学性质可以进行精确的调制,可通过改变与其配位的阴离子来调制其局部的静电场及电子性质. 例如沸石中,WO_{3-x} 的 W 价态随 x 的变小 ($x=1,1/2,0$ 时分别为 4^+,5^+ 和 6^+). 这些工作对于半导体能带工程的实施将有重要的意义. WO_{3-x} 的意义还在于它可在充电电池、电致变色器件、窗口及显示材料、pH 值敏感的显微电极、化学传感器及催化剂中得到应用.

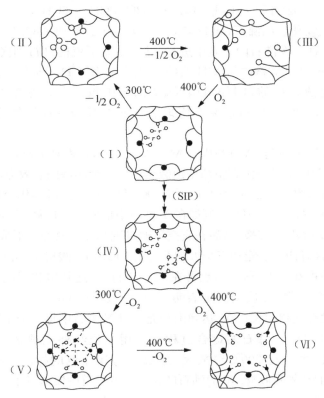

图 11.14　沸石中 WO_{3-x} 团簇的结构及热还原产物

(e) 内延 MOCVD. 内延 MDCVD 是相对于薄膜制备的 MOCVD 技术而提出来的,它就是采用分步 MOCVD 合成的方法在沸石的空隙中合成 Ⅱ-Ⅵ,Ⅲ-Ⅴ,Ⅳ-Ⅵ 半导体纳米团簇. 由于合成的团簇是在沸石的内部孔隙,而不是在表面上,因此把这一技术称做内延或原位 MOCVD. 我们把薄膜生长的 MOCVD 称做外延 MOCVD. 利用内延 MOCVD 可在沸石中形成尺寸、形态和组份可调的均匀的半导体纳米团簇阵列,并可制备一些新型的Ⅱ-Ⅵ,Ⅲ-Ⅴ,Ⅳ-Ⅵ半导体纳米团簇. 这用一般的离子交换法是很难实现的. 下面我们就举例说明内延 MOCVD 的工艺过程.

对于Ⅱ-Ⅵ族来说,内延 MOCVD 过程可以下面的通式来表示:

$$H_{44}Na_{11}Y + 44(CH_3)_2M \leftrightarrow (CH_3M)_{44}Na_{11}Y + 44CH_4 , \tag{11.11}$$

$$29.84H_2X \leftrightarrow (M_{5.5}X_{3.73})_8H_{15.64}Na_{11}Y + 44CH_4 . \tag{11.12}$$

前一式表示金属有机化合物$(CH_3)_2M$与沸石反应进入到沸石的孔隙中,后一式表示硫化或硒化形成硫化物或硒化物半导体纳米团簇,同时把有机体CH_4释放出来. 例如在 Y 沸石中形成$[CdS]_4$团簇,第一步反应可用下式表示:

$$6ZOH + 6(CH_3)_2Cd \longrightarrow 6ZOCdCH_3 + 6CH_4 , \tag{11.13}$$

其中 ZOH 代表氢化后的沸石,如 $H_{48}Na_{98}Y$;O 代表 SiO_4 或 AlO_4 四面体骨架中的氧. 这一反应往往只在沸石的 α 笼中进行,并在室温下就能进行到底. 反应涉及沸石 α 和 β 笼 Brönsted 酸格位与$(CH_3)_2Cd$ 亲核甲基团 CH_3^- 键合. 放出的 CH_4 是副产品. 这样完成担载的$(CH_3Cd)_{48}Na_8Y$ 沸石中每一个 α 笼都均匀地分布有 $ZOCdCH_3$. 沸石中的 Cd^{2+} 就能完全均匀地与 H_2S 反应形成均匀分布的$(CdS)_4$ 团簇.

(f) 内延 CVD. 内延 CVD 与内延 MOCVD 类似,是相对于薄膜生长技术 CVD 而言的. 内延 CVD 也是在沸石空隙中组装半导体纳米团簇的有效方法,适用于 Si, Ge 等半导体纳米团簇的合成. 它与内延 MOCVD 不同的是母体化合物不是金属有机物而是氢化物(Ge_2H_6, SiH_6). 例如在 Y 沸石中形成 Ge_8 团簇,首先将 Y 沸石中的 Na^+ 离子全用 NH^{4+} 交换,然后在真空下通过脱水和去氨处理形成酸式沸石. 这类沸石总体上含有四个 α 笼和三个方钠石笼的 Brönsted 酸格位,可与 Ge_2H_6 产生键合反应. 实验可在室温下进行,也可在 75℃进行,以达到饱和担载(充填)Ge_2H_6 充填在 Y 沸石的 α 笼中. 质谱测定表明,在这一过程中 Ge_2H_6 的 H 并没有挥发掉,反应池内没有气相的氢存在. 达到饱和充填时 Y 沸石中每一个 α 笼键合了 4 个 Ge_2H_6 分子. Ge_2H_6 与沸石的键合过程可以用原位红外光谱来探测到. H_2 在 100℃开始释放,大约在 200℃释放完,形成均匀深棕色的样品,这时观察不到 Ge-H 振动模的红外吸收峰. 在 Y 沸石的 α 笼及主通道中便形成了均匀分布、排列整齐的 Ge_8 团簇.

(ⅱ) 沸石分子筛中半导体纳米团簇的结构及性质的表征. 在沸石的空隙中组装半导体纳米团簇形成复合材料,而我们要透过沸石骨架研究其内腔中的半导体纳米团簇,这给团簇的结构研究及性能的表征带来了一定的困难,就好象要透过一层屏障观察某物体一样. 好在沸石在我们感兴趣的波长范围内是"透明"的,这就给研究工作带来了方便. 在实验中往往通过比较沸石组装前后材料实验数据的变化来反映团簇的性质. 通常把沸石的数据做为"衬底"扣除. 概括来说,适合于这类材

料研究的有以下几种方法:

(a) 成分的化学分析. 成分分析可以直接或间接地证明物质是否进入到沸石的空隙中, 这可以从两个方面进行证明. 首先将组装后的沸石材料充分洗涤后, 直到沸石的表面不再有半导体材料, 再对材料进行化学分析 (如 NaY - Ag), 会发现有用于交换的 Ag^+ 离子, 同时被交换的 Na^+ 减少了. 另外分析母液中 Ag^+ 离子的含量, 会发现 Ag^+ 含量比原配的少得多, 这些都证明有 Ag^+ 进入到沸石的空隙中.

(b) 高分辨 X 射线粉末衍射. 用同步加速器的高能 X 射线作为辐射源, 可得到高分辨 X 射线数据, 由 Rietveld 软件改进处理可得到单胞内半导体纳米团簇的元素组成、离子间距、键角、团簇的尺寸、形态等精细结构. 用这一方法研究方钠石中卤化银半导体纳米团簇的结构及组成表明, 方钠石笼内形成了 Ag_4X 半导体纳米团簇, 以 $(Na^+)_n(Ag^+)_{4-n}X$ 固溶体形式存在, 平均每方钠石笼有一个 AgBr 分子. 笼内 Ag—Br 键长为 0.20～0.24nm 与气相 AgBr 分子的核间距相近 (0.239nm), 笼与笼之间的通道没有 AgBr, AgBr 团簇是孤立的. 又如沸石通道中 Se 团簇的形态受 Al/Si 比的影响特别大. 在高硅沸石中, Al/(Si+Al) 比值远远小于 1 时, Se 团簇为 8 个原子组成的环形结构; 当 Al/(Si+Al) 比值中等时, Se 团簇构成弯曲的单链, 当 Al/(Si+Al) 比值为 0.5 左右时, 构成弯曲的双链. Se 团簇这些结构形态可以结合高分辨电镜、吸收光谱及 Rietveld 高分辨 X 射线粉末衍射分析得到. 一般情况下可以假定沸石通道中 Se 链是沿通道中心连续分布的, 那么 Se 原子对晶体结构因子 F_{hko} 的贡献总是正的, 因为坐标原点就在通道的中心. 这样当沸石骨架原子的结构因子 F_{hko} 是正值时, Se 原子的引入引起 F_{hko} 的绝对值和 [hko] 面的反射强度增大; 当骨架原子的结构因子是负值时, Se 原子的引入 F_{hko} 绝对值和 [hko] 面的强度减小. 因此依据 X 射线衍射强度的变化就可以推测 Se 是否进入到沸石的通道中及在其中的分布. 但在一般情况, Se 原子不一定沿通道的中心分布, 这就比较复杂, Se 原子的引入对沸石原子晶体结构因子影响就较大, 甚致会改变其符号. 这就较难直观地讨论 Se 原子的排列方式, 需采用差分傅里叶拟合以确定外来原子的分布与占位.

(c) 广延 X 射线吸收精细结构 (EXAFS) 光谱. 广延 X 射线吸收精细结构光谱近年来已成为分析缺少长程有序体系的先进技术. 它能提供 X 射线吸收边之外所发射的精细光谱. 对于难以得到单晶的材料尤其显示出独到的优越. 用这种方法可得到有关配位原子种类、配位数、键长或原子间距等 X 射线吸收的原子化学环境方面的数据. 例如用 EXAFS 对 Cd^{2+} 离子交换的 Y 沸石研究表明, Cd^{2+} 离子占据沸石骨架外阳离子的位置, 氧处理后形成 Cd_4O_4 立方, Cd—O 间距为 0.244nm, 这与 X 射线的数据吻合, 说明 Cd^{2+} 占据沸石的 SI 位. 在 100℃硫化 (H_2S) 后, EXAFS 谱总体上只产生适度的变化. EXAFS 谱研究结果表明, 与 H_2S 反应后, 沸石中 Cd 的排布总体结构没有改变, Cd_4O_4 立方体大约有一半的氧被硫取代, 在沸石中形成细小区域限制［CdS，O］₄ 团簇. Cd—S 的距离 0.252nm. 正因为氧的配位使得 ［CdS］团簇非常稳定,可见 EXAFS 能为团簇的形成过程、键合及精细结构研究提供很多有用的信息.

(d) 扫描电子显微镜(SEM)、透射电子显微镜(TEM)及高分辨电子显微镜 (HREM). 电子显微镜是观察微小颗粒固体表面形态、结构、物相及尺寸分布的有力工具. 扫描电子显微镜可用来观察表面形态,用于检查各步反应前后材料的显微镜变化及微晶颗粒的破坏、腐蚀等情况. 用透射电子显微镜可以观察沸石笼中生成的半导体纳米团簇的尺寸、形态及分布. 然而对于沸石半导体纳米团簇,高分辨电子显微镜是最有力的观察工具. 它的分辨率为 1.9Å,对于孔隙只有几个 Å 的沸石都能进行有效的观察,结合计算机模拟,形成原子像,可以得到沸石中半导体纳米团簇(Se 团簇)的精细结构.

(e) 吸收光谱、漫反射光谱. 半导体化合物的能级高度、重心及带宽在吸收光谱中都可反映出来,因此依据吸收或漫反射光谱中各吸收峰的位置可算出能级结构的变化,对于纳米团簇材料来说,由于量子尺寸效应,吸收边波长与粒子尺寸具有如下关系:

$$E = E_g + h^2 \pi^2 m^* / R^2 - 1.8 e^2 / (\varepsilon R), \tag{11.14}$$

$$E = [E_g^2 + 2 h^2 E g (\pi/R)^2 \cdot 1/m^*]^{1/2}, \tag{11.15}$$

$$m^* = \frac{1}{2} m_e^- + \frac{1}{2} m_h^+, \tag{11.16}$$

其中 E_g,ε 和 R 分别代表半导体体材料的能隙宽度、介电常数及半导体纳米团簇的尺寸. m_e^-,m_h^+ 分别代表半导体体材料的电子和空穴有效质量,m^* 为折合质量. 式 (11.14)适合于体材料能隙较大的半导体纳米晶能隙的预测,式(11.15)适用于体材料能隙较窄的半导体纳米晶能隙的预测. 团簇的尺寸越小,其能隙就越大,吸收边就会蓝移. 此外电子或空穴的德布罗意波长与团簇的大小相当时,不但能隙增大,能带还进一步分裂. 因此,吸收边的蓝移、吸收带的多峰结构都是量子团簇形成的直接标志.

由于足够大的沸石晶体很难得到,因此在沸石中组装的半导体纳米团簇材料往往是粉体材料,这很难直接测定其吸收光谱,而只能测定其漫射光谱. 半导体纳米团簇的绝对吸收系数 α 或吸收光谱只能通过 Kubelka - Munk(K - M)漫反射理论的换算来得到. 吸收系数 α 用下式来表示:

$$\alpha = SF(R)/2\gamma_p, \tag{11.17}$$

其中 α 的单位为 cm^{-1},S 为散射系数,γ_p 是半导体的体积分数(系数). $F(R)$ 是 K - M函数,由下式定义:

$$F(R) = (1 - R^2) 2R, \tag{11.18}$$

其中 R 是实验测得的漫反射率. 对沸石的吸收校正后,半导体纳米团簇的 K - M

函数由下式给出：

$$F(R) = F(R_{复合材料}) - (\gamma_d - \gamma_p/\gamma_d)F(R_{沸石}), \tag{11.19}$$

其中 γ_d 为稀释材料的体积分数. 沸石-半导体纳米团簇复合体中,若半导体的组装量较低时,样品的反射率可直接测定,而当半导体纳米团簇的量较高时,由于吸收太强,需用沸石或 $BaSO_4$ 稀释后才能测试.

为了得到绝对的吸收系数,还必须知道稀释样品的散射系数. 若用 $BaSO_4$ 稀释,可用参考文献值[76],若沸石稀释,其散射系数用下式单独测定[77]：

$$S = (1/d)[R_d/(1-R_d)^2]\ln[(R_\infty R_d - 1)(R_g - R_\infty)/(R_\infty - 1)(R_d - R_\infty)], \tag{11.20}$$

其中 R_∞, R_d 和 R_g 分别代表厚样品、厚度为 d 的样品和暗背景的漫反射系数. 由于沸石的散射系数在人们感兴趣的波长范围内很平缓,这样 K-M 函数就很好地表明了吸收谱. Herron 等[77] 的工作也发现 K-M 函数与样品的吸收谱有相同的形状.

(f) 激发光谱和发射光谱. 激发光谱和吸收光谱类似,是研究材料能带结构的好方法. 发射光谱则是测定半导体能隙最直接的手段. 对于粉体材料,激发和发射光谱的测试都比较容易进行,因此对于沸石—半导体纳米团簇材料的发光研究是很有效的,但必须对激发和发射峰进行正确的归属. 因为这类材料往往有较多的表面和缺陷中心,只有团簇带间直接跃迁吸收或发射峰才能表征团簇的能带结构. 激发和发射光谱不但能提供团簇能带本身的性质,并且还能为团簇表面态、缺陷、团簇与基质之间的相互作用、能量传递、电荷迁移提供很多有用的信息.

(g) 光声光谱. 光声光谱与吸收光谱一样,是研究物体能带结构一种有效的方法. 光声光谱的特点是对于晶体、粉体、颜色深浅的样品都能测试. 因此对于一些难得到足够大晶体的材料、颜色深的样品尤其适用. 光声光谱监控的是电子无辐射跃迁的信号,与激发光谱是两种互补的手段,正如红外与拉曼光谱一样. 因此结合光声光谱、荧光光谱,既能研究电子的无辐射跃迁,又能研究电子的辐射跃迁,对电子跃迁的发光机理有较全面的认识. 尤其是对于沸石中的半导体纳米团簇,沸石基质的光声光谱峰分布在红外区,而团簇的光声光谱峰分布在紫外～可见光区. 可见,结合紫外～可见光及红外区的光声光谱可较全面地研究沸石中组装的半导体纳米团簇材料. 例如,对丝光沸石中 Se 团簇的光声光谱研究表明,Se 团簇对光很敏感,有可能在静电复印、光敏器件及光存贮中得到应用.

(h) 红外及拉曼光谱. 红外光谱已广泛地应用于研究沸石及沸石中组装的化合物. 由于半导体纳米团簇内阴阳离子的距离及配位数、对称性都与沸石基质材料的不同,阳离子在沸石中化学环境的改变会造成红外光谱中的峰位移动、新峰出现、原有的峰减弱或消失等变化. 红外光谱已广泛地用于研究半导体纳米团簇组装前后材料的变化及团簇的形成过程. 例如,研究结果表明方钠石中硅铝骨架振动频

率随 Ag^+ 离子浓度呈线性关系. Cd^{2+} 交换和硫化后沸石的 Si(Al)—O 键振动、双环振动和孔口振动吸收都有不同程度的变化. 傅里叶变换远红外光谱(RT-FIR)更是检测金属阳离子与非金属阴离子成键、金属离子的配位、对称性等化学环境的有力工具. 关于沸石中金属阳离子的组装引起的化学环境变化 Ozin 等[78]已做了研究,也研究了沸石中 Ag^+ 离子和 Ag 原子团簇的远红外谱行为. 这些研究对于离子在沸石中的定位、配位、聚合态及格位对称性、团簇的形成都能做出较好的解释.

由于沸石分子振动的拉曼吸收截面小,且激光激发下产生很强的荧光,高质量的拉曼谱不易得到. 因此在沸石的研究中拉曼光谱远没有红外光谱广泛. 但近年来由于共振拉曼光谱、表面增强拉曼散射技术的发展,使拉曼光谱的灵敏度大大提高. 拉曼光谱在沸石分子筛的研究中已应用得越来越多. 正是因为沸石,尤其是铝硅骨架的振动拉曼吸收截面小,光谱弱的特点,可以有效地应用拉曼光谱研究沸石中组装的团簇材料. 拉曼光谱可望在半导体纳米团簇组装的沸石新材料研究中发挥作用.

(ⅰ) 固体核磁共振谱(NMR). 原子核是由中子和质子组成,除了有质量,带正电荷之外,还自身进行旋转,具有一定自旋角动量,当核自旋不为零时,在磁场中核能级分裂,并可产生磁共振现象. 沸石中大多数原子的原子核都具有核磁共振效应,因此利用核磁共振可对沸石骨架及骨架外的原子占位、对称性、晶体结构、Al/Si 比值、基质与外来原子的相互作用进行研究. 例如 Ozin 等人[79]利用 $^{13}C, ^{23}Na, ^{113}Cd$ 等原子核的静态和魔角 MAS-NMR 对沸石中半导体纳米团簇的形成过程、配位、团簇的相互作用进行研究,结合晶体 XRD、红外及漫反射为团簇的结构及性质、稳定性的认识提供了不少有用的信息.

(ⅲ) 沸石分子筛中半导体纳米团簇的特征. 团簇的特征主要指团簇的化学组成、尺寸及其分布、形态、配位、空间构型、团簇与基质、团簇与团簇的相互作用等. 下面简单介绍在沸石中组装的半导体纳米团簇的特征.

(a) 组成上的非整比性. 在沸石空隙中组装形成的半导体纳米团簇,除单质半导体和离子束注入方法形成的外,在化学组成上往往具有非整比的特点,尤其是采用离子交换法分步合成的 Ⅰ-Ⅶ, Ⅱ-Ⅵ, Ⅲ-Ⅴ 族及氧化物半导体纳米团簇,其半导体组成都是非整化的,往往有沸石基质的原子参与到团簇的组成中来. 例如在 Y 沸石中形成的 CdS 团簇,其组成为 Cd_4S_2,团簇的真正组成是 $(CdS,O)_4$,有两个沸石骨架中的氧参与到团簇的组成中来. 又如方钠石中的卤化银半导体纳米团簇,其组成为 Ag_4X,真正的组成为 $(Na^+)_n(Ag^+)_{4-n}X$. 还有 Y 沸石中 GaP 团簇,其组成 $Ga_{16}P_{13}$,其实还有部分质子参与到团簇中以达电荷平衡. 沸石中的 WO_{3-x} 团簇、$[TiO_4]$ 团簇都是非整化的. 我们认为引起半导体纳米团簇这种非整比性有 3 个因素:(ⅰ)离子交换不能完全彻底地进行,如 $Ag^+ \rightarrow Na^+$,这是由化学反应的动态平衡特性所决定的;(ⅱ)先进入沸石中的阳离子优先与骨架的阴离子键合. 如 Cd^{2+}

进入沸石后就可与骨架中具有孤对电子的氧配位形成 CdO；（ⅲ）硫化、硒化等半导体纳米团簇形成的气-固、液-固反应由于在窄小的空隙中进行，反应难以完全. 此外 S^{2-}，Se^{2-}，P^{3-} 等离子要与沸石中的 O^{2-} 竞争形成半导体化合物，也会阻碍整比半导体纳米团簇的形成. 其实半导体纳米团簇的非整比性有缺点，也有优点. 缺点是成分复杂化，缺陷和表面态增加. 优点是骨架原子参与配位，提高了团簇的稳定性. 表面态的存在增加了团簇对外界条件反应的灵敏性及团簇性质的可调性，有利于应用和开发.

（b）晶体结构特征. 团簇的能带结构与体材料有明显的差异. 这容易从团簇的吸收光谱中反映出来. 同样团簇的晶体结构与体材料的也有一定的差异. 这些差异通过高分辨精细结构测定可以发现. 例如在方钠石中形成的卤化银 Ag_4X 半导体纳米团簇，其晶体结构就与体材料的不同. 如在团簇的量较低时，Ag_4Br 中 AgBr 原子核间距为 0.2235nm，比气相 Ag－Br 的（0.239nm）短. 在 Ag^+ 完全交换 Na^+ 离子的方钠石中 Ag_4X 团簇的 Ag—X（X＝Cl，Br，I）键长比岩盐体材料中相应的键长短大约 8%，而 Ag—Ag 间距比体材料中的长 25%～12%（从 Cl^-→I^-）. 再如，通过 EXAFS，结合其他光谱、电镜及元素分析表明，采用内延 MOCVD 技术在 $H_{44}Na_4Y$ 沸石形成Ⅱ-Ⅵ族半导体纳米团簇时，每一个 α 笼中形成 $(M_6X_4)^{4+}$ 团簇（图 11.15）. 对于 Y 沸石中的 CdO 和 CdS 团簇，其键长和配位数分别为：$R_{CdO}=0.224nm$，$N_{CdO}=0.14nm$，$R_CdS=0.252nm$，$N_{CdS}=0.22nm$. M－O 的配位数表明团簇很可能在 α 笼Ⅱ格位上与氧化物骨架的氧键合. M 和 X 的配位数说明团簇具有立方烷对称结构，而不是金刚烷结构. EXAFS 的数据表明 α 笼中团簇都是孤立的，但并不排除团簇之间通过电子偶合相互作用.

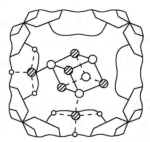

图 11.15　Y 沸石的 α 笼中的 $(M_6X_4)^{4+}$ 团簇

Ⅱ-Ⅵ族半导体材料为立方的闪锌矿或六方的钨锌矿结构。在这两种结构中 M 和 X 都是四面体配位. 立方烷对称的Ⅱ-Ⅵ族材料是很少见的，只有在特殊配体的情况下才出现. 也许正是在沸石笼这种特定的化学环境中才产生这种立方烷对称的半导体纳米团簇.

（c）尺寸与分布. 尺寸及尺寸的分布是表征团簇结构和性能两个重要的参数. 尺寸足够小、单一分布的团簇是人们一直在努力实现的目标. 在沸石的空隙中生长半导体纳米团簇。其尺寸可控制在分子级的水平上，且其尺寸分布的单一性是其他多孔材料无法比拟的. 这也是在沸石分子筛中组装半导体纳米团簇的优点. 在团簇的生长过程中，通过实验条件的严格控制，可以在沸石不同大小的笼或孔隙，以及不同的格位上组装半导体纳米团簇，对团簇实行分子级的调制. 此外，可在几个 Å 到 100 多 Å 的范围内选择孔径大小不同的沸石（图 11.16）组装半导体纳米团簇,以研究团簇的尺寸量子效应.这些都是在沸石中组装半导体纳米团簇的特色.

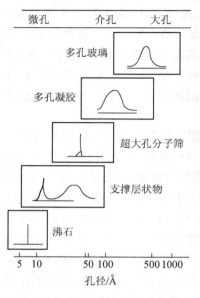

图 11.16　沸石通道孔径的分布特点

（d）构型. 构型是指团簇的形态及其在空间的分布. 沸石中组装的半导体纳米团簇构型往往与沸石的 3 个性质有关:（ⅰ）沸石笼的拓扑性,即笼结构的形态;（ⅱ）格位配体的反应性,即格位原子是否与团簇原子配位;（ⅲ）沸石骨架的 Si/Al 比值. 由于沸石中各笼孔结构在三维空间是均匀分布的,所以采用严格的实验条件控制可以形成三维超晶格的团簇材料(图 11.17). 例如 Y 沸石方钠石笼及 A 沸石 α 笼中的$(CdS)_4$ 团簇(图 11.17). 在沸石中不但可以形成量子点团簇,而且还可以形成团簇量子线,如图 11.18 所示的磷沸石中的 Se 链. 沸石中的团簇首先受笼结构的影响,其次受 Si/Al 比的影响,例如,对 A,X,Y,$AlPO_5$ 及八面沸石中的 Se 团簇研究表明,沸石的骨架结构可以直接用于调制 Se 团簇的同素异形体结构. 在所有这些沸石中组装的 Se 团簇,其能带吸收相对于四方和单斜 Se 体材料产生了蓝移. 然而只有在 A 沸石中形成 Se_8 冠环结构,而在其他沸石中主要形成螺旋状的 Se 链. 在 X 和 Y 沸石中还形成螺旋链及 Se 的同素异形体复合结构. 在八面沸石及 $AlPO_5$ 沸石中 Se 团簇的有序度最高,在 12 环的通道中形成单螺旋链,Se—Se 的间距为 0.234nm,比四方晶体 Se 的原子间距(0.2373nm)短 2%. 而在八面沸石中 Se 团簇的构型随 Si/Al 比值的变化而变化. 随 Si 含量的减少,Se 团簇由八面环结构(Se_8)变为弯曲的双链结构(图 11.19). 这种变化很可能是由于 Si/Al 比值的变化改变了格位的反应性及静电场引起的. 也正因为团簇的构型受沸石结构及组成的影响,在实验中人们可以改变沸石的结构与组成来调制团簇的结构和性能.

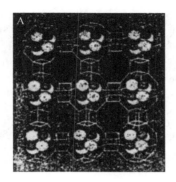

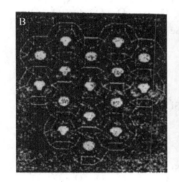 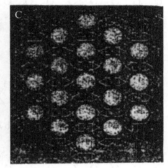

图 11.17　沸石中半导体超晶格结构

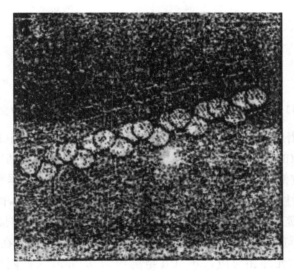

图 11.18　磷沸石中的 Se 团簇链[41]

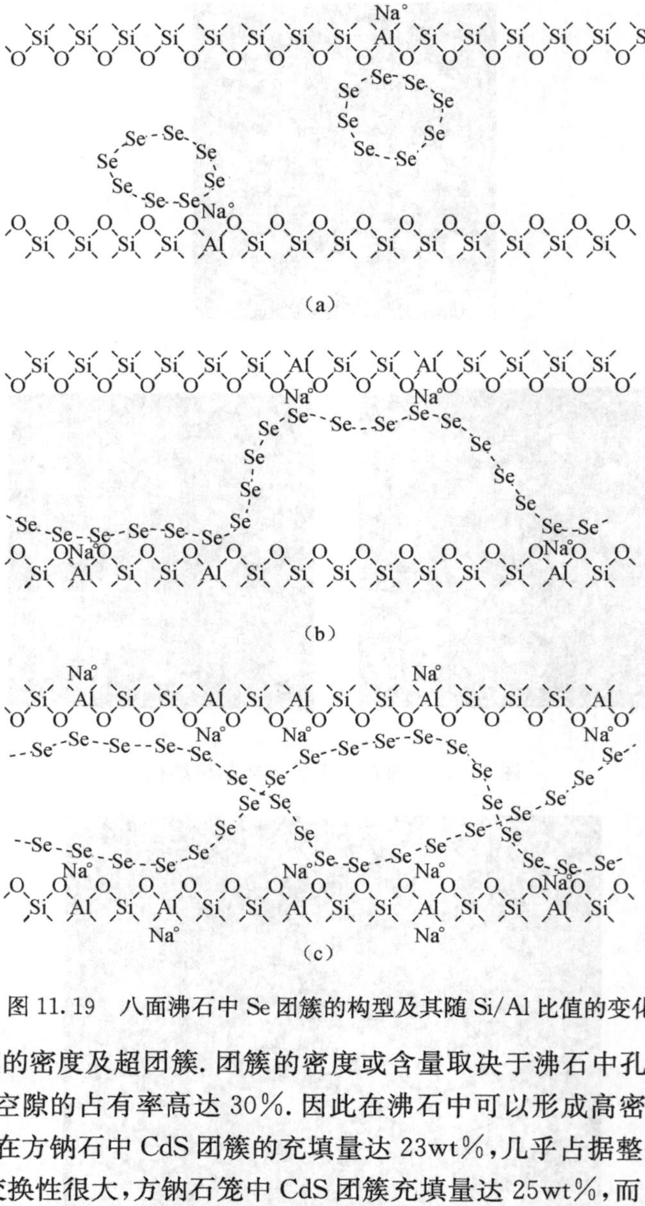

图 11.19　八面沸石中 Se 团簇的构型及其随 Si/Al 比值的变化

（e）团簇的密度及超团簇. 团簇的密度或含量取决于沸石中孔或笼空隙的占有率. 沸石中空隙的占有率高达 30%. 因此在沸石中可以形成高密度的半导体纳米团簇. 例如在方钠石中 CdS 团簇的充填量达 23wt%, 几乎占据整个方钠石笼. X 沸石的离子交换性很大, 方钠石笼中 CdS 团簇充填量达 25wt%, 而 27wt% 就可以完全占据方钠石笼. 当团簇的充填量较高时, 团簇就长大, 相互连接, 并沿沸石中方钠石笼的几何方向排列成团簇阵列, 形成超团簇（supercluster）. 在 Y 沸石中, 相邻的 Cd 原子沿双六元环相对应, Cd—Cd 距离约为 0.6nm, 这样团簇之间就可产生长程相互作用. 超团簇的形成不但提高了团簇的密度, 也形成了三维量子超晶格结构, 有利于材料的应用和开发. 更有趣的是超团簇的立方体结构在不同的沸石基质中是不同的,在 Y 沸石中相邻方钠石笼中的立方体是顶角对顶角的,而在 A 沸石中是面对面的. 在相应的吸收谱中也产生了 0.3eV 的蓝移. 这进一步说明了选择不同结构的沸石基质可对团簇的晶体结构进行调制.

（ⅳ）沸石分子筛中半导体纳米团簇材料的性质及应用. 团簇材料的物理和化学性质与体材料的相比发生了明显的变化. 对于纳米尺寸的颗粒一般具有两个明显的特征,一个是高度的分散性。即表面或界面的原子接近晶格中的原子. 因此表面缺陷、表面态对材料的物理化学性质起着重要的作用;另一个特征是,对于半导体、金属而言,当电子或空穴的德布罗意波长与粒子的尺寸相当时,导带、价带将进一步分裂,能隙随尺寸的减小而增大,即量子尺寸效应,因此纳米团簇材料的性质是由其尺寸和表面态来共同决定的. 在沸石空隙中组装的半导体纳米团簇与其他方法制备的团簇相比又有其独特的性质,主要表现在下述几个方面.

（a）特殊的稳定性. 沸石中组装的半导体纳米团簇与其他方法制备的团簇相比,在较高的稳定性. 例如沸石中的 CdS 和 PbS 团簇在无氧干燥的条件下最起码能稳定半年. 这类团簇的稳定性一方面是由于沸石的骨架将团簇的表面有效地包裹起来,降低了表面原子的活化能,阻止了团簇的长大;另一方面是沸石骨架的原子与团簇原子配位,尤其是具有孤对电子的氧原子可与半导体纳米团簇的金属原子配位,从而使团簇的电子态达到饱和,能量最低,结构最稳定. 例如 Y 沸石中位于方钠石笼（5Å）的 $(CdS,O)_4$ 团簇的独特稳定性就是由于 Cd 离子与骨架中双六元环的配位所致,而超团簇的稳定性是方钠石中的单团簇通过键偶合相互作用引起. 精细 X 射线及固态 NMR 研究表明,每个 Cd 原子都被方钠石笼中元环窗口的 3 个氧原子包围着,每个方钠石笼有 4 个接四面体方向排布的双元环（六棱柱）正好与立方体团簇的 4 个 Cd 原子在空间方向相匹配. 在方钠石笼中由骨架氧原子给 Cd 原子提供的配位使 $(CdS,O)_4$ 团簇稳定,而在超笼中每个立方体团簇只能有一个骨架氧原子配位,远达不到饱和配位,这就是超笼（13Å）中没有团簇存在的原因. 从单团簇到超团簇,吸收光谱发生了 0.7eV 的位移,反映了超团簇形成时,单团簇之间的相互作用降低了能量,使系统更加稳定.

（b）光谱吸收边蓝移. 光谱吸收边蓝移是半导体纳米团簇能隙变宽,出现量子尺寸效应的一个标志. 在沸石中形成的半导体纳米团簇具有明显的吸收边蓝移效应. 例如在 Y 沸石形成的 CdS 团簇,其吸收光谱与微晶 CdS 体材料的相比产生了明显的蓝移（图 11.20）,且随 CdS 担载量的增加,由孤立的单团簇形成超团簇,吸收边红移. 从团簇吸收边的位置及量子尺寸效应的理论模型可以算出团簇的尺寸,并可判断是否形成超团簇及团簇的相互作用. 半导体纳米团簇的光谱蓝移大大地扩展了半导体光电子材料的应用范围,使半导体材料在紫外～可见范围内得到应用. 例如 Ge 往往被看成是一种性能较差的半导体材料,但 $Si_{1-x}Ge_x$ 合金半导体材料做成的晶体管可在 Si 晶体管无法达到的频率范围内工作,引起人们极大的兴趣. 而把 Ge, Si 及 $Si_{1-x}Ge_x$ 合金组装在沸石分子筛中形成团簇, 则 Ge, Si 这些传统的半导体材料就会得到新的应用, 其应用前景目前是难以估量的.

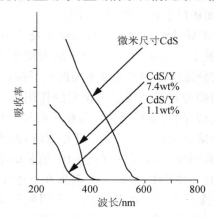

图 11.20 Y 沸石中 CdS 团簇的构型及 CdS 体材料的吸收光谱

(c) 发光性质. 提高半导体材料的发光效率对于半导体材料的应用及其器件的开发都是有帮助的, 例如发光二极管 LED 效率的提高. 形成纳米级的团簇材料是提高其发光效率的一种方法. 其中研究较多的是 Si 及 II-VI 簇半导体材料的发光. 在沸石中组装的 CdS 团簇的发光特性及光谱变化是其化学结构、晶体结构及电子结构特征的外在表现. 在其发射光谱中未见到与吸收边能量对应的发射, 因此其发光不是能隙间的电子-空穴复合发光. 发光强度随温度降低而增强, 并向短波方向移动, 属于缺陷发光. 图 11.21 示出的是 A 沸石中 CdS 团簇的吸收光谱、激发

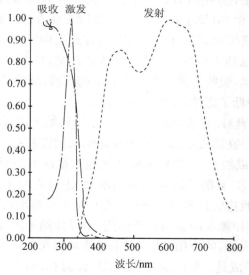

图 11.21 A 沸石中 CdS 团簇的吸收、激发及发射光谱

和发射光谱,图 11.22 示出了相应的能带示意图及发射峰的可能起因. 在 X,Y 及 A 沸石中 CdS 团簇的双峰发射带分别来自 Cd 原子(580nm)和 S 原子空位 (660nm),而 A 沸石中 440nm 的蓝光发射可能来自于与硫有关的缺陷. 由于 CdS 团簇的这些发射峰都是缺陷发光,受合成条件及化学环境的制约,如图 11.23 示出的半导体纳米团簇中正负离子比例对发光强度的影响. 正因为Ⅱ-Ⅵ族团簇这种发光特性,使得我们可以采用一些实验技巧对其发光特性进行调制,以实现红、蓝、绿三基色于一体的新型发光材料.

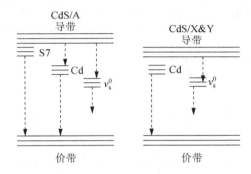

图 11.22　沸石中 CdS 团簇发光机理示意图

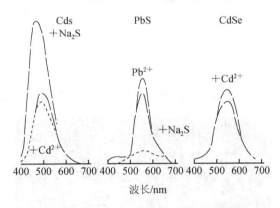

图 11.23　阴-阳离子比例对 A 沸石中Ⅱ-Ⅵ半导体团簇发光的影响

　　硅的发光,尤其是室温下的可见发光是人们很感兴趣的课题. 因为金刚石结构的硅体材料是间接能隙的半导体,电偶极禁阻跃迁使其发光效率极低. 1990 年 Canhan(肯汉)报道室温发光的多孔硅,而 Brus 等采用高温气溶胶技术在硅晶界面合成的硅团簇为硅的发光研究带来了新的高潮. 但到目前为止发现的多孔硅及硅晶体中硅团簇的发光寿命及振子强度与硅体材料都有很微小的差别. 这表明尺寸限局导致电子和空穴的限局效应,辐射弛豫概率及电子能隙增大,然而对金刚石型晶格对称性的微扰还不足以使硅的间接跃迁转变成直接跃迁. 与体相硅相比较,这些材料的光物理性质变化也是微小的. 表面处理,例如氢化或氧化能消除悬挂键复合位,从而降低无辐射跃迁概率,提高发光效率,是增强硅发光的有效方法. 最近,Ozin 等[78,80]采用 CVD 技术在酸性 Y 沸石的超笼(直径为 1.3nm)中制备出硅纳米团簇,并对 CVD 母体化合物样品采用不同的热处理,可获得氢或氧包裹的团簇,这样的团簇不但具有尺寸量子限域效应,且表面态得到了很好的抑制. 在室温下发橙—红色的光,发光强度与寿命都与温度有关. 发光强度与 CVD 母体化合物硅烷的担载量成正比,当硅烷的担载量增加时,这类材料的光吸收边及发光带波长都单调红移. 团簇的吸收边不受温度的影响,与体相硅相比产生蓝移(图 11.24). 图 11.25 示出了 Y 沸石中 Si_{60} 团簇的结构,它的发光性质比多孔硅及其他形式的硅都有所改善.

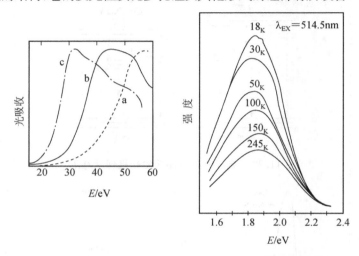

图 11.24　Y 沸石中 Si 团簇及硅体材料的吸收光谱及发射光谱

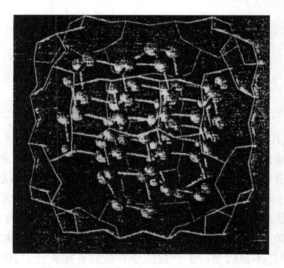

图 11.25　Y 沸石中 Si_{60} 的结构示意图

（d）非线性光学效应及应用. 非线性光学效应在光学通讯、数据处理、信息贮存、成像技术、光开关、光调制器等方面有较大的应用前景,因此研究非常广. 可以预计,量子尺寸的纳米团簇或量子点,由于电子波函数局限于如此小的空间,光电磁场的作用会对电子结构产生更大的影响,会导致更明显的非线性光学效应,因此量子纳米半导体纳米团簇的非线性光学性质也是一个热门的研究课题. 沸石中组装的团簇材料的非线性光学效应研究主要集中在有机材料上,无机半导体纳米团簇也呈现出明显的非线性光学效应和应用前景. 例如,在沸石中组装 CdS 团簇可做为激光开关在光学晶体管中得到应用,这是根据照射光线的强度不同,组装体可以是透明或不透明而成为光开关的. 沸石中的 CdS 若形成超团簇则这种效应更为明显,超团簇可以让某一束激光透过或不透过,这取决于另一束照射到团簇的激光的强度,即第二束激光对第一束激光起开关作用.

光开关特性不是 CdS 团簇所特有的,结晶态的 CdS 也有此特性,但团簇的非线性光学效应强得多,光开关的性能也好得多,这是因为沸石中的团簇既细小又均匀,这有利于起更快的开关作用,因为纳米团簇可以更快地改变它们的光学状态,且开关作用更灵敏,因为所有的团簇都可完全以同样的方式起作用. 研究表明,半导体纳米团簇的非线性效应是由于表面态对激子吸收的影响引起的. 对 CdS 团簇的表面钝化表明,团簇的非线性光学性质是可以通过表面化学处理来改变的. 目前存在的问题是沸石晶体太小,这给应用带来致命的弱点. 最近 Ozin 报道,他们已生长出 5mm 大小的沸石晶体,此外也有人制出了沸石薄膜,这将为这类材料的应用奠定基础.

（e）光敏性及应用. 沸石中组装的半导体纳米团簇往往对光非常敏感,因此常需在避光的条件下制备和保存. 例如,在沸石中组装的卤化银及硒半导体纳米团簇在光辐照下会发生结构和性质的变化,正因为这种光敏性,使其在光贮存器、静电复印、光通讯等领域上得到应用. 例如把卤化银（照像底片使用的材料）组装在沸石中,当用一束激光来照射这些孔隙中的卤化银,就会引起晶体内发生一种化学变化,它类似于照相底片曝光时发生的变化,然后可用另一波长的第二束激光对这种变化进行探测,并读出数据,但不同于照相底片的曝光,团簇这种变化是可逆的. 这些卤化银团簇足够小,因此用另一束激光或红外光束微加热团簇,决定光学状态的某些电子的位置会发生变化,例如加热可使电子回到它原来的位置,因此这种光贮存器是可擦除的. 它可做成信用卡大小来贮存个人病历或其他材料.

图 11.26 示出的是丝光沸石中 Se 团簇在 20K 温度下的光声光谱（PAS）,经350nm 的光辐照后,PAS 的吸收边明显红移,并在 670nm 处出现一个新吸收峰. 图11.27 示出的是在 100K 下测试的结果,相比之下光照后产生的 PAS 吸收峰比 20K下的弱得多. 低温下光照产生的吸收峰可在室温下猝灭并消失,且变化是可逆的. ESR 实验也表明,低温光照可产生 ESR 中心,而室温猝灭会使 ESR 中心消失. 这

种变化很可能是光激发 Se 团簇中的孤对电子,使之电离出来形成亚稳态的电子色心引起的. 由于材料这种光敏性,加上 Se 半导体本身具有双重导电性和负的电子率,可在光电子器件、光贮存器、静电印刷等方面得到应用.

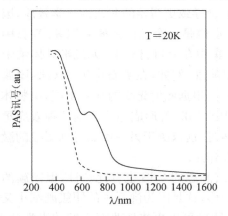 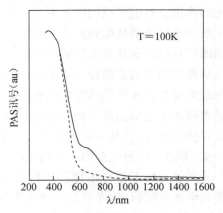

图 11.26　丝光沸石中 Se 团簇在 20K 下的光声光谱　　　　图 11.27　丝光沸石中 Se 团簇在 100K 下的光声光谱

　　(f) 化学敏感性及化学传感器. 对化学环境,如湿度、温度、压力、气体、射线、光等的敏感性是沸石中半导体纳米团簇的一个特征. 早在 1962 年人们就发现 A 沸石中 Ag 团簇对水蒸气(湿度)非常敏感,吸水后由砖红色变成橙色,到黄色,最后变成白色,这为湿度传感器的研究打下了基础. 如沸石中草酸银团簇在通电加热的情况下产生如下氧化-还原反应:草酸银分解为 AgO 和 CO_2,复合体系的颜色由白变黑,不通电时,上述过程逆转,从而提供了一种研制氧化-还原电极开关的方法. 方钠石中的 Ag_2S 团簇在加热的情况下改变颜色;方钠石中的 $AgHCO_2$ 团簇在加压的情况下变黑. 可开发为温度或压力传感器. O_2 对沸石中 Eu^{3+},Mu^{2+},Ag^+ 的发光强度和寿命都有较大的影响,Eu^{3+} 的发光对氧分压有很好的线性关系,为氧调节器的探索提供了方向. H_2S 等气体对 II-VI 族半导体纳米团簇的光学性质也有较大的影响,是开发半导体纳米团簇做为化学传感器或气敏材料的前提,值得进一步探索. 目前已有的沸石与团簇组装体的化学传感器有湿度传感器、氧气调制器、CO 探测器及乙烯、乙烷和丙烯选择性探测器. 光敏、射线传感、温度传感、热传感、湿度传感及压力传感的方钠石/Ag 团簇复合体已制备成功;有人[81]研制了分子选择性传感器,可从宽频带的声波中选择所需频率的声信号.

　　(g) 光催化及光解水中的应用. 自从 1971 年发现可用光电化学法在 TiO_2 电极上分解水以来,人们在光解水及光催化上做了大量的工作,用不同的方法来设计有效的光敏半导体电极. 在这种电极中能隙较大的氧化物半导体本身对可见光并不敏感,但在其表面上吸附了一层分子敏化剂,光照后这种分子敏化剂的电子会转移到半导体的导带中,光敏化剂就变成了氧化剂,具有很强夺取周围介质中电子的能力,如果周围介质是水,它就会夺取水中氧离子的电子,使氧离子还原成 O_2,而导带中的电子在催化剂(如 Pt)作用下与水中 H^+ 结合变成 H_2,这就是利用光电化学分解水的原理. 日本在 90 年代中期已成功地在实验室利用上述原理从海水中提取 H_2. 这种光电化学池虽然取得了一定的成功,但在可见光或太阳能的利用方面效率极低. 因此人们在努力寻找光化学体系,以提高对可见光或太阳能的利用及对水的分解. 在光电化学池中,由于氧化和还原产物在不同的电极中产生,可避免氧化和还原产物的复合反应,而在光化学体系中,由于氧化和还原产物在同一颗粒或同一溶液中产生,若反应是用光来激发,则逆反应(复合反应)很容易进行. 为了解决这一问题,Maltouk[82]设计出沸石/TiO_2/Pt 复合体系进行光解反应. 在这一体系中,TiO_2 和 Pt 都进入到沸石的孔隙中形成团簇,而沸石格位外的 Pt 必须清洗掉,否则它会加速反应逆过程的进行. 在沸石的通道中 TiO_2 和 Pt 是接触的,沸石中 TiO_2 表现出明显的量子尺寸效应. TiO_2/Pt/八面沸石体系可以有效地从 HX 体系中分解出 H_2,效率比溶胶—凝胶法制备的 TiO_2 八面沸石体系高得多. 在沸石中引入 MV(甲基紫精)对半导体纳米团簇与催化剂之间的电子传递起桥梁作用,可提高反应速率(图 11.28). 当 RuL_3^{2+} 光敏剂(L=4,4 二羟基-2,2 吡啶)吸附到沸石/TiO_2 的表面,在三氨基乙醇溶液中可见光照射时就有 H_2 放出(图 11.29). 实验中发现体系中任何组分(RuL_3^{2+},TiO_2 或 Pt)去掉,都没有 H_2 放出,但没有 MV^{2+} 的情况下光解仍然发生,但效率低得多,说明有 TiO_2 连结沸石外的 RuL_3^+ 和沸石内的 Pt. 这一体系利用了沸石的结构特点,在其中组装半导体 TiO_2 团簇及金属 Pt,从而实现对 HX 化合物的光解,这对于能源的利用和从石化废液中提取有用的原料具有重要的意义,也是沸石/半导体纳米团簇材料一个潜在的应用前景.

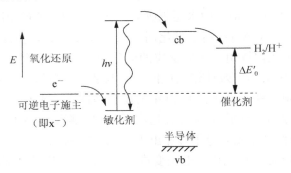

图 11.28　光解水或光解 HX 化合物反应的能级示意图

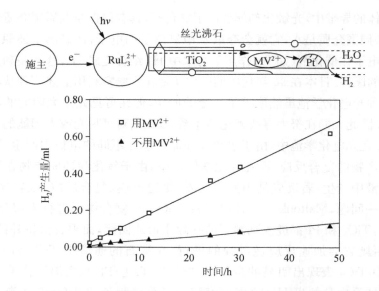

图 11.29　丝光沸石/Pt/TiO₂ 体系中光解水实验及模型

除了 HX 化合物的光解之外,沸石中组装的半导体纳米团簇还可在烷烃的聚合作用、光解水、CO₂ 的还原中得到应用. 例如不少光化学实验都表明,在水溶液分散体系中,光照下 Ag/佛石中的 Ag⁺ 被还原为 Ag⁰,并有 O₂ 产生. 这一光学反应为太阳能的利用提供了方向. 因为水的分解、氮气的固化及 CO₂ 的还原过程都涉及到水中的氧化物氧化成 O₂,人们还发现 Ag/沸石光解水制 O₂ 的反应是自敏化过程,随着反应的进行,光敏区从开始的紫外光区到可见光区,最后到红光区,因此可以充分利用太阳光不同的波长光的光能.

利用 Ag/沸石进行光解水的最大困难是质子的产生,因为质子很难从沸石阳离子格位除去,阻碍了催化反应. Calzaferri[83]认为光解水过程分为三个步骤(图 11.30):在反应 1 中水氧化成 O₂;在反应 3 中水还原成 H₂;反应 1 和 3 通过薄膜 2 耦合起来. 在水溶液分散体系中加入 Ag/沸石及催化剂,Ag⁺ 还原成 Ag⁰,同时产生 O₂(反应 1). 沸石中的半导体纳米团簇用作还原反应的催化剂,两个反应的连接必须通过一薄膜来实现,这一薄膜必须有效地将反应的氧化与还原产物隔开,以避免它们复合. 只有沸石才适合做这种薄膜. 图 11.30 中的薄膜是这样构成的:在沸石薄膜层氧化反应的一侧是 Ag/佛石单层薄膜,而在还原反应的一侧则组装了 TiO₂ 半导体纳米团簇. 光激发半导体纳米团簇电子传递出现还原水中的 H⁺,反应过程产生的空穴作为氧化剂,把 Ag 原子中的电子夺去变成 Ag⁺ 离,光照后 Ag⁺ 离子夺取水中 O⁻ 离子的电子,使之变成 O₂,这个过程周而复始,使水连续分解.

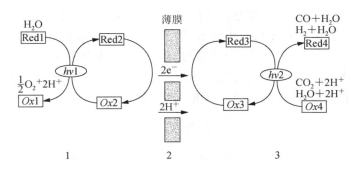

图 11.30　光解水或 CO_2 还原实验机制示意图

图 11.30 中反应(3)水还原释氢的反应已有较多的研究结果. 一类工作是基于半导体纳米团簇,另一类是基于过渡金属络合物. 这两种方案都有自己的优缺点,这里简单介绍一个半导体纳米团簇材料还原水释氢的例子. 在 A,X 或 Y 沸石中组装 CdS 团簇,再加入 ZnS 或 Pt 便可达到还原水释氢的目的. ZnS 在释氢反应中为施主,最佳释氢配比为 Cd:Zn=3:1. 将组装有 CdS 的沸石及催化剂悬浮于含有 $0.3MNa_2S$ 和 $0.36MNa_2SO_3$ 的混合溶液中,在中压汞灯(波长 $\lambda \geqslant 300nm$,450W,照明度:$42W/cm^2$)的辐照下于 35 ± 4℃反应,产生的 H_2 用气相色谱检测,结果列于表 11.7.

表 11.7　光解水释氢的效率

沸石	担载度	释氢	反应	释氢效率/mLH_2/h	
	wt%Cd	催化剂	时间/h	每克催化剂	每克 CdS(±20%)
Y	11	ZnS	0-8	6.1	5.8
13X	20	ZnS	2.0-5.3		11
Y	11	Pt	0-8	5.8	55
Y	11	无	6-6.7	0.7	6.6
4A	25	ZnS			15
4A	23	无	3.5-8.7		11

(3) 量子链

量子链是近年来纳米微粒与沸石的组装体系中出现的新概念. 量子链是指一种特殊形状的原子的集合体,它的构形既不同于原子—分子,也不同于体材料,它是由原子在空间一个挨一个地排列形成链条状的构形称为量子链. 在 Se 或 Te 与丝光沸石的组装体中都观察到量子链[32]. 沸石中量子链构型和长度可控为在准一维半导体中研究量子尺寸效应和量子限域效应提供了机遇,例如,沸石中 Se 的量子链出现了体相 Se(三角构型)不具备的特性,传统体相 Se 是一种在暗场下具有中等电导和负电阻温度系数和明显的光电导特性,在光电子元件和静电印刷方面已有广泛的应用.组装在丝光沸石中的 Se 量子链出现了明显的光敏增强效应,可归结为沸石通道的量子限域效应.量子链的出现与沸石构型密切相关,到目前为止,仅仅在 A,X,Y 和 AIPO - 5 分子筛中观察到 Se 的量子链.关于量子链的研究刚刚才开始,许多新的概念、新的规律有待进一步去挖掘.

参 考 文 献

[1] Nagy JB, Hannus I, Kiricsi I, Nanoclusters in Zeolites (Charpterl7). in：Fendler J H. Nanoparticles and Nauostructured films, WILEY-VCH, Weinkein, New york. Chi-clester. Brisbane. Singapore. Toronto (1998).

[2] 陈伟、王占国、林蓝英等,物理学进展,17(1),83(1997).

[3] Jacobs PA, *Stud. Surf. Sci. Catal.* , 29, 357(1984).

[4] Stein A. Ozin GA. in：Von Ballmoos R. Proc. Ninth Int. Zeolite Conference. Butterworth-Heinemann. Boston，1, 93(1993).

[5] Stucky G D, MacDougall JE, *Science*, 247, 669(1990).

[6] Breck D W, Zeolite Molecular Sieves, Structure, Chemistry and Use. Wiley-Inter-science, New York (1974).

[7] Mortier WJ, Compilation of Extra Framework Sites in Zeolites, London；Butterworth(1982).

[8] Barrer R M, Hydrothermal Chemistry of Zeolites. London：Academic Press, (1982).

[9] Karge H G, Beyer H K, *Stud. Surf. Sci. Catal.* , 69, 43(1991).

[10] Hannus I, Nagy JB, Kiricsi I, *Hyperfine Interaction*, 69, 409(1996).

[11] Rhee K H, Brown F R, Finseth D H, et al. , Zeolites, 3, 394(1983).

[12] Gellens L R, Mortier W J, Schoonheydt R A, et al. , *J. Phys. Chem.* , 85, 2783(1981).

[13] Gachard E, Belloni J, Subramanian M A, *J. Mater. Chem.* , 6, 867(1996).

[14] Qzin G A, Kuperman A, Stein A, *Angew. Chem. Int. Ed. Engl.* , 28, 359(1989).

[15] Brown D K, Kevan L, *J. Phys. Chem.* , 90, 1129(1986).

[16] Hannus I, Beres A, Nagy J B, et al. , *J. Mol*, *Structure*, 43, 410(1997).

[17] Xu B, Kevan L, *J. Chem. Soc.* , *Faraday Trans.* , 87, 2843(1991).

[18] Breuer R E H, Boer E de, Geisman G, *Zeolites*, 9, 336(1989).

[19] Martens L R M, Grobet P J, Tacobs P A, *Nature*, 315, 568(1985).

[20] Martens L R M, Grobet P J, Vermeiren W J M, et al. , *Stud. Surf. SCi. Catal.* , 28, 935(1986).

[21] Trescos E, Rachdi F, Ménorval L c de, et al. , *Int. J. Mod. Phys. B*, 6, 3779(1992).

[22] Treseos E, Ménorval L C de, Raehdi F, *J Phys* . *Chem.* , 97, 6943(1993).

[23] Rabo JA, Angel CL, Kasai PH, et al. , *Discuss. Faraday Soc.* , 41, 328(1996).

[24] Nozue Y, Kodeira T. Ohwashi S, et al. , *Stud. Surf. Sci. Catal.* , 84, 837(1994).

[25] Kodaira T, Nozue Y, Ohwashi S, et al. , *Phys. Rev. B*, 48, 12245(1993).

[26] Nozue Y, Kodaira T, Ohwashi S, et al. , *Phys. Rev. B*, 48, 12253(1993).

[27] Kodaira T, Nozue Y, Terasaki O, et al. , *Stud. Surf. SCi. Catal.* , 105, 2139(1997).

[28] Wang Y, Herron N, *J. Phys. Chem.* , 92, 4988(1988).

[29] Herron N, Wang Y, Eddy MM, et al. , *J. Am. Chem. Soc.* , 111, 530(1989).

[30] Nozue Y, Kodaira T, Terasaki O, et al. , *J. Phys. ;Condens. Matter.* , 2, 5209(1990).

[31] Parise J B, MacDougall JE, Herron N, et al. , *Inorg. Chem.* , 27, 221 (1988).

[32] Bogomolov V N, Kholodkevich SV, Romanov SG, et al. , *Sol. Stat. Commun.* , 47, 181(1983).

[33] Tamura K, Hosokawa S, Endo H, et al. , *J. Phys. Soc. Jpn.* , 55, 528(1986).

[34] MacDougall J E, Eckert H, stueky G D, et al. , *J. Am. Chem. Soc.* 111, 800(1989).

[35] Derouane E G, Nagy J B, védrine JC, *J, Catal.* , 46, 434(1977).

[36] Nagy J B, Eenoo M Van, Derouane E G, et al. , Magnetic Resonace in: Fraissard JP, Resing HA, Colloid and Interface Science, Reidel, Dordrecht, 591(1980).

[37] Nagy J B, Eenoo M Van, Derouane E G, *J, Catal.* , 58, 230(1979).

[38] Tong YY, Laub D, Schulz-Ekloff G, Renouprez AJ, et al. , *Phys. Rev. B*, 52, 8407. (1995).

[39] Trevino H, Sachtler WMH, *Catal. Lett.* , 27, 251(1994).

[40] Homeyer ST, Sheu LL, Zhang Z, et al. , *Appl. Catal*, 64, 225(1990).

[41] Balse VR, Sachtler W M H, Dumesic JA, *Catal, Lett.* , 1, 275(1988).

[42] Karpinski Z, Zhang Z, Saehtler W M H, *Catal. Lett.* , 13, 123(1992).

[43] Moretti G, Sachtler W M H, *Catal. Lett.* , 17, 285(1993).

[44] Tzou MS, Teo B K, Sachtler W M H, *Langmucir*, 2, 773(1986).

[45] Trevino H, Lei G-D, Sachtler W M H, *J. Catal.* , 154, 245(1995).

[46] Schünemann V, Trevino H, Lei G D, et al. , *J. Catal.* , 153, 144(1995).

[47] Tsang C M, Augustine SM, Butt J, et al. , *Appl. Catal.* , 46, 45(1989).

[48] Moretti G, Saehtler W M H, *J. Catal.* , 15, 205(1989).

[49] Tzou M-S, Kusunoki M, Asakura K, et al. , *J. Phys. Chem.* , 95, 5210(1991).

[50] Ahn D H, Lee JS, Nornwra M, et al. , *J. Catal.* , 133, 191(1992).

[51] Zhang Z, Xu L, Sachtler W M H, *J. Catal.* , 131, 502(1991).

[52] Feeley JS, Stakheev AY, Cavalcanti FAP, et al. , *J. Catal.* , 136, 182(1992).

[53] Yin Y-G, Zhang Z, Saehtler W M H, *J. Catal.* , 138, 721(1992);139, 444(1993).

[54] XuL, Lei G-D, Sachtler W M H, et al. , *J. Phys. Chem.* , 97, 11517(1993).

[55] Schünemann V, Trevino H, Sachtler W M H, et al. , *J. Phys. Chem.* , 99, 1317(1995).

[56] Steele M R, Macdonald P M, Ozin G A, *J. Am. Chem. Soc.* , 115, 7285(1993).

[57] Jelinek R, Stein A. Ozin G A, *J. Am. Chem Soc.* , 115, 2390(1993).

[58] Ozin G A, Steele M R, Holmes A J, *Chem Mater.* , 6, 999(1994).

[59] Oliver S, Ozin G A, Ozin L A, *Adv. Mater.* , 7, 948(1995).

[60] Ozin G A, *Adv. Chem. Series*, 245, 335(1995).

[61] Dag O, Kuperman A, Ozin G A, *Adv. Mater.* , 7, 72(1995).

[62] Dag O, Kuperman A, Macdonald PM, et al. , *Stud. Surf. Sci. Catal.* , 84, 1107(1994).

[63] Ahari H, Bowes C L, Jiang T, et al. , *Adv. Mater.* , 7, 37(1995).

[64] Enzel P. Henderson G S, Ozin G A, et al. , *Adv. Mater.* , 7, 64(1995).

[65] Jiang T. Lough A J. Ozin G A, et al. , *Chem. Mater.* , 7, 245(1995).

[66] Bowes CL, Lough AJ, Malek A, et al. , *Chem. Ber.* , 129, 283(1996).

[67] Bowes CL, Ozin G A, *Adv. Mater.* , 8, 13(1996).

[68] Manninger I, Paal z, Tesche B, et al. , *J. Molec. Catal.* , 64, 361(1991).

[69] Guczi L, Lu G, Zsoldos Z, et al. , *Stud. Surf. Sci. Catal.* 84, 949(1994).

[70] Lu G, Hoffer T, Guczi L, *Appl. Catal. A:General*, 93, 61(1992).

[71] Guczil, Sarma KV, Borko I, *Catal. Lett.* , 39, 43(1996).

[72] Beyer H K, Jacobs PA, Metal Microstrnctures in: Jacobs PA. Zeolites. Elsevier, Amsterdam, 95 (1982).

[73] Jacobs PA, Wilde W De, Schoonheydt R A, et al. , *J. Chern. Soc.* , *Faraday Trans. I*, 72, 1221 (1996).

[74] Tomczak DC, Lei GD, Schuenemann V, et al. , *Microporous Mater.* , 5, 263(1996).

[75] Rades T, Pak C, Polisset-Thfoin M, et al. , *Catal. Lett.* , 29, 91(1994).

[76] Patterson EM, Shelden CE, Stockton B H, et al. , *Appl. Opt.* , 16, 729(1977).

[77] Herron N, Wang Y, Eddy MM, et al. , *J. Am. Chem. Soc.* , 111, 530(1989).

[78] Ozin G A, Dag O, Kuperman A, et al. , *Stud. Surf. Sci. Catal.* , 84 1107(1994).

[79] Stein A, Ozin G A, Stueky G D, *J. Am. Chem. Soc.* , 112, 904(1990);114, 5171(1992);114, 8119 (1992).

[80] Dag A, Kuperman A, Ozin G A, *Adv. Mater.* , 7, 72(1995).

[81] Bein T, BrownK, *J. Am. Chem. Soc.* , 111, 7640(1989).

[82] Kim YL, Riley RI, Maltouk E, et al. , *MRS Symp. Proc. Boston*. 233, 145(1991).

[83] Beer R, Calzaferri G, Li JW, et al. , *Coordnation Chem. Rev.* 111, 193(1991).

第 12 章 纳 米 结 构

著名的诺贝尔奖金获得者李查德·费曼早就提出一个令人深思的问题:"如何将信息储存到一个微小的尺度? 令人惊讶的是自然界早就解决了这个问题,在基因的某一点上,仅 30 个原子就隐藏了不可思议的遗传信息……,如果有一天人们能按照自己的意愿排列原子和分子,那将创造什么样的奇迹."今天,纳米结构的问世以及它所具有的奇特的物性正在对人们生活和社会的发展产生重要的影响,费曼的预言已成为世纪之交科学家最感兴趣的研究热点.

纳米结构体系是当前纳米材料领域派生出来的含有丰富的科学内涵一个重要的分支学科,由于该体系的奇特物理现象及与下一代量子结构器件的联系,因而成为人们十分感兴趣的研究热点.20 世纪 90 年代中期有关这方面的研究取得重要的进展,研究的势头将延续到 21 世纪的初期.

所谓纳米结构是以纳米尺度的物质单元为基础,按一定规律构筑或营造一种新的体系,它包括一维、二维、三维体系.这些物质单元包括纳米微粒、稳定的团簇或人造原子、纳米管、纳米棒、纳米丝以及纳米尺寸的孔洞.我们知道,以原子为单元有序排列可以形成有自身特点的,相对独立的一个新的分支学科.

关于纳米结构组装体系的划分至今并没有一个成熟的看法,根据纳米结构体系构筑过程中的驱动力是靠外因,还是靠内因来划分,大致可分为两类:一是人工纳米结构组装体系;二是纳米结构自组装体系和分子自组装体系.

所谓人工纳米结构组装体系,按人类的意志,利用物理和化学的方法人为地将纳米尺度的物质单元组装、排列构成一维、二维和三维的纳米结构体系,包括我们以前提到过的纳米有序阵列体系和介孔复合体系等.这里人的设计和参与制造起到决定性的作用,就好像人们用自己制造的部件装配成非生命的实体(例如,机器、飞机、汽车、人造卫星等)一样,人们同样可以形成具有各种对称性的和周期性的固体,人们也可以利用物理和化学的办法生长各种各样的超晶格和量子线.以纳米尺度的物质单元作一个基元按一定的规律排列起来形成一维、二维、三维的阵列称之为纳米结构体系,由于它具有纳米微粒的特征,如量子尺寸效应、小尺寸效应、表面效应等特点,又存在由纳米结构组合引起的新的效应,如量子耦合效应和协同效应等.其次,这种纳米结构体系很容易通过外场(电、磁、光)实现对其性能的控制,这就是纳米超微型器件的设计基础.从这个意义上来说,纳米结构体系是一个科学内涵与纳米材料尚存在既有联系,又有一定差异的一个新范畴,目前的文献上已出现把纳米结构体系与纳米材料并列起来的提法,也有人从广义上把纳米结构体系也归结为纳米材料的一个特殊分支.

　　近年来,纳米结构体系与新的量子效应器件的研究取得了 20 世纪引人注目的新进展,与纳米结构组装体系相关的单电子晶体管原型器件在美国研制成功,这是加利福尼亚大学洛杉矶分校和 IBM 公司的华森研究中心共同合作研究的成果,他们出色的工作把"自然"副主编预计的单电子晶体管诞生的时间提前了 10 年.这种纳米结构的超小型器件功耗低,适合于高度集成,是 21 世纪新一代微型器件的基础;把两个人造超原子组合到一起,利用耦合双量子点的可调隧穿的库仑堵塞效应研制成超微型的开关;美国 IBM 公司的华森研究中心和加利福尼亚大学共同合作研制成功室温下超小型激光器,主要设计原理是利用三维人造超原子组成纳米结构的阵列体系,通过控制量子点的尺寸及三维阵列的间距达到对发光波长的控制,从而使该体系的发光性质具有可调制性.美国贝尔实验室利用纳米硒化镉构成阵列体系,显示出波长随量子点尺寸可调制的红、绿、蓝光,实现了可调谐发光二极管的研制.半导体内嵌入磁性的人造超原子体系,如锰离子被注入到砷化镓中,经退火后生成了具有纳米结构的铁磁量子点阵列,每个量子点都是一个磁开关.上述工作都是近几年来纳米结构体系与微型器件相联系的具体例子,虽然仅是实验室的成果,但它却代表了纳米材料发展的一个重要的趋势,从这个意义上来说,纳米结构和量子效应原理性器件是目前纳米材料研究的前沿,并逐渐用自己制造的纳米微粒、纳米管、纳米棒组装起来营造自然界尚不存在的新的物质体系,从而创造出新的奇迹.

　　从基础研究来说,纳米结构的出现,把人们对纳米材料出现的基本物理效应的认识不断引向深入.无序堆积而成的纳米块体材料,由于颗粒之间的界面结构的复杂性,很难把量子尺寸效应和表面效应对奇特理化效应的机理搞清楚.纳米结构可以把纳米材料的基本单元(纳米微粒、纳米丝、纳米棒等)分离开来,这就使研究单个纳米结构单元的行为、特性成为可能.更重要的是人们可以通过各种手段对纳米材料基本单元的表面进行控制,这就使我们有可能从实验上进一步提示纳米结构中纳米基本单元之间的间距,进一步认识他们之间的耦合效应.因此,纳米结构出现的新现象、新规律有利于人们进一步建立新原理,这为构筑纳米材料体系的理论框架奠定基础.

12.1　纳米结构自组织和分子自组织合成和性能

　　纳米结构的自组装体系是指通过弱的和较小方向性的非共价键,如氢键、范德瓦耳斯键和弱的离子键协同作用把原子、离子或分子连接在一起构筑成一个纳米结构或纳米结构的花样.自组织过程的关键不是大量原子、离子、分子之间弱作用力的简单叠加,而是一种整体的,复杂的协同作用.纳米结构的自组装体系的形成有两个重要的条件,一是有足够数量的非共价键或氢键存在,这是因为氢键和范德瓦耳斯力等非共价键(0.5～1kcal/mol)很弱,只有足够量的弱键存在,才能通过协同作用构筑成稳定的纳米结构体系;二是自组装体系能量较低,否则很难形成稳定的自组装体系.

分子自组装指分子与分子在平衡条件下,依赖分子间非共价键力自发地结合成稳定的分子聚集体(aggregate)的过程.营造分子自组装体系主要划分成 3 个层次:第一,通过有序的共价键,首先结合成结构复杂的、完整的中间分子体;第二,由中间分子体通过弱的氢键、范德瓦耳斯力及其他非共价键的协同作用,形成结构稳定的大的分子聚集体;第三,由一个或几个分子聚集体作为结构单元,多次重复自组织排成纳米结构体系.

自组织合成技术是近年来引人注目的前沿合成技术,人们利用该技术合成纳米结构体系已做了不少工作,但目前文献报道尚不系统,概括起来有以下几个方面:第一,胶体晶体的自组织合成.美国马塞诸赛州技术大学的化学系与材料科学工程系合作制备了 CdSe 纳米晶三维量子点超点阵[1].首先,将 1.5～10nm 的 CdSe 量子点表面包敷三烷基膦硅族化合物(trialkyl phosphine chalcogenide),在 90％辛烷和 10％辛醇混合溶液中,在 80℃和常压下形成悬浮液,然后降压使低沸点的辛烷优先挥发,大大增加了辛醇的比例,从而提高了溶液的极性,这就使包有极性表面活性剂的 CdSe 量子点与这种极性的溶剂通过协同作用形成自组装纳米结构的平面胶体晶体.这种自组织的纳米结构体系的物性的最重要特点是可以通过胶体晶体的参数进行调制,CdSe 量子点的尺寸和它们之间距离的改变光吸收带和发光带位置的变化,图 12.1 示出了 CdSe 量子点的胶体晶体的光吸收和光发射谱,可以看出,随着量子点直径由 6.2nm 减小到 3.85nm,光吸收带和发光带出现明显的蓝移(见实线).胶体晶体中量子点浓度增加,量子点之间的距离缩短,耦合效应增强导致光发射带的红移(图 12.1 中实线对应高浓度胶体晶体,点线对应低浓度胶体晶体.);第二,金属胶体自组装纳米结构.经表面处理后的金属胶体表面嫁接了官能团。可以在有机环境下形成自组装纳米结构.美国普度大学(Purdue University)[2]把表面包有硫醇的纳米金微粒形成了悬浮液,该悬浮液在高度取向的热解石墨、MoS$_2$ 或 SiO$_2$ 衬底上构筑密排的自组织长程有序的单层阵列结构,金颗粒之间通过有机分子链连接起来(见图 12.2).该体系的物性通过金纳米粒子尺寸、悬浮液浓度来进行控制.图 12.3 示出了 Au 粒子连成的网络在不同温度下的电流—电压曲线.由该图求出的低偏置电导呈现库仑充电行为,低偏置电导满足下列关系式

$$G_O = G_\infty e - E_A/k_B T, \qquad (12.1)$$

其中 G_∞ 为 $T \to \infty$ 时的电导,E_A 为激活能.对图中最佳的拟合参数是 $G_\infty = 1.12 \times 10^{-6}$S 和 $E_A = 97$meV.

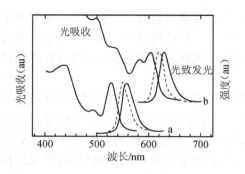

图 12.1　CdSe 胶体晶体在 10K 下
光吸收和发光谱

曲线 a 和 b 分别对应直径为 3.85nm 和 6.2nm，
CdSe 量子点. 实线对应高浓度量子点胶体晶体，点
线对应低浓度量子点胶体晶体

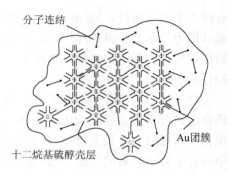

图 12.2　胶体 Au 形成的自组装体
含有十二烷基硫醇表面包敷的金团簇的
有机试剂被滴在一光滑的衬底上. 当有机
试剂蒸发后，金团簇之间长程力使
它们形成密排堆垛的自组装体

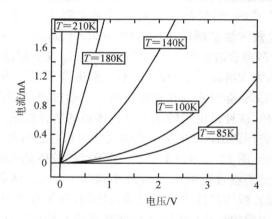

图 12.3　连接的 Au 网络的电流-电压曲线

　　美国密苏里州立大学在含有官能团（CN，NH$_2$ 或 SH）的有机薄膜覆盖的衬底上沉积稀的 Au 或 Ag 胶体粒子悬浮液，通过胶体金属粒子与有机膜中官能团之间协同作用，构成了多重键的纳米单层膜结构[3]. 衬底可以是导体，也可以是绝缘体，例如，Pt，氧化铟锡、玻璃、石英、等离子处理的尼龙等，有机膜有水解的甲氧基硅烷、二甲氧基硅烷及三甲氧基硅烷等. 这种胶体 Au 的自组装体具有高表面增强拉曼散射的活性. 图 12.4 所示的是粒径 12mn 的 Au 粒子在表面涂有 3-氨基丙基三甲基硅烷的玻璃衬底上形成的单层自组装体的紫外-可见光谱（a）和表面拉曼增强散射（b）. 由图 12.4（a）中可以看出，随着带有官能团的衬底在 Au 胶体悬浮液中浸泡时间增加（Au 粒子间距变短），570nm 处的吸收带不断增强. 该吸收带是由单个 Au 粒子的米氏共振引起的. 此外，当粒子间距小到一定程度时，光吸收谱上在约

650nm 处出现一个新吸收带,该吸收带也随粒间距减小而增强,该吸收带是由集合粒子表面等离子振荡所致,这种振荡间有耦合效应. 这种等离子振荡使 1610cm^{-1} 波数处表面拉曼增强散射的活性增加. 图 12.4(b)给出 650nm 吸收带强度与 1610cm^{-1} 表面拉曼增强散射强度关系,很明显,它们之间成正变关系.

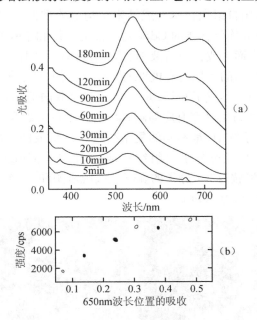

图 12.4　胶体 Au(12nm)自组装单层的光吸收谱(a)和 1610cm^{-1} 的表面拉曼增强散射强度——650nm 光吸收强度曲线(b)

美国芝加哥大学和贝尔实验室合作,利用自组织生长技术成功地在共聚物的衬底上合成了 Au 纳米颗粒组成的阵列[4]. 具体方法是将对称的聚苯乙烯-聚甲基丙烯酸甲酯(PS-PMMA)嵌段共聚物或非对称的聚苯乙烯-聚乙烯基吡啶(PS-PVP)溶于甲苯中,浓度为 1wt%,用旋转喷涂法[速度为 1000r/min(转/分)]在 NaCl 晶体上形成 50nm 厚的共聚物薄膜,经 145℃退火 8h 后,在 5×10^{-6}(×133)Pa 压力下将 Au 的纳米粒子蒸发到共聚物膜上,在 145℃真空退火至少 24h 后,Au 颗粒经定向地沉积到高聚物膜上形成 Au 颗粒介观自组装体,用水将 NaCl 溶掉,获得了 Au 颗粒镶嵌的共聚物纳米结构膜;第三,介孔的纳米结构自组织合成. 英国巴斯(Bath)大学利用自组织技术成功地合成了各孔的纳米结构的文石(aragomte)[5]. 将几滴双连续微乳剂喷洒在 Cu 或黄 Cu 的金属衬底上,然后将含有微乳液滴的衬底水平地浸泡在 55℃的热氯仿或 65℃的己烷中,停留 1 至 3s 后取出放在空气中蒸发掉残余的热溶剂,即可获得白色的纳米结构空心的介孔文石(见图 12.5). 微乳剂中含有表面活性的二甲基二十二烷基溴化铵(DDAB),十四烷和饱和碱式碳酸钙水溶液；第四，半导体量子点阵列体系（膜）的合成可以通过自组织技术进行，它的优点是工艺简单，价格便宜．无需昂贵的仪器设备．用分子束外延和电子束刻蚀来合成半导体量子点阵列是比较成熟的技术，但它需要价格昂贵的设备，因而自组织合成半导体量子点引起人们倍加注意．近年来，文章上陆续有一些报道，CdSe 量子点阵列的自组织合成是用自组织技术合成纳米结构的典型例子．具体方法是将含有表面包敷了三烷基膦硅族化合物的 CdSe 量子点的辛烷和辛醇的混合溶液（配比为 9：1）沉积在固体衬底面上或在与溶液不互混的液体（例如甘油）的表面上，经低压蒸发辛烷，降低了无极性的辛烷与有极性的辛醇的比例，经量子点包敷层与辛醇的协同作用，在固体表面上形成了 CdSe 量子点的有序取向薄膜，而在自由表面上则形成了 CdSe 量子点的自由悬浮有序岛屿；第五，分子自组织合成纳米结构．分子自组织普遍存在于生物系统中，是不同的复杂生物结构形成的基础．例如，生物学中不同蛋白质的聚集体是经过分子自组织形成的，其中丙酮酸脱氢酶配合物是由 8 个三聚单元的硫辛酰胺，12 个分子的硫辛酰胺脱氢酶和 24 个分子的丙酮酸脱羧酶聚合而成的，其直径约为 30nm.

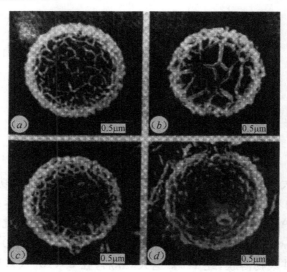

图 12.5 介孔文石的完整空心壳体

近年来，分子自组织技术被许多科技工作者用来合成纳米结构材料．分子自组装合成的纳米结构主要可以归纳如下：第一，纳米棒．纳吉罗斯基（Radzilowski）等人发现，由一个刚性棒状嵌段以共价键连在一个分子柔性线圈状嵌段上形成的二单元聚合物分子（称作"棒状螺线"）在非共价键力作用下可自组织成长条形的聚集体[6]，此聚集体的长度在 1μm 或 1μm 以上，其他方向尺寸只有几纳米；第二，纳米管．有人用分子自组织技术，设计合成了一种由 D-和 L-氨基酸交替组成的环八肽，在氢键作用下自组装成纳米管,管长在数百至数千纳米,内径为 0.8nm[7]. 美国 Li 等人用 β-和 γ-环糊精(CD)通过二苯基乙三烯连接,成功地合成了长 20～35nm,直径为 2nm 的纳米管[8];第三,多层膜. 一个值得注意的工作是用三嵌段共聚物可以自组织成具有纳米结构的超分子共聚物,这项工作是美国伊利诺伊大学的材料科学和化学工作者合作于 1997 年成功地合成了以蘑菇形状的高分子聚集体为结构单元,再自组织成纳米结构的超分子多层膜[9]. 具体的制备步骤是先选择苯烯、异戊二烯和联苯酯三种性质不同的单体聚合成由三嵌段组成的分子聚集体,前两段为软段,第三段为具有刚性的硬段,经结晶,硬段形成蘑菇的"梗",两个软段形成蘑菇的"帽". 这种蘑菇的分子聚集体可以自组织成两种纳米结构,一种为"梗—梗相接"[图 12.6(a)],另一种为"梗—帽相接"[图 12.6(b)],后一种结构相对稳定. 这种纳米结构的超分子薄膜具有奇异的物性,首次发现从红外到绿光波段范围光子的自发二阶谐波现象. 这种膜的一面为非黏性的疏水面,另一面为亲水的黏接面,利用这种胶带特性可以把它们牢牢地贴在一个光滑的表面上,在实际上有广泛的应用前景. 第四,孔洞材料. 日本科技人员 Fujita 等人[10]用 4 个有机配体和六个金属 Pd(11)离子通过分子自组织制备出了自然界不存在的介孔超分子,这种介孔超分子又称"容器分子",它是中空的近似球体分子.

　　总之,除了上述几个主要形状的纳米结构外,分子自组织合成纳米结构在花样上是多种多样的,双股螺旋的纳米结构就可以通过分子自组织来合成. Koert 等人[11]用 2,5-联吡啶的齐聚物与 Cu(11)配合通过分子自组织合成了双股螺旋的纳米聚集体.

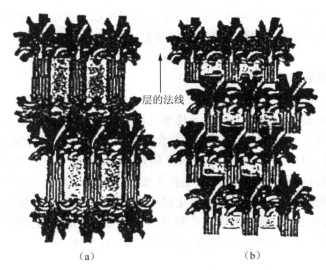

图 12.6　由蘑菇的分子聚集体自组织成两种纳米结构的构型示意图

　　纳米结构自装和分子自组装体系是物理学、化学、生物学、材料科学在纳米尺度交叉而衍生出来的新的学科领域,它为新材料的合成带来了新的机遇,也为新物理和新化学的研究提供了新的研究对象,是极细微尺度物理和化学很有生命力的前沿研究方向,更重要的是纳米结构的自组装和分子自组装体系是下一代纳米结构器件的基础.所合成出来的纳米结构自组装体系本身就是极细微尺度的微小器件,例如 Wagher 等人[12]利用四硫富瓦稀(TTF)的独特氧化还原能力.通过自组织方式合成了具有电荷传递功能的配合物"分子梭"(molecular shuttle),具有开关功能.这就是人们正在追求和探索的一种纳米电子器件.这个领域研究的前景方兴未艾.

12.2　厚膜模板合成纳米阵列

　　厚膜模板合成纳米结构单元(包括零维纳米粒子、准一维纳米棒、丝和管)和纳米结构阵列体系是 90 年代发展起来的前沿技术,它是物理、化学多种方法的集成,在纳米结构制备科学上占有极其重要的地位,人们可以根据需要设计、组装多种纳米结构的阵列,从而得到常规体系不具备的新的物性.用模板合成纳米结构给人们以更多的自由度来控制体系的性质,为设计下一代纳米结构的元器件奠定了基础.

　　与其他制备方法相比较,模板组装纳米结构有以下几个优点:(ⅰ)利用模板可以制备各种材料,例如金属、合金、半导体、导电高分子、氧化物、碳及其他材料的纳米结构;(ⅱ)可合成分散性好的纳米丝和纳米管以及它们的复合体系,例如 p-n 结,多层管和丝等;(ⅲ)可以获得其他手段,例如平板印刷术等难以得到的直径极小的纳米管和丝(3nm),还可以改变模板柱形孔径的大小来调节纳米丝和管的直径;(ⅳ)可制备纳米结构阵列体系;(ⅴ)可以根据模板内被组装物质的成分以及纳米管、丝的纵横比的改变对纳米结构性能进行调制.

12.2.1　模板的制备和分类[13]

　　厚膜模板是指含有高密度的纳米柱形孔洞,厚度为几十至几百微米厚的膜.常用的模板有两种,一种是有序孔洞阵列氧化铝膜板,另一种是含有孔洞无序分布的高分子膜板.其他材料的模板还有纳米孔洞玻璃、介孔沸石、蛋白、MCM-41、多孔 Si 模板及金属模板.纳米阵列体系的制备主要是采用纳米阵列孔洞厚膜作模板,通过化学、电化学法在高温高压下将熔化的金属压人孔洞、溶胶-凝胶法、化学聚合法、化学气相沉积法来获得.模板的获得是合成纳米结构阵列的前提,下面主要介绍一下氧化铝、高分子模板和金属模板的特征和合成方法.

　　(1)氧化铝模板[14~17]

　　经退火的高纯铝片(99.999%)在低温的草酸或硫酸溶液中经阳极腐蚀获得氧

化铝多孔模板. 该模板结构特点是孔洞为六角柱形垂直膜面呈有序平行排列(见图 12.7),孔径可在 5 至 200nm 范围内调节,孔密度可高达 10^{11} 个/cm². 上述指标可通过改变电解液的种类、浓度、温度、电压、电解时间以及最后的开孔工序来调节.

(2) 高分子模板[18]

通常采用厚度为 6～20μm 的聚碳酸酯、聚酯和其他高分子膜,通核裂变碎片轰击使其出现许多损伤的痕迹,再用化学腐蚀方法使这些痕迹变成孔洞. 这种模板的特点是孔洞呈圆柱形(见图 12.8),很多孔洞与膜面斜交,与膜面法线的夹角最大可达 34°,因此在厚膜内有孔通道交叉现象,总体来说,孔分布是无序的,孔的密度大致为 10^9 个/cm².

(a)正面图　　　　　　　　　　　　(b)横断面

图 12.7　纳米孔洞氧化铝模板照片

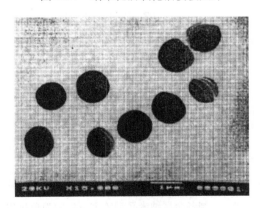

图 12.8　纳米孔洞高分子模板照片

（3）金属模板[19]

日本科技工作者用两阶段复型法制备了 Pt 和 Au 的纳米孔洞阵列模板. 合成过程如下（见图 12.9）：在纳米阵列孔洞氧化铝模板的一面用真空沉积法蒸镀上一层金属膜，该金属与要制备的金属模板的材料相同，这层金属膜在以后的电镀过程中起着催化剂和电极作用. 含有 5wt% 过氧化苯甲酰的甲基丙烯酸甲酯单体在真空下被注入模板的孔洞，然后在紫外线辐照下或在一定温度加热使单体聚合形成聚甲基丙烯酸甲酯圆柱体阵列，用 10wt%NaOH 水溶液浸泡移去氧化铝模板，由此获得聚甲基丙烯酸甲酯的负复型，在此负复型孔底存在一薄层金属薄膜. 将负复型放入无电镀液中，在孔底金属薄膜催化剂的作用下，金属逐渐填满负复型的孔

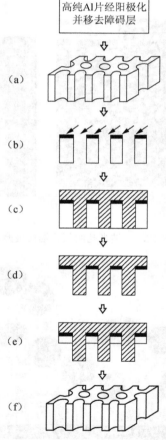

图 12.9　制备金属纳米孔洞阵列模板的简单过程

(a)具有贯穿纳米孔洞的 Al_2O_3 模板；(b)真空蒸发镀金属；(c)甲基丙烯酸甲酯注入和聚合；

(d)聚甲基丙烯酸甲酯负型；(e)无电金属沉积；(f)金属纳米孔洞体系

洞.用丙酮溶去聚甲基丙烯酸甲酯,获得了金属孔洞阵列模板,孔洞直径为 70nm 左右,模板厚度为 $1\sim3\mu m$.

12.2.2　纳米结构的模板合成方法和技术要点

把纳米结构基元组装到模板孔洞中通常用的方法有电化学沉积、无电镀合成、化学聚合、溶胶-凝胶和化学气相沉积法.根据模板种类的不同,在选择合成组装方法时,必须注意以下方面:(ⅰ)化学前驱溶液对孔壁是否浸润? 亲水或疏水性质关系到合成组装能否成功的重要关键;(ⅱ)应控制在孔洞内沉积速度的快慢,沉积速度过快会造成孔洞通道口堵塞,致使组装失败;(ⅲ)控制反应条件,避免被组装介质与模板发生化学反应,在组装过程中保持模板的稳定性是十分重要的.下面介绍具体合成方法.

(1) 电化学沉积[15,20~22]

这种方法通常适合在氧化铝和高分子模板孔内组装金属和导电高分子的丝和管,例如,制备 Cu,Pt,Au,Ag,Ni,聚吡咯、聚苯胺和聚三甲基噻吩等纳米丝和纳米管阵列.具体步骤是先在模板的一面用溅射或蒸发法涂上一层金属薄膜作为电镀的阴极,选择被组装金属的盐溶液作为电解液,在一定电解条件下进行组装.用这种方法的优点是通过控制沉积量可调节金属丝的长短,即纵横比,图 12.10(a)为孔洞中组装了 Au 丝的氧化铝模板横截面电镜像.这种方法也能制备金属纳米管,所不同的是在模板管壁上附着一层物质(分子锚),例如在电解液中加入氰硅烷,它与孔壁上的 OH 基形成分子锚,使金属优先在管壁上形成膜.图 12.10(b)为 Au 纳米管阵列的扫描电镜像.

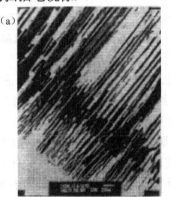
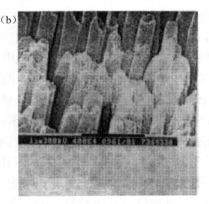

图 12.10　用电化学沉积法获得 Au 的纳米丝和管的电子显微像

(a)组装了 Au 纳米丝(直径为 70nm)Al_2O_3 模板横截面微切片的透射电镜像;

(b)移去了 Al_2O_3 模板后的 Au 纳米管阵列的扫描电镜像

用这种方法也可以在模板内组装导电高分子的纳米管和纳米丝. 主要材料有聚苯胺、聚吡咯和聚三甲基噻吩,通过聚合时间的长短来控制纳米管的壁厚,高分子单体优先在孔洞壁聚合,短时间可以形成薄壁纳米管,随着聚合时间增加,管壁增厚,形成厚壁管,甚至纳米丝.

(2) 无电沉积(无电镀法)[23,24]

这种方法的二个要素是敏化剂和还原剂,借助它们的帮助才能把金属组装到模板孔内制备纳米金属管、丝的阵列体系. 敏化剂采用 Sn^{2+} 离子. 主要过程是将模板浸入含有敏化剂的溶液中,孔壁上的胺(H_2N)、羰基和 OH 团与敏化剂复合,经敏化的模板被放入含有 Ag^+ 离子的溶液中,使孔壁表面很不连续分布的纳米 Ag 粒子所复盖,再放入含有还原剂的金属无电镀液中,在孔内形成了金属管,管壁厚度可通过浸泡时间来控制. 这种方法只能调节纳米管内径尺寸,而不能调节管的长度,如果浸泡时间长则形成丝.

(3) 化学聚合[25~27]

该种合成方法是通过化学或电化学法使模板孔洞内的单体聚合成高聚物的管或丝的方法. 化学法的过程如下:将模板浸入所要求的单体和聚合反应剂(引发剂)的混合溶液中,在一定温度或紫外光照射下,进入模孔内的溶液,经聚合反应形成聚合物的管或丝的阵列体系. 电化学法是在模板的一面涂上金属作为阳极,通电使模板孔洞内的单体聚合形成管或丝的阵列. 形成管或丝取决于聚合时间的长短,聚合时间短形成纳米管,随聚合时间的增加,管壁厚度不断增加,最后形成丝.

用这种方法成功地制备了导电高分子聚三甲基噻吩、聚吡咯和聚苯胺的管或丝的阵列体系. 该阵列体系呈现出明显的电导增强,丝越细,电导越高,聚吡咯丝比块体电导高一个数量级. 电导增强来源于丝外层高分子链呈有序排列. 随着丝的直径减小,有序排列的高分子链占的相对比例增大,电导增强效应越来越显著. 导电高聚物纳米丝和管的阵列体系可用作微电子元件.

通常的电绝缘塑料也能用化学聚合的方法合成纳米管或丝的阵列. 例如,将氧化铝模板浸入丙烯腈的饱和水溶液,然后加 25ml 的 15mmol/L 过二硫酸铵 $(NH_4)_4S_2O_8$,25ml 的 20mmol/L $NaHSO_3$ 水溶液,在 40℃ 下聚合反应 1~2h,在此期间通以 N_2 气净化,结果形成了聚丙烯腈纳米管的阵列. 将此组装体系在 750℃ 空气中加热 1h,再在 N_2 气中加热 1h,使聚丙烯腈石墨化形成纳米碳管的阵列体系[图 12.11(a)]. 如果将氧化铝溶去,则获得碳管[图 12.11(b)],在碳管中组装丙烯腈管,并继续在其中组装 Au 丝,结果得到复合丝[图 12.11(c,d)]. 若将模板浸入 8ml 的丙烯腈中。再加入 1mg 环己腈溶,在通 N_2 下,经 60℃ 加热,使丙烯腈聚合形成聚丙烯腈纳米丝. 用上述同样的热处理方法使此纳米丝石墨化形成纳米碳丝阵列.

（4）溶胶-凝胶法

Martin 等人[28]用纳米粒子的溶胶浸泡多孔氧化铝模板,制备出多种无机半导体材料的纳米管和丝的阵列,例如 TiO_2,ZnO 和 WO_3 等.具体过程如下:首先将氧化铝模板浸在溶胶中使溶胶沉积在模板孔洞的壁上,经热处理后,所需的半导体的管或丝在孔内形成,浸泡时间短,则形成管,时间增加,形成丝.

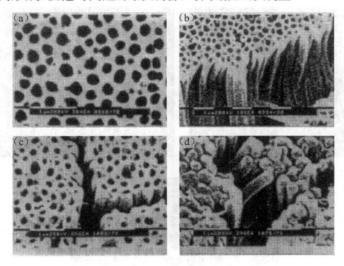

图 12.11

纳米碳管/氧化铝模板阵列体系表面扫描电镜像(a);(b)溶去氧化铝模板后获得的碳纳米管;
(c)在每根管内组装了丙烯腈后阵列体系的表面像;(d)在(c)中的复合纳米管中组装了
Au 丝的碳/丙烯腈/Au 复合管(溶去了氧化铝模板后获得的)

（5）化学气相沉积法（CVD 法）

一般的化学气相沉积法的沉积速度太快,往往将孔洞口堵塞,使得蒸气无法进入整个柱形孔洞,因此无法形成丝和管.Martin 等人[29]用下面的 CVD 法成功地制备出碳纳米管的阵列,具体过程如下:将 Al_2O_3 模板放入 700℃左右的高温炉中,并通以乙烯或丙烯气体,这类气体在通过模板孔洞的期间发生热解,结果在孔洞壁上形成碳膜(形成碳管),碳管壁厚取决于总的反应时间和气体的压力.Martin 等人[30]用无电镀模板合成法首先制出 Au 的管和丝,然后将模板溶去,用 CVD 法在 Au 的丝和管的表面涂上一层 TiS_2,获得了 Au/TiS_2 复合丝和管.

最近,程国胜,张立德(Chen G S,Zhang L D)等人[31]采用高温气相反应法成功地合成 CaN 纳米丝阵列体系.图 12.12 示出了该阵列体的扫描电镜像.(a),(b)

和(c)分别对应纳米阵列体系的断面、低倍和高倍扫描电镜像. 制备该阵列体系的装置与图 1.10 所示出的相同,在管式炉中部放置一刚玉坩埚,在坩埚的底部均匀放置摩尔比为 4：1 的金属 Ga 细块体与 Ca_2O_3 粉末,在其上平放孔洞贯通的 Al_2O_3 有序孔洞模板,在模板底部有一层 In 膜. 用机械泵排除炉中的空气,然后通人 NH_3 气体,经几次抽排 NH_3 气,使得炉内保持纯净的 NH_3 气,NH_3 气的流量保持在 300ml/min,炉温升至 1000℃,经 2h 后冷至室温,由此获得 GaN 纳米丝阵列体系.

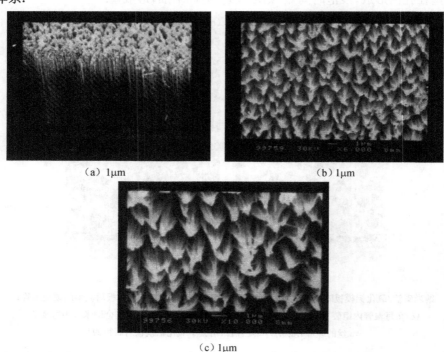

（a）1μm　　　　　　　　　　　　　　　　（b）1μm

（c）1μm

图 12.12　GaN 纳米丝有序阵列的扫描电镜像

(a)横断面；(b)俯视图(低倍)；(c)俯视图(高倍)

以上结果可以看出,模板法是一种非常简单的合成纳米结构阵列体系的方法,它既可合成阵列结构,又可通过腐蚀移去模板获得纳米丝和管(包括单组分的和复合纳米材料的丝和管),材料可以为金属、高分子、碳、半导体及氧化物等. 这种纳米阵列体系不仅可用来进行基础研究,而且有着广阔的应用前景(见十四章).

12.3　介孔固体和介孔复合体的合成和特性

介孔固体和纳米颗粒价孔固体的复合体系是 90 年代初纳米科学中引人注目

的前沿领域[32~34]. 随着实验室技术的发展,人们有可能在原子尺度上合成材料,产生了原子团簇、准一维纳米材料、多层异质结构及颗粒膜等. 这些人工材料最主要的特征是维数低、对称性差、几何特征显著,材料的性质对颗粒尺度十分敏感,小尺寸效应、界面效应及量子尺寸效应表现得十分敏感,从而导致许多奇异的物理、化学特性出现. 纳米颗粒与介孔固体的组装不但使纳米微粒的许多特性得到充分地发挥,而且又产生了纳米微粒和介孔固体本身所不具备的特殊性质,例如介孔荧光增强效应[35~37]、光学非线性增强效应[38,39]、磁性异常[40] 等,同时,也为人们按照自己的意愿设计实现对某些性质进行调制,例如,人们可以通过控制纳米微粒的尺度、表面状态、介孔固体的孔径和孔隙率对光吸收边和吸收带的位置进行大幅度地调制. 这是一个全新的研究对象,近几年来引起了国际上的广泛注意. 下面仅就近年来我们在介孔固体及其与纳米微粒组装体系(介孔复合体)的表征和物性研究的新进展进行评述.

12.3.1　介孔固体的合成与表征

1992 年葡萄牙里斯本会议上正式提出介孔固体的概念. 根据孔的分布可分为有序和无序介孔固体,而以往的定义仅涉及孔尺寸,并且也不统一. 有的认为孔径在 2~50nm 的多孔固体为介孔固体[33],也有的认为 2~10nm 的多孔固体为介孔固体[32]. 我们认为,仅由孔尺寸大小来定义是不全面的,介孔固体与介孔应是两种不同的概念. 作为一种独立的固体材料,介孔固体应在性能上显著不同于微孔固体和无孔的体相材料,只含少数介孔的固体,其性能与体相材料不会有何差别,显然不能称其为介孔固体. 所以介孔固体不但与孔尺寸有关,而且还与孔隙率有关,在一定的孔径下,只有当孔隙率足够大时才可能具有特殊性能. 如何表征介孔固体,文献上仅有零星的报导,我们认为不能单纯用平均孔径尺寸来表征,孔隙率也是评价介孔固体的重要参数,介孔固体的孔径分布也是评价介孔固体的一个参数提出:

（ⅰ）孔径大于 2nm 并且具有显著表面效应的多孔固体定义为介孔固体;

（ⅱ）表面效应由多孔固体中表面原子数分数 Σ（即表面原子数与总原子数之比）或比表面积 S 来表征、衡量;

（ⅲ）当 $\Sigma > \Sigma_0$ 时,多孔固体被认为是具有显著表面效应,其中 Σ_0 是一临界值,其大小取决于所研究的性能.

下面具体介绍介孔固体的表征量 S 或 Σ 与孔隙率、孔径及孔径分布的关系.

（1）比表面的基本关系式

当多孔固体中的孔径为单一时,其比表面积 S 满足[41]

$$S = \frac{A}{\rho_0} \cdot \frac{P}{1-P} \cdot \frac{1}{D_P}, \tag{12.2}$$

式中, ρ_0 为多孔固体的骨架密度, P 为孔隙率, D_P 为孔径, A 为常数或形状因子. 对于球形或园锥形孔, A 为 6, 而对于柱形孔, A 为 4. 尽管孔形的模型有许多种, 但一般采取柱形近似 (特别是 SiO_2), Al_2O_3, TiO_2 等多孔固体), 故本文取 $A=4$. 若多孔固体中孔尺寸存在某种类型的分布, 则由式 (12.2) 可得

$$S = \frac{4}{\rho_0} \cdot \frac{P}{1-P} \cdot \frac{\overline{D_P}}{\overline{D_P^2}}, \tag{12.3}$$

式中 $\overline{D_P}$ 为孔的平均值, $\overline{D_P^2}$ 为 D_P^2 的平均值. 由统计理论[41]可知, $\overline{D_P^2}$ 与 $\overline{D_P}$ 存在一定的关系, 而与孔尺寸的具体分布函数无关, 即

$$\overline{D_P^2} = \sigma^2 + \overline{D_P}^2, \tag{12.4}$$

所以可得

$$S = \frac{4}{\rho_0} \cdot \frac{1}{1+q^2} \cdot \frac{P}{1-P} \cdot \frac{1}{\overline{D_P}} \tag{12.5}$$

式中参数 $q = \sigma \sqrt{D_P}$, σ 为标准偏差. 式 (12.5) 将平均孔径、尺寸偏差及孔隙率与比表面积联系在一起.

(2) 表面原子分数 Σ 的基本关系式

介孔固体表面原子分数 Σ 也可以用来表征介孔固体, 它与孔径尺寸和孔隙率也有密切的关系. 在单位重量的多孔固体中, 总的表面原子数 N_S 可表示为

$$N_S = \frac{S}{\delta^2}, \tag{12.6}$$

式中 δ 为多孔固体中原子间距, 则单位重量多孔固体中总的原子数 N_t 为

$$N_t = \frac{1}{\rho_0 \cdot \delta^3} \tag{12.7}$$

因此表面原子分数 Σ 为

$$\Sigma = \frac{N_S}{N_t} = S \cdot \rho_0 \delta \tag{12.8}$$

Σ 与 S 成正比, 即 Σ 和 S 均可作为表面效应的度量, 二者具有等效关系.

(3) 孔径分布和孔隙率的影响

孔径分布对比表面积的影响可以忽略. 由式 (12.5) 可知, 比表面积 S 不但与平均孔径 $\overline{D_P}$ 和孔隙率 P 有关, 而且与衡量孔径分布宽度的标准偏差 σ 有关. 然而, 与 P 或 $\overline{D_P}$ 对 S 的影响相比, σ 的影响可以忽略. 根据式 (12.5), σ 值改变一个数量级 (如从 $0.1\overline{D_P}$ 到 $\overline{D_P}$) 而对应的 S 改变不到一倍, 图 12.13 清楚地表明这一点. 一般而言, $\overline{D_P} > \sigma$, 故 $\sigma \sqrt{D_P}$ 的变化是很小的, 换言之, 孔径尺寸分布宽度大小对比表面积影响不大. 为了证实这一点, 可将式 (12.5) 表示为

$$S = B \cdot \frac{P}{1-P} \cdot \frac{1}{\overline{D}_P},$$

$$B = \frac{4}{\rho_0} \cdot \frac{1}{1+q^2}. \tag{12.9}$$

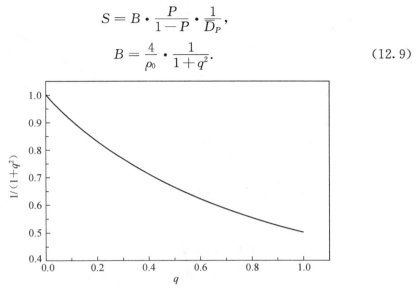

图 12.13　孔径分布对比表面积影响示意图[参照式(12.5)]

若 σ 变化对 S 影响可以忽略,则 B 应为常数. S 对 $\dfrac{P}{(1-P) \cdot \overline{D}_P}$ 作图应为直线,并且直线的延长线应通过坐标原点. 根据文献[42]所提供的不同种多孔固体(TiO_2, Al_2O_3 等)$P, \overline{D}_P, S$ 的测量值,作 $S - \dfrac{P}{(1-P) \cdot \overline{D}_P}$ 曲线见图 12.14 所示. 不同的数据对应不同的处理条件,即对应不同的 σ 值. 可看出,存在很好的直线关系,并且直线通过原点,从而证实了式(12.9)的有效性和孔径分布宽度对比表面积影响是很小的. 总之,比表面积或与表面积有关的性质将决定于平均孔径和孔隙率的大小,而孔径分布宽度的影响可忽略. 由式(12.5)和式(12.8)可知,S 和 Σ 与 $\overline{D}_P$ 成反比关系,而孔隙率 P 的影响要相对复杂一些. 由式(12.8)和式(12.9)可得

$$\frac{\Sigma}{E} = \frac{1}{1-P} - 1,$$

$$E = \frac{B\delta\rho_0}{D_P} \tag{12.10}$$

图 12.15 表明 $\dfrac{\Sigma}{E} - P$ 的曲线,在给定孔径的情况下,当 $P < 80\%$ 时,孔隙率对 Σ 或 S 的贡献很小,而当 P 大于 80%,尤其大于 90% 时,P 的增大将显著增加比表面积.

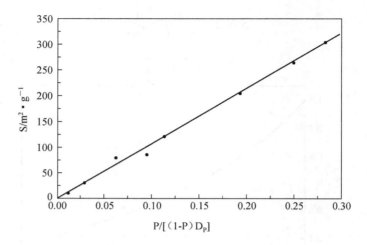

数据点为实验值；实线为线性回归结果

图 12.14 $S-\dfrac{P}{(1-P)\cdot\overline{D}_P}$ 曲线

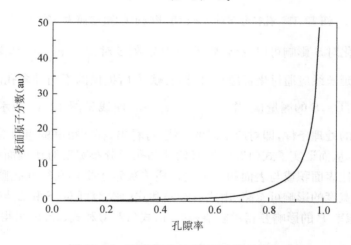

图 12.15   孔隙率对表面原子分数的影响

（4）表征

由上述可知，孔径尺寸的分布变化对 Σ 影响不大，式（12.5）中的 $\dfrac{1}{1+q^2}$ 数值一般位于 $\left[\dfrac{1}{2},1\right]$ 范围，不妨取该范围的中值 $\dfrac{3}{4}$ 作为该项的数值，则式（12.10）可变为

$$\Sigma = \frac{3P}{1-P}\cdot\frac{1}{D_E},\tag{12.11}$$

式中 $\overline{D}_E=\dfrac{\overline{D}_P}{\delta}$，即以原子间距作为长度单位的平均孔径. 根据本节的假设，当 $\Sigma>\Sigma_0$ 时的多孔固体定义为介孔固体. 因此. 对应的孔径和孔隙率可以由下式确定：

$$\overline{D}_E < \frac{3P}{1-P}\cdot\frac{1}{\Sigma_0}. \tag{12.12}$$

一般而言，要有显著的表面效应，Σ_0 应大于 20%[43]（对于颗粒，则相当小于 100nm 直径），确定的数值应与所研究的具体性能有关. 图 12.16 示明了 Σ_0 为 20% 时 $\overline{D}_E$ 对 P 的关系曲线. 图中 11 区中的多孔固体对应的 Σ 均大于 Σ_0，将表现出显著的表面效应，应为介孔固体，而曲线以上的区域即 1 区，则无显著表面效应，其性能应与体相材料相当. $\overline{D}_E$ 小于最小 $\overline{D}_E$（即 $\dfrac{2\text{nm}}{\delta}$）的孔为微孔. 若取 $\delta=0.2\text{nm}$，则最小 $\overline{D}_E=10$，对于图 12.16 中 11 区，有

$$P>P_m, \tag{12.13}$$

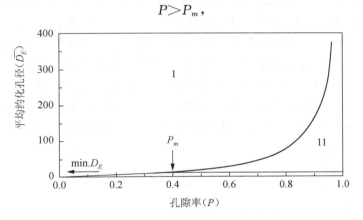

图 12.16 介孔固体的最大孔径对孔隙率作图（$\Sigma_0=20\%$）

式中 P_m 为介孔固体的最小孔隙率. 由式（12.12）可得

$$P_m = 1 - \frac{3}{3+(\overline{D}_E)_{\min}\Sigma_0} = 1 - \frac{3}{3+10\Sigma_0}. \tag{12.14}$$

可看出，介孔固体的最小孔隙率与临界表面原子分数 Σ_0 有关. 对于不同 Σ_0 值，介孔固体的孔隙率和平均孔径尺寸范围均不同. 而 Σ_0 值取决于所研究的与表面有关的性能. 由图 12.16 可以看出，在制备介孔固体时，在一定的孔径下孔隙率必须超过一个临界值（即图中曲线所对应的值）才能称为介孔固体. 只有当（$\overline{D}_E$，P）点位于 11 区的多孔固体，才具有显著的表面效应，我们称之为介孔固体，这也是制备介孔固体的基本理论依据.

总之，我们提出了以显著表面效应来定义介孔固体的观点，基于此，介孔固体不仅与平均孔径有关，而且还与孔隙率有关，但与孔径尺寸分布关系不大. 介孔固体的平均孔径和孔隙率可在较大范围内变化，这取决于所研究的与表面有关的性

能. 对于具有介观尺度孔径(2～50nm)介孔固体,对应的临界表面原子分数 Σ_0 大于 20%,其最小孔隙率必须大于 40%. 平均孔径越大,最小的孔隙率也应越大.

12.3.2　介孔固体和介孔复合体荧光增强效应

(1) 纳米 ZnO/介孔 SiO$_2$ 固体组装体系

采用溶胶-凝胶和超临界干燥法制成了孔隙率 93%、孔径为 2～30nm 的介孔 SiO$_2$ 固体(气凝胶),把 ZnSO$_4$ 水溶液浸泡人孔洞内,再加入稀氨水,在 SiO$_2$ 介孔中生成了 Zn(OH)$_2$ 的沉淀物,经 473K 至 873K 的退火,即可获得的纳米 ZnO/介孔 SiO$_2$ 的复合体,孔隙内纳米 ZnO 的粒径可以通过选择适当的退火温度来控制. 紫外～可见光范围荧光测量结果表明在可见光范围出现一个强的绿光带,峰位约 500nm,与纯的纳米 ZnO 块体比较,由饱和 ZnSO$_4$ 水溶液制成的介孔复合体发光强度增强 50 倍[36],如图 12.17 所示. 十分有趣的是介孔固体的荧光增强效应可以通过 ZnSO$_4$ 的浓度进行控制,纳米微粒在孔洞中的量越大,增强效应越显著,利用退火温度和 ZnS$_4$ 水溶液的浓度变化可实现荧光带峰位的调制,图 12.17(a)表明,经 473K＋773K＋873K 4h 退火试样的峰位由 473K 或 473K＋773K 退火 4h 试样的 500nm 移到 580nm,当 ZnSO$_4$ 水溶液的浓度由饱和溶液释到 50% 时,荧光增强

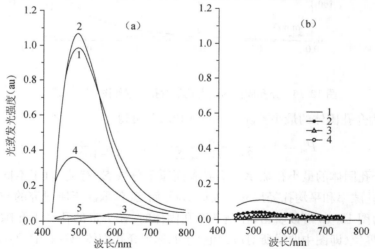

图 12.17　纳米 ZnO/SiO$_2$ 气凝胶介孔复合体和纳米结构 ZnO 块体的光致发光谱
(a)曲线 1～4 分别对应 473K×4h,473K×4h＋773K×4h,473K×4h＋773K×4h＋873K×4h 和 573K×4h 退火的四种介孔复合体,其中介孔复合体 1～3 为经饱和 ZnSO$_4$ 水溶液浸泡制得的, 介孔复合体 4 为经 50%水稀释的 ZnSO$_4$ 水溶液浸泡制得的. 曲线 5 对应纯的 SiO$_2$ 介孔固体; (b)曲线 1～4 分别对应 473K,573K,673K 和 1423K 退火 4h 的四种纳米结构 ZnO 块体试样

由 50 倍下降到 10 倍,荧光带的峰位由 500nm 蓝移到 480nm.

（2）掺杂的介孔 SiO₂

将适当比例的稀土离子和 Al 离子加入到介孔 SiO₂ 基体中形成掺杂的介孔 SiO₂ 的固体干凝胶,发现一系列荧光增强效应. 在 SiO₂ 的前驱体中加入 $Ce(SO_4)_2$ 或 $Ce(NO_3)_3$ 及 $AlCl_3$,摩尔配比 Si：Ce＝100：1,Al：Ce＝10：1. 通过水解和胶凝,分别得到 Ce^{4+} 掺杂和 Ce^{3+} 掺杂的介孔 SiO₂ 固体,荧光测量表明,对掺 Ce^{4+} 的介孔 SiO₂ 观察到两个荧光带,一个位于紫外区 340nm,另一个位于红光范围 650nm 处[见图 12.18 中曲线（d）],而掺 Ce^{3+} 的 SiO₂ 介孔固体在同样的测试条件下在紫外到可见光范围没观察到荧光现象. Al^{3+} 的掺杂有明显增强 Ce^{4+}/SiO₂ 的荧光强度,如图 12.18 中曲线（b）所示. 比较曲线（b）和曲线（d）可以看出,Al^{3+} 的添加可以使发光强度增高 5 倍以上. 若在 773K 退火,则明显地降低了添加 Al^{3+} 试样的荧光强度,而对未加 Al^{3+} 的试样,退火的影响不大,如图 12.18 中曲线（c）和（e）所示. 加 Al^{3+} 和未加 Al^{3+} 试样的激发谱基本一致[见曲线（a）],这表明加 Al^{3+} 和未加 Al^{3+} 试样的发光机理是一样的.

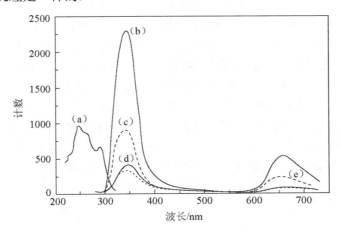

图 12.18　Ce/SiO_2 复合材料（Ce^{4+}）的发射谱（E_x＝250nm）和激发谱

(a)激发谱,E_m＝345nm;(b)和(d)分别为加 Al 和没加 Al 试样的发射谱;(c)和(e)(即虚线)分别对应于(b)和(d)试样,经 773k 退火 1h 后的发射谱. 图中 340nm 处的荧光峰自上至下分别为曲线(b)～(e)

Tb^{3+} 和 Al^{3+} 共掺 SiO₂,介孔固体(干凝胶)也发现了极强的荧光增强现象,在绿光波段 546nm 处出现一尖锐的荧光峰,这是 Tb^{3+} 的 4f 电子跃迁所引起的(见图 12.19). 荧光峰的强度可以通过 Al^{3+} 的加入量进行调制,当 Al：Tb＝10：1(摩尔比)时,有最佳绿光增强效果,强度增加 10 倍(图 12.19). 由图 12.19 可以看出,Al：Tb 为 50：1 时发光强度最强. 有文献报道[44,45]在 Sm 掺杂的 SiO₂ 介孔固体(干凝胶)中,Al：Sm＝10：1 时为最佳荧光增强. 最近实验结果表明,Al：Tb＝

50∶1的荧光增强是 10∶1 的 1.5 倍.

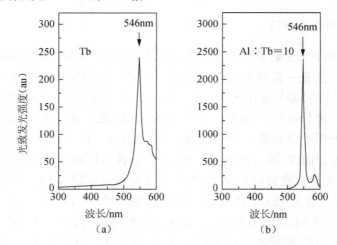

图 12.19　Th/SiO₂ 的荧光谱(已扣除 SiO₂ 的荧光背底, E_x＝245nm)

(a)没加 Al;(b)Al∶Tb＝10(由于测试的倍频效应,在 490nm 处的荧光峰被掩盖,
故在此未能画出,各试样的 Si∶Tb＝100)

掺杂的 SiO₂ 介孔固体荧光增强的幅度还可以改变孔隙率进行调制,荧光位置的移动还可以通过退火处理进行调制,这就为实现人工控制介孔固体的荧光强度和荧光带的位置提供了可能. 我们用溶胶-凝胶和超临界干燥法获得了掺 Al³⁺ 的、孔隙率超过 93％的 SiO₂ 气凝胶,观察到极强的荧光增强效应[37](见图 12.20). 图 12.21示出了未经退火处理的掺 Al³⁺ 的 SiO₂ 气凝胶(曲线 1),未掺 Al³⁺ 的原始 SiO₂ 气凝胶(曲线 2)和经 300℃退火的掺 Al³⁺ 的 50％孔隙率的 SiO₂ 干凝胶(曲线 3)的荧光谱. 可以看出,在 400nm 到 700nm 波长范围均出现一个宽的荧光带,曲线 1 的峰位为 520nm. 这些结果表明,掺 Al³⁺ 的 SiO₂ 气凝胶比掺 Al³⁺ 的干凝胶和未掺 Al³⁺

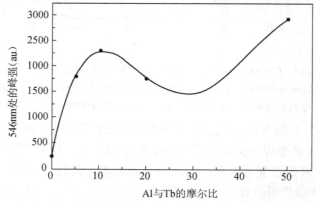

图 12.20　Al 的加入量对 Tb/SiO₂ 的 546nm 处的荧光强度影响

的气凝胶的荧光增强 10 多倍. 可见, 高孔隙率的气凝胶对荧光增强是有利的. 退火处理可以大大提高掺 Al^{3+} SiO_2 气凝胶荧光幅度, 经 773K 退火, 掺 Al^{3+} 的气凝胶荧光行为有明显的变化, 宽的荧光带分裂成两个峰, 荧光强度比未处理试样增强 2 到 3 倍, 是未掺 Al^{3+} SiO_2 气凝胶的 40 倍, 是掺 Al^{3+} 的 SiO_2 干凝胶的 32 倍, 明显地高于多孔硅的发光强度, 如图 12.22 所示. 此双峰的峰位与未处理试样相比较明显地发生红移.

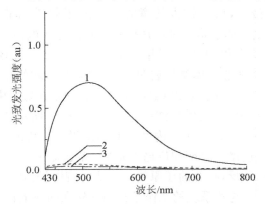

图 12.21　未热处理掺 Al^{3+} 的 SiO_2 气凝胶(曲线 1), 纯的 SiO_2 气凝胶(曲线 2)和经 300℃退火 4h 的掺 Al^{3+} SiO_2 干凝胶(曲线 3)的可见光光致发谱

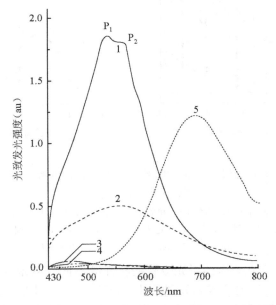

图 12.22　经 500℃退火 4h 的掺 Al^{3+} SiO_2 气凝胶(曲线 1), 纯 SiO_2 气凝胶(曲线 4), 经 300℃退火 4h 的掺 Al^{3+} SiO_2 干凝胶(曲线 3), 硅酸铝(曲线 2)以及多孔硅(曲线 5)的可见光光致发光谱

　　（3）光吸收边和光吸收带位置的调制

　　介孔复合体一个重要特征是可以通过热处理和介孔中所含异质纳米颗粒的量的控制实现对光吸收边和吸收带位置的调制，这是一般常规复合材料不具备的特性.将纳米 Cr_2O_3 微粒组装到多孔 Al_2O_3 的孔洞中形成复合体系可以通过热处理来调制光吸收带的位置，可以按人的意志实现光吸收带的蓝移或者红移.纳米 Cr_2O_3/介孔 Al_2O_3 复合体系是通过将介孔 Al_2O_3 浸泡在饱和 $Cr(NO_3)_3$ 水溶液中 1h，经不同温度热解而获得的.由于 Al_2O_3 孔尺寸的限制，孔内纳米 Cr_2O_3 的尺寸不随热解温度变化.光吸收实验结果表明，纳米 Cr_2O_3 微粒的 4 个光吸收带随热解温度的升高都发生蓝移，如图 12.23（a）所示.相反，如果在氢气中进行还原处理，纳米 Cr_2O_3 微粒的所有吸收带均发生红移，如图 12.23（b）所示[46~47].这种光吸收带调制的机制是由于热处理改变了孔内纳米 Cr_2O_3 微粒表面的状态所致，热解温度愈高，由于氧的补充，使微粒表面配位趋于完整，畸变减小，量子尺寸效应起主导作用，导致吸收带蓝移；相反，在氢的还原气氛下处理，表面欠氧严重，畸变增加，导致了吸收带的红移[46~47]，这些系统的工作是我们率先在国际上报道的.

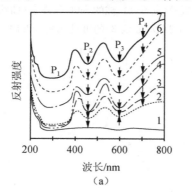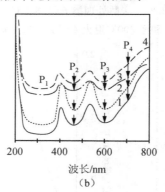

图 12.23　未经氢气还原（a）和经 873K 氢气还原（b）的纳米 Cr_2O_3/介孔 Al_2O_3
复合体系的光反射谱

图中箭头指示峰位.（a）曲线 1~5 和 7 分别相当于 673,973,1073,1173,1273 和
1373K 退火 4h 试样.曲线 6 对应 1273K 退火 12h 试样；（b）曲线 1~4 分别对应 973K×4h，
1073K×4h,1173K×4h 和 1273K×12h 的试样

　　纳米 Ag/SiO_2 介孔复合体系光吸收的特征既不同于纳米 Ag 颗粒，也不同于介孔 SiO_2 固体，在一定的合成和处理条件下，具有直接带隙半导体的光吸收特征，而且光吸收边的位置可以通过纳米 Ag 的复合量来进行控制，实现吸收边从紫外到红光波段的移动[48,49].我们知道，纳米 Ag 颗粒在约 400nm 波段处存在一个表面等离子体振荡吸收峰，而当纳米 Ag（直径小于 3nm）组装到 SiO_2 介孔固体的孔中，原来 Ag 的表面等离子共振吸收峰消失，介孔复合体的光吸收谱仅呈现一个吸收

边,对应于孔内 Ag 的带间吸收. 当复合量由 0 到 5.0wt％变化时,带边的位置可从近紫外至整个可见光范围移动(见图 12.24),随着复合量的增加,红移的幅度也增加. 这一重要规律的发现给人们的启示是可以通过介孔复合体内纳米复合量来控制吸收边的位置. 进一步研究发现,不同 Ag 含量的介孔复合体带边处的光吸收值与光波长之间均符合直接带隙半导体光吸收边公式[40]

$$\alpha h\upsilon = A(h\upsilon - E_g)^{\frac{1}{2}}, \tag{12.15}$$

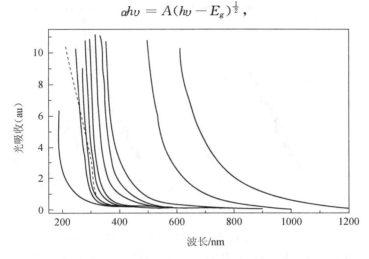

图 12.24　不同复合量的 Ag/SiO₂ 介孔复合体试样经 773K 半小时处理后的光吸收谱
实线从左至右对应的银复合量(wt％)分别为:0.0,0.25,0.50,0.75,1.0,1.23,
1.72,2.50,3.44,5.0;虚线:采用银的带间介电常数数据,根据有效介质理论
计算的 Ag/SiO₂ 系统中 Ag 颗粒带间吸收谱

式中 α 为光吸收值,$h\upsilon$ 为入射光能量,A 和 E_g 为常数. 不同复合量试样的 $(\alpha h\upsilon)^2$ 对 $h\upsilon$ 作图可得一系列平行直线,如图 12.25 所示. 这些工作的重要意义在于纳米 Ag/SiO₂ 介孔复合体的半导体光吸收特性与常规半导体不同,它的带隙可通过纳米 Ag 颗粒含量来进行调制,调制的幅度之大也是常规半导体很难做到的.

(4) 环境敏感特性

介孔复合体的结构特征使它具有对环境十分敏感的特性. 纳米 Ag/SiO₂ 介孔复合体对环境的湿度十分敏感,室温下,在较低的湿度下(如小于 30％),该复合体系十分稳定,而当湿度大于 60％,则出现了一系列常规 Ag 与 SiO₂ 的复合材料所不具有的新现象.

(ⅰ) 透明与不透明可逆转变的光开关效应[50~53]. 纳米 Ag/SiO₂ 介孔复合体在室温下,相对湿度大于 60％的环境中暴露,试样由透明变为不透明,颜色由浅黄变成黑色. 随后,在大于 500K 退火处理,试样又由黑变成透明的浅黄色,此现象可以交替重复变化,通过光吸收边的移动可以对此现象进行唯象的描述(图 12.26).进一步研究揭示了这种现象主要是由于孔内 Ag 颗粒表面结构变化所致,在高相对湿度下,Ag 表面氧化变成 Ag_2O,在 500K 下,颗粒表面 Ag_2O 又分解成 Ag,而纳米尺度促进了 Ag 颗粒表面的氧化和氧化物的分解,使这种交替可逆变化变得更容易.

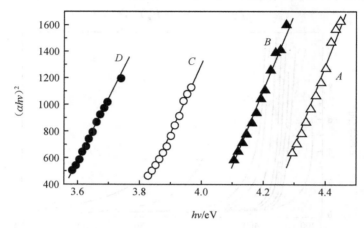

图 12.25 　$(\alpha h\upsilon)^2$-$h\upsilon$ 曲线(数据来自图 12.24)
含银量(wt%):A 为 0.75;B 为 1.0;C 为 1.23;D 为 1.72;实线为线性回归线

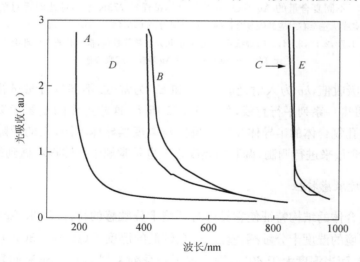

图 12.26　参考试样和复合体试样的光吸收谱
A:参考试样(SiO_2 介孔固体);B:复合体试样(623K,2h);C:试样 B 在相对湿度为
60%~65%的室温大气中暴露 12h;D:试样 C 经 580K 10min 处理;E:直径为~50nm Ag_2O 粉

（ii ）吸附和氧化过程的环境敏感性[54~56]. 介孔复合体内金属纳米粒子表面

的吸附和表面氧化比常规材料有更敏感的环境依赖性. 例如, 纳米 Ag/SiO₂ 介孔复合体在中等相对湿度的室温环境中, 空气中的氧首先在孔内纳米 Ag 颗粒表面上产生物理吸附, 然后转变为化学吸附, 最后, 在表面产生氧化, 而在干燥的空气中只产生物理吸附, 进而化学吸附, 但不发生氧化. 随着相对湿度的增加, 氧化过程加快. 通过热效应实验、光吸收和热力学分析, 获得了孔内金属 Ag 纳米颗粒物理吸附和化学吸附的 O_2 与 Ag 之间的结合能及 Ag_2O 中 Ag—O 键的结合能. 这是首次在纳米 Ag/SiO₂ 介孔复合体系中给出了上述定量数据, 这些工作的意义还在于利用 Ag 颗粒表面的氧化可以增大该复合体系的带间宽度, 为人们控制该体系带间宽度提供了一个新的方法, 同时, 把光吸收边的蓝移与颗粒表面氧化联系起来, 从而提出了一个通过光吸收的测量来研究孔内纳米金属颗粒表面氧化过程的新方法[25].

（ⅲ）环境诱导的界面耦合效应[57]. 环境诱导界面耦合效应. 在室温高相对湿度大于 80% 下, 颗粒/孔壁间有硅酸银相形成, 也可导致试样由透明向不透明转变, 界面相的形成量满足室温高湿度下的暴露时间的幂函数规律. 这种界面相在大于 573K 时开始分解, 至 973K 完全分解, 从而可使试样完全恢复原态, 即由不透明转变为透明. 在界面相完全分解之前, 加热不会引起孔内颗粒的明显粗化. 只有在分解完毕后, 进一步加热才导致颗粒显著粗化[58]. 若交替地暴露继之以在大于 573K~973K 范围内加热, 由于界面相的交替形成和分解, 同样表现出可逆光学现象.

12.4 单电子晶体管

20 世纪 80 年代后期, 介观物理研究的新成就是单电子隧道效应和库仑堵塞效应的发现, 有人在 *Nature* 上发表评论性的论文, 预言"如果能将量子点的尺寸减小到几 nm, 就很可能造出在液氮温度以上工作的单电子晶体管, 这很可能给 21 世纪电子学带来一场新的革命". 当时有人预言单电子晶体管的问世很可能在 2005 年以前, 这篇论文发表不到两年, 日本 NEC 的实验室就成功地设计制备了纳米金属颗粒的单电子晶体管. 1995 年到 1998 年, 单电子晶体管的类型不断增加, 有金属纳米粒子, 也有半导体纳米粒子的阵列作为单电子晶体管的核心部分. 纳米加工技术的飞快发展, 大大推动了单电子晶体管研制的进程. 德国马普学会固体所最近发展用价格便宜的 Al 纳米颗粒的阵列设计了新型的单电子晶体管. 目前, 单电子晶体管的工作温度已接近室温, 损耗小, 电流-电压曲线呈阶梯形状, 功率低.

单电子晶体管是依据库仑堵塞效应和单电子隧道效应的基本物理原理设计和制造一种新型的纳米结构器件, 它在未来的微电子学和纳米电子学领域将占有重要的地位. 下面主要介绍一下单电子晶体管构造, 制作和特性.

12.4.1 构造和制作

如果将一个微结构用隧道结与金属导线弱连结起来,形成的电子器件被称为"单电子晶体管". 这种器件中的主要电荷迁移机制是非连续的单电子隧穿过程[59,60]. 由于这个过程起源于电荷之间的库仑静电相互作用,我们称这个微结构为"库仑岛",它可以是半导体纳米粒子或金属纳米粒子. 图 12.27 示出了单电子晶体管构造的原理图,其中阴影部分为连结库仑岛与金属导线的隧道结. R_1, R_2, 和 C_1, C_2 分别表示每个隧道结的电阻值和电容值. 在两根导线上加上偏压 $\pm V/2$,电子隧穿产生的电流为 I,输送电子和接收电子的两个电极分别称作"源"和"漏",一层绝缘介质把库仑岛与其下面的电极隔开形成一个电容,电容值为 C_g. 库仑岛下面的电极称为"栅",栅电压为 V_g. 整个器件的电导性质取决于"源"、"漏"、"栅"上的电压.

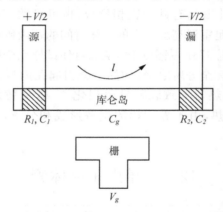

图 12.27　单电子晶体管

关于单电子晶体管的制作技术已有很多的文献做了报道. 下面我们介绍两种制备单电子晶体管的技术,一是电子束纳米微刻技术与金属热蒸发工艺相结合的技术[61],二是化学组装技术[62,63]. 关于第一种方法的基本步骤如下:用硅作基板材料,上面有两层感应膜,上层为甲基丙烯酸甲酯(PMMA),厚约为 60nm,下层为甲基丙烯酸甲酯/甲基丙烯酸共聚物,厚约为 480nm,经电子束刻形成一个凹坑,然后在垂直于基片的方向镀上铝,形成库仑岛,经氧化后在库仑岛上形成氧化膜,在岛的两端斜蒸镀铝,形成了 MINIM 纳米结构,M 代表斜蒸镀的铝"源"和"漏"电极,I 代表隧道结(氧化膜),N 代表库仑岛. 这种单电子晶体管一般存在两种形式:一是 SSS,即岛与导线都在超导态(S);另一种为 NNN,即岛与导线都处在正常态(N). 我们通常外加一个磁场(~2T),使单电子晶体管从 SSS 特性转为 NNN 特性.

用化学自组装方法构筑纳米结构的单电子晶体管由于成本低,能对库仑岛的尺寸加以控制,因而很可能成为未来有潜力的主导技术.虽然目前采用这种方法制备单电子晶体管在技术上还不够成熟,有些技术的环节尚需进一步地完善,但是,人们在实验室里制备出的单电子晶体管已向世人展现这种方法的强大生命力.概括来说,这种方法有 3 个主要的关键环节:一是库仑岛的制备,包括其尺寸的控制和好的单分散性,二是电极与库仑岛连接处隧道结形成,第三是衬底与库仑岛之间"栅"极的构成.用化学和自组装方法可实现上面 3 个关键步骤.下面我们介绍一个典型的例子.有人[74]用光刻和角蒸发技术在 Si 衬底上排部 Au 电极,使二个 Au 电极之间的间隙为几 nm[见图 12.28(a)].再将此衬底放人含有 1,6-己二硫醇的异丙醇溶液中,二硫醇的一端连接到 Au 电极上,再将 5.8nm 的 Au 或者 CdSe 纳米粒子放入该溶液中,这时通过二硫醇自由端与纳米粒子自组装连接形成 Au-二硫醇-纳米粒子-二硫醇- Au 单电子元件[见图 12.28(b)].图 12.29 示出了该单电子晶体管的 I-V 曲线.可以看 I-V 曲线上出现了台阶,这是典型的单电子传输特征.

(a)
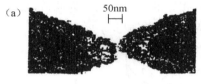

(b)
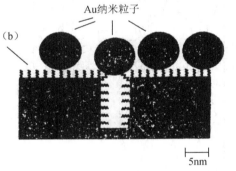

图 12.28　场发射扫描电镜像
(a)自组装前导线结构;(b)单电子元件

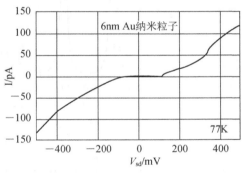

图 12.29　77K 下测得的以 5.8nm Au 纳米粒子为库仑岛的单电子晶体管的 I-V 曲线

12.4.2　电荷宇称效应

单电子晶体管的特性主要表现在以下 3 个方面:一是库仑堵塞效应;二是单电子隧穿效应;三是宇称效应.三者有联系,特别是了解宇称效应必须首先了解库仑堵塞效应和单电子隧穿效应。我们已在 2.6 做了详细的描述,这里重点介绍一下单电子晶体管的宇称效应.这是单电子晶体管的重要效应.当库仑岛呈超导态时,整个系统的电导性质取决于岛上的电子数是奇数还是偶数,一般岛上的传导电子

数可达 10^9 左右. 宇称效应的起因主要与超导体的电子配对(库珀对)密切相关. 在低温和没有外加磁场的条件下,电流随"栅"电荷 Q_0 的改变而显示出一系列周期为 $2e/C_g$ 的曲线. 我们可以用平衡模型来定性地解释这种现象[61]. 偏压很小时,系统的自由能 F_{sys} 为

$$F_{sys} = \frac{(Q_0 - ne)^2}{2C_\Sigma} + P_n F_0 ,$$

$$P_n = \begin{cases} 0, n \text{ 为偶数}, \\ 1, n \text{ 为奇数}, \end{cases} \tag{12.16}$$

n 是岛上的多余电子数, C_Σ 为单电子晶体管的总电容,式中的第二项是 n 为奇和偶数时自由能之差,它的存在导致了宇称效应. 当 n 为奇数时,即有一个未配对的电子存在库仑岛上,这时,系统的基态能量高于 n 为偶数时的基态能量,差值为 F_0,在 $T=0$ 和 $H=0$ 时, $F_0 = \Delta$,即超导能隙. 只有电子配对时,呈超导态. 图 12.30(b)示出这种情况下的系统自由能,周期为 $2e$. 当 Q_0/e 为奇整数时,相邻的能态上电子为偶数,且能态为简并的,库珀对隧穿引起了周期为 $2e$ 的电流[见图 12.30(a)].

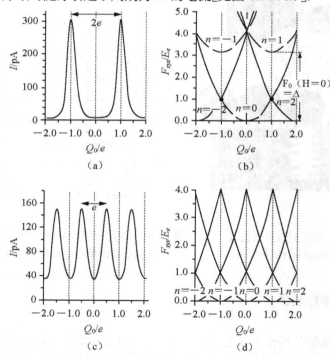

图 12.30　系统自由能图和相应的电流图:

(a),(b)——超导态下的系统自由能及对应的电流曲线(n 为奇数的能态高于 n 为偶数的能态,电流的周期为 $2e$,波峰在 Q_0/e 为奇整数上);(c),(d)——常态下的系统自由能与相应的单电子电流曲线(奇偶自由能差为零,电荷宇称效应消失,电流波峰在半整数上面)

如果岛与导线都在常态下,宇称效应消失了. 图 12.30(d)示出了常态时的系统自由能,当 Q_0/e 为半整数时,单电子隧穿产生了周期为 e 的电流曲线,电流波峰与简并点的位置互相对应[见图 12.30(c)].

12.5　碳纳米管有序阵列体系的化学气相法合成[64]

生长大尺寸的碳纳米管的阵列体系是很重要的,这有利于碳纳米管在扫描探针、传感器、场发射及纳米电子学方面的应用. 成行排列的碳纳米管阵列可用多种方法获得,例如,在介孔氧化硅中的催化剂上及在激光形成的催化剂图案上用化学气相沉积法(CVD 法)生成碳纳米管阵列[65~68];Ren 等[69]用等离子增强 CVD 法在玻璃衬底上生长自成行碳纳米管. 下面主要介绍范守善等人[64]用 CVD 法制备大尺寸碳纳米管阵列的详细过程(见图 12.31):(i)P 掺杂的 n^+ 型 Si(100)基片经电化学腐蚀获得多孔 Si 表面层. 电化学腐蚀在聚四氟乙烯的池中进行,Pt 为阴极,腐蚀时间为 5 分钟,在卤素灯后部照射下进行电化学腐蚀,腐蚀溶液含有一份 HF 酸水溶液(浓度为 50%),一份乙醇,电流密度为 10mA/cm^2 :(ii)在带有方形孔洞掩膜的多孔 Si 衬底上方,通过电子束蒸发在多孔 Si 衬底上形成 Fe 膜的图案(Fe 膜厚为 5nm),掩膜孔的尺寸为边长 $10\sim250\mu m$,深度 $50\sim200\mu m$;(iii)衬底退火. 将带有 Fe 膜图案和多孔 Si 表面层的 Si 衬底在空气中,300℃下退火一夜,使得 Fe 和 Si 表面氧化,以防止在高温 CVD 过程中多孔结构的塌陷;(iv)将衬底放入一端封口的石英舟中心,在流动 Ar 气下加热至 700℃,然后通入乙烯(流速为 1000sccm)15 至 60min. 随后,炉冷至室温. 用扫描电镜观察,发现碳纳米管构成的块(高为 30 至 $240\mu m$)形成规则的阵列(见图 12.32). 用透射电镜观察表明,构成块的碳纳米管为多壁管.

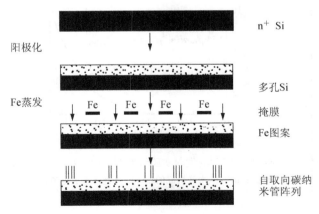

图 12.31　采用催化剂图案和 CVD 法在多孔 Si 上生长取向碳纳米管规则阵列的简单流程

电场发射试验结果表明,这种碳纳米管构成的阵列体系发射电流稳定性很好. 对于具有四个碳纳米管构成的块体阵列(每个块体宽 $250\mu m \times 250\mu m$,高 $130\mu m$), 涂有 Al 的 Si 衬底为阴极,二极间距为 $200\mu m$ 时(图 12.33),电流一电压曲线满足 Fowler-Nord-hein 方程,发射电流在 20 小时试验期间保持稳定的电流密度 ($\sim 0.5mA/cm^2$)(见图 12.33 插图).

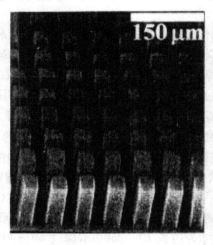

图 12.32　碳纳米管组成的块体的阵列体系

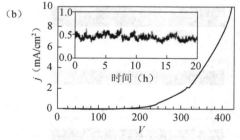

图 12.33　碳纳米管阵列场发射实验线路图和电流(j)-电压(V)曲线

(a)场发射实验线路图;(b)碳纳米管构成的块体的阵列体系的电流(j)-电压 V 曲线

插图:发射电流与时间关系

12.6　MCM-41 合成与物性

　　MCM-41 是一种介孔材料,它具有很多的用途,例如在催化、敏感、分离技术,取向聚合、环境保护和合成准一维或零维材料用的模板等方面得到应用[70~72].MCM-41 可分成两类材料,一类为具有有序介孔阵列,长度为纳米量级的介孔材料,另一类为不仅具有有序介孔通道阵列结构,而且长度为宏观尺度,后者的研究已成为当前研究的热点之一. 近来,有人[73]首次在酸性条件下合成了空心 SiO_2 管子,电镜观察表明,管壁中含有有序共轴介孔通道阵列,如图 12.34 所示. 图 12.34(a)为管子的高倍电镜像,可以看出,沿轴向存在许多平行的通道. 图 12.34(b)为管子头部电镜像,由图清楚可见管壁. 图 12.35 示出了第一类 MCM-41 的横断面电镜像,很清楚,这类材料含有大量有序六角通道.

（a）MCM-41氧化硅管电镜像

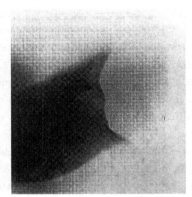

（b）MCM-41氧化硅管头部断口像

图 12.34　MCM-41 氧化硅管电镜像

图 12.35　MCM-41 氧化硅(第一类)的横断面电镜像

参 考 文 献

[1] Murray C B, Kagan C R, Bawendi M G, *Science*, 270, 1335(1995).

[2] Andres R P, Bielefeld J D, Henderson J I, et al. , *Science*, 273, 1690(1996).

[3] Freemam R G, Grabar K C, Allison K J, et al. , *Science*, 267, 1629(1995).

[4] Morkved T L, Wiltzius P, Jaeger H M, et al. , *Appl, Phys, Lett.* , 64(4), 422(1994).

[5] Walsh D, Mann S, *Nature*, 377, 320(1995).

[6] Radzilowski LH, Stupp SI, *Macromolecules*, 27, 7747(1994).

[7] 沈家骢、张希，科学，10, 6(1994).

[8] Li G, MeGown L B, *Science*, 264, 249(1994).

[9] Stupp S I, LeBonheur V, Walker K, et al. , *Science*, 276, 384(1997).

[10] Fujita M, Oguro D, Miyazawa M, et al. , *Nature*, 378, 469(1995).

[11] Koert U, Harding M M, Lehn J M, *Nature*, 346, 339(1990).

[12] Wagher R W, Lindsey J S, *J. Am. Chem. Soc.* , 116, 975(1994).

[13] Hulteen J C, Martin C R, Charpter 10: Template Synthesis of Nanoparticles in Nanoporous Membranes. in: Fendler J H. Nanoparticles and Nanostructured Films. Weinheim, New York. Chichester, Brisbane, Singapore, Toronto: WILEY-VCH, 235, 1998.

[14] Despic A and Parkhutik V P, 20, Charpter 6. in: Bockris J O, White R E, Conway B E. Modern Aspects of Electrochemistry. New York: Plenum Press(1989).

[15] Foss Jr. C A, Hornyak G L, Stockert J A, et al. , *J. Phys. Chem.* , 98, 2963 (1994).

[16] Foss Jr. C A, Hornyak G L, Stockert J A, et al. , *J. Phys. Chem.* , 96, 7497 (1992).

[17] Mawiawi, D A, Coombs N, *J. Appl, Phys.* , 70, 4421(1991).

[18] Fleisher R L, Price P B, Walker R M, Nuclear Tracks in Solids. , Berkelay: uni. of California press, (1975).

[19] Masuda H, Fukuda K. Science, 268(9), 1446(1995).

[20] Brumlik C J. Menon V P, Martin C R, *J, Mater. Res.* , 9, 1174(1994).

[21] Chakarvarti S K, Vetter J, Micromech J, *Microeng.* , 3, 57(1993).

[22] Chakarvarti S K, Vetter J, Micromech J, *J. Nucl. Instrum. Methods. Phys, Res. B*, 62, 109(1991)

[23] Menon V P, Martin C R, *Anal, Chem.* , 67, 1920(1995).

[24] Nishizawa M, Mewon V P, Martin C R, *Science*, 268, 700(1995).

[25] Parthasarathy R V, Martin C R, *Nature*, 369, 298(1994).

[26] Parthasarathy R V, Phani K L N, Martin C R, *Adv. Mater.* , 7, 896(1995).

[27] Parthasarathy R V, Martin C R, *Chem, Mater.* , 6, 1627(1994).

[28] Lakshmi B B, Dorhont P K, Martin C R, *Chem, Mater.* , 9, 857(1997).

[29] Kotani T₁ Tsai L, Tomita A, *Chem. Mater.* , 8, 2109(1996)

[30] 同[13] , P245.

[31] Chen G S, Zhang L D, Zu Y, et al. , *Appl. Phys. Lett.* , 75, 2455(1999).

[32] Gregg S J, Sing K S, Adsorption, Surface Area and Porosity. New York: Academic Press(1982).

[33] Monnier A, Schuth F, Huo Q, *Science*, 261, 1299(1993).

[34] 蔡伟平、张立德，物理，26(4), 213(1997).

[35] Yan F, Bao X M, Wu X W, et al. , *Appl. Phys. Lett.* , 67(23), 3471(1995).

[36] Mo C M, Li Y H, Liu Y S, et al. , *J. Appl. Phys.* , 83(8), 4389(1998).

[37] Li Y H, Mo C M, Yao L 2, et al. , *J. Phys:Ccndens. Matt.* , 10(7), 1655 (1998).

[38] Dvorak M D, Justus B L, Gaskill D K, et al. , *Appl, Phys. Lett.* , 66(7), 804 (1995).

[39] Shirinitt-Rink S, *Phys. Rev. B*, 35, 8113(1987).

[40] Vendange V, Colomban P, *Mater. Sci, and Engn*, A, 168, 199(1993).

[41] 复旦大学编, 概率论, 第一册. 北京:人民教育出版社, 173(1981).

[42] Zaspalis V T, Pragg W V, Keizer K, et al. , *J. Mater. , Sci.* , 27, 1023(1992).

[43] 尾崎义沿著, 赵修建、张联盟译. 超微粒子技术入门, 武汉工业大学出版社. 11(1991).

[44] Morimo R, Mizushima T, Volagawa Y, et al. , *J. Electrochem. Soc.* , 137(7), 2340 (1990).

[45] Arai K, Namikawa H, Kumata K, et al. , *J, Appl, Phys.* , 59(10), 3430(1986).

[46] Mo C M, Cai W L, Chen G, et al. , *J. Phys:Conclens. Matt.* , 9, 6103(1997).

[47] Zhang L D, Mo C M, Cai W L, et al. , *Nanostrnctured Mater.* , 9(1~8). 563 (1997).

[48] Cai W P, Zhang L D, *Chin. Sci. Bull.* , 15, 614(1998).

[49] Cai W P, Zhang L D, *J. Phys:Condens, Matt.* , 9(34), 7257(1997)

[50] El-hady S A, Mansour B A, Monstafa S H, *Phys, Stat. Sol. (a)*, 149, 601 (1995).

[51] Cai W P, Tan M, Wang GZ, et al. , *Appl. Phys. Letl.* , 69(20), 2980(1996).

[52] Cai W P, Zhang L D, *J. Phys:Condens, Matt.* , 8, L. 591(1996).

[53] 蔡伟平、张立德, 功能材料 I -2('96 中国材料研讨会论文分册), 化学工业出版社, 183(1997).

[54] Cai W P, Zhang L D, *Chin. Phys, Lett.* , 14(2), 138(1997).

[55] Cai W P, Tan M, Zhang L D, *J. Phys:Condens. Matt.* , 9(9), 1995(1997).

[56] Cai W P, Zhong H C, Zhang L D, *J. Appl. Phys.* , 83(3), 8979(1998).

[57] Cai W P, Zhang L D, *Appl, Phys.* , A66, 419(1998).

[58] Cai W P, Zhang L D, Zhong H C, et al. , *J. Mater, Res.* , 13, 2888(1998).

[59] Fulton T A, Dolan G, *J. Phys. Rev. Lett.* , 59, 109(1987).

[60] Likharev K K, *J. IBM Res Develop.* , 32(5), 321(1988).

[61] Lu J, Tinkham M, 物理, 27(3), 137(1998).

[62] Klein D L, Roth R, Lim A KL, et al. , *Nature*, 389, 699(1997).

[63] Klein D L, McEuen P L, Katari JEB, et al. , *Appl, Phys. Lett.* , 68, 2574(1996).

[64] Fan S S, Chapline MG, Franklin N R, et al. , *Science*, 283, 512(1999).

[65] Li W V, Xie SS, Qian L X, et al. , *Science*, 274, 1701(1996).

[66] Pan Z, Xie SS, Chang B H, etal. , *Nature*, 394, 631(1998).

[67] Terrones M, Grobert N, Olivares J, et al. , *Nature*, 388, 52(1997).

[68] Terrones M, Grobert N, Zhang J P, et al. , *Chem, Phys, Lett.* , 285, 299(1998).

[69] Ren Z F, Huang ZP, Xu J W, et al. , *Science*, 282, 1105(1998).

[70] Tsang S C E, Burch R, Gleeson D, Thin Fih Depositions in Mesochannels as Novel Sensor and Catedyst materials. in:Muhammed M, Rao KV, kear B et al. Book of Abstract of Fourth International Conference on Nanostructured Materials. Stockholm, Sweden, 145(1998).

[71] Zhou W Z, Thomas J M, Shephard DS, et al. , *Science*, 280, 705(1998).

[72] Burch R. Cruise N A, Gleeson D, etal. , *J. Mater. Chem.* , 8, 277(1998).

[73] Zhang Ye, Phillipp F, Meng G W, et al. , *J. Appl. Phys.* , 88(3), 1450(2000).

[74] Feldheim D L, Keating C D, *Chem, Soc, Rev.* , 27, 1(1998).

第 13 章 纳米测量学[1~4]

纳米科技(NANOST)是 20 世纪 80 年代末崭露头角的新科技,由于它在 21 世纪产业革命中重要的战略地位,因而受到了世界普遍关注. 有人说,20 世纪 70 年代微电子学产生了世界性的信息革命,那么纳米科技将是 21 世纪信息革命的核心.

所谓纳米科技是指在 $10^{-9} \sim 10^{-7}$ m 的范围内认识和改造自然,它是交叉综合学科,包括物理学、化学、生物学、材料科学和电子学,它不仅包含以观测、分析和研究为主线的基础学科,同时,还包括以纳米工程与加工学为主线的技术科学,所以,纳米科技是一个前沿基础学科和高技术融为一体的完整体系. 它包括纳米体系物理学、纳米化学、纳米生物学、纳米材料学、纳米电子学、纳米加工学、纳米测量学、纳米摩擦学等分支学科,而纳米测量学在纳米科技中起着举足轻重的作用,它的内涵涉及纳米尺度的评价、成份、微结构和物性的纳米尺度的测量.

13.1　纳米测量学的现状和进展

纳米科技研究的飞速发展对纳米测量提出了迫切的更高要求,如何评价纳米材料的颗粒度、分布、比表面和微结构,如何评价超薄薄膜表面的平整度和起伏,如何测量纳米尺度的多层膜的单层厚度? 当今晶体管和量子效应原理性器件已进入到亚微米级. 世纪之交的目标值是 250nm,芯片的尺寸越来越小,存贮密度越来越高,纳米电子学中的器件集成已不再遵循微电子学的规律,量子效应将起主导作用,如何评价纳米器件等,这都是摆在纳米测量科学面前的重要课题.

目前,发展纳米测量科学有两个重要途径:一是创造新的纳米测量技术,建立新原理、新方法;二是对常规技术进行改造,使它们能适应纳米测量的需要. 前者近年来发展较快,1984 年 Binnig 和 Rohrer 首先研制成功扫描隧道显微镜(STM),为人类在纳米级乃至在原子级水平上研究物质的表面原子、分子的几何结构及与电子行为有关的物理、化学性质开辟了新的途径,因而获得了 1985 年诺贝尔物理学奖. 10 多年来,作为纳米测量强有力手段的 SPM 技术,包括 STM,AFM、MFM 等,已发展成为商品. 近年来,近场光学显微镜、光子扫描隧道显微镜以及各种谱学分析手段与 SPM 技术相结合的新型纳米测量技术已相继出现,推动了纳米测量学的发展.

对传统分析技术的改造是发展纳米测量学的另一种途径,但是传统的分析技术(包括离子束、光子束、电子束)在纳米测量中有一定的局限性,横向分辨率和纵向分辨率都需进一步地改进.图 13.1 示出了各种微束分析手段适用的范围.

从图 13.1 中不难看出,位于左上方的分析手段完全适合纳米尺度的测量,这包括原子探针场离子显微镜(APFIM)、扫描电子显微镜/俄歇电子谱仪(SEM/AES)、二次离子质谱仪(SIMS)、激光微探针质谱仪(LMMS)、分析电子显微镜(AEM)、电子衍射谱仪(EDS)、电子能量损失谱仪(EELS)、扫描电子显微镜/电子探针 X 射线微区分析(SEM/EP-MA)、近场扫描光学显微镜(NSOM)、紫外/可见光荧光谱仪(UV/V-FM)、微拉曼谱仪(μRS)、傅里叶变换红外谱仪(FTIR).这些纳米测量技术都经过对常规测量仪器进行改造并适当地组合而成.

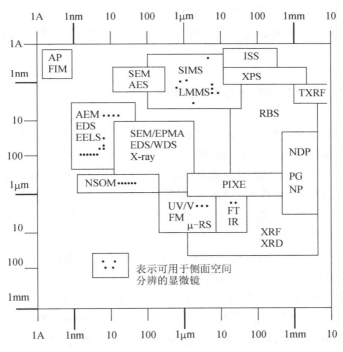

图 13.1　各种微束分析手段适用的范围

图中缩写字说明:AP FIM 为原子探针场离子显微镜;SEM/AES 为扫描电子显微镜/俄歇电子谱仪;SIMS 表示二次离子质谱仪;LMMS 代表激光微探针质谱仪;ISS 为离子散射谱仪;XPS 为 X 射线光电子谱仪;TXRF 为全反射 X 射线荧光谱;AEM 表示分析电子显微镜;EELS 为电子能量损失谱仪;SEM/EPMA 为扫描电子显微镜/电子探针 X 射线微区分析;RBS 为卢瑟福背散射;NDP 代表中子深度剖面法;PGNP 为快速 γ 中子探针;PIXE 为质子诱导 X 射线发射;NSOM 为近场扫描光学显微镜;UV/V-FM 代表紫外/可见荧光显微镜;μRS 表示微拉曼谱仪;FT IR 为傅里叶变换红外谱仪;XRF 为 X 射线荧光;XRD 为 X 射线衍射

对纳米微粒颗粒度、形貌、比表面和结构的分析技术,目前日趋成熟.20 世纪 90 年代以来已有作为商品出售的仪器,主要分析技术和手段有透射电子显微镜

(TEM)和高分辨显微镜（HREM）、扫描隧道显微镜（STM）、原子力显微镜（AFM）.高分辨扫描电子显微镜用于颗粒度和其分布分析,分析手段还有 X 光衍射仪（XRD）、拉曼谱仪（RS）、穆斯堡尔谱仪、比表面测试仪、Zeta 电位仪以及建立在动态光散射和悬浮液中纳米微粒沉降基础上发展起来的纳米粒子粒径分布仪等已得到普遍应用.

13.2 纳米测量技术的展望

当前,纳米科技作为 21 世纪信息革命的核心,普遍受到世界各国的重视,发达国家如美国、日本和西欧纷纷制定纳米科技的战略规划,纳米测量是其中的重要组成部分.下面仅就纳米测量技术未来的发展目标、纳米测量仪器的水平进行概括地介绍.

13.2.1 超薄层面及横向纳米结构的分析

超薄薄膜在未来的纳米器件中占有重要的地位,对横向纳米结构进行定量化分析在纳米技术领域占有突出的地位.

在纳米技术中有一种新的分析技术,它是以扫描隧道电子显微镜为基础衍生出来的新技术,它不但可作为"纳米工具"用于层面的专门修整,也可以作为纳米分析工艺,因此它同时可以确定原子和亚微米尺寸范围的层面结构的几何排列和电子排列形式.

总之,此项分析技术的研究在未来应着眼于以下几个方面:

（ⅰ）应用低能电子和离子源进行显微分析;

（ⅱ）对陶瓷表面、聚合物薄膜以及纳米成分薄膜进行分析;

（ⅲ）对常规微束分析进行改造,与 SPM 组装到一起用于纳米测量;

（ⅳ）对分析结果做到定量化,这是 SPM 系列衍生技术中追求的目标;

（ⅴ）在加工过程中对纳米元件进行原位测量;

（ⅵ）利用显微电子成像技术对超光滑表面纳米尺度起伏进行客观评价,如反射电子显微束可以测量小于 1nm 的台阶;

（ⅶ）纳米精度的定位和控制.

13.2.2 电子与光子束分析技术

电子与光子能谱分析技术中应用最多的是以下几种情形:

（1）俄歇电子能谱分析法（AES）、X 射线光电子能谱分析法（XPS）

AES 能谱分析法是一种标准工艺，既可应用于显微分析，也可用于深度剖面分析. XPS 分析法的优势在于可对固体表面进行化学分析，因此，也可称作是 ESCA（电子能谱化学分析法）技术.

（2）能量扩展 X 射线分析法（EDX）

波长-扩展的 X 射线分析技术（WDX）在纳米科技产品分析中有广泛的应用前景，它的优点是成本低，并能准确地给出纳米微区化学成分以及价带电子结构的信息. 对于评价电子的耦合关联性能提供十分有益的信息. 用来分析表面和吸附层面电子结构的方法还有：紫外光电子谱（UPS）。电子束激光散射法（MDS，REA），电子能耗能谱法（EELS）以及自旋电子能谱分析法，亚稳定氦原子散射法（MDS，MIES）.

13.2.3　质谱分析技术

在这一技术中使用最广泛的是二次离子质谱分析法（SIMS），但近来二次中子质谱分析法（SNMS）使用得越来越多.

（1）二次离子质谱分析法（SIMS）

这种技术的优点是检测灵敏度高（在百万分之一至十亿分之二范围），横向分辨率高达 100～200nm（在特殊情形下可更小）.

（2）二次中子质谱分析（SNMS）

该项技术应用于商用设备时，它的横向分辨率为 100nm，但在个别情况下可达到 10nm.

（3）激光显微质谱分析法（LAMMA）

这种工艺通过激光照射将物体表面的粒子剥离下来，再用质谱分析表面成分，它在确定表面成分方面也是一种有用的工具，在纳米测量的工业化应用方面有着广泛应用前景.

几种最广泛的用于表面分析的纳米测量技术的数据列于表 13.1.

表 13.1　几种用途最广泛的表面分析工艺的数据

主要指标	实际值	目标值	时间水平
AES（俄歇电子能谱分析法）			
1. 横向分辨率	50nm		1995～
2. 纵向分辨率	1～2nm	10nm	2000 年
SIMS,SNMS	1～0.2μm	50nm	
1. 横向分辨率	0.3～100nm		
2. 纵向分辨率	10^{14}个原子/cm³(SIMS)	10^{14}个原子/cm³	1995～
3. 探测能力	10^{17}个原子/cm³(SNMS)		2000 年
XPS(X 射线光电能谱分析法)			
1. 横向分辨率	10～100μm	<100nm	1996 年
2. 纵向分辨率	10～100μm		

13.2.4　显微分析技术

（1）电子显微技术

这包括透射电子显微镜、扫描透射电子显微镜. 目前, 透射电镜的分辨率几乎达到了 0.2nm 的水平. 高压高 分辨电镜分辨率已接近 0.1nm, 完全可以用来分析纳米材料的微结构. 纳米丝、纳米管、纳米棒等特种纳米材料的最终确定主要靠电子显微技术. 因而它在纳米测量中占有重要的地位. 电子显微术与其他微束分析相配合的综合技术是当前纳米测量追求的目标.

表 13.2 列出了透射显微技术的主要指标和水平.

表 13.2　透射电子显微技术的主要技术数据

主要指标	实际值（1994 年）	目标值
分辨率	0.17nm(400kV)	电子透射率越高(<100kV),分辨率越高
样品的最大厚度（供分析用）	<0.1μm	
加速电压	400kV 1kV(样机,各种仪器)	<100kV >1MV,对于同样大小的仪器来说
电子显微术与其他微束分析相配合,例如与 X 射线分析技术、能量损失谱、β能谱分析相结合的综合技术	应用特别探测器检测硼含量的技术现正处于开发阶段(部分已投入市场应用)	达到商业目的,提高成像率,减少测量与分析时间

（2）低能电子与离子投影显微技术

低能电子与离子投影技术中, 由于磁场的作用使分辨率达到 10nm. 当用离子显微技术摄像时,其分辨率可达到亚微米的尺寸范围.

(3) 电子全息摄影术

(4) X 射线显微技术

用 X 射线进行显微摄像的原理是利用了光学显微技术的优势,并且在纳米尺寸范围内具有很高的横向分辨率.

国际上当前显微技术应用于工业产品的纳米测量,注意力主要集中在生物细胞成像.

表 13.3 列出了 X 射线显微技术的操作性能指标.

表 13.3　平行照射 X 射线显微技术的操作性能指标

主要指标	实际值	目标值	时间水平
分辨率	30nm	20nm 10nm	1994 年 1996 年
所用波长 传播媒体(水)的厚度	2.4~4.5nm 5~10μm	0.3~1nm 20~40μm	1994 年
曝光时间 (X 射线同步加速器)	10~30s	0.01s	?
等离子聚焦 X 射线源的实验仪器	现有 X 射线源,而凝结器镜片仍在开发中	完成并试验整套设备系统	1994 年
曝光时间(等离子源)	400 次	1 次	1994 年
生产工艺: ——印刷技术 ——全息照像法 ——交替沉淀法	获得高分辨率(<30nm)的技术仍在开发之中	实际应用	1996 年

注:摄影目标可全部曝光或经过扫描拍照. 在多数情形下采用 X 射线同步加速器代替 X 射线光束源.

X 射线技术的实验样机已在德国开发出来. 这台样机配备了等离子聚焦作为 X 射线源. 目前它可以制造出横向分辨率达 30nm 的像片. 当前的开发方向应该对以下几个方面加以改进,如分辨及衍射率,降低 X 射线束对目标的损坏程度,以及在厚的摄像目标的特殊区域采用隔离的技术.

另外,一种可能性是利用相应的 X 射线光学元件对 X 射线束进行聚焦并对目标进行扫描摄像.

下面简单介绍两种有前途的显微成像技术,它们在未来纳米测量发展中将起重要作用.

光电子散射显微技术(PEEM):利用 UV 和 X 射线激活一表面而使电子散射,

然后通过适当的光学仪器对这一激活表面的情况摄像.

　　低能电子显微法(LEEM):在这种技术中,将低能电子导向所要研究的表面,在反射和二次电子散射后在屏幕上成像.

13.2.5　扫描探针技术

　　扫描探针技术是纳米测量的核心技术,它的诞生促进了纳米科技的飞速发展,关于扫描探针显微技术的原理也有不少的报道,这里简单介绍一下 STM 及其衍生扫描探针技术的发展.

　　(1) 隧道扫描显微技术(STM)

　　此技术是在 1981 年由宾尼和罗拉尔发明的. 这种设备具有高灵敏度,并且可获得 0.01nm 的纵向分辨率. 这种设备不但可应用于超高真空里(UHV-STM),而且可应用于大气环境里(大气 STM 技术)和液体状态下(电解质 STM 技术).10 多年来,已经开发出相关的设备,如原子力显微仪器和磁力显微仪器.

　　不久的将来,隧道扫描技术也可以应用于印刷技术中,还可用于制造极高密度存储元件.

　　(2) 原子力显微技术(AFM)

　　这个技术是由 STM 派生出来的,它是用来分析那些用其他任何方法都无法对其在原子水平上分析的材料(例如绝缘体).

　　目前原子力显微技术有以下两种基本的应用工艺:接触法、非接触法.

　　像隧道扫描显微技术一样,原子力显微技术也可获得 0.1nm 的横向分辨率,0.01nm 的纵向分辨率. 原子力显微技术已经迅速地成为表面分析领域最通用的显微分析方法,并且与电子扫描技术具有同等的重要性.

　　表 13.4 列出了隧道扫描技术与原子力显微技术的技术指标.

表 13.4　隧道扫描技术与原子力显微技术的有关技术指标

主要指标	实际值	目标值	时间水平
横向分辨率			
——用 STM 分析金属和半导体	0.1nm		
——AFM 方法	0.2nm	0.1nm	?
——AFM 应用于生物元件	5~10nm		
扫描范围	10~100μm	1mm	1994 年
纵向分辨	0.01nm	0.001nm	1994 年
波峰波谷间最大差值	3~10μm		

注:表中所列数据是关于商用仪器的数据.

　　工业应用:将导电(STM)和非导电(AFM)材料的表面特征化,对亚纳米结构进行摄像.

　　产品应用:光学元件的表面、半导体的衬底及数据存储技术等.

　　未来应用领域:对分子进行摄像和控制,STM 的写与读、原子的操纵等.

　　(3) 光学近场扫描显微技术

　　目前的光学显微技术的分辨率受衍射规律的影响被限制在 500nm 的范围内.为了消除衍射现象,将光学扫描仪器定位于目标表面以上的 50nm 处.这种情况下此仪器就处于光学的"近场".可用锥形波束导向器探测被研究表面的辐射光量子.横向分辨率可达 10nm.它可用来研究纳米微区的光学性质.

　　(4) 其他扫描探针工艺

　　有许多其他的探针扫描技术已经或将要被开发出来,其中绝大多数已具备了原子分辨率.它们的物理原理是基于探针与目标表面的接触力、电子交换以及外部相互激励反应原理.其中一些具体例子是:

　　(i) 热能与光热扫描显微技术.观察生物细胞的代谢情况,研究显微导温路中随厚度而变化的温度变化情况,或显微气体流的温度变化.

　　(ii) 磁力显微技术.用来研究磁性数据存储件(磁场尺寸范围是纳米级)和分析表面磁力分布状况.

　　(iii) 电容扫描显微技术(SCM)或静电(力)显微技术(EFM).用来确定半导体和绝缘体中掺杂材料和掺杂量的分布状况.定位分辨率约为 200nm.最小可探测的数量为 3 个电子.

　　(iv) 扫描场电子显微技术(RFEN)和扫描场离子显微技术(RFIM).将探头定位于目标上方 10nm 处,如应用电磁潜在力量就有可能产生低能场电子和离子.这些电子和离子可以用于显微技术目的,或用于电子全息照相,或离子扫描印刷技术.

　　(v) 自旋极化旋转扫描显微技术.电子自极化扫描技术用于磁性传感扫描旋转显微技术中,用来探测受旋转电子自旋过程中产生的旋转电流影响的原子所特有的特征.

　　(vi) 近场声波扫描显微技术(SNAM).

　　(vii) 电子化学扫描显微技术.

　　(viii) Kelvin 扫描显微技术.

　　(ix) 光子旋转扫描显微技术(PSTM).

　　(x) 离子电容扫描显微技术(SCM).

　　(xi) 摩擦力显微技术.

　　(xii) 自转扫描能谱分析法(STS). STS 技术用来对高温超导体、半导体和金属表面的电子结构之间的能级距离的信息进行横向分析.另外,应用以计算机为基础的技术,将原子水平下分辨出来的目标特征用当时的电流和电压表示出来.

(ⅹⅲ)冲击电子发射显微技术(BEEM)及能谱分析技术(BEES).在这个工艺中,STM探针起着电子发射器的作用.

(ⅹⅳ)STM技术与激光束联合应用技术.这种技术用来分析表面以下的限制电流的状态.利用氖—氦激光束可造成表面光电压的变化,因此也改变了STM分析技术中的电子自旋效应.

(ⅹⅴ)元件成像技术(利用探针扫描技术)在这个技术中,各种波长的光照在表面上,然后应用近场方式的波导技术对这种表面进行分析研究,并且测量反射的频率能谱.

比较其他表面分析工艺来,扫描传感工艺的优势在于,它们不但可以在空气状态下使用,而且能因此避开使用成本昂贵的,经常出现故障的UHV设备.

文献资料已经用事实证明,它们的这些通用性能表现在原子水平分辨能力的摄影上,不但可以在液体媒质中进行,如液氮、水和电解质,而且能对油性和脂质的溶液进行拍照.这项研究成果不但为电化学而且也为生物研究开辟了新的前景.

自旋扫描显微技术中探针的研制和特征化也推动了世界范围的科研活动.如果想使STM技术发挥高水平的性能,那么所研究的表面须是光滑平整的.然而,通常用于制造探针的技术是纳米结构晶忧硅的显微形成技术,这样制造出来的探针具有固定的晶体取向或悬臂,从而具有特有的共振频率.

目前,在开发具有生物活性的探针扫描技术方面应注意以下几个问题:

(ⅰ)提高针尖的使用率.

(ⅱ)要开发能分辨多元体系原子种类的成像技术.

(ⅲ)分析和改进生物组织和分子构筑技术.

(ⅳ)开发STM系统在芯片上的应用.

(ⅴ)STM在精加工生产中现场监测的应用.

发展新的扫描传感技术,重点发展对应力、温度分布、电现象和磁场探测灵敏度高的扫描传感技术,应用于机器人学、医药学、生物技术、地震仪、环境研究、材料研究等领域把显微世界与纳米世界结合起来.将近场与远场技术结合起来.

13.2.6 纳米表面的测量技术

对表面粗糙度和波形测量可以采用两种工艺,即机械法和干涉法.在这方面,有许多测量技术测量粗糙度的水平已达到了0.01nm值.

在测量粗糙度方面常用的方法有:

(1)电子笔(画针)测量表面粗糙度技术

超高精度的画针测量技术用来测量纳米表面,甚至可以用来测量大型光学元件.表 13.5 列出画针测量技术的主要指标.

　　隧道扫描显微技术和原子力扫描技术同样可用于纳米表面的测量.

表 13.5　画针测量技术主要指标

主要指标	实际值	目标值	时间水平
低波段边缘(横向分辨率)	200nm	10nm	1995 年
高波段边缘	5cm	50cm	2000 年
纵向分辨率	<0.1nm	0.03nm	1995 年
最大波峰波谷差值	50μm		
扫描半径	100nm	5nm	1995 年

　　(2)激光测量技术中干涉测量技术

　　这种测量技术包括以下几种设备:

　　Nomarski 示差干涉衬度显微技术(DIC);

　　光学外差表面粗糙度测量仪(OHP);

　　相位干涉测量仪(PI);

　　光栅干涉测量仪.

　　(3)其他表面分析技术

　　薄膜偏振光椭圆率测量仪;

　　直接成像技术和散射测量技术;

　　红外线质谱仪,表面传感拉曼质谱仪(SERS),非弹性原子和中子散射测量仪(IAS);

　　核磁共振仪(NMR),电子自旋共振仪(ESR)等;

　　I/V 特征曲线和能量测量法;

　　VPS,XPS 质谱仪,测量法等.

　　纳米测量技术伴随着纳米科技全面进入 21 世纪,它不仅为科学进步带来新的机遇,同时也将促使经济和高技术的发展.以纳米测量技术为基础的纳米测量仪器将进入世纪之交的市场,促进世界纳米科技的发展.

参 考 文 献

[1] 张立德,现代科学仪器,56/57 27(1998).

[2] 商广义、王琛、裴晓辉等,现代科学仪器,1(2),77(1998)

[3] 白春礼、田芳,同上,1(2),79(1998).

[4] 朱星,同上,1(2),84(1998).

第 14 章　纳米结构和纳米材料的应用

　　材料的物性是材料应用的基础,纳米材料所表现出来的奇特物理,化学特性为人们设计新产品及传统产品的改造提供了新的机遇.充满生机的 21 世纪信息、生物技术、能源、环境、先进制造技术和国防的高速发展必然对材料提出新的需求,材料的小型化、智能化、元件的高集成、高密度存储和超快传输等为纳米材料的应用提供了广阔的应用空间.世界各国面对着新世纪的严峻挑战都在重新思考如何调整国民经济支柱产业的布局.如何发展高科技,增强国际竞争的实力,纳米科技在这方面将发挥重要的作用.美国科学家估计,这种人们肉眼看不见的极微小的物质很可能给各个领域带来一场革命.作为纳米科技的重要组成部分纳米材料问世 10 多年来,它对应用领域的影响比人们的预想要大得多.它在信息、能源、环境和生物技术等高科技产业的应用所取得的初步成果足以说明纳米材料的应用前景方兴未艾.下面介绍一下纳米结构和纳米材料的应用.

14.1　纳米结构的应用

14.1.1　量子磁盘与高密度磁存储

　　计算机中具有存储功能的磁盘发展总趋势是尺度不断减小,存储密度快速提高.一般的磁盘存储密度达到 $10^6 \sim 10^7 \mathrm{bit/in^2}$①,光盘问世以后,把存储密度提高到 $10^9 \mathrm{bit/in^2}$.人们曾经试图通过减小磁性材料的颗粒尺寸继续提高磁盘的存储密度,但受到超顺磁性的限制,有人一度把 $10^{11} \mathrm{bit/in^2}$ 称之为不可愈越的极限.1995 年纳米技术的快速发展,人们能根据需要设计新型的纳米结构,提高磁存储密度,突破了上述极限,创造了新记录.量子磁盘的问世,使磁盘的尺寸比原来的磁盘缩小了 10000 倍,磁存储密度达到 $4 \times 10^{11} \mathrm{bit/in^2}$.1997 年,密尼苏达(Minnesota)大学电子工程系纳米结构实验室报道了这一最新结果[1].这个实验室自 1995 年以来,采用纳米压印平板印刷术(nanoimprintlithography)成功地制备了纳米结构的磁盘,尺寸为 100nm×100nm,它是由直径为 10nm,长度为 40nm 的 Co 棒按周期为 40nm 排列成阵列(如图 14.1 所示).这种磁性的纳米棒阵列实际上是一个量子

---

　　①　in²(平方英寸)为非法定单位,$1\mathrm{in^2} = 6.451600 \times 10^{-4} \mathrm{m^2}$.

棒阵列,它与传统磁盘磁性材料呈准连续分布不同,纳米磁性单元是分离的,因而人们把这种磁盘称为量子磁盘.据科学家预计,这种量子磁盘在 2005 年进入实用化阶段,美国商家已着手中试,加快规模生产.

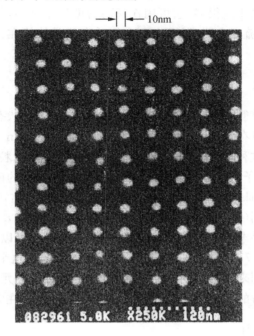

图 14.1　量子磁盘扫描电镜像

14.1.2　高密度记忆存储元件

记忆存储元件发展趋势是降低元件尺寸,提高存储密度,铁电材料,特别是铁电薄膜是设计制造记忆存储元件的首选材料.目前,国际上记忆存储元件的存储密度最高水平为 4Gbit/in^2,日本 NEC(日本电器公司)已把记忆元件的尺寸缩小到 700nm×700nm,另一家日本著名的 Mitsubishi 公司记忆元件尺寸为 1000nm×1000nm.尽管这些指标已经很先进,但仍不能满足下一世纪信息产业的需求,如何进一步缩小记忆元件的尺寸,提高存储密度一直是人们关注的热点.1998 年德国马普学会微结构物理研究所(德国 Halle)利用自组织生长技术在铁电膜上成功合成了纳米 Bi$_2$O$_3$ 有序平面阵列,铁电薄膜选用钛酸铋和钽酸锶铋,纳米 Bi$_2$O$_3$ 属于能导电的 δ 相,记忆元件尺寸比 NEC 的小 50 倍,达到了 14nm×14nm,芯片的存储密度达 1Gbit/in^2[2].因此,纳米结构有序平面阵列体系是设计下一代超小型、高密度记忆元件的重要途径.

14.1.3 单电子晶体管的用途[3~5]

单电子晶体管的用途很多,它可用作超高密度信息存储,超敏电流计,近红外辐射接收器和 dc 电流标准器. 以下主要介绍单电子晶体管在计算,电流计和微波探测等方面的应用.

（1）单电子记忆

依据单电子晶体管"库仑岛"上存在或缺乏一个电子的状态变化,单电子晶体管可用作高密度信息存储的记忆单元. 邱和强（Chou 和 Chan）等[5]首先分别指出了单电子晶体管的这种单电子记忆功能. 他们将一个 Si 纳米粒子（Chan 的元件中采用几个 Si 纳米粒子）嵌入一个薄的 SiO_2 绝缘体中,导电的硅源、漏和门电极环绕在 Si 纳米粒子周围. Chan 的元件的读/写时间为 20ns 左右,寿命超过 10^9 周,记忆时间达几天至几周（指在此期间内电子不从量子点中漏出）. 所以单电子晶体管可以发展成未来数字电脑的标准部件. 如果使单电子晶体管以一个单电子编译一个比特（bit）,将 4 至 7 个单电子晶体管串联成一个阵列,在这个串联体中不同的单电子占据的位置被用来指示不同的记忆状态,那么这种记忆元件比金属氧化物半导体的场效应晶体管的记忆性能好得多,但这种体系的设计在实际上是有困难的.

（2）超敏感电流计

由图 14.2 可以看出,外加一个磁场（约 2T）,使单电子晶体管从超导态转变为正常态时,只要"栅"电极上有 e/2 电荷量的改变,约 10^9 电子/s 的电流就可以通过器件,这种电荷灵敏度是其他器件所不能比拟的. 它比通常使用的场效应晶体管对电荷的灵敏度要强 6 倍. 所以,利用这个性质,它可以制成高精度的电流计.

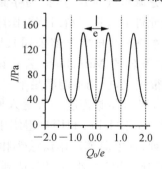

图 14.2 常态下单电子晶体管的电流曲线

栅电荷 $Q_0 = \lg V_g$,C_g 为栅电极与库仑岛之间的电容,V_g 为栅电压

(3) 微波探测

超导单电子晶体管在黑体辐射下,光子辅助隧穿会影响这个系统的电荷迁移,实验发现,只要有微量的微波辐射,器件的电子性质会出现新的特征. 单电子晶体管的特性通常在稀释制冷机内进行测量,真空室表面温度为 4K. 当用微波进行辐照时,辐射能通过导线与器件耦合. 处于超导态的单电子晶体管器件吸收了频率为约 80GHz 的辐射后,使原先在 $Q_0 = 0$,且能量上被禁止的单电子隧穿过程得以进行,此时,在电流曲线上可观察到一个小的库珀对隧穿产生的电流峰. 此峰的高度与被吸收微波的功率成正比,电流对功率的感应率为约 3×10^5 A/W. 这种单电子晶体管对微波的敏感度比目前最好的辐射热器件要敏感 100 倍. 所以,单电子晶体管在微波探测上的发展前景是十分可观的.

如何将单电子晶体管的大规模集成是关系到单电子晶体管应用前景的重要问题,要解决这个问题,首先要解决以下两个问题:一是如何将大量的单电子晶体管集成在一起;二是如何将单电子晶体管阵列与外界连接. 采用化学自组装在原理上是能解决上述问题的. 近年来,在实现上述目标中迈出的第一步是进行纳米团簇的集成. Alivisatos 等合成了表面包敷 N-甲苯-4-磺酰胺(MBAA)CdSe 团簇,用双(脂酰肼)[bis(acyl hydrazide)]与 MBAA 反应连接 CdSe 粒子,用离心法分离出 CdSe 二聚体;也有人用脱氧核糖核酸(DNA)交连 Au 团簇;(Feldheim 和 Keating)获得了 Au-卟啉(porphrin)二聚体和三聚体. Johnson 等人将粒径为 10nm 的 Au 团簇分散地附着在一表面上形成一个单层,然后用 1,6-己二硫醇(hexane-1,6-dithiol)处理,最后再附上第二层 Au 团簇单层,这第二层是通过硫醇连接剂连到第一层上. 在大多数情况下形成了 Au 团簇的三聚体,四聚体等. 当附加上源和漏电极时,在导线间隙之间存在 Au 的三聚体(它们横跨导线间隙). 在此系统中观察到单电子隧道效应.

这些单电子晶体管阵列如何与外界连接呢? 有两条途径可实现上述目标:一是用杂化的方法,即把单电子晶体管和相关元件与已有的金属氧化物半导体场效应晶体管集成在一起. 这种方法能够增加集成线路的密度,因此,它是一种十分吸引人的途径. 另一条途径是放弃线路连接,它是由团簇相连构成的基本单元之间的静电作用形成的电路(称作量子点单元自装置 QCA). 在 Korotkov 的设计中基本单元为绝缘体连接纳米团簇构成的串(如图 14.3 中的上图),随着外加电场方向的改变,极化导致这种基本单元给出一个"0"态或"1"态. 在 Lent 的设计中基本单元为纳米团簇构成的矩形单元(图 14.3 中的下图),随外加电场方向的改变可呈现"0"态和"1"态. 由这些单元连接成不同的组态可制成复杂的逻辑线路. 这些量子单元自装置优点是信号在基本单元间传递快,达到光速,且大的基本单元的阵列之间传递信息不需连接线. 每个单元尺寸可小到约 2.5nm². 这就使得它们在高密度存储上有着极好的应用前景.

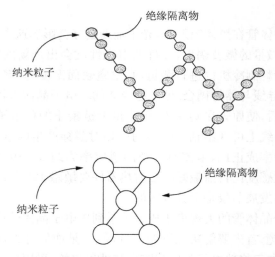

图 14.3　无线连接的计算线路中纳米粒子-绝缘体基本单元
上图：Korotkov 的基本单元；下图：Lent 的基本单元

14.1.4　高效能量转化纳米结构

（1）高效再生锂电池

具有再生能力的电池广泛用于手机、小型家用电器、电动剃须刀以及微型仪器仪表上. 随着器件的微型化,要求电池不但具有高能量密度,同时电池的尺寸进一步微型化,这就为纳米材料和纳米结构在电池上的应用提供了机遇. 可再生的锂电池的电极材料和电解质材料一直是引起人们重视的关键材料,特别是工作电极的设计在某种意义上来说是提高锂电池效率,改善锂电池性能的重要途径之一. 一般来说,工作电极的功能是充电时,有更多的 Li 离子被储存到工作电极中,放电时,Li 离子由工作电极经电解液迁移到另一电极 Li 丝上. 20 世纪 90 年代,再生电池的工作电极一般采用高比表面多孔氧化钴. 为了提高能量密度,人们开始采用纳米结构代替多孔材料. 20 世纪 90 年代末,复合纳米结构作为锂电池的工作电极在实验室研制成功[6]. 具体方法是采用氧化铝有序孔洞阵列的模板,用无电镀法在氧化铝纳米孔洞内形成 Au 的纳米管,经腐蚀去掉氧化铝模板,在 Au 纳米管表面用化学气相沉积法（CVD）沉积一层 TiS_2,最后得到用作锂电池工作电极的 TiS_2/Au 复合纳米结构. 这种工作电极优点是储存和释放 Li 离子的效率高,而且导电好. 这就克服了许多 Li 离子储存材料具有低电导率,不利于作工作电极的缺点. 1998 年美国又报道了高能量密度的锂电池工作电极研制成功[7]. 能量密度高达 1232mA·h/g,大大高于现在使用的锂电池能量密度.其工作电极是用自组织生长制成的多层超薄膜纳米结构,具体是在透明氧化铟锡(ITO)衬底上由石墨氧化物纳米片(GO)与聚(二烯丙苯二甲基铵)氯化物(PDDA)和聚乙烯氧化物(PEO)多层薄膜自组织成多层纳米结构,这种工作电极在充放电时,有很强存储和释放 Li 离子的能力,加之,纳米氧化铟锡超薄薄膜有很好的导电能力,因此,这是一种很理想的锂电池的工作电极.分析目前研究现状和发展趋势,高效锂电池的工作电极采用纳米结构指日可待.

　(2) 太阳能电池

　太阳能的利用是下一世纪能源开发的重点,这不仅是因为太阳能取之不尽,用之不绝,更重要的是因为它对环境没有污染,是理想的清洁能源.世界各国都制订了太阳能应用的规划,研制高效太阳能电池是太阳能利用的一个重要方面.纳米材料和纳米结构作为太阳能转化材料已引起人们高度的重视.我们知道,单晶硅和非晶硅作为理想的太阳能转化材料早已应用到太阳能电池上.20 世纪 90 年代,已把太阳能转化效率提高到 12%～17%,但由于价格昂贵,在实际应用中受到限制.20 世纪 90 年代以来,人们发现纳米半导体 PbS,PbSe,CdS,CdSe 都有较好的光电转换效率.纳米 TiO_2,$ZnFe_2O_4$ 也可以作为光电转化材料.作为太阳能电池的材料有 3 个基本要求:一是吸收光的能力强;二是具有储存太阳光的能力;第三是具有较高的光电转化效率.从设计的角度来说,要求光电转化材料与金属电极相匹配,内阻小,与透明导电薄膜相匹配,有利于载流子的传输.近年来,用纳米材料设计太阳能电池,主要有纳米 TiO_2 和 II-VI 族半导体,也有人用钛酸铅镧纳米材料,这些纳米材料的太阳能光电池尚处在实验室阶段,光电转化效率大致在 10%～15%.最近,美国能源部能源实验室报道[8],利用 Cu-In-Se 纳米粒子制备了 $CuInSe_2$ 薄膜,作为太阳能电池的光电转换材料,其优点是,该薄膜具有较好的导电性能和高的光电转换效率,可以直接与普通的钠玻璃相匹配,不需要高级的导电玻璃和导电薄膜,不但设计简单,而且大大降低了成本,是很有市场竞争能力的新型太阳能电池优选材料.

　(3) 热电转化

　热电转化材料是能源产业重要的材料,在热电厂和仪器仪表有着重要的应用,长期以来人们致力于寻找热电转化效率高的材料,纳米材料和纳米结构的问世为寻找高效热电转化提供了机遇.美国 Venkatasubramanian 等人[9] 1998 年报道了 Ce/Si 超点阵纳米薄膜结构,热电功率系数比常规的 SiGe 薄膜和体材料 SiGe 合金高好多倍,是很有应用前途的热电转化材料.美国 Allied Signal 公司和 Utah 大学物理系[10]联合开发了一种新型纳米结构热电转化材料,热电转化系数高达 $10^{14}/cm^3$,

这是目前国际上最高热电转化材料. 具体结构是半导体和半导体金属$(Bi, Pb, Te, Bi_2 Te_3)$形成的 pn 结在三维空间的平行排列, 制备方法是用多孔 SiO_2 模板, 把上述 pn 结组装到模板孔洞中而形成 pn 结三维阵列.

14.1.5　超微型纳米阵列激光器[11]

　　纳米阵列激光器是 21 世纪超微型激光器重要的发展方向. 回顾激光器发展的历史, 大致可以分为 3 个阶段: 自从 20 世纪 60 年代激光被发现以来, 1962 年就制成了第一个半导体激光器. 几十年来, 人们主要围绕三方面问题来不断改进激光器. 一是进一步增加激光强度, 二是降低产生激光的门电流密度, 三是提高热稳定性. 1974 年美国贝尔实验室首先指出了载流子的量子限域很可能在设计新型激光器上发挥作用. 1979 年贝尔实验室首先根据这一原理制成了半导体激光器, 载流子限制在几百纳米的二维量子阱中运动. 这种激光器的光强和热稳定性均有所改善, 门电流从 $500A/cm^2$ 降至 $50A/cm^2$ 以下, 显示出明显优越性. 进入 20 世纪 80 年代, 量子线激光器研制成, 载流子被限制在一维范围运动, 光强和热稳定进一步提高, 门电流密度降低 $10A/cm^2$ 以下, 这是一个大的飞越, 进一步使人们认识到量子限制域效应对提高激光器总体性能是十分重要的, 人们开始研究量子点激光器. 1986 年日本东京工艺研究所首先设计成功量子点激光器. 这种激光器所用的发光材料是大量的等尺寸量子点(纳米颗粒)密排在激发区, 载流子在三维范围的运动均受到限制. 由于量子限域效应, 能级分裂, 能级间距 $\delta > k_B T$ 温度的变化对体系发光影响较小, 因此, 激光器热稳定性大大改善. 20 世纪 90 年代以来, 人们热衷于用分子束外延的方法制造量子点阵列, 德国马普固体所和斯图加特大学合作研制成功 InP 量子点阵列激光器, 这种激光器是由直径为 15nm, 高为 3nm InP 量子点镶嵌在一个宽带隙的 GaInP 层上, 两者较好的点阵匹配, 与共振谐振腔形成量子点激光器. 这种激光器的优点是在室温下工作, 用绿光激发发光(1.9eV). 1995 年, 柏林技术大学物理系 Bimberg 小组又成功地制造出 InAs 密堆量子总激光器, 在红外波段发射强激光, 这种激光器的优点是在室温下工作, 门电流降低到 $20A/cm^2$ 以下. 美国斯坦福大学也做出了 InAs 量子点激光器, 发光带的线宽大大减小. 1997 年 Bimberg 小组与日本电器公司的 Hideak Saito 小组合作, 制成了具有 10 层量子点堆垛的激光二极管, 使得发光强度大大提高. 美国 IBM 公司和加里福尼亚大学伯克利实验室合作制成了激光波段可调谐的量子点激光器, 可以通过改变量子点的尺寸和间距实现对激光波长的人工调制. 1997 年, 加拿大也制成发红光的 InP 量子点激光器. 科学家普遍认为, 量子点阵列激光器进入市场已为时不远了. 最有前途的制备方法是通过自组织设计纳米结构, 形成规则阵列的量子点激光器, 它不需要平板印刷, 也不需通过腐刻来获得, 可以代替价格昂贵的外延生长技术, 大大降低激光器的成本,可以预计它将发展成为制造下一代激光器的主导技术.

14.1.6　光吸收的过滤器和调制器

光过滤是指控制光在一定波长范围之内通过的现象,光过滤现象在光通信等方面有广泛的应用前景.目前,光过滤用的产品有窄带过滤器,截止过滤器.纳米材料诞生为设计高效光过滤器提供了新的机遇,除了纳米材料尺寸小,可以把光过滤器尺寸缩小外,更重要的是可以利用纳米材料的尺寸效应,在同一种类材料上实现波段可调的光过滤器.

光过滤器材料有 TiO_2/SiO_2 和 TiO_2/Ta_2O_3 等多层膜.

纳米阵列体系是 21 世纪很有前途的光过滤器.它最大特点是可以通过模板孔洞内金属纳米粒子的含量以及柱形孔洞内纳米颗粒形成的纳米棒的纵横比来控制组装体吸收边或吸收带的位置,实现光过滤的人工调制.我们在 Ag/SiO_2 介孔组装体系中观察到随着 Ag 纳米粒子的含量从 0.35% 增加到 3.5%,体系吸收边由紫外红移到红光范围.可以通过控制介孔固体内 Ag 的含量,使体系的颜色从黑色向黄红色变化,这为设计纳米光过滤器提供依据[12].Ag 在氧化铝阵列模板中的含量以及 Au 颗粒在模板柱形孔洞中形成纳米棒的纵横比的变化(7.7 至 0.38)可以实现对可见光选择吸收的控制,使组装体由亮红色(绿青~紫光被滤掉)到青绿色连续地改变颜色[13].

14.1.7　微型传感器

传感器是超微粒的最有前途的应用领域之一.一般超微粒(金属)是黑色,具有吸收红外线等特点,而且表面积巨大、表面活性高,对周围环境敏感(温、气氛、光、湿度等),因此早在 20 世纪 80 年代,松下电器产业(株)的阿部等人就开发了氧化锡超微粒传感器,接着又开发了光传感器.但至今超微粒传感器的应用研究还处于刚起步阶段,要与已有的传感器相竞争,还需要一定的时间.但可望利用超微粒制成敏感度高的超小型、低能耗、多功能传感器.下面介绍纳米微粒在传感方面的几种主要用途:

（1）气体传感器

气体传感器是化学传感器的一种.它是利用金属氧化物随周围气氛中气体组成的改变,电学性能(如电阻)所发生的变化来对气体进行检测和定量测定的.

用作气体传感器的微粒粒径为 1 至几微米,粒子越小,比表面积越大,则表面与周围接触而发生相互作用越大,从而敏感度越高.

目前已实用化的气体传感器有纳米 SnO_2 膜制成的传感器[14],它可用作可燃性气体泄漏报警器和湿度传感器. 在 0.5torr 氧气中制备的多孔性柱状 SnO_2 超微粒膜示于图 14.4(a).

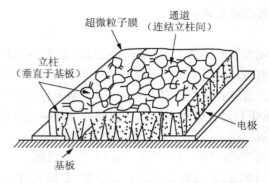

图 14.4(a)　超微粒气体感应膜的结构模型

在垂直于基板方向的膜是由 SnO_2 超微粒子高密度沉积而成的大量圆柱体构成,在平行基板方向圆柱间形成细长隧道,因此,这种膜在垂直基板方向电阻很低,平行基板方向电阻非常高. 膜在电极间的电阻值受隧道控制. 这种膜的电导率与 SnO_2,平均粒径的关系见图 14.4(b).

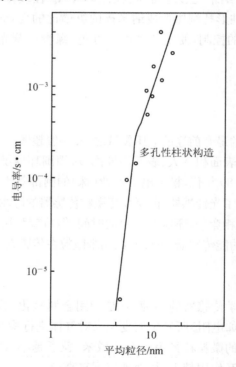

图 14.4(b)　多孔性超微粒气体感应膜的电导率与平均粒径的关系

纳米 SnO_2 膜随温度变化能有选择地检测多种气体. 在 0.5torr 的氧气中生成的膜,当温度由低升高时,能够分别有选择地检测 H_2O、乙醇和异丁烷气体. 在 0.05torr 氧气中生成的膜对 H_2O 十分敏感,但对异丁烷气体不敏感.

γ-Fe_2O_3 超微粒子可制成气体传感器,它的工作原理是在异丁烷可燃性气氛中电阻随温度改变而变化.

美国 NRC(纳米材料研究)公司把发展纳米氧敏传感器列入重要的开发新型传感器当中[15],这是因为纳米气敏传感器具有常规传感器不可替代的优点:一是纳米固体材料具有庞大的界面,提供了大量气体的通道;二是工作温度大大降低,例如 ZrO_2 气敏传感器可使工作温度由原来的 800℃降低到 300℃,而这个温度恰好是氧离子传输敏感的温度,有利于设计高灵敏度的氧敏传感器;三是大大缩小传感器的尺寸. NRC 公司已发展了用 Y_2O_3 稳定的纳米 ZrO_2 氧敏传感器,在汽车引擎上使用得到很好的效果. 该传感器的工作原理是随着进入传感器中氧的增加,电信号明显发生变化. 把这种传感器安装在汽车引擎上,在发动机工作的开始阶段通过控制氧的含量使汽油充分燃烧,防止废气排放. 汽车发动初期,燃烧的温度约 400℃左右,如果氧气供应不足,汽油不能充分燃烧,便会形成大量废气排出,污染环境. 纳米 ZrO_2 氧敏传感器恰恰在这个温度范围十分灵敏,并通过指令自动向引擎内输送氧,当引擎温度升高,又可以控制氧的排放. 这种传感器应用前景广阔.

(2) 红外线传感器[14]

由 Au 超微粒子沉积在基板上形成的膜可用作红外线传感器. Au 超微粒子膜的特点是对可见到红外整个范围的光吸收率很高,当膜的厚度达 $500\mu g/cm^2$ 以上时,可吸收 95% 的光. 大量红外线被金膜吸收后转变成热,由膜与冷接点之间的温差可测出温差电动势,因此,可制成辐射热测量器. 图 14.5 为 Au 超微粒膜的红外传感器的剖面图.

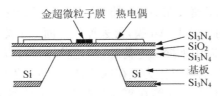

图 14.5　Au 超微粒膜红外传感器

(3) 湿敏传感器

利用纳米微粒与介孔固体组装成组装体的环境敏感效应,可制成纳米结构的传感器. Ag 纳米颗粒与介孔固体形成的组装体系,当 Ag 的含量约为 1% 时,环境湿度小于 60% 下,组装体体呈透明的淡黄色,当环境相对湿度达 80% 时,组装体变成黑色,经 200℃加热,体系恢复透明的白色.这种受环境湿度影响透明-不透明可逆转变的现象可以作为设计纳米微型开关的基础[16].

14.1.8　纳米结构高效电容器阵列

随着集成块尺寸减小,集成度越来越高,元件的尺寸也将进一步地缩小.目前的电容器尺度大概为 0.5mm×0.5mm×1mm,有人预计 21 世纪将进一步缩小到纳米尺度,所用的材料必然是纳米材料,这是因为纳米电容材料的高介电性可以在电容总体尺寸缩小的情况下保持高容量.美国纳米研究公司已经用纳米钛酸钡和纳米钛酸钕制成纳米阵列电容器[15].1995 年,世界市场需要纳米材料电容 180 亿个,价值 39 亿美元,以后每年递增百分之几,产值将以千万美元增加.此外,纳米钛酸钡和钛酸钕抗电磁干扰器和过滤器市场前景看好.

美国 NASA 报告中提到纳米尺度的电容器在 2010 年将在电子、通信、国防上有广泛的应用.纳米级高容量的超微型电容器的设计与制备尚处于实验室阶段.可以采用有序阵列孔洞模板制备这种纳米结构电容器[17].方法是先将丙烯腈单体放入模板孔洞内,再聚合成聚丙烯腈,加热后在孔内壁形成纳米碳管,接着在碳管内组装聚丙烯腈管,在模板的一面溅射上一层 Au 作为阴极,经电化学电镀,在聚丙烯腈管内组装上 Au 丝,这就形成了平行排列的纳米电容阵列.

14.1.9　超高灵敏度电探测器和高密度电接线头

痕量电荷如何探测一直是人们关心的问题,纳米结构电极组装体(NEE)可以把目前电分析探测极限降低 3 个数量级,即探测灵敏度提高了 3 个数量级.这种探测器的制备过程如下:

首先利用多孔聚碳酯模板在 Au 盐的溶液中通过无电镀方法在模板纳米孔洞中生长 Au 丝,在模板两面镀上 Au 膜,再去掉一个面 Au 膜,使 Au 丝暴露出来.这种纳米结构多头电极可以用来探测电荷踪迹,这种体系可以作为高密度接线头,把纳米结构元件连接起来,也可以作为电荷收集器,在纳米集成线路上有潜在的应用前景.低熔点金属,如 Tl,Sn,Zn 等在氧化铝模板中形成纳米丝阵列,构成高效电屏蔽的高密度纳米接线头.

14.1.10　纳米结构离子分离器[18]

离子分离器在电化学和再生电池等方面有着重要的作用,提高离子分离效率一直是人们追求的目标,纳米结构为解决这个问题提供了新的途径.近年来已有报道,利用纳米孔洞阵列模板合成 Au 纳米管阵列,它可以作为高效离子分离器,通过加在 Au 纳米管上的电位类型(正或负电位),可以有选择地分离阴阳离子.如果施加负电位,2nm 直径的 Au 纳米管阵列只允许阳离子通过,阴离子被排斥的原溶液中,反之,施加正电位,只允许阴离子通过模板.这种类型的离子分离器在没有外加电位情况下仍能进行离子分离,例如 KCl 中 Au 纳米管的表面配位不全由于库仑作用很容易吸附带负电的 Cl 离子,Au 纳米管内壁有排斥阴离子,吸引阳离子的作用,结果模板中的 Au 纳米管内充满阳离子,阴离子被排斥在膜外溶液中,起到离子分离作用.

14.2　纳米材料的应用

由于纳米微粒的小尺寸效应、表面效应、量子尺寸效应和宏观量子隧道效应等使得它们在磁、光、电、敏感等方面呈现常规材料不具备的特性.因此纳米微粒在磁性材料、电子材料、光学材料、高致密度材料的烧结、催化、传感、陶瓷增韧等方面有广阔的应用前景.现将纳米材料的主要应用归纳如下.

14.2.1　陶瓷增韧[19]

纳米微粒颗粒小,比表面大并有高的扩散速率,因而用纳米粉体进行烧结,致密化的速度快,还可以降低烧结温度,目前材料科学工作者都把发展纳米高效陶瓷作为主要的奋斗目标,在实验室已获得一些结果.从应用的角度发展高性能纳米陶瓷最重要的是降低纳米粉体的成本,在制备纳米粉体的工艺上除了保证纳米粉体的质量,做到尺寸和分布可控,无团聚,能控制颗粒的形状,还要求生产量大,这将为发展新型纳米陶瓷奠定良好的基础.近两年来,科学工作者为了扩大纳米粉体在陶瓷改性中的应用,提出了纳米添加使常规陶瓷综合性能得到改善的想法.1994年 11 月至 1995 年 3 月,美国在加州先后召开了纳米材料应用的商业会议,在会上具体讨论了如何应用纳米粉体对现有的陶瓷进行改性,在这方面许多国家进行了比较系统的工作,取得了一些具有商业价值的研究成果,西欧、美国、日本正在做中间生产的转化工作.例如,把纳米 Al_2O_3 粉体加入粗晶粉体中提高氧化铝坩埚的致密度和耐冷热疲劳性能;英国把纳米氧化铝与二氧化锆进行混合在实验室已获得高韧性的陶瓷材料,烧结温度可降低 100℃;日本正在试验用纳米氧化铝与亚微米的二氧化硅合成制成莫来石,这可能是一种非常好的电子封装材料,目标是提高致密度、韧性和热导性;德国 Jülich 将纳米碳化硅(小于 20%)掺入粗晶 α-碳化硅粉体中,当掺和量为 20% 时,这种粉体制成的块体的断裂韧性提高了 25%.我国的科技工作者已成功地用多种方法制备了纳米陶瓷粉体材料,其中氧化锆、碳化硅、氧化铝、氧化钛、氧化硅、氮化硅都已完成了实验室的工作,制备工艺稳定,生产量大,已为规模生产提供了良好的条件. 近一两年来利用我国自己制备的纳米粉体材料添加到常规陶瓷中取得了引起企业界注意的科研成果. 氧化铝的基板材料是微电子工业重要的材料之一,长期以来我国的基板材料基本靠国外进口. 最近用流延法初步制备了添加纳米氧化铝的基板材料,光洁度大大提高,冷热疲劳、断裂韧性提高将近 1 倍,热导系数比常规氧化铝的基板材料提高了 20%,显微组织均匀. 纳米氧化铝粉体添加到常规 85 瓷、95 瓷中,观察到强度和韧性均提高 50% 以上. 在高性能纳米陶瓷研究方面,我国科技工作者取得了很好的成果,例如,由纳米陶瓷研究结果观察到纳米级 ZrO_2 陶瓷的烧结温度比常规的微米级 ZrO_2 陶瓷烧结温度降低 400℃,因而大大有利于控制晶粒的长大和降低制作成本.

14.2.2　磁性材料

(1) 巨磁电阻材料[19]

磁性金属和合金一般都有磁电阻现象,所谓磁电阻是指在一定磁场下电阻改变的现象,人们把这种现象称为磁电阻,所谓巨磁阻就是指在一定的磁场下电阻急剧减小,一般减小的幅度比通常磁性金属与合金材料的磁电阻数值约高 10 余倍. 巨磁电阻效应是近 10 年来发现的新现象. 1986 年德国的 Grünberg 教授首先在 Fe/Cr/Fe 多层膜中观察到反铁磁层间耦合. 1988 年法国巴黎大学的肯特教授研究组首先在 Fe/Cr 多层膜中发现了巨磁电阻效应,这在国际上引起了很大的反响. 20 世纪 90 年代,人们在 Fe/Cu,Fe/Ag,Fe/Al,Fe/Au,Co/Cu,Co/Ag 和 Co/Au 等纳米结构的多层膜中观察到了显著的巨磁阻效应. 由于巨磁阻多层膜在高密度读出磁头、磁存储元件上有广泛的应用前景,美国、日本和西欧都对发展巨磁电阻材料及其在高技术上的应用投入很大的力量. 1992 年美国率先报导了 Co-Ag,Co-Cu 颗粒膜中存在巨磁电阻效应,这种颗粒膜是采用双靶共溅射的方法在 Ag 或 Cu 非磁薄膜基体上镶嵌纳米级的铁磁的 Co 颗粒. 这种人工复合体系具有各向同性的特点,颗粒膜中的巨磁电阻效应目前以 Co-Ag 体系为最高,在液氮温度可达 55%,室温可达 20%,而目前实用的磁性合金仅为 2%~3%,但颗粒膜的饱和磁场较高,降低颗粒膜磁电阻饱和磁场是颗粒膜研究的主要目标. 颗粒膜制备工艺比较简单,成本比较低,一旦在降低饱和磁场上有所突破将存在着很大的潜力. 最近,在 FeNiAg 颗粒膜中发现最小的磁电阻饱和磁场约为 32kA/m,这个指标已与具有实用化的多层膜比较接近,从而为颗粒膜在低磁场中应用展现了一线曙光. 我国科技工作者在颗粒膜巨磁阻研究方面取得了进展,在颗粒膜的研究中发现了磁电阻与磁场线性度甚佳的配方与热处理条件,为发展新型的磁敏感元件提供了实验上的依据.

在巨磁电阻效应被发现后的第六年,1994 年,IBM 公司研制成巨磁电阻效应的读出磁头,将磁盘记录密度一下子提高了 17 倍,达 5Gbit/in^2,最近报道为 11Gbit/in^2,从而在与光盘竞争中磁盘重新处于领先地位. 由于巨磁电阻效应大,易使器件小型化,廉价化,除读出磁头外同样可应用于测量位移,角度等传感器中,可广泛地应用于数控机床,汽车测速,非接触开关,旋转编码器中,与光电等传感器相比,它具有功耗小,可靠性高,体积小,能工作于恶劣的工作条件等优点. 利用巨磁电阻效应在不同的磁化状态具有不同电阻值的特点,可以制成随机存储器(MRAM),其优点是在无电源的情况下可继续保留信息. 1995 年报道自旋阀型 MRAM 记忆单位的开关速度为亚纳秒级,256Mbit 的 MRAM 芯片亦已设计成功,成为可与半导体随机存储器(DRAM,SRAM)相竞争的新型内存储器,此外,利用自旋极化效应的自旋晶体管设想亦被提出来了. 鉴于巨磁电阻效应重要的基础研究意义和重大的应用前景,对巨磁电阻效应作出重大开拓工作的(Fert)教授等人曾获二次世界级大奖.

巨磁电阻效应在高技术领域的应用的另一个重要方面是微弱磁场探测器. 随着纳米电子学的飞快发展,电子元件的微型化和高度集成化要求测量系统也要微型化. 21 世纪超导量子相干器件(SQUIDS)和超微霍尔探测器和超微磁场探测器将成为纳米电子学中主要角色. 其中以巨磁电阻效应为基础,设计超微磁场传感器要求能探测 10^{-2}T 至 10^{-6}T 的磁通密度. 如此低的磁通密度在过去是没有办法测量的,特别是在超微系统测量如此弱的磁通密度时十分困难的,纳米结构的巨磁电阻器件经过定标可能完成上述目标. 瑞士苏里士高工在实验室研制成功了纳米尺寸的巨磁电阻丝,他们在具有纳米孔洞的聚碳酸脂的衬底上通过交替蒸发 Cu 和 Co 并用电子束进行轰击,在同心聚碳酸脂多层薄膜孔洞中由 Cu,Co 交替填充形成几微米长的纳米丝,其巨磁电阻值达到 15%,这样的巨磁电阻阵列体系饱和磁场很低,可以用来探测 10^{-11}T 的磁通密度. 由上述可见,巨磁阻较有广阔的应用情景.

(2) 新型的磁性液体和磁记录材料[19]

关于磁性液体,1963 年美国国家航空与航天局的 Papell 首先采用油酸为表面活性剂,把它包覆在超细的 Fe_3O_4 微颗粒上(直径约为 10nm),并高度弥散于煤油(基液)中,从而形成一种稳定的胶体体系. 在磁场作用下,磁性颗粒带动着被表面活性剂所包裹着的液体一起运动,因此,好像整个液体具有磁性,于是,取名为磁性液体,其英文名称为"fer-rofluid","magnetic fluid","magnetic liquid"等. 在 4.3.3 节中已对磁性液体做了介绍,本节在介绍它的用途前,首先简单概述一下磁性液体的组成、特性及国内外概况. 生成磁性液体的必要条件是强磁性颗粒要足够地小,以致可以削弱磁偶极矩之间的静磁作用,能在基液中作无规则的热运动. 例如对铁氧体类型的微颗粒,大致尺寸为 10nm,对金属微颗粒,通常大于 6nm. 在这样小的尺寸下,强磁性颗粒已丧失了大块材料的铁磁或亚铁磁性能,而呈现没有磁滞现象的超顺磁状态,其磁化曲线是可逆的.为了防止颗粒间由于静磁与电偶矩的相互作用而聚集成团,产生沉积,每个磁性微颗粒的表面必需化学吸附一层长链的高分子(称为表面活性剂),高分子的链要足够地长,以致颗粒接近时排斥力应大于吸引力.此外,链的一端应和磁性颗粒产生化学吸附,另一端应和基液亲和,分散于基液中.由于基液不同,可生成不同性能、不同应用领域的磁性液体,如水基、煤油基、烃基、二酯基、聚苯基、硅油基、氟碳基等.

磁性液体主要特点是在磁场作用下,可以被磁化,可以在磁场作用下运动,但同时它又是液体,具有液体的流动性.在静磁场作用下,磁性颗粒将沿着外磁场方向形成一定有序排列的团链簇,从而使得液体变为各向异性的介质.当光波、声波在其中传播时(如同在各向异性的晶体中传播一样),会产生光的法拉第旋转、双折射效应、二向色性以及超声波传播速度与衰减的各向异性.此外,磁性液体在静磁场作用下,介电性质亦会呈现各向异性.这些有别于通常液体的奇异性质,为若干新颖的磁性器件的发展奠定了基础.

(a) 磁性液体的国内外发展概况.磁性液体自 20 世纪 60 年代初问世以来,引起了世界各国有关人们的重视与兴趣.1977 年在意大利召开了第一次有关磁性液体国际会议,之后,每隔 3 年召开 1 次,至今已召开了 5 次国际会议,发表论文与专利逾千篇.

美国、日本、英国、苏联等国均有磁性液体专业工厂生产.表 14.1 所列出的数据为日本东北金属公司与美国相应的产品及其性能.表中所列的产品,其磁性颗粒均为铁氧体型.目前,国内外正积极研制金属型的磁性液体,其中磁性颗粒为铁(Fe)、镍(Ni)、钴(Co)等金属、合金及其氮化物,其饱和磁化强度比铁氧体型约高 3 倍以上.

我国从 20 世纪 70 年代以来,南京大学、绵阳西南应用磁学研究所、东北工学院、哈尔滨化工所、北京理工大学、北京钢铁研究院等单位相继开展了这一领域的研制工作,并有产品可提供市场.如南京大学已试制成水基、烃基、二酯基、硅油基等多种类型的磁性液体.但目前国内还未广泛地了解此类新型磁性材料的特性,也未开拓该材料在众多领域的应用,与国外相比,我们的差距是相当大的.

(b) 磁性液体的主要应用.

(Ⅰ)旋转轴的动态密封.通常静态的密封采用橡胶、塑料或金属制成的"O"形环作为密封元件.旋转条件下的动态密封一直是较难解决的问题,尽管人们设计了威尔逊密封法等,但无法在高速、高真空条件下进行动态密封.利用磁性液体可以被磁控的特性,人们利用环状永磁体在旋转轴密封部位产生一环状的磁场分布,从而可将磁性液体约束在磁场之中而形成磁性液体的"O"形环,且没有磨损,可以做到长寿命的动态密封.这也是磁性液体较早、较广泛的应用之一,其结构原理图见图 14.6.这种密封方式可以用于真空、封气、封水、封油等情况下旋转轴的密封.此外,在电子计算机中为防止尘埃进入硬盘中损坏磁头与磁盘,在转轴处也已普遍采用磁性液体的防尘密封.

表14.1 日本东北金属公司磁性液体产品及其性能

牌号	W-35	HC-50	DEA-40	DES-40	NS-35	L-25	PX-10
$4\pi Ms$ ($H=800mT$)(mT)	36±2	42±2	40±2	40±2	30±2	18±2	10±2
比重[25℃时]	1.35	1.30	1.40	1.40	1.27	1.10	1.24
黏度[25℃时]×10^{-8}(Pa·s)	30±20%	30±20%	200±20%	300±20%	1000±20%	300±20%	—
沸点[0.1MPa时](℃)	100	180~212	335	377	—	—	240~260 (0.26kPa)
熔点(℃)	0	-27.5	-72.5	-62	-35	-55	-3.5
闪点(℃)	—	65	192	215	225	244	233
蒸汽压(Pa)	—	—	333.3 (200℃)	66.7 (200℃)	9.3×10^{-3} (20℃) 67 (150℃)	—	—
基液	水	煤油	二酯	二酯	二十烷萘	合成油	磷酸酯
颜色	黑	黑褐	黑	黑	黑	黑	黑
主要用途	选矿	选矿显影	旋转轴密封扬声器轴承	旋转轴密封扬声器轴承	真空密封扬声器轴承	磁盘等防尘密封用	扬声器
美国用途相近的磁性液体牌号	A01 A02 (水基)	H01 H02 (碳氢类基)	E01 E02 E03 (酯类基)	D01 (二酯基)	V01 (聚乙基醚类)	D01	F01 (氟碳类基)

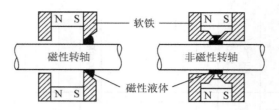

图 14.6　磁性液体用于旋转轴的动态密封示意图

在精密仪器的转动部分,如 X 射线衍射仪中的转靶部分的真空密封,大功率激光器件的转动部位,甚至机器人的活动部位亦采用磁性液体密封法.此外,单晶炉提拉部位、真空加热炉等有关部位的密封等,磁性液体是较为理想动态密封方式之一.

（Ⅱ）新型的润滑剂.通常润滑剂易损耗、易污染环境.磁性液体中的磁性颗粒尺寸仅为 10nm,因此,不会损坏轴承,而基液亦可用润滑油,只要采用合适的磁场就可以将磁性润滑油约束在所需的部位(图 14.7 和图 14.8).

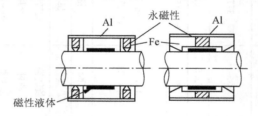

图 14.7　轴瓦型润滑结构示意图

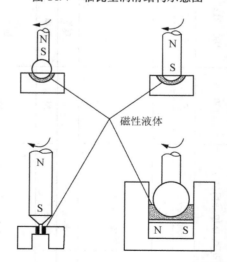

图 14.8　其他可能的润滑结构示意图

（Ⅲ）增进扬声器功率.通常扬声器中音圈的散热是靠空气传热的,对一定的音圈只能承受一定的功率,过大的功率会烧坏音圈.如在音圈与磁铁间隙处滴入磁性液体,由于液体的导热系数比空气高 5~6 倍,从而使得在相同条件下功率可以增加 1 倍.

磁性液体的添加对频响曲线的低频部分影响较大,通常根据扬声器的结构,选用合适粘滞性的磁性液体,可使扬声器具有较佳的频响曲线.

此外,磁性液体的加入有利于音圈的中心定位,可以明显地降低音圈的摩擦.国外已有磁性液体扬声器商品问世,例如,日本三洋电机公司"OTTO"牌号的大功率扬声器,由于采用了磁性液体使相同结构条件下,输出功率大为增加.如应用于小型碳质金属扬声器,可以改善低频特性.其结构示意图如图 14.9 所示.

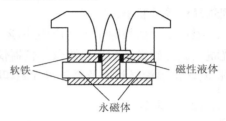

图 14.9　液性磁体扬声器结构示意图

（Ⅳ）作阻尼器件.磁性液体具有一定的粘滞性,利用此特性可以阻尼掉不希望的系统中所产生的振荡模式.例如,步进电机是用来将电脉冲转换为精确的机械运动,其特点是迅速地被加速与减速,因此,常导致系统呈振荡状态,为了消除振荡而变为平滑的运动,仅需将少量磁性液体注入磁极的间隙中,在磁场作用下磁性液体自然地定位于转动部位.

（Ⅴ）比重分离.磁性液体被磁化后相当于增加一磁压力,以致在磁性液体中的物体将会浮起,好像磁性液体的视在密度随着磁场增加而增大.利用此原理可以设计出磁性液体比重计,磁性液体对不同比重的物体进行比重分离,控制合适的磁场强度可以使低于某密度值的物体上浮,高于此密度的物体下沉,原则上可以用于矿物分离.例如,使高密度的金与低密度的砂石分离,亦可用于城市废料中金属与非金属的分离.

磁性液体还有其他许多用途,如仪器仪表中的阻尼器、无声快速的磁印刷、磁性液体发电机、医疗中的造影剂等等,不再一一例举.今后还可开拓出更多的用途.

磁记录.近年来各种信息量飞速增加,需要记录的信息量也不断增加,要求记录材料高性能化,特别是记录高密度化.高记录密度的记录材料与超微粒有密切的关系.例如,要求每 $1cm^2$ 可记录 1000 万条以上信息,那么,一条信息要求被记录在 $1~10\mu m^2$ 中,至少具有 300 阶段分层次的记录,在 $1~10\mu m^2$ 中至少必须要有 300 个记录单位.若以超微粒作记录单元,使记录密度大大提高.

磁性纳米微粒由于尺寸小,具有单磁畴结构,矫顽力很高的特性,用它制作磁记录材料可以提高信噪比,改善图像质量.作为磁记录单位的磁性粒子的大小必须满足以下要求:（a）颗粒的长度应远小于记录波长;（b）粒子的宽度（如可能,长度也包括在内）应该远小于记录深度;（c）一个单位的记录体积中,应尽可能有更多的磁性粒子.

总之,作为磁记录的粒子要求为单磁畴针状微粒,其体积要求尽量小,但不得小于变成超顺磁性的临界尺寸(约 10nm). 目前,所用的录像磁带的磁体的大小为 $100\sim300nm$(长)、$10\sim20nm$(短径)的超微粒子. 磁带一般使用的磁性超微粒为铁或氧化铁的针状粒子,例如,针状 $\gamma\text{-}Fe_2O_3$,CrO_2,Co 包覆的 $\gamma\text{-}Fe_2O_3$、金属(Fe)及钡铁氧体等针状磁性粒子.

磁性纳米微粒除了上述应用外,还可作光快门、光调节器(改变外磁场,控制透光量)、激光磁爱滋病毒检测仪等仪器仪表,抗癌药物磁性载体,细胞磁分离介质材料,复印机墨粉材料以及磁墨水和磁印刷等.

(3) 纳米微晶软磁材料

非晶材料通常采用熔融快淬的工艺,Fe-Si-B 是一类重要的非晶态软磁材料,如果直接将非晶材料在晶化温度进行退火,所获得的晶粒分布往往是非均匀的,为了获得均匀的纳米微晶材料,人们在 Fe-Si-B 合金中再添加,Nb,Cu 元素,Cu,Nb 均不固溶于 FeSi 合金,添加 Cu 有利于生成铁微晶的成核中心,而 Nb 却有利于细化晶粒. 1988 年牌号为 Finement 的著名纳米微晶软磁材料问世了,其组成为 $Fe_{73.5}Cu_1Nb_3Si_{13.5}B_9$,它的磁导率高达 10^5,饱和磁感应强度为 1.30T,其性能优于铁氧体与非磁性材料,作为工作频率为 30kHz 的 2kW 开关电源变压器,重量仅为 300g,体积仅为铁氧体的 1/5,效率高达 96%. 继 Fe-Si-B 纳米微晶软磁材料后,20 世纪 90 年代 Fe-M-B,Fe-M-C,Fe-M-N,Fe-M-O 等系列纳米微晶软磁材料如雨后春笋破土而出,其中 M 为 Zr,Hf,Nb,Ta,V 等元素,例如组成为 $Fe_{85.6}Nb_{3.3}Zr_{3.3}B_{6.8}Cu_{13}$ 的纳米坡莫材料. 纳米微晶软磁材料目前沿着高频、多功能方向发展,其应用领域将遍及软磁材料应用的各方面,如功率变压器,脉冲变压器,高频变压器,扼流圈,可饱和电抗器,互感器,磁屏蔽,磁头,磁开关,传感器等,它将成为铁氧体的有力竞争者. 新近发现的纳米微晶软磁材料在高频场中具有巨磁阻抗效应,又为它作为磁敏感元件的应用增添了多彩的一笔.

随着半导体元件大规模集成化,电子元器件趋于微型化,电子设备趋于小型化,相比之下,磁性元件的小尺寸化相形见绌,近年来,磁性薄膜器件如电感器、高密度读出磁头等有了显著的进展,1993 年发现纳米结构的 $Fe_{55-82}M_{7-22}O_{12-34}$,(其中 M=Hf,Zr,…)具有优异的频率特性,Fe-M-O 软磁薄膜是由小于 10nm 的磁性微晶嵌于非晶态 Fe-M-O 的膜中形成的纳米复合薄膜,它具有较高的电阻率,$\rho>4\mu\Omega\cdot m$,相对低的矫顽力,$H_c\leqslant400A/m$,较高的饱和磁化强度,$I_s>0.9T$,从而使得在高频段亦具有高磁导率与品质因子。此外抗腐蚀性强,其综合性能远高于以往的磁性薄膜材料.

这类薄膜可望应用于高频微型开关电源,高密度数字记录磁头以及噪声滤波器等.

(4) 纳米微晶稀土永磁材料

由于稀土永磁材料的问世,使永磁材料的性能突飞猛进. 稀土永磁材料已经历了 $SmCo_5$,Sm_2CO_{17} 以及 $Nd_2Fe_{14}B$ 等 3 个发展阶段,目前烧结 $Nd_2Fe_{14}B$ 稀土永磁的磁能积已高达 $432kJ/m^3$($54MGOe$),接近理论值 $512kJ/m^3$($64MGOe$),并已进入规模生产,此外作为粘结永磁体原材料的快淬 NdFeB 磁粉,晶粒尺寸约为 $20\sim50nm$ 为典型的纳米微晶稀土永磁材料,美国 GM 公司快淬 NdFeB 磁粉的年产量已达 4500t/a(吨/年).

目前,NdFeB 产值年增长率约为 $18\%\sim20\%$,占永磁材料产值的 40%. 但 NdFeB永磁体的主要缺点是居里温度偏低,$T_c\approx593K$,最高工作温度约为 450K,化学稳定性较差,易被腐蚀和氧化,价格也比铁氧体高. 目前研究方向是探索新型的稀土永磁材料,如 $ThMn_{12}$ 型化合物,$Sm_2Fe_{17}N_x$,$Sm_2Fe_{17}C$ 化合物等. 另一方面是研制纳米复合稀土永磁材料,通常软磁材料的饱和磁化强度高于永磁材料,而永磁材料的磁晶各向异性又远高于软磁材料,如将软磁相与永磁相在纳米尺度范围内进行复合,就有可能获得兼备高饱和磁化强度、高矫顽力二者优点的新型永磁材料,微磁学理论表明,稀土永磁相的晶粒尺寸只有低于 20nm 时,通过交换耦合才有可能增大剩磁值,对理想的层状结构,理论计算纳米复合永磁体的最大磁能积如下:

$NdFeB+\alpha\text{-}Fe$ 为 $800kJ/m^3$($100MGOe$),

$Sm_2Fe_{19}N_3+\alpha\text{-}Fe$ 为 $880kJ/m^3$($110MGOe$),

$Sm_2Fe_{19}N_3+Fe_{65}Co_{35}$ 为 $1MJ/m^3$($120MGOe$).

目前,实验结果虽已证明软磁相与永磁相之间存在交换耦合作用,但实际试样所获得的磁能积远低于理论值,如

$Nd_7Fe_{89}B_4$,$Br=1.28T$,$H_c=252kA/m$,$(BH)_m=146kJ/m^3$;

$Sm_7Fe_{93}N$,$Br=1.1T$,$H_c=312kA/m$,$(BH)_m=200kJ/m^3$,

其磁性能高于铁氧体 $5\sim8$ 倍,但低于烧结 NdFeB 磁体. 其优点是稀土含量减少了 2/3,生产成本下降,此外稀土永磁微粒被 $\alpha\text{-}Fe$ 等软磁相所包围可以有效地阻止被氧化、腐蚀,增进化学稳定性,它还可以作为粘结永磁体的原材料,在永磁材料所应用的电声、机、选矿等领域中可获得广泛的应用. 进一步提高纳米永磁材料性能仍为当今研究的热点.

(5) 纳米磁致冷工质[20]

磁致冷是利用自旋系统磁熵变的致冷方式,与通常的压缩气体式致冷方式相比较,它具有效率高、功耗低、噪声小、体积小、无污染等优点. 磁致冷发展的趋势是由低温向高温发展,20 世纪 30 年代利用顺磁盐作为磁致冷工质,采用绝热去磁方式成功地获得 mK 量级的低温,20 世纪 80 年代采用 $Gd_3Ga_5O_{12}$(GGG)型的顺磁

性石榴石化合物成功地应用于 1.5K～15K 的磁致冷, 20 世纪 90 年代用磁性 Fe 离子取代部分非磁性 Gd 离子, 由于 Fe 离子与 Gd 离子间存在超交换作用, 使局域磁矩有序化, 构成磁性的纳米团簇, 当温度大于 15K 时其磁熵变高于 GGG, 从而成为 15K～30K 温区最佳的磁致冷工质.

1976 年布朗首先采用金属 Gd 为磁致冷工质, 在 7T 磁场下实现了室温磁致冷的试验, 由于采用超导磁场, 无法进行商品化, 20 世纪 80 年代以来人们在磁致冷工质开展了广泛的研究工作, 但磁熵变均低于 Gd, 1996 年都有为等在 $RMnO_3$ 钙钛矿化合物中获得磁熵变大于 Gd 的突破, 1997 年报道 ($Gd_5(Si_2Ge_2)$) 化合物的磁熵变可高于金属 Gd 一倍, 高温磁致冷正一步步走向实用化, 据报道 1997 年美国已研制成以 Gd 为磁致冷工质的磁致冷机. 如将磁致冷工质纳米化, 可能可用来展宽致冷的温区.

（6）纳米巨磁阻抗材料[20]

巨磁阻抗效应是磁性材料交流阻抗随外磁场发生急剧变化的特性. 这种现象在软磁材料很容易出现, 例如 Co 基非晶、铁基纳米微晶以及 NiFe 坡莫合金均观察到强的巨磁阻抗效应. 图 14.10 示出了不同温度退火纳米 $Fe_{73.5}Cu_1Nb_3Si_{12.5}B_9$ 样品的磁阻抗曲线. 对于纳米微晶巨磁阻抗材料产生这种效应的磁场较低, 工作温度为室温以上, 这就对巨磁阻抗材料的应用十分有利, 加上, 铁基纳米晶成本低, 因而利用纳米材料巨磁阻抗效应制成的磁传感器已在实验室问世. 例如, 用铁基纳米晶巨磁阻抗材料研制的磁敏开关具有灵敏度高, 体积小, 响应快等优点. 可广泛用于自动控制、速度和位置测定、防盗报警系统和汽车导航、点火装置等.

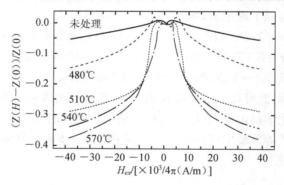

图 14.10　不同温度退火 $Fe_{73.5}Cu_1Nb_3Si_{13.5}B_9$ 样品（非晶、480℃, 510℃, 540℃和 570℃退火 30min）的磁阻抗曲线

14.2.3　纳米微粒的活性及其在催化方面的应用

纳米微粒由于尺寸小,表面所占的体积百分数大,表面的键态和电子态与颗粒内部不同,表面原子配位不全等导致表面的活性位置增加,这就使它具备了作为催化剂的基本条件.最近,关于纳米微粒表面形态的研究指出,随着粒径的减小,表面光滑程度变差,形成了凸凹不平的原子台阶.这就增加了化学反应的接触面.有人预计超微粒子催化剂在 21 世纪很可能成为催化反应的主要角色.尽管纳米级的催化剂还主要处于实验室阶段,尚未在工业上得到广泛的应用,但是它的应用前途方兴未艾.

催化剂的作用主要可归结为 3 个方面:

一是提高反应速度,增加反应效率.例如,提高下面两个反应,即氢化和脱氢反应速度

2-丙酮脱氢反应

$$(CH_3)_2CHOH \longrightarrow (CH_3)_2CO + H_2, \qquad (14.1)$$

丙酮氢化反应

$$(CH_3)_2CO + H_2 \longrightarrow (CH_3)_2CHOH. \qquad (14.2)$$

二是决定反应路径,有优良的选择性,例如只进行氢化、脱氢反应,不发生氢化分解和脱水反应.

三是降低反应温度.纳米粒子作为催化剂必须满足上述的条件.近年来科学工作者在纳米微粒催化剂的研究方面已取得一些结果,显示了纳米粒子催化剂的优越性.高铵酸铵粉可以作为炸药的有效催化剂.以粒径小于 $0.3\mu m$ 的 Ni 和 Cu-Zn 合金的超细微粒为主要成分制成的催化剂,可使有机物氢化的效率是传统镍催化剂的 10 倍.超细 Pt 粉、WC 粉是高效的氢化催化剂.超细的 Fe,Ni 与 γ-Fe_2O_3 混合轻烧结体可以代替贵金属而作为汽车尾气净化剂.超细 Ag 粉可以作为乙烯氧化的催化剂.超细 Fe 粉可在 C_6H_6 气相热分解(1000~1100℃)中起成核的作用而生成碳纤维.Au 超微粒子固载在 Fe_2O_3,Co_3O_4,NiO 中,在 70℃时就具有较高的催化氧化活性.近年来发现一系列金属超微颗粒沉积在冷冻的烷烃基质上,特殊处理后将具有断裂 C—C 键或加成到 C—H 键之间的能力.例如 Fe 和 Ni 微颗粒可生成 MxCyHz 组成的准金属有机粉末,该粉末对催化氢化具有极高的活性.纳米 TiO_2 在可见光的照射下对碳氢化合物也有催化作用,利用这样一个效应可以在玻璃、陶瓷和瓷砖的表面涂上一层纳米 TiO_2 薄层有很好的保洁的作用,日本东京已有人在实验室研制成功自洁玻璃和自洁瓷砖.这种新产品的表面上有一薄层纳米 TiO_2,在光的照射下任何粘污在表面上的物质,包括油污,细菌在光的照射下由纳米 TiO_2 的催化作用,使这些碳氢化合物物质进一步氧化变成气体或者很容易被擦

掉的物质. 纳米 TiO_2 光致催化作用给人们带来了福音, 高层建筑的玻璃、厨房容易粘污的瓷砖的保洁都可以很容易地进行. 日本已经制备出保洁瓷砖, 装饰了一家医院的墙壁, 经使用证明, 这种保洁瓷砖有明显的杀菌作用. 目前, 关于纳米粒子的催化剂有以下几种, 即金属纳米粒子催化剂, 主要以贵金属为主, 例如 Pt, Rh, Ag, Pd, 非贵金属还有 Ni, Fe, Co 等. 第二种以氧化物为载体把粒径为 $1 \sim 10nm$ 的金属粒子分散到这种多孔的衬底上. 衬底的种类很多, 有氧化铝、氧化硅、氧化镁、氧化钛、沸石等. 第三种是碳化钨、γ-Al_2O_3, γ-Fe_2O_3 等纳米粒子聚合体或者是分散于载体上.

（1）金属纳米粒子的催化作用

贵金属纳米粒子作为催化剂已成功地应用到高分子高聚物的氢化反应上, 例如纳米粒子铑在烃氢化反应中显示了极高的活性和良好的选择性. 烯烃双链上往往与尺寸较大的官能团-烃基相邻接, 致使双链很难打开, 加上粒径为 1nm 的铑微粒, 可使打开双链变得容易, 使氢化反应顺利进行. 表 14.2 列出了金属铑粒子的粒径对各种烃的氢化催化活性的影响. 由表中可看出, 粒径愈小, 氢化速度愈快.

表 14.2　不同烃的氢化速度与金属铑纳米粒子催化剂粒径的关系

烯烃	催化活性*		
	Rh-PVP-MeOH/ $H_2O(3.4nm)$	Rh-PVP-EtOH (2.2nm)	Rh-PVP-MeOH/ NaOH(0.9nm)
1-已烯	15.8	14.5	16.9
环已烯	5.5	10.3	19.2
2-已烯	4.1	9.5	12.8
丁烯酮	3.7	4.3	7.9
异丙叉丙酮	0.6	4.7	31.5
丙烯酸甲酯	11.2	17.7	20.7
甲基丙烯酸甲酯	5.8	15.1	27.6
环辛烯	0.6	1.1	1.2

* 甲醇中的氢吸收速度($H_2 mol/Rhg \cdot atom \cdot S$), 30℃, H_2 气压为 101.33kPa, 包覆聚乙烯吡咯烷酮的金属铑为 $0.01m\ mol/dm^3$, 烯烃为 $25m\ mol/dm^3$.

（2）带有衬底的金属纳米粒子催化剂

这种类型催化剂用途比较广泛, 一般采取化学制备法, 概括起来有以下几种:
（i）浸入法. 将金属的纳米粒子（<2nm）均匀分散到溶剂中, 再将多孔的氧化物衬底浸入该溶剂中使金属纳米粒子沉积在上面, 然后取出. 这种方法仅适用于衬底上含有少量纳米粒子的情况. 例如用这种方法制备的 n-Rh/Al_2O_3 中铑的含量仅

占 1%.

（ⅱ）离子交换法. 这种方法的基本过程是将衬底（沸石、SiO_2 等）表面处理使活性极强的阳离子（如 H^+, Na^+ 等）附着在表面上，再将衬底放入含有复合离子的溶液中，复合阳离子有 $Pt(NH_3)_4^{2+}$, $Rh(NH_3)_5Cl_2^{2+}$ 等，由于发生了置换反应，即衬底上的活性阳离子取代了复合阳离子中的贵金属离子，这样在衬底的表面上形成了贵金属的纳米粒子. 用这种方法可以获得 n-Pt/弗石、n-Rh/佛石和 n-Pt/SiO_2.

（ⅲ）吸附法. 把衬底放入含有 $Rh_6(CO)_6$, $Ru_3(CO)_{12}$ 等聚合体的有机溶剂中，将吸附在衬底上的聚合体进行分解，还原处理，就在衬底上形成了粒径约 1nm 的金属纳米粒子，例如 n-Rh/SiO_2、n-Ir/Al_2O_3，n-Fe/Al_2O_3，n-Ru/Al_2O_3.

（ⅳ）蒸发法. 这种方法是将纯金属在惰性气体中加热蒸发，形成纳米粒子，直接附着在催化剂衬底上. 此方法的优点是纯度高、尺寸可控.

（ⅴ）醇盐法. 将金属的乙二醇盐与含有衬底元素的醇盐混合，首先形成溶胶，然后使其凝胶化、焙烧、还原形成了金属纳米粒子，并分散在衬底材料中. 例如，n-Ni/SiO_2 和 Rh/SiO_2 可以用此法来制得.

这里还应指出的是，有的纳米粒子合金的活性远远高于常规催化剂的活性，它们对高分子的氢化还原和聚合反应有良好的催化作用. 例如：n-Co-Mn/SiO_2，对乙烯的氢化反应显示出高活性；n-Pt-Mo/沸石在丁烷氢化分解反应中其催化作用远远高于传统催化剂.

纳米粒子的催化作用除了显示高活性外，还有一个很重要的催化作用就是提高化学反应的选择性. 在这方面的例子很多. 例如：利用蒸发法获得的金属纳米粒子催化剂对甲苯的氢化反应显示很高的选择性. 5nm 的 Ni/SiO_2，对丙醛的氢化呈高选择性，即使丙醛 CH_3CH_2CHO 氢化为正丙醇 $CH_3CH_2CH_2OH$，抑制脱碳引起的副反应[由丙醛氢化为 CH_3CH_3（乙烷）$+CO+H_2$]；由 $Fe_3(CO)_{12}$ 制得的 n-Fe/Al_2O_3（Fe 的粒径为 2nm）在 CO 的氢化反应中生成物丙烯的获得率大大提高.

金属纳米粒子催化剂还有一个使用寿命问题，特别是在工业生产上要求催化剂能重复使用，因此催化剂的稳定性尤为重要. 在这方面金属纳米粒子催化剂目前还不能满足上述要求，如何避免金属纳米粒子在反应过程中由于温度的升高，颗粒长大还有待进行研究.

（3）半导体纳米粒子的光催化

半导体的光催化效应发现以来，一直引起人们的重视，原因在于这种效应在环保、水质处理、有机物降解、失效农药降解等方面有重要的应用. 近年来，人们一直致力于寻找光活性好、光催化效率高、经济价廉的材料，特别是对太阳敏感的材料，以便利用光催化开发新产品，扩大应用范围. 所谓半导体的光催化效应是指在：光的照射下，价带电子越迁到导带，价带的孔穴把周围环境中的羟基电子夺过来，羟基变成自由基,作为强氧化剂将酯类变化如下:酯——醇——醛——酸——CO_2,完成了对有机物的降解. 具有这种光催化半导体的能隙既不能太宽,也不能太窄,对太阳光敏感的具有光催化特性的半导体能隙一般为 $1.9 \sim 3.1\text{eV}$. 纳米半导体比常规半导体光催化活性高得多,原因在于:

(ⅰ)由于量子尺寸效应使其导带和价带能级变成分立能级,能隙变宽,导带电位变得更负,而价带电位变得更正. 这意味着纳米半导体粒子具有更强的氧化和还原能力.

(ⅱ)纳米半导体粒子的粒径小,光生载流子比粗颗粒更容易通过扩散从粒子内迁移到表面,有利于得或失电子,促进氧化和还原反应.

常用的光催化半导体纳米粒子有 TiO_2(锐钛矿相)、Fe_2O_3,CdS,ZnS,PbS,$PbSe$,$ZnFe_2O_4$ 等. 主要用处:将在这类材料做成空心小球,浮在含有有机物的废水表面上,利用太阳光可进行有机物的降解. 美国、日本利用这种方法对海上石油泄露造成的污染进行处理就是采用这种方法. 还可以将粉体添加到陶瓷的釉料中,使其具有保洁杀菌的功能,也可以添加到人造纤维中制成杀菌纤维. 锐钛矿白色纳米 TiO_2 粒子表面用 Cu^+,Ag^+ 离子修饰,杀菌效果更好. 这种材料在电冰箱、空调、医疗器械、医院手术室的装修等方面有着广泛的应用情景. 铂化的 TiO_2 纳米粒子的光催化可以使丙炔与水蒸气反应,生成可燃性的甲烷、乙烷和丙烷;铂化的 TiO_2 纳米粒子通过光催化使醋酸分解成甲烷和 CO_2;还有一个重要的应用是纳米 TiO_2 光催化效应可以用来从甲醇水合溶液中提取 H_2,日本科学家已在实验室完成了上述实验,纳米 ZnS 的光催化也可以从甲醇水合溶液中制取丙三醇和 H_2. 这些结果表明,纳米半导体粒子的光催化在能源上的应用是指日可待的.

近年来,纳米 TiO_2 的光催化在污水有机物降解方面得到了应用. 为了提高光催化效率,人们试图将纳米 TiO_2 组装到多孔固体中增加比表面,或者将铁酸锌与 TiO_2 复合提高太阳光的利用率. 利用准一维纳米 TiO_2 丝的阵列提高光催化效率已获得成功,有推广价值,方法是利用多孔有序阵列氧化铝模板,在其纳米柱形孔洞的微腔内合成锐钛矿型纳米 TiO_2 丝阵列,再将此复合体系粘到环氧树脂衬底上,将模板去后,在环氧树脂衬底上形成纳米 TiO_2 丝阵列. 由于纳米丝表面积大,比同样平面面积的 TiO_2 膜的接受光的面积增加几百倍,最大的光催化效率可以高300 多倍,对双酚、水杨酸和带苯环一类有机物光降解十分有效. 图 14.11 示出 TiO_2 纳米丝阵列、TiO_2 薄膜和不含 TiO_2 的膜对水杨酸光降解效率的比较. 很明显阵列体系光降解大大提高[21].

(4)纳米金属、半导体粒子的热催化

金属纳米粒子十分活泼,可以作为助燃剂在燃料中使用,也可以掺杂到高能密度的材料,如炸药,增加爆炸效率,也可以作为引爆剂进行使用. 为了提高热燃烧的效率,金属纳米粒子和半导体纳米粒子掺杂到燃料中,提高燃烧的效率,因此这类材料在火箭助推器和煤中助燃剂.目前,纳米 Ag 和 Ni 粉已被用在火箭燃料作助燃剂[22].

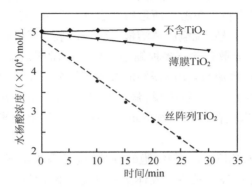

图 14.11　TiO_2 纳米丝阵列、TiO_2 薄膜和不含 TiO_2 的膜的水杨酸光降解

14.2.4　在生物和医学上的应用

纳米微粒的尺寸一般比生物体内的细胞、红血球小得多,这就为生物学研究提供了一个新的研究途径,即利用纳米微粒进行细胞分离、细胞染色及利用纳米微粒制成特殊药物或新型抗体进行局部定向治疗等.关于这方面的研究现在处于初级阶段,但却有广阔的应用前景.

（1）细胞分离

生物细胞分离是生物细胞学研究中一种十分重要的技术,它关系到研究所需要的细胞标本能不能快速获得的关键问题.这种细胞分离技术在医疗临床诊断上有广阔的应用前景.例如,在妇女怀孕 8 个星期左右,其血液中就开始出现非常少量的胎儿细胞,为判断胎儿是否有遗传缺陷,过去常常采用价格昂贵并对人身有害的技术,如羊水诊断等.用纳米微粒很容易将血样中极少量胎儿细胞分离出来,方法简便,价钱便宜,并能准确地判断胎儿细胞是否有遗传缺陷.美国等先进国家已采用这种技术用于临床诊断.癌症的早期诊断一直是医学界急待解决的难题.美国科学家利贝蒂指出,利用纳米微粒进行细胞分离技术很可能在肿瘤早期的血液中检查出癌细胞,实现癌症的早期诊断和治疗.同时他们还正在研究实现用纳米微粒检查血液中的心肌蛋白,以帮助治疗心脏病.纳米细胞分离技术将给人们带来福音.以往的细胞分离技术主要采用离心法,利用密度梯度原理进行分离,时间长效果差.

20 世纪 80 年代初,人们开始利用纳米微粒进行细胞分离,建立了用纳米 SiO_2

微粒实现细胞分离的新技术.其基本原理和过程是,先制备 SiO_2 纳米微粒,尺寸控制在 15~20nm,结构一般为非晶态,再将其表面包覆单分子层,包覆层的选择主要依据所要分离的细胞种类而定,一般选择与所要分离细胞有亲和作用的物质作为附着层.这种 SiO_2 纳米粒子包覆后所形成复合体的尺寸约为 30nm.第二步是制取含有多种细胞的聚乙烯吡咯烷酮胶体溶液,适当控制胶体溶液浓度.第三步是将纳米 SO_2 包覆粒子均匀分散到含有多种细胞的聚乙烯吡咯烷酮胶体溶液中,再通过离心技术,利用密度梯度原理,使所需要的细胞很快分离出来.此方法的优点是:

（ⅰ）易形成密度梯度.一般来说,病毒尺寸为 80~100nm,细菌几百纳米,细胞尺寸更大些,而纳米包覆体尺寸约为 30nm,因而胶体溶液在离心作用下很容易产生密度梯度.

（ⅱ）易实现纳米 SiO_2 粒子与细胞的分离.这是因为纳米 SiO_2 微粒是属于无机玻璃的范畴,性能稳定,一般不与胶体溶液和生物溶液反应,既不会沾污生物细胞,也容易把它们分开.

（2）细胞内部染色

细胞内部的染色对用光学显微镜和电子显微镜研究细胞内各种组织是十分重要的一种技术.它在研究细胞生物学中占有极为重要的作用.细胞中存在各种器官和细丝.器官有线粒体、核和小胞腔等.细丝主要有三种,直径约为 6~20nm。它们纵横交错在细胞内构成了细胞骨骼体系,而这种组织保持了细胞的形态,控制细胞的变化、运动、分裂、细胞内器官的移动和原生质流动等.未加染色的细胞由于衬度很低,很难用光学显微镜和电子显微镜进行观察,细胞内的器官和骨骼体系很难观察和分辨,为了解决这一问题,物理学家已经发展了几种染色技术,如荧光抗体法、铁蛋白抗体法和过氧化物酶染色法等,目的是提高用光学显微镜和电子显微镜观察细胞组织的衬度.随着细胞学研究的发展,要求进一步提高观察细胞内组织的分辨率,这就需要寻找新的染色方法.纳米微粒的出现,为建立新的染色技术提供了新的途径.最近比利时的德梅博士等人采用乙醚的黄磷饱和溶液、抗坏血酸或者柠檬酸钠把金从氯化金酸（$HAuCl_4$）水溶液中还原出来形成金纳米粒子,粒径的尺寸范围是 3~40nm.接着制备金纳米粒子一抗体的复合体,具体方法是将金超微粒与预先精制的抗体或单克隆抗体混合.这里选择抗体的类型是制备复合体的重要一环,不同的抗体对细胞内各种器官和骨骼组织敏感程度和亲和力有很大的差别.我们可以根据这些差别制备多种金纳米粒子-抗体的复合体,而这些复合体分别与细胞内各种器官和骨骼系统相结合,就相当于给各种组织贴上了标签.由于它们在光学显微镜和电子显微镜下衬度差别很大,这就很容易分辨各种组织.这就是利用纳米粒子进行细胞染色技术.

大量研究表明,纳米微粒与抗体的结合并不是共价键而是弱库仑作用的离子键,因此制造稳定的复合体工艺比较复杂,但选择适当条件是可以制造多种纳米微粒-抗体的稳定复合体.细胞染色的原理与金属金的超微粒子光学特性有关.一般来说,超微粒子的光吸收和光散射很可能在显微镜下呈现自己的特征颜色,由于纳米微粒尺寸小,电子能级发生分裂,能级之间的间距与粒径大小有关,由于从低能级的跃迁很可能吸收某种波长的光,纳米微粒的庞大比表面中原子的振动模式与颗粒内部不同,它的等离子共振也会产生对某种波长的光的吸收,纳米粒子与抗体之间的界面也会对某种波长光的吸收产生影响.由于上述几种原因,金纳米粒子—抗体复合体在白光或单色光照射下就会呈现某种特定的颜色.实验已经证实,对 10nm 直径以上的金纳米粒子在光学显微镜的明场下可观察到它的颜色为红色.

(3) 表面包敷的磁性纳米粒子在药物上的应用

磁性纳米粒子表面涂覆高分子,在外部再与蛋白相结合可以注入生物体中,这种技术目前尚在实验阶段,已通过了动物临床实验.这种载有高分子和蛋白的磁性纳米粒子作为药物的载体,然后静脉注射到动物体内(小鼠、白兔等),在外加磁场 677×10^3(A/m)下通过纳米微粒的磁性导航,使其移向病变部位,达到定向治疗的目的.这就是磁性超微粒子在药物学应用的基本原理.

这里最重要的是选择一种生物活性剂,根据癌细胞和正常细胞表面糖链的差异,使这种生物活性剂仅仅与癌细胞有亲和力而对正常细胞不敏感,表面包覆高分子的磁性纳米微粒载有这种活性剂就会达到治疗的目的.动物临床实验证实,带有磁性的纳米微粒是发展这种技术的最有前途的对象(纯金属 Ni,Co 磁性纳米粒子由于有致癌作用,不宜使用),例如 $10 \sim 50nm$ 的 Fe_3O_4 的磁性粒子表面包覆甲基丙烯酸,尺寸约为 200nm,这种亚微米级的粒子携带蛋白、抗体和药物可以用于癌症的诊断和治疗.这种局部治疗效果好,副作用少,很可能成为癌症的治疗方向.

但目前还存在不少的问题,影响这种技术在人体的应用.如何避免包覆的高分子层在生物体中的分解,是今后应该加以研究的问题.

磁性纳米粒子在分离癌细胞和正常细胞方面经动物临床试验已获成功,显示出了引人注目的应用前景.我们知道癌症、肿瘤手术后要进行放射性辐照,以杀死残存的癌细胞,但与此同时大面积辐照也会使正常细胞受到伤害,尤其是会使对生命极端重要的具有造血功能和免疫系统的骨髓细胞受损害,所以在辐照治疗前将骨髓抽出,辐照后再重新注入,但在较多的情况下癌细胞已扩散到骨髓中,因此在把癌细胞从骨髓液中分离出来是至关重要的,否则将含有癌细胞的骨髓液注回辐照治疗后的骨髓中还会旧病复发.

利用磁性超微粒子分离癌细胞的技术主要采取约 50nm 的 Fe_3O_4 纳米粒子包覆聚苯乙烯后直径为 $3\mu m$,用于小鼠骨髓液中癌细胞分离的实验,具体过程,

图 4.12所示.首先从羊身上取出抗小鼠 F。抗体(免疫球蛋白),然后与上述磁性粒子的包覆物相结合,如图 14.12(a)所示.将小鼠带有正常细胞和癌细胞的骨髓液取出,加入小鼠杂种产生的抗神经母细胞瘤(尚未彻底分化的癌化神经细胞)单克隆抗体,此抗体只与骨髓液中的癌细胞结合[图 14.12(b)].最后将抗体和包覆层的磁性粒子放入骨髓液中,它只与携带抗体的癌细胞相结合[图 14.12(c)].而利用磁分离装置很容易将癌细胞从骨髓中分离出来,其分离度达 99.9%以上.

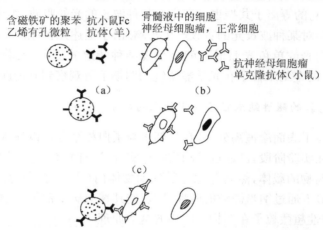

图 14.12　包覆聚苯乙烯 Fe_3O_4 纳米微粒分离小鼠骨髓液癌细胞实验示意图

　　最近,伦敦的儿科医院、挪威工科大学和美国喷气推进研究所等利用这种技术成功地进行了人体骨髓液癌细胞的分离来治疗病患者.

14.2.5　光学应用

　　纳米微粒由于小尺寸效应使它具有常规大块材料不具备的光学特性,如光学非线性、光吸收、光反射、光传输过程中的能量损耗等都与纳米微粒的尺寸有很强的依赖关系.研究表明,利用纳米微粒的特殊的光学特性制备成各种光学材料将在日常生活和高技术领域得到广泛的应用.目前关于这方面研究还处在实验室阶段,有的得到推广应用.下面简要地介绍一下各种纳米微粒在光学方面的应用.

　　(1)红外反射材料

　　纳米微粒用于红外反射材料上主要制成薄膜和多层膜来使用.由纳米微粒制成的红外膜的种类列于表 14.3.表中各膜的构造如图 14.13 所示.各种膜的特性见表 14.4.

表 14.3　主要红外线反射膜的组成、材料、制造方法

形式	组成	材料	制造方法
金属薄膜	Au,Ag,Cu	金属	真空蒸镀法
透明导电膜	SnO_2,In_2O_3	金属 氧化物 其他化合物	真空蒸镀法 溅射法 喷雾法
多层干涉膜(1) (电介质-电介质)	ZnS-MgF_2 TiO_2-SiO_2 Ta_2O_3-SiO_2	有机金属化合物 氧化物 其他化合物	真空蒸镀法 CVD 法 浸渍法
多层干涉膜(2) (电介质-金属- 电介质)	TiO_2-Ag-TiO_2 TiO_2-MgF_2- Ge-MgF_2	氧化物 金属	真空蒸镀法 溅射法

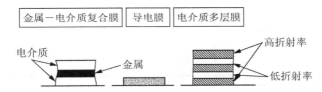

图 14.13　红外线反射膜的构造

表 14.4　红外线反射膜的特点

	金属-电解质复合膜	导电膜	电解质多层膜
光学特性	优	中	良
耐热性	差	良	优
成本	中	低	高

　　由上述图表可看出,在结构上导电膜最简单,为单层膜,成本低.金属-电介质复合膜和电介质多层膜均属于多层膜,成本稍高.在性能上,金属-电介质复合膜红外反射性能最好,耐热度在 200℃ 以下.电介质多层膜红外反射性良好并且可在很高的温度下使用(＜900℃).导电膜虽然有较好的耐热性能,但其红外反射性能稍差.

　　纳米微粒的膜材料在灯泡工业上有很好的应用前景.高压钠灯以及各种用于拍照、摄影的碘弧灯都要求强照明,但是电能的 69% 转化为红外线,这就表明有相当多的电能转化为热能被消耗掉,仅有一少部分转化为光能来照明.同时,灯管发热也会影响灯具的寿命.如何提高发光效率,增加照明度一直是急待解决的关键问题,纳米微粒的诞生为解决这个问题提供了一个新的途径.20 世纪 80 年代以来,人们用纳米 SiO_2 和纳米 TiO_2 微粒制成了多层干涉膜,总厚度为微米级,衬在有灯丝的灯泡罩的内壁,结果不但透光率好,而且有很强的红外线反射能力.有人估计这种灯泡亮度与传统的卤素灯相同时,可节省约 15% 的电. 表 14.5 为红外反射膜灯泡的特性. 图 14.14 为 SiO_2-TiO_2 的红外反射膜透光率与光波长的关系. 可以看出,从 500～800nm 波长之间有较好的透光性,这个波长范围恰恰属于可见光的范围,随着波长的增加,透光率越来越好,波长在 750～800nm 达到 80% 左右透光率,但对波长为 1250nm 至 1800nm 的红外有极强的反射能力.

表 14.5　红外线反射膜的灯泡特性

灯泡名称	消费电力(W)	省电力(%)	照度(lm)	效率(lm/W)
75W JD100V 65WN-E	65	13.3	1120	17.2
100W JD100V 85WN-E	85	15.0	1600	18.8
150W JD100V 130WN-E	130	13.3	2400	18.5

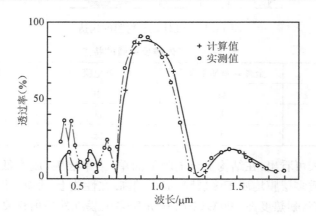

图 14.14　TiO_2-SiO_2 红外反射膜的透光率

(2) 优异的光吸收材料

纳米微粒的量子尺寸效应等使它对某种波长的光吸收带有蓝移现象. 纳米微粒粉体对各种波长光的吸收带有宽化现象. 纳米微粒的紫外吸收材料就是利用这两个特性. 通常的纳米微粒紫外吸收材料是将纳米微粒分散到树脂中制成膜,这种膜对紫外的吸收能力依赖于纳米粒子的尺寸和树脂中纳米粒子的掺加量和组分. 目前,对紫外吸收好的几种材料有:(ⅰ)30～40nm 的 TiO_2 纳米粒子的树脂膜;

（ⅱ）Fe_2O_3 纳米微粒的聚固醇树脂膜. 前者对 400nm 波长以下的紫外光有极强的吸收能力, 后者对 600nm 以下的光有良好的吸收能力, 可用作半导体器件的紫外线过滤器.

最近, 发现纳米 Al_2O_3 粉体对 250nm 以下的紫外光有很强的吸收能力; 这一特性可用于提高日光灯管使用寿命上. 我们知道, 日光灯管是利用水银的紫外谱线来激发灯管壁的荧光粉导致高亮度照明. 一般来说, 185nm 的短波紫外光对灯管的寿命有影响, 而且灯管的紫外线泄漏对人体有损害, 这一关键问题一直是困绕日光灯管工业的主要问题. 如果把几个纳米的 Al_2O_3 粉掺合到稀土荧光粉中, 可以利用纳米紫外吸收的蓝移现象有可能吸收掉这种有害的紫外光, 而且不降低荧光粉的发光效率. 在这方面的试验工作正在进行.

目前, 用纳米微粒与树脂结合用于紫外吸收的例子是很多的. 例如, 防晒油、化妆品中普遍加入纳米微粒. 我们知道, 大气中的紫外线主要是在 300～400nm 波段, 太阳光对人身有伤害的紫外线也是在此波段. 防晒油和化妆品中就是要选择填入对这个波段有强吸收的纳米微粒. 最近研究表明, 纳米 TiO_2、纳米 ZnO、纳米 SiO_2、纳米 Al_2O_3、纳米云母、氧化铁都有在这个波段吸收紫外光的特征. 这里还需要强调一下, 纳米添加时颗粒的粒径不能太小, 否则会将汗孔堵死, 不利于身体健康. 而粒径太大, 紫外吸收又会偏离这个波段. 为了解决这个问题, 应该在具有强紫外吸收的纳米微粒表面包敷一层对身体无害的高聚物, 将这种复合体加入防晒油和化妆品中既发挥了纳米颗粒的作用, 又改善了防晒油的性能. 塑料制品在紫外线照射下很容易老化变脆, 如果在塑料表面上涂上一层含有纳米微粒的透明涂层, 这种涂层对 300～400nm 范围有强的紫外吸收性能, 这样就可以防止塑料老化. 汽车、舰船的表面上都需涂上油漆, 特别是底漆主要是由氯丁橡胶、双酚树脂或者环氧树脂为主要原料, 这些树脂和橡胶类的高聚物在阳光的紫外线照射下很容易老化变脆, 致使油漆脱落, 如果在面漆中加入能强烈吸收紫外线的纳米微粒就可起到保护底漆的作用, 因此研究添加纳米微粒而具有紫外吸收的油漆是十分重要的.

红外吸收材料在日常生活和国际上都有重要的应用前景. 一些经济比较发达的国家已经开始用具有红外吸收功能的纤维制成军服武装部队, 这种纤维对人体释放的红外线有很好的屏蔽作用. 众所周知, 人体释放的红外线大致在 $4～16\mu m$ 的中红外频段, 如果不对这个频段的红外线进行屏蔽, 很容易被非常灵敏的中红外探测器所发现, 尤其是在夜间人身安全将受到威胁, 从这个意义上来说, 研制具有对人体红外线进行屏蔽的衣服是很必要的. 而纳米微粒小很容易填充到纤维中, 在拉纤维时不会堵喷头, 而且某些纳米微粒具有很强的吸收中红外频段的特性. 纳米 Al_2O_3、纳米 TiO_2、纳米 SiO_2, 和纳米 Fe_2O_3, 的复合粉就具有这种功能. 纳米添加的纤维还有一个特性, 就是对人体红外线有强吸收作用, 这就可以增加保暖作用, 减轻衣服的重量. 有人估计用添加红外吸收纳米粉的纤维做成的衣服, 其重量可以减轻 30%.

（3）隐身材料

　　"隐身"这个名词,顾名思义就是隐蔽的意思."聊斋"故事中就有"隐身术"的提法,它是指把人体伪装起来,让别人看不见. 近年来,随着科学技术的发展,各种探测手段越来越先进. 例如,用雷达发射电磁波可以探测飞机;利用红外探测器也可以发现放射红外线的物体. 当前,世界各国为了适应现代化战争的需要,提高在军事对抗中竞争的实力,也将隐身技术作为一个重要的研究对象,其中隐身材料在隐身技术中占有重要的地位. 1991 年海湾战争中,美国第一天出动的战斗机就躲过了伊拉克严密的雷达监视网,迅速到达首都巴格达上空,直接摧毁了电报大楼和其他军事目标. 在历时 42d(天)的战斗中,执行任务的飞机达 1270 架次,使伊军 95% 的重要军事目标被毁,而美国战斗机却无一架受损. 这场高技术的战争一度使世界震惊. 为什么伊拉克的雷达防御系统对美国战斗机束手无策? 为什么美国的导弹击中伊拉克的军事目标如此准确? 空对地导弹击中伊拉克的坦克有极高命中率? 一个重要的原因就是美国战斗机 F117A 型机身表山上包覆了红外与微波隐身材料,它具有优异的宽频带微波吸收能力,可以逃避雷达的监视、而伊拉克的军事目标和坦克等武器没有防御红外线探测的隐身材料,很容易被美国战斗机上灵敏红外线探测器所发现,通过先进的激光制导武器很准确地击中目标. 美国 F117A 型飞机蒙皮上的隐身材料就含有多种超微粒子,它们对不同波段的电磁波有强烈的吸收能力. 为什么超微粒子,特别是纳米粒子对红外和电磁波有隐身作用呢? 主要原因有两点:一方面由于纳米微粒尺寸远小于红外及雷达波波长,因此纳米微粒材料对这种波的透过率比常规材料要强得多,这就大大减少波的反射率,使得红外探测器和雷达接收到的反射信号变得很微弱,从而达到隐身的作用;另一方面,纳米微粒材料的比表面积比常规粗粉大 3～4 个数量级,对红外光和电磁波的吸收率也比常规材料大得多,这就使得红外探测器及雷达得到的反射信号强度大大降低,因此很难发现被探测目标,起到了隐身作用. 目前,隐身材料虽在很多方面都有广阔的应用前景,但当前真正发挥作用的隐身材料大多使用在航空航天与军事有密切关系的部件上. 对于上天的材料有一个要求是重量轻,在这方面纳米材料是有优势的,特别是由轻元素组成的纳米材料在航空隐身材料方面应用十分广泛. 有几种纳米微粒很可能在隐身材料上发挥作用,例如纳米氧化铝、氧化铁、氧化硅和氧化钛的复合粉体与高分子纤维结合对中红外波段有很强的吸收性能,这种复合体对这个波段的红外探测器有很好的屏蔽作用. 纳米磁性材料,特别是类似铁氧体的纳米磁性材料放入涂料中,既有优良的吸波特性,又有良好的吸收和耗散红外线的性能,加之比重轻,在隐身方面的应用上有明显的优越性. 另外,这种材料还可以与驾驶舱内信号控制装置相配合,通过开关发出干扰,改变雷达波的反射信号,使波形畸变,或者使波形变化不定,能有效地干扰、迷惑雷达操纵员,达到隐身目的. 纳米级的硼化物、碳化物,包括纳米纤维及纳米碳管在隐身材料方面的应用也将大有作为.

14. 2. 6　在其他方面的应用

纳米材料在其他方面也有广阔的应用前景. 美国、英国等国家已制备成功纳米抛光液,并有商品出售. 常规的抛光液是将不同粒径的无机小颗粒放入基液制成抛光剂,广泛用于金相抛光、高级照像镜头抛光、高级晶体抛光以及岩石抛光等. 最细的颗粒尺寸一般在微米到亚微米级. 随着高技术的飞快发展,要求晶体的表面有更高的光洁度,这就要求抛光剂中的无机小颗粒越来越细,分布越来越窄. 纳米微粒为实现这个目标提供了基础. 据报导,目前已成功制备出纳米 Al_2O_3、纳米 Cr_2O_3、纳米 SiO_2 的悬浮液,并用于高级光学玻璃、石英晶体及各种宝石的抛光. 纳米抛光液发展的前景方兴未艾.

纳米静电屏蔽材料用于家用电器和其他电器的静电屏蔽具有良好的作用. 一般的电器外壳都是由树脂加碳黑的涂料喷涂而形成的一个光滑表面,由于碳黑有导电作用,因而表面的涂层就有静电屏蔽作用. 如果不能进行静电屏蔽,电器的信号就会受到外部静电的严重干扰. 例如,人体接近屏蔽效果不好的电视机时,人体的静电就会对电视图像产生严重的干扰. 为了改善静电屏蔽涂料的性能,日本松下公司已研制成功具有良好静电屏蔽的纳米涂料,所应用的纳米微粒有 Fe_2O_3,TiO_2,Cr_2O_3,ZnO 等. 这些具有半导体特性的纳米氧化物粒子在室温下具有比常规的氧化物高的导电特性,因而能起到静电屏蔽作用,同时氧化物纳米微粒的颜色不同,TiO_2,SiO_2 纳米粒子为白色,Cr_2O_3 为绿色,Fe_2O_3 为褐色,这样就可以通过复合控制静电屏蔽涂料的颜色. 这种纳米静电屏蔽涂料不但有很好的静电屏蔽特性,而且也克服了碳黑静电屏蔽涂料只有单一颜色的单调性. 化纤衣服和化纤地毯由于静电效应在黑暗中摩擦产生的放电效应很容易被观察到,同时很容易吸引灰尘,给使用者带来很多不便,从安全的角度提高化纤制品的质量最重要的是要解决静电问题,金属纳米微粒为解决这一问题提供了一个新的途径,在化纤制品中加入少量金属纳米微粒,就会使静电效应大大降低. 德国和日本都制备出了相应的产品. 化纤制品和纺织品中添加纳米微粒还有除味杀菌的作用. 把 Ag 纳米微粒加入到袜子中可以清除脚臭味,医用纱布中放入纳米 Ag 粒子有消毒杀菌作用.

导电浆料是电子工业重要的原材料,导电涂料和导电胶应用非常广泛. 德国不莱梅应用物理所已申请了一项专利,即用纳米 Ag 代替微米 Ag 制成了导电胶,可以节省 Ag 粉 50%,用这种导电胶焊接金属和陶瓷,涂层不需太厚,而且涂层表面平整,倍受使用者的欢迎. 近年来,人们已开始尝试用纳米微粒制成导电糊、绝缘糊和介电糊等,在微电子工业上正在发挥作用. 超微颗粒的熔点通常低于粗晶粒物体. 例如银的熔点约为 $900℃$,而超细的银粉熔点可以降低到 $100℃$. 因此用超细银粉制成导电浆料,可以在低温进行烧结,此时基片不一定采用耐高温的陶瓷材料,甚至可采用塑料等低温材料. 日本川崎制铁公司使用颗粒尺寸为 $0.1\sim1\mu m$ 的 Cu,Ni 超细颗粒制成导电浆料,可以代替钯与银等贵金属.

纳米微粒还是有效的助燃剂. 例如在火筋发射的固体燃料推进剂中添加约 $1wt\%$ 超细铝或镍微粒,每克燃料的燃烧热可增加 1 倍;超细硼粉-高铬酸铵粉可以作为炸药的有效助燃剂;纳米铁粉也可以作为固体燃料的助燃剂. 有些纳米材料具有阻止燃烧的功能,纳米氧化锑可以作为阻燃剂加入到易燃的建筑材料中,提高建筑材料的防火性.

纳米微粒也可用作印刷油墨. 1994 年美国的马萨诸塞州 XMX 公司获得一项生产用于印刷油墨的、颗粒均匀的纳米微粒的专利. XMX 公司正准备设计一套商业化的生产系统,不再依靠化学颜料而是选择适当体积的纳米微粒来得到各种颜料.

纳米粒子在工业上的初步应用也显示出了它的优越性. 美国把纳米 Al_2O_3 加到橡胶中提高了橡胶的耐磨性和介电特性. 日本把 Al_2O_3 纳米颗粒加入到普通玻璃中,明显改善了玻璃的脆性.

我国科技工作者在制备 Al 合金时加入了 Al_2O_3 纳米粒子,结果晶粒大大细化,强度和韧性都有所提高. 无机纳米颗粒有很好的流动性,利用这种特性可以制备固体润滑剂.

从上面例举纳米材料在各个方面的应用,充分显示出纳米材料在世纪之交材料科学中的举足轻重的地位. 神通广大的纳米材料其诱人的应用前景促使人对这一崭新的材料科学领域和全新的研究对象努力探索,扩大其应用,使它为人类带来更多的利益. 可以预见,在即将到来的 21 世纪,纳米材料将成为材料科学领域的一个大放异彩的"明星",展露在新材料、能源、信息等各个领域,发挥举足轻重的作用,丰富人类的知识宝库,给人类带来福音. 下面简要地(列表)总结一下纳米材料可能应用的领域(表 14.6).

表 14.6　纳米材料应用的领域

性能	用途
磁性	磁记录、磁性液体,永磁材料,吸波材料,磁光元件,磁存储,磁探测器,磁致冷材料
光学性能	吸波隐身材料,光反射材料,光通信,光存贮,光开关,光过滤材料,光导电体发光材料,光学非线性元件,红外线传感器,光折变材料
电学特性	导电浆料,电极、超导体、量子器件、压敏和非线性电阻
敏感特性	湿敏、温敏、气敏、热释电
热学性能	低温烧结材料,热交换材料,耐热材料

续表

性能	用途
显示、记忆特性	显示装置(电学装置,电泳装置)
力学性能	超硬,高强,高韧,超塑性材料,高性能陶瓷和高韧高硬涂层
催化性能	催化剂
燃烧特性	固体火箭和液体燃料的助燃剂,阻燃剂
流动性	固体润滑剂,油墨
悬浮特性	各种高精度抛光液
其他	医用(药物载体、细胞染色,细胞分离,医疗诊断,消毒杀菌)过滤器,能源材料(电池材料,贮氢材料)环保用材(污水处理,废物料处理)

参 考 文 献

[1] Chou S Y,Krauss P R,Zhang W,et al. ,*J. Vac. Sai. Technol.* ,**B**15(6),2897(1997).

[2] Scott J F,Alexe M,Curran C,et al. ,Gigabit Nanoscale Bismuch Oxide Electrode Self-pattering Ferroelectric Thin Films for Memory Application,in:Muhammed M,Rao K,Kear B et al. Book of Abstracts of Fourth International Conference on NanostructuredMaterials,Stockholm,Sweden,159(1998).

[3] 卢嘉、Tinkham M,物理,27(3),137(1998).

[4] Klein D L,Roth R,Lim A K L,et al. ,*Nature*,389,699(1997).

[5] Feldheim D L,Keating C D,*Chem. Soc. Rev.* ,27,1,(1998).

[6] Hulteen J C,Martin C R,Chapter 10,in:Fend J H,Nanopartiles and NanostmcturedFilms. WILEY-VCH,Weinheim,New York,Chichester,Brisban,Singapore,Toronto,235(1998).

[7] Cassagneau T,Fendler J H,Hign Energy Density Rechargeable Lithium-ion BatteryPrepared by the Self-assambly of Graphite Oxide Nanoplatelets and PolyelectrolytesNanolayers,in:Book of Abstracts(同[2]). 47(1998).

[8] Shulz D L,Curtis C J,Ginley D S,Nano-Cu-In—Se as a Precusor to ClS Solar Cells,In:Book of Abstracts(同[2]). 151.

[9] Venkatasubramanian R and Silvola E. Factorial Enhancement in Thermoelectric Figureof Merit with si/Ge Superlattice Structure,in:Book of Abstracts(同[2]). 149.

[10] Zakhidov AA,Baughman RH,Cui C. Periodic Nanocomposites and Nanoporous Structures for Photonic Crystals and Advanced Thermoelectrics,in:Book of Abstracts(同[2]). 147(1998).

[11] Eberl K,*Physics World* ,47(1997).

[12] 张立德、蔡伟平、牟季美,自然科学进展,9(2),103(1999).

[13] 同[6],247(1998).

[14] 张立德、牟季美,纳米材料学,辽宁科技出版社出版,107(1994).

[15] Ferrari A. Development,Industrialization of Nanocomposite Ceramic Materials,in:Proceedings of Nanostructure Materials and Coatings'95,Atlanta Airport Marriott. At-lanta,Georgia,USA,(1995).

[16] Cai W P,Zhang L D,*J. Phys. :Condens Matter.* ,8,L591(1996).

[17] 同[6],244(1998).

[18] 同[6],255(1998).

[19] 张立德编著,严东生、冯端主编,材料新星——纳米材料科学. 长沙湖南科学技术出版社(1997).

[20] 同[6]. 258(1998).

[21] 同[15]. 143(1995).

[22] Wiloxn J P,Thuston T R,Martin J E,Application of Metal and Semiconductor Nanoclusters as Thermal and Photo-Catalysis,同[15]. 143(1995).

后　　记

　　纳米科学技术与纳米材料是一门新兴的学科和新的领域,在 21 世纪中,对人类社会的文明进步和促进社会的发展将起重要的作用.本书是我们在长期的教学和科研实践中,根据国内外近年来发表的有关论文、科研成果和教学的实践经验与心得进行系统总结而写成的,与此同时,我们还吸收了当前国内外在纳米领域中的若干新成果、新理论和新观点.我们力求以最新的内容比较全面和系统地介绍纳米材料和纳米结构.在叙述和内容编排上则注意抓住两头,带动中间,即全书以纳米结构、理论与性能和纳米的开发与应用为两头重点,同时对中间环节,即纳米体系的制备、尺寸评估和纳米测量等也进行了适当的叙述,使全书能够首尾呼应,力求做到内容取舍适中,编排合理,重点突出,构成一个比较完整、系统、全面的体系.需要着重指出的是,该书的最后一章比较全面、系统地介绍了纳米结构和纳米材料的应用,列举了纳米结构在存储、元件、高能量转化、激光、传感器、电容器阵列、离子分离等许多方面与领域的应用;介绍了纳米材料在增韧、磁性、催化、生物医药、光学等方面和领域的开发与应用.我们希望通过这些介绍与叙述能对当前掀起的"纳米科技研究的热潮"中起到抛砖引玉的作用.

　　本书源于实践,又用于实践.该书可作为大专院校有关纳米专业师生的教学用书,也可供有关研究、开发、应用新材料、新器件的单位、工矿企业的企业家、工程师和科技人员参考.

　　本书的顺利出版得到了诸多单位和朋友的支持和鼓励,特别要感谢中国科学院科学出版基金、中国科学院内耗与固体缺陷开放实验室和国家重点基础研究规划项目——纳米材料和纳米结构的资助和支持.

　　由于时间仓促,加上我们水平有限,书中肯定有不妥之处,恳请读者批评指正.

著　者

2000 年 9 月